F. MARCHAND

ÉTUDES
ARCHÉOLOGIQUES

DU

DÉPARTEMENT DE L'AIN

BOURG

IMPRIMERIE DU « COURRIER DE L'AIN »

1911

Extrait des *Annales* de la Société d'Emulation (de l'Ain)

ÉTUDES

ARCHÉOLOGIQUES

ÉTUDES

ARCHÉOLOGIQUES

DÉPARTEMENT DE L'AIN

ÉTUDES
ARCHÉOLOGIQUES

PAR

L'Abbé MARCHAND

Associé correspondant de la Société des Antiquaires de France,
Membre de la Société d'Émulation de l'Ain

PREMIÈRE PARTIE

BOURG

IMPRIMERIE DU « COURRIER DE L'AIN »

1903

(Extrait des *Annales* de la Société d'Emulation de l'Ain.)

ÉTUDES ARCHÉOLOGIQUES

PRÉFACE

Comme on le verra dès les premières pages, ce livre n'évolue pas autour d'une idée unique.

C'est un recueil d'études, dont l'archéologie est le seul lien commun. Il condense mes recherches de ces trois dernières années.

On trouvera peut-être que, malgré le titre, elles ne rentrent pas toutes dans l'exclusif domaine de l'archéologie.

J'ai agrandi mon cadre à dessein, pour y faire entrer quelques notes d'un caractère plus particulier, qui, écrites selon les hasards du moment, attendaient une occasion de cette nature pour voir le jour.

Au reste, l'épigraphie, la science héraldique, la sphragistique, l'histoire même n'appartiennent-elles pas à l'archéologie ? Que de fois n'a-t-on pas dit que ce sont des sciences sœurs, des branches d'une même famille poursuivant, par des voies différentes, un but commun, la reconstitution des temps et des civilisations qui nous ont précédés.

Il reste encore beaucoup à faire, à ce point de vue, dans notre département, malgré tout ce que les fouilles ont déjà exhumé et exhument encore tous les jours.

Je n'ai rencontré, dans l'accomplissement de ma tâche, que d'encourageantes sympathies. D'utiles concours me sont arrivés de divers côtés ; je leur dois une profonde gratitude.

Il serait superflu de les nommer tous ; cette simple mention suffira, j'en suis convaincu, à la modestie de ces dignes et dévoués collaborateurs.

Deux mots sur les inscriptions funéraires de nos églises.

A la séance de la Société des Antiquaires de France du 1er mai 1901, M. Pallu de Lessert émettait le vœu qu'à défaut de mesures efficaces, pour les préserver de l'usure, ces monuments fussent fidèlement recueillis. On pourrait inviter les Sociétés locales à en prendre des copies, à les publier dans leur *Recueil* et à préparer de la sorte les matériaux d'un *Corpus* futur.

Les inscriptions moyen-âge et modernes, qu'on va lire, étaient déjà réunies à la discussion de ce vœu. Je l'avais ainsi prévenu, et je suis heureux de voir le projet approuvé par la docte Assemblée.

Quelques reproductions accompagnent le texte.

Il ne m'a pas été possible de donner plus de développement à la partie graphique. Je le regrette ; le dessin représente une économie d'efforts considérable pour l'intelligence, la mémoire y gagne et le texte y trouve plus de clarté.

L'ouvrage comprend cinq divisions :

> Blason,
> Epigraphie,
> Sigillographie,
> Numismatique,
> Archéologie proprement dite.

L'exposé de ces grandes lignes doit suffire pour la compréhension de mon plan. Si l'on juge néanmoins nécessaire la connaissance préalable des divisions secondaires, on ne saurait en trouver un meilleur ensemble que dans le tableau général qui clôt ces Etudes.

Bourg, 1er décembre 1902.

CHAPITRE PREMIER

Arhéologie héraldique

§ I.

Ecusson du Puget-Galand.

Parmi les objets, en si grand nombre, qui composent la collection Merlin, à Saint-Martin-le-Châtel, on distingue une large plaque de pierre blanche, portant des armoiries taillées en rond de bosse.

Ces armes furent accompagnées, à l'origine, des ornements héraldiques habituels, supports, heaume, cimier et lambrequins.

Elles ont éprouvé des mutilations malheureuses. Le timbre, le cimier, la tête des supports, l'arrière-train du lion de gauche, la presque totalité des lambrequins sont brisés ou gravement détériorés.

Le dessin est bon, il a été tracé d'une main vigoureuse, et la technique est des mieux réussies, deux qualités qui, jointes à l'harmonie bien comprise des proportions, produisent une impression des plus heureuses.

Ce haut-relief ne doit pas rester inédit.

La plaque porte 1 m. 25 sur 0,62 de hauteur, et l'écu 0,30 × 0,30.

L'ampleur des dimensions montre l'importance qu'on attacha, dans le principe, à cette œuvre, et explique le soin avec lequel elle a été exécutée.

Elle a dû orner le fronton de la principale entrée du château du Puget.

L'écu est parti : au 1er, coupé, d'or à trois pals de

gueules en pointe et, en chef, d'argent à une aigle au vol étendu de sable ; au 2ᵉ, d'argent, au sautoir engrêlé de gueules.

Il est accosté d'une date : 16 — 4. .

Ce sont les armes de François du Puget, seigneur du Puget, et de Philiberte Galand de Veinière, sa femme, que nous reverrons plus loin, empreintes sur des briques sigillées de 1640.

Les armoiries de ces deux maisons n'ont pas reçu encore leur juste définition. Le sens véritable en ressort avec évidence du monument que nous étudions ici. L'*Armorial*, vᵒ du Puget, enregistre toutes les leçons excepté la bonne. Il ne se livre à aucun essai de critique, et n'apporte aucun élément, qui permette au lecteur de le faire lui-même.

C'est donc que les moyens lui en ont manqué.

A la faveur de cet irrécusable témoignage, les rectifications suivantes s'imposent :

1º En ce qui regarde les du Puget :

Contrairement à la version de Guichenon, du héraut d'armes d'Hozier, et de ceux qui les ont suivis, les du Puget ne divisaient pas leur écu en chef, ils le coupaient d'or et d'argent.

Le chef ne doit pas descendre au dessous du tiers ou des deux septièmes de l'écu ; il en occuperait ici la moitié.

D'autre part, je relève une double inexactitude, dans l'Histoire de Bresse. L'écu est meublé de quatre pals de gueules et le chef d'une aigle de sable issante.

Nous savons, par ce qui précède, ce qu'il faut penser à cet égard.

Aussi bien l'aigle de Guichenon n'est pas un aigle. La

pauvreté du relief, la taille grêle du sujet évoquent mieux le souvenir de l'épervier, oiseau de proie sans symbolisme, que le noble profil de l'oiseau-roi.

Si l'écusson des du Puget doit être un jour figuré de nouveau, l'artiste fera bien d'interroger, s'il veut rester dans le vrai, le monument découvert à St-Martin le-Châtel.

Ces restitutions, dont il ne faut pas exagérer le mérite outre mesure, sont confirmées par les cachets de famille des du Pujet que j'ai retrouvés aux Archives, fonds de l'ancien Présidial de Bourg.

2° A l'égard des Galand :

Chevillard en surcharge indûment l'écu, en ajoutant au sautoir engrêlé deux tours de gueules en pals, et deux lions de sable en bandes.

D'autre part, le haut-relief de M. Merlin contribue à fixer la situation du château du Puget.

Guichenon, partie généalogique de son histoire, page 330, qualifie François du Puget de « seigneur dudit lieu, » et, à la partie topographique, il omet la mention et la notice du château.

Une omission du même genre s'observe dans la Topographie de l'Ain.

Le fief du Puget était situé à Saint Martin-le-Châtel.

Une charte des Archives départementales le déclare en termes formels.

Jean du Puget fit construire et dota, en 1670, une chapelle sous le vocable de la Trinité, dite chapelle du château du Puget.

Lui aussi est qualifié de « seigneur dudit lieu », mais il est dit plus explicitement que le Puget se trouvait « paroisse de Saint-Martin-le-Châtel. » (1).

---

(1) *Archives de l'Ain*, G. 276.

La chapelle du Puget s'élevait au côté sud de l'ancienne église et était contiguë à la sacristie.   -

Cassini, de son côté, place le Puget à Saint-Martin.

On l'appelait, comme ne nos jours encore, le Château Rouge, et ce surnom a été vraisemblablement pour beaucoup dans la dissimulation de sa véritable identité.

Le château n'existe plus.

En 1793, on le démolit partiellement. Il ne forma plus qu'un domaine qui, à son tour, fut vendu par parcelles, en 1860. L'acquéreur en rasa définitivement les derniers restes.

L'écusson fut recueilli parmi les décombres.

Le fief du Puget constituait le patrimoine de la branche cadette de la maison de ce nom.

Aucun des membres de la branche aînée n'a porté ce titre.

On conjecture qu'il fut érigé en faveur de Philibert du Puget, et, selon toute vraisemblance, François, son fils, en fit bâtir le château. De la famille, le nom passa au fief.

Cette branche puînée reconnaît, effectivement, pour chef ledit Philibert. Il était fils de François du Puget et de Catherine Aród de la Fay, et petit-fils de Noël du Puget, avec qui fut anoblie la maison.

Elle compte cinq quartiers généalogiques.

A Philibert succéda François, qui épousa Philiberte Galand de Veinière, et laissa cinq enfants.

Jean, l'aînée, continua la lignée.

Il eut pour successeur Antoine, décédé en 1672, qui, de Charlotte de Viallet, eut Nicolas du Puget.

Avec ce dernier la trace se perd.

Ils assistèrent, cependant, aux assemblées de la noblesse de Bresse jusqu'en 1711 (1).

La branche aînée était alors éteinte depuis quelques années.

Les supports héraldiques se rencontrent vers 1350. En sigillographie, on les voit, pour la première fois, sur le petit sceau d'Humbert II, fils du Dauphin Jean, en 1349.

Cet ornement n'a aucun rapport direct avec le blason, auquel il donne seulement l'illusion d'un appui. Cependant, s'il y a vêtement, mantel ou cravate, ils répètent l'écu. Ce n'est pas notre cas.

En faisant placer cette pièce archéologique en un lieu convenable, propre à en garantir la conservation, M. Merlin a fait disposer des pierres d'attente, en vue de la reconstituer dans son intégrité première. On ne peut que l'en féliciter. Puisse la réalisation du projet répondre aux qualités artistiques de ce monument !

§ 2.

L'écu des Hugon.

Ces armoiries n'avaient pas encore fixé l'attention.

On les voyait représentées sous un arc en accolade, au-dessus de la porte des anciennes cuisines de l'Asile Saint-Georges. Elles sont en relief.

L'écu mesure 0, 23 × 0, 29. Les pièces meublantes se composent d'une fasce, de deux étoiles et d'une roue. L'oblitération, à l'époque révolutionnaire, des traits figurant les émaux, l'a déformé. L'interprétation en serait

---

(1) Cf. J. Baux. *Nob. Bresse et Dombes*, pages 390, 392, etc.

impossible, dans son état actuel, si le blason n'était connu d'ailleurs. Vainement on a tenté d'enlever le badigeon qui le voilait, brossé et lavé la pierre, rien n'a réapparu, ni couleurs, ni hachures.

Heureusement encore que la mutilation s'est arrêtée là ; elle pouvait aller jusqu'à la destruction complète par l'arasement du linteau.

Ces armes, telles que nous les concevons d'après la sculpture de Saint-Georges, ont été enregistrées par d'Hozier, Généralité de Bourgogne, Bourg-en-Bresse, folio 190, cote 15, et doivent se définir ; d'azur à la fasce d'or accompagnée, en chef, de deux étoiles du même et, en pointe, d'une roue d'argent.

Ce sont les armes des Hugon, représentés à Bourg, à l'époque où d'Hozier procédait à la vérification des titres nobiliaires, par Claude Hugon, greffier en chef de la juridiction des traites au département de Bresse.

Son cachet était identique. J'en ai vu l'empreinte, fonds du Présidial, série B de nos Archives, plaquée sur l'acte de suscription du testament de Claudine-Françoise du Puget, dame du Vernay, qu'il signa et scella le 26 juin 1697.

Le nom des Hugon paraît être, en Bresse, d'importation étrangère. Les charges, qu'ils furent appelés à remplir dans la province, les y fixèrent.

Peu prolifiques, ils ne projetérent pas de ramifications nombreuses dans leur pays d'adoption. On les suit néanmoins jusqu'au début du XIXe siècle, qui les vit s'éteindre.

Le domaine de Cuègres ou Cuègre, de nos jours l'Asile Saint-Georges, fut acquis par eux. Le sort en resta lié depuis lors à la fortune de la maison.

On trouve, aux minutes du notariat de Bourg, le nom de Jeanne-Marie Hugon, fille et, plus vraisemblablement, petite-fille de Claude Hugon. Par un premier mariage, elle s'unit à Jacques-Anselme Perruquier de Bévy ; veuve de ce dernier, elle épousa, en deuxièmes noces, Aimé Borsat de Montdidier.

Ce second contrat fut passé le 8 messidor au VII — 26 juin 1798 — et reçu Desbordes et Morellet, notaires à Bourg. Il stipulait la donation, en cas de prédécès, par ladite Jeanne-Marie à son époux, de l'universalité des fonds dont son patrimoine était composé.

Borsat de Montdidier lui survécut en effet. Devenu propriétaire du domaine, il en disposa par testament, le 15 avril 1852, en faveur de Charles-Joseph Borsat de Lapérouse.

Trois mois plus tard, Sœur Saint-Claude, Supérieure générale de la Congrégation de Saint-Joseph, s'en rendait acquéreur, au nom de la Communauté. L'acte est du 7 mai 1855 et signé Guichellet.

La découverte de cet écusson, qui avait passé inaperçu jusqu'ici quoique la position en fut très apparente, doit être revendiquée par feu M. le chanoine Carron, aumônier de Saint-Georges. C'est à son invitation que nous en avons fait l'étude et rédigé cette note.

Il est, à l'heure actuelle, avec l'empreinte des Archives, la seule reproduction en nature que nous connaissions des armes des Hugon.

L'auteur de l'*Armorial de l'Ain* ne les a rencontrées ni gravées, ni peintes, il a simplement transcrit la mention interprétative de Charles d'Hozier.

La leçon de l'illustre héraut d'armes est ainsi confirmée et pourra dorénavant s'autoriser d'un témoignage authenthique.

Les cuisines de Saint-Georges viennent d'être livrées à la démolition, cédant la place à une construction qui s'achève, mieux en harmonie avec les bâtiments d'alentour. Des mesures ont été concertées entre la direction de l'hospice et l'aumônier, pour préserver soit de la destruction, soit d'une perte éventuelle, la pierre portant gravées ces armoiries.

~~~~~~~~~~

CHAPITRE II

Epigraphie.

Les textes épigraphiques sont tous à recueillir. L'histoire locale y découvre des éléments qui éclaircissent les faits, et, souvent, en rectifient d'erronés.

Il arrive, cependant, qu'au lieu de servir l'exactitude historique, l'épigraphie se rend complice de l'erreur. Qu'on n'incrimine point les monuments. Hors certains cas, dont la rareté n'est pas à démontrer, l'interprétation fautive de l'épigraphiste mérite seule d'être répréhendée. Et, à ce propos, l'indulgence est de rigueur, car, le plus ordinairement, les textes usés, déformés, mutilés, se montrent rebelles aux efforts qui tendent à les pénétrer. Améliorer la leçon, si la chose est possible, voilà l'unique tâche, alors, qui s'impose.

J'avais besoin de ce court plaidoyer. On verra tout à l'heure qu'il est entré, dans ce recueil, quelques épitaphes des tombes d'Ambronay, que Guichenon a déjà publiées dans son Histoire. Leur restitution avait sa place tout indiquée ici.

L'observation s'applique aux marques de potiers.

INSCRIPTIONS

§ 1.

Inscriptions gallo-romaines.

I

. . . .

DEFVNCTA ANNORVM XXVIII
LABIILE AVRELIVS AMPHIO[N?]
CONIVGI IN OMPARABI I
SIBI ET E[VIVVS PONENDVM CV
RAVIT ET SVB ASCIA DEDICAVIT

Malgré les mutilations, je crois pouvoir proposer la traduction suivante :

Aux dieux mânes .
Et à l'éternelle mémoire
De la défunte de vingt-huit ans
Labéla. Aurelius Amphionus
A son épouse incomparable.
Pour lui et elle, il a, de son vivant, élevé ce monument
Et l'a dédié sous l'ascia.

Cette formule funéraire était fréquemment usitée parmi les populations gallo-romaines du pays des Ambarres.

C'est, notamment, celle des épitaphes de *Marcellina* et d'*Ancilius Lucanus*, dont les cippes ont été retrouvés à Belley et à Saint-Vulbas.

Dans LABIILE, on peut considérer l'I double comme un H fruste, et lire LABELAE, l'H étant parfois substitué à l'E dans les inscriptions anciennes. Il est, néan-

moins, possible que la version soit erronée ; il faut peut-
être lire LABIENAE ou LABENIAE.

On connaît *Labiena Severa* et *Labenia Nemesia*. Se
référer aux nᵒˢ 337 - A. VIII et 483-15 A. IX du Musée lapidaire de Lyon.

Le *gentilitium* AURELIVS était commun dans la Première Lyonnaise.

La dernière lettre de la seconde ligne pourrait être un
N ou un V mais, plus vraisemblablement un N.

AMPHIO doit donc être interprété soit AMPHIONVS
soit AMPHIOVVS.

Quelle que soit la leçon adoptée, ce *cognomen* est inconnu dans notre région.

Aucune des inscriptions, que renferme le petit *Corpus*
spécial à notre département, ne le reproduit.

Il en est de même de l'Epigraphie lyonnaise (1).

Suivant l'abbé de Veyle, les I allongés auraient la valeur de deux I ordinaires. « Je crois, dit-il, que ces grands
I en valent deux (2), » et il traduit ATTICI AGRIPPIANI de
l'épitaphe de Meximieux par ATTICII AGRIPPIANII.

Le sens, qui seul est appelé à nous diriger dans le cas
présent, ne justifie pas son allégation.

C'était une fantaisie de graveur. On en voit de fréquents exemples, chez les lapicides du IIᵉ et surtout du
IIIᵉ siècle.

Le cippe a été retaillé en vue de son utilisation dans
une nouvelle construction, peut-être celle de l'église de
Saint-Sorlin, où il a été trouvé, et qui est très ancienne.

---

(1) Cf. de Boissieu, *Les Inscriptions antiques.*
(2) *Expl. des Antiquités romaines de Bresse, Bugey,* etc.
Art. 1. Mst.

C'est le sort commun à la plupart des monuments funéraires gallo-romains.

La recoupe, qui a fait tomber le fronton et les acrotères a, du même coup, enlevé le début de l'épitaphe. La formule habituelle comporterait :

D   M

MEMORIAE   AETERNAE

Il n'a pas été pris d'estampage.

Le texte m'a été communiqué par l'abbé Philippe, curé de Treffort et originaire de Saint-Sorlin.

La pierre était enchassée dans la porte de l'église, près d'un montant, si toutefois ce n'était pas le montant lui-même.

Elle fut enlevée lorsqu'on restaura la façade, vers 1870, et vendue à un entrepreneur de Lagnieu, qui a dû l'enfouir dans quelque construction.

II

D   M

ETAETERNAE

MEMORIAE

CONNI TYTICI

CONNIA NICEN

CONIVGI PON

ENDVM CVRAVI

ET SAD

Ce texte tumulaire est livré par un cippe qui vient d'être découvert à Briord (1).

___

(1) Se référer à la photogravure : *Annales*, 1902, 2ᵉ livr. p. 229.

La découverte remonte aux derniers jours de novembre 1901.

C'est à M. Joseph Peysson que le mérite en est dû. Il a été rendu à la lumière au cours de terrassements exécutés dans sa propriété située au lieu dit sur Plaine, à 800 mètres au N.-E. de Briord. J'en ai eu connaissance par le curé, M. l'abbé Jacquand, qui suit, avec un intérêt soutenu, les restitutions archéologiques, dont le sol est coutumier dans sa paroisse.

Le monument était couché sur le flanc droit et enfoui sous terre, à 0,60 centimètres seulement de profondeur.

Malgré de fortes proportions, qui ont exigé, pour l'extraire, l'emploi de moyens mécaniques, le dégagement a été effectué sans accident. La pierre reste intacte.

Elle cube, en effet, 0,80., et, à ne considérer que la hauteur, elle atteint 2 m. 18, de la base à la pointe du fronton.

Le cippe est taillé dans un même bloc et présente, sur un plan réduit, un véritable monument d'architecture.

Il se compose d'une base, d'un dé et d'un entablement. Le dé porte, comme à l'ordinaire, l'inscription. Dans l'entablement, on distingue l'architrave, qui est moulurée, la frise, qui est nue, et la corniche, relevée en fronton et munie d'acrotères sur ses côtés.

Dans le fronton une tête humaine, vue de face, est sculptée en bas-relief.

Hauteur des lettres : 55 millimètres.

Les deux N de CONNI et de CONNIA, les V et M de PONENDVM, V et R, A et V de CVRAVI sont liés.

Le N final de la 5e ligne offre, à son jambage de gauche, un demi-trait, qu'on peut considérer comme le reste de la barre d'un A ; la ligature demeure néamoins douteuse.

A la 7e ligne, le T complémentaire de CVRAVI marque absolument ; la pierre présentait cependant l'espace nécessaire pour le graver, et, à défaut d'espace, on avait la faculté de barrer l'I.

Si extraordinaire que la chose paraisse, la septième lettre de la 4e ligne est un Y.

L'Y ne prit rang dans l'alphabet latin qu'au IIe siècle, et l'emploi en fut exclusivement réservé aux mots de provenance hellénique.

TYTICVS est un nom de forme et de consonance tout à fait romaines.

L'origine grecque du graveur suffirait, à mon sens, à expliquer cette anomalie. Les Grecs se répandirent en grand nombre, aux premiers siècles de notre ère, dans la région lyonnaise et sur tout le cours du moyen Rhône.

Notons encore l'absence complète de points (1) ; les mots ne sont pas séparés.

Mais l'épitaphe de CONNIA LVCINIA, que possède le musée épigraphique de Lyon, Arc. XVI, nous guide et rend certaine l'interprétation par CONNIVS TYTICVS et CONNIA NICENA du gentilice et des cognomens, que ce monument attribue aux deux époux.

La gens Connia était très répandue dans la Viennoise. Connia Lucinia était elle-même native de Vienne.

Nous pensons pouvoir, en conséquence, donner à l'inscription de Briord la forme française suivante :

---

(1) Une dernière et minutieuse inspection du monument semble pourtant nous en avoir révélé deux, de forme triangulaire, après CONNIA et CONIVGI.

Aux dieux Mânes,
Et à l'éternelle
Mémoire
De Connius Tyticus.
Connia Nicéna,
A son époux,
A fait ériger ce monument
Et l'a dédié sous l'ascia.

Le défaut, en quelque sorte voulu, du T dans CVRANI, autorise même à prêter au texte un sens plus personnel. Si insolite qu'elle soit, nous ne voyons aucune difficulté d'admettre la lecture :

Moi, Connia Nicéna,
A mon époux,
J'ai fait ériger ce monument
Et l'ai dédié sous l'ascia.

Les caractères sont nets, mais la décomposition du calcaire les a rendus un peu moins apparents.

D'autre part, des traces d'altération se font sentir. Quelques lettres épaississent leurs traits ; le M, par exemple, alourdit ses deux diagonales, tandis que les jambages extérieurs conservent la fine ciselure de la bonne époque. L'O enfle, sur ses flancs, le trait dont il est formé.

Plusieurs lettres sont liées, disons-nous ; or, il ne paraît pas, qu'en épigraphie romaine, on ait fait usage des ligatures avant la fin du second siècle.

Le monument est dédié sous l'ascia. L'ascia et la formule qui, habituellement, l'accompagne, sont des innovations que le premier siècle n'a pas connues. Elles naissent dans la Ga le celtique avec les premières années du deuxième.

Nous possédons ici la formule et l'instrument fait défaut. Le cas se présente, mais il est assez peu fréquent, pour qu'on le souligne lorsqu'il vient à se produire.

Ces différentes considérations semblent concorder toutes pour l'énoncé d'une date, sinon rigoureuse, au moins approximative. Le cippe de Briord appartient au IIIᵉ siècle.

On reconnaît à la taille de la base qu'il reposait sur un soubassement ou sur un support.

Les pierres funéraires romaines surmontaient les urnes confiées à la terre, avec les cendres des morts, les vases et les objets, dont elles étaient le plus souvent entourées. Des recherches conduites, avec méthode, autour du point précis, d'où le monolithe a été retiré amèneraient peut-être, dans un court rayon, l'exhumation de l'urne cinéraire de l'époux, auquel Connia Nicéna avait fait élever ce monument.

III

.. A R T I

.... M .. DECVMIEII

EX VOTO

Autel dédié à Mars par... M... Decumienus.

Il se trouve, actuellement, dans le clos de la cure de Mornay.

Comme toujours, dans les pièces de cette nature, sa forme comportait une base, un dé et une corniche.

La base a été recoupée et la corniche abattue pour lui faire prendre l'alignement dans un mur.

En son état présent, il donne, à la mensuration, hauteur 0ᵐ,83 centimètres, largeur 0ᵐ,40, épaisseur 0ᵐ,30 centimètres.

Les lettres omises sont dégradées ou voilées par le ciment, étendu avec trop d'abondance, dont on s'est servi, pour le scellement de la pierre, à la place où elle est présentement fixée.

Le début de la seconde ligne a été gravement détérioré, par une cavité produite au ciseau. Dès lors que deux noms propres, le *prenomen* et le gentilice du dédicant sont en cause, il est inutile d'en essayer la restitution.

La lettre isolée qui suit est un M ; il ne peut y avoir de doute à ce sujet.

Entre le M et le D, qui commence le *cognomen*, il y a place pour une lettre seulement.

Quoique les deux jambages de la dernière ne soient pas reliés par une diagonale, que j'ai vainement cherchée, tout plaide en faveur d'un N. Il faut lire DECV-MIEN[VS].

Hauteur des lettres de la première ligne : 50 millimètres, de la 2e et de la 3e : 28 millimètres.

Elles sont de moitié plus hautes que larges ; c'est dire qu'elles sont étirées. Je dois ajouter que le trait se transforme en un ligament léger, et qu'on observe, tout à la fois, de l'irrégularité dans le tracé et dans l'ordonnance des caractères.

Malgré ces défauts imputables à l'inexpérience du graveur, l'attribution de ce monument ne paraît pas douteuse. Nous le reportons à la même période que les deux précédents, car, d'un côté, la lettre conserve encore, dans ses parties essentielles, la pureté de ses formes premières, de l'autre, elle ne semble nullement pressée de frayer avec les formes que nous présentent les textes épigraphiques du IVe siècle.

Cet ex-voto avait été jeté au rebut, et restait confondu

avec les pierres vulgaires, qui encombrent les alentours du presbytère de Mornay. Il fut remarqué par le précédent curé, qui lui ménagea un refuge, en en faisant, un pied-droit. Il est maintenant engagé dans l'enfoncement en forme de niche, qui protège l'ajustage de la citerne de la cure.

C'est là, que le curé actuel, l'abbé Savarin me l'a montré, et que j'en ai transcrit le texte.

Il y a lieu d'être étonné que cette inscription soit restée inédite jusqu'à ce jour.

La pierre de Mornay doit être considérée comme l'analogue de la pierre votive de Matafelon.

Celle ci présente, également, l'expression d'un vœu à Mars par C. Vérus Gratus. Ces deux antiques, retrouvés sur deux points rapprochés de la même région, parlent une langue significative. Ils invitent à bien nous convaincre que le dieu de la guerre comptait de fervents adeptes, et que son culte avait jeté de profondes racines, dans la population gallo-romaine de la vallée d'Izernore.

IV

D   M

SƎNNO SƎN

AVCI FILI

V   S

M   V   P

Aux dieux Mânes,
Senno,
Fils de Senaucus,
En accomplissement d'un vœu.
Il a fait élever ce monument de son vivant.

On lit cette épitaphe sur un cippe, au château de Machuraz.

Le cippe mesure 1 mètre de hauteur, non compris le fronton, qui est de 0m50, et la base, qui est d'environ 0m35.

La base ne présente pas une section nette, c'est-à-dire que le monument n'était pas fixé sur un support taillé par un goujon et des crampons de fer.

Elle est brute, preuve manifeste qu'elle était simplement plantée en terre, sans aucun soubassement.

On observe, entre le dé et le fronton, une disproportion très caractérisée, dont les chiffres de mensuration ne donnent que faiblement l'idée.

Le fronton est décoré d'un croissant.

En largeur, le dé offre, sur la face antérieure, 0m, 43, sur la face postérieure, 0m, 36, et, en profondeur, 0m, 27.

On voit ainsi quelle est sa forme, et j'ajoute, qu'à l'exécution négligée de toute la partie d'arrière, on constate que cette pierre funèbre devait s'engager, au moins à moitié, dans un massif en maçonnerie.

Hauteur des lettres : 0m, 030 millimètres.

Le cognomen SENNO n'est pas connu, en Epigraphie, dans l'Ain ni dans le Rhône.

Nous en disons autant de SENAVCVS.

Ce cippe fut découvert en 1897, à Machuraz, près de l'entrée du château, pendant un défonçage du sol pour la plantation d'un bosquet.

Sur les ordres de M. Meandre, il a été dressé, sur le côté gauche de l'avenue, contre l'escarpement qui la surplombe. Sa conservation paraît assurée.

Les antiquités gallo-romaines sont communes sur ce ressaut du Bas-Valromey, notamment à Don.

La ligature d'E et N dans SENNO, l'abréviation de FILIVS, la forme légèrement allongée des lettres et le défaut général d'harmonie, tant dans l'inscription, que dans les proportions du cippe, se révèlent comme des symptômes de décadence. On peut reporter la date de ce monument au IIIᵉ siècle, peut-être à sa première moitié, en tout cas, elle ne peut remonter jusqu'à la fin du IIᵉ.

V

G I I
V

Fragment de stèle.

Il a été recueilli par M. l'abbé Jacquand, qui l'a déposé et le conserve au presbytère de Briord.

La découverte a eu lieu sur le territoire de la paroisse, mais elle n'est pas récente. On ignore, actuellement, quel est l'endroit exact de sa provenance.

Il mesure 0ᵐ 23 centimètres dans les deux sens, hauteur et largeur, et 0ᵐ 20 centimètres environ de profondeur.

Une circonstance particulière distingue cette pierre. Au lieu de lignes horizontales, comme le veut habituellement le procédé en usage dans la gravure tumulaire, le texte se présente en lignes verticales, comme si la stèle eut due être enchassée dans un mur, suivant le sens de sa longueur.

Ce phénomène est d'une extrême rareté; je ne crois pas qu'on en cite d'autre exemple dans l'Ain.

Un petit tore l'encadrait sur ses quatre côtés; autre détail dont la rareté n'est pas moins singulière.

Le fronton a été conservé presqu'en entier. De même qu'au nᵒ IV, un croissant est taillé dans le vide triangulaire.

Deux appendices en décoraient les flancs, à la base des rampants. Leur mutilation empêche d'en spécifier la nature, mais il faut y voir des oreillettes ou des acrotères, les ornements les plus ordinaires de ces parties du fronton.

Hauteur des lettres : 48 millimètres.

Il y aurait beaucoup de témérité à vouloir étayer, sur trois lettres et la moitié d'une quatrième, une interprétation du texte, si conjecturale qu'elle puisse être.

§ 2.

Inscriptions chrétiennes.

I

† H...............

....ISIS PRIH........

....TIS MATH.......

....MATV SOMNE..

Sur treize inscriptions chrétiennes, trouvées dans le département, il en a été recueilli douze à Briord (1). Avec cette épitaphe, le lot déjà si riche de l'ancienne ville gallo-romaine s'augmente d'une unité.

Elle était ensevelie dans des décombres, sur les bords du Rhône. Elle en fut retirée en 1897 ou 1898. On n'a rien pu m'apprendre de plus sur les circonstances, qui en ont accompagné l'exhumation.

Son caractère chrétien est mis en évidence par la croix placée au début. Il est heureux que ce signe ait échappé à la destruction.

La lettre mutilée, qui commence la seconde ligne, est

_____

(1) La treizième, à Saint-Maurice-de-Rémens.

un N. Ce qui en reste est bien incomplet, mais le jambage de droite étant demeuré intact, on juge à sa direction, franchement verticale, qu'il ne saurait convenir à un V.

Il persiste des doutes sur la nature de celle qui termine la même ligne ; néanmoins, toutes les probabilités sont en faveur d'un H.

L'état déplorable, dans lequel ce fragment nous est parvenu, rend tout essai de restitution impossible.

Cependant, la première ligne, quoique la plus maltrai-traitée, se rétablit avec assurance par H[IC REQVIES-CIT].

On pourrait trouver, dans la seconde : [BRIVORDIE]N-SIS PRI[MICERIVS] ; dans la troisième : MATH[EVS].

Mais que ne trouverait-on pas dans ces mots tron-qués ? Il convient donc de renoncer à en dégager un sens plausible.

Des traits, destinés, croit-on, à guider le graveur dans son travail, séparent quelquefois les lignes, dans les inscriptions de cette série. Le fait s'observe, à Briord même, sur la pierre tombale de Limberga, transformée en seuil de porte, à l'extrémité orientale du village. Ce procédé est d'introduction quelque peu tardive, et, comme on y eut qu'exceptionnellement recours, il n'y a aucun espoir qu'un rayon de lumière vienne, de ce côté, nous éclairer sur l'ancienneté de cette épitaphe.

Les lettres n'appartiennent plus au système bâtard qui prit naissance, vers la fin des Antonins, et que la rénova-tion du ve siècle fit disparaître.

Leur hauteur est de deux centimètres et demi, et leur largeur de douze millimètres. Elles sont allongées, et sans grandes barbelures aux extrémités. Le trait est grêle et d'épaisseur inégale sur sa longueur.

Leur analogie avec les caractères en usage vers l'an 500 (1) ferait attribuer ce fragment à la fin du premier royaume de Bourgogne, ou au début de la période burgondo-franque.

L'inscription est gravée sur une plaque de pierre blanche, qui a été encastrée à 1 mètre 50 de hauteur, à l'angle de la maison Lucien Peysson, la seconde à l'entrée de Briord, en venant de Serrières.

§ 3.

Inscriptions moyen-âge.

I

† ABAS : GVIGO : DE : VA

SSALLIACO : NOBILIS : HIC : GVIGO : IACET : ABAS : CVIVS : ORIGO :

† VITA : Q2 : LAVDARI : DEBET

FINIS : QVOQ2 : SPERNI.

Cette tombe fut découverte, au mois d'octobre 1888, dans l'ancienne salle du chapitre de l'Abbaye d'Ambronay, sous le dallage actuel à 0^m 50 de profondeur.

C'est une pierre polie mesurant 2 mètre 07 de longueur. La largeur oscille entre 0^m 68 à la tête et 0^m 58 au pied. Elle a ainsi la forme d'un cercueil, moins les renflements latéraux.

Sur tout le pourtour, l'angle est chanfréné. A 0^m 01 centimètres du chanfrein, une bande, formée de deux traits peu profonds, porte l'épitaphe. Les vides sont ornés de fleurettes et de rinceaux de bon goût.

_____

(1) Cf. avec les inscriptions reproduites par A. de Boissieu : *Inscr. ant. de Lyon.* Chap. XVII.

L'abbé est représenté dans le champ. De la main gauche, il tient la crosse abbatiale, et, de la droite, soutient un livre relevé contre sa poitrine.

Le dessin est gravé au trait. On lui reprochera peut-être quelque raideur, mais on ne lui déniera pas la vie, la correction et l'élégance.

Aucune date ne rappelle l'âge du monument. Toutefois, le style, la formule, les caractères et le trait accusent le faire du XIIIᵉ siècle.

Il a été maintenu sur l'emplacement d'où on l'a sorti. C'eut été un hommage rendu à l'art et au culte de nos souvenirs historiques, qu'au lieu d'être assimilé aux autres pierres du dallage, il fut redressé contre les murs de la salle. On en aurait plus sûrement garanti la durée.

Mieux encore, il mériterait une place d'honneur dans un musée. C'est la plus remarquable des tombes d'Ambronay.

FINIS QVOQ2 SPERNI pourrait devenir un thème à discussion. Ce n'est pas dans la lettre, mais dans l'esprit de l'épitaphe, et surtout dans l'esprit de l'époque qui érigea ce monument funèbre, qu'il faut en chercher le sens exact.

Une tombe est un hommage, et d'autant plus significatif que sa valeur artistique est plus grande. On s'abstient de ce devoir à l'égard d'un personnage notoirement infâme, ou si, timidement, l'on s'y résigne, c'est en vénérant la sainteté de la mort. Il est difficile d'accepter que les religieux d'Ambronay aient imposé silence à ces sentiments, et fait graver, sur la pierre, une tare destinée à flétrir l'abbé qu'ils se proposaient d'honorer. FINIS QVOQ2 SPERNI est un acte d'humilité chrétienne, outré peut-être dans les termes, mais tout à fait dans les traditions monastiques du XIIIᵉ siècle.

La pierre ne couvrait pas une sépulture. Les fouilles, poussées jusqu'à 1 mètre 75 de profondeur, n'ont révélé ni linges consumés, ni débris d'ossements. Son enfouissement doit remonter à la fin du XVᵉ siècle, lorsque Etienne Morel fit construire la salle du chapitre. Le texte n'était plus compris, et on redoutait les interprétations malveillantes, auxquelles il pouvait donner lieu.

L'abbé Guigue de Versailleux manquait à la liste des abbés d'Ambronay, et aucune mention, écrite ou gravée, le concernant n'a été signalée encore. Ce seul fait donne à la découverte la note juste de sa valeur.

— La famille de Versailleux est née, a grandi et pris fin à Versailleux, en Dombes.

Nous la mettons au nombre des plus anciennes du département et des plus anciennement éteintes. Elle disparut dans la première moitié du XIVᵉ siècle, avec Louis de Versailleux qui mourut sans postérité vers 1330.

II

An⁰ dni m⁰cccc xxxix. Ita capl fu fondata in honore bc m bigis et santo stephano a bbab⁹ misis in septimana z fecit bns stphbs femelati qbrat⁹ hbi⁹ loci cbi⁹ aima reqscat i pace. a.

Eglise de Saint-Maurice-de-Rémens.

Ce cartel est enchassé a moitié dans le mur méridional de la nef, au-dessus de la pointe de l'arcade en ogive, qui s'ouvre sur la chapelle du Rosaire.

Est-ce la même chapelle du Rosaire, aujourd'hui existante, que le curé, Etienne Fémelat, fonda de deux messes par semaine, de la Vierge et de saint Etienne ? Je suis porté à le croire. Ce n'est pas au hasard que l'inscription a été disposée à la place d'honneur qu'elle occupe. Mais l'a-t elle toujours occupée ?

Elle ouvre, pour nous, la série des inscriptions gothiques.

Les lettres présentent environ 0,02 centimètres de hauteur. Elles sont peintes en noir, et me paraissent peintes sur bois.

Un cadre en bois doré, plus moderne — XVIIe siècle — protège et orne le texte. Les dimensions du cartel ne doivent pas être inférieures à $0,50 \times 0,25$.

Je n'avais pas sous la main les moyens de l'atteindre, lorsque je visitais St-Maurice-de-Rémens. Mes mesures ne sont qu'approximatives ; mais elles s'écartent peu des dimensions réelles.

Etienne Fémelat est le plus ancien curé de Saint-Maurice, sur lequel on ait des données, et encore se réduisent-elles au contenu de l'inscription, que nous venons de reproduire.

Sa fondation est absolument oubliée de nos jours ; elle n'a laissé d'autre souvenir, que ce document épigraphique.

Aucune pièce, aux archives de la fabrique, ne la concerne ou n'en fait mention. Aux archives départementales, même silence et même oubli.

III

Hanc domū instauravē cū toto pi *etalis affectu*

bcū et religiosi · dūi · bertradus de lo *rasio*

decretor doctor prior de brou et de *canus de Lentenay*

Abertus de lorasio fratres instaura *tores*

decanus molonis anno *incarnationis*

mº ccccº luiº

· La pierre est encastrée, à 1 mètre 50 au-dessus du sol, dans le mur extérieur et à l'extrémité nord du parc de M. de Lauzière, anciennement des Blains, à Ambronay.

Les dimensions sont, en hauteur, 0,50, et, en largeur, 0,62.

Son développement n'est plus entier dans ce dernier sens. Elle a été recoupée du côté droit, dans une mesure donnée, pour être réemployée dans un ouvrage de maçonnerie.

La retaille est de 15 à 20 centimètres.

Par le fait, le texte se trouve également tronqué.

Cette curiosité épigraphique fut ramenée au jour par M. des Blains, au cours des démolitions qu'il dut effectuer, pour bâtir son château, vers 1850.

Il avait en trop haute estime l'amour de l'art et des anciennes traditions de l'histoire, pour rejeter dédaigneusement ce débris. Il le fit placer à l'angle de son clos, de telle sorte que chacun, et en tout temps, put l'aborder et le consulter.

Intention louable sans doute ; mais n'apparaît-il pas, à

la réflexion, qu'il eut agi plus prudemment, en n'exposant pas ce monument aux désastreuses intempéries du climat ? Déjà l'altération s'en empare, et la lecture en devient plus difficile de jour en jour.

La restitution que je propose, de la partie mutilée, me paraît fort acceptable. Si elle s'écarte du véritable texte, ce ne peut être que sur un ou deux points de détail, nullement susceptibles d'altérer le sens général du document.

Dans tous les cas, je ne l'impose à personne.

Hauteur des lettres 0,038 millimètres

Un écusson, de 0,16 × 0,19, est gravé à l'angle gauche inférieur, au début de l'avant-dernière ligne. Il est aux armes des Loras : de gueules à la bande losangée d'or et d'azur.

Quelle était cette maison, dont le rétablissement s'inscrivait ainsi sur la pierre, avec les noms de ses auteurs ?

Un hôtel privé ? Il ne faut pas y songer. Une construction hospitalière plutôt, hospice ou tout autre établissement de bienfaisance, destiné aux affligés du sort de la ville et des environs d'Ambronay.

C'est à Bertrand de Loras, que l'abbé Pierre du Saix remit l'exécution de ses volontés dernières.

L'abbé du Saix avait restauré ou aménagé la chapelle de Saint Hugon, située dans la nef septentrionale de l'église, et on l'appelait quelquefois la chapelle du Saix. Par testament, il la dota de revenus importants, en fit sa sépulture, et y fonda deux chapelains à perpétuité.

L'institution des chapellenies se réalisa le 23 février 1458.

Bertrand de Loras y nomma deux religieux de l'abbaye, frères Jean Munet et François de Fontana.

La charte en fut notariée à Ambronay, *in domo decani Molonis*, devant noble Jean Morand, prévôt, et Pierre Vincendat, curé dudit lieu (1).

Selon toute évidence, le doyen de Molon est celui de notre texte, Albert de Loras, frère de Bertrand, et son corestaurateur.

Durant plus d'un demi-siècle, Bertrand de Loras jouit du doyenné de Lentenay. Il le réunit à l'abbaye, en 1491. Etienne de Morel, abbé d'Ambronay, fut commis par Innocent VIII, pour en effectuer l'incorporation.

L'affaire reçut sa solution définitive, au château de Saint-André-sur-Suran, le 16 juin de la dite année, et, trois jours après, frère Amédée Guyot, réfecturier du couvent, en prit possession au nom du chapitre (2).

IV

Hic iacet nobl⁹ potes Anths

De lorasio Dns Quondam Montis

plasentis Et Nobilis Adolescens Ber

tradus De lorasio eius Consanguine

us Germanus et Heres Vniuersalis

: M : cccc : lxi.

Eglise d'Ambronay, côté gauche de la nef principale, au pied de la 5e colonne.

L'épitaphe couvre le quart de la tombe, à son extrémité supérieure,

---

(1) *Arch. de l'Ain*, H. 133.
(2) *Ibid.* H. 183.

Un trait entoure, à l'instar d'un cadre, les six lignes qui la composent. Il mesure 0ᵐ, 95 et 0ᵐ 45 sur les côtés.

Au centre de la partie vide, on voit, inversement au texte, l'écu armorié des Loras. Il est sculpté en relief.

La pierre porte 2 mètres en longueur, sur 1 mètre 02 en largeur.

Hauteur des lettres : 0,04 centimètres.

On serait en droit de se montrer sévère à l'endroit de la gravure. Elles paraissent peu régulières, et point franchement enlevées dans le bloc, qui se prêtait au travail du graveur.

Les S finales ont conservé la forme latine. Le caractère nettement gothique de l'épitaphe rend cette anomalie manifeste. Il est bon de savoir, d'ailleurs, et le fait est démontré par les inscriptions du xvᵉ siècle, que la transformation de ce signe ne fut jamais complète. Les V sont mêlés, tantôt latins, tantôt gothiques.

Les Loras sont originaires du Dauphiné. Ils s'implantèrent, dans le département, par l'acquisition du fief de Montplaisant, commune de Saint-Sorlin (1). Antoine de Loras s'en rendit acquéreur, le 28 août 1497. C'est, du moins, ce qu'avance Rév. du Mesnil, sans citer de références, tandis que, suivant Guichenon, les Loras étaient établis à Montplaisant dès 1411, avec Jean et Guyonnet de Loras (2).

L'Armorial attribue, d'autre part, à Antoine de Loras, un fils, nommé Etienne. Cette filiation paraît singulière,

(1) La maison, voisine de l'église, aujourd'hui en ruine, appelée *maison de Loras*.

(2) *Armor. de l'Ain.* Vᵒ Loras. — Guichenon, *Bugey.* La Balme.

et nous avouons ne pas comprendre que le seigneur de Montplaisant ait transmis, au préjudice de son propre fils, l'universalité de ses biens à son cousin, fut-il même, comme c'est le cas, son cousin germain.

Les Loras ont été seigneurs du Saix, dès les premières années du XVIIe siècle, jusqu'à la fin du XVIIIe.

Ils blasonnaient, avons-nous dit, de gueules à la bande losangée d'or et d'azur.

V

Hic iacet frater Amedeus

Guioti Refecturarius ambroniaci et

decanus Juivriaci

Qui posupulturam inpe iqut. Anno dni : M : cccc l xxxvi

Collatéral sud de l'église d'Ambronay, quatrième travée.

La tombe fait dalle dans l'axe de la nef.

L'épitaphe est gravée en bordure autour de la pierre Deux traits, distants l'un de l'autre de 8 c. 1/2 et à 7 cent. des bords, maintiennent sa direction.

Lettres de 0,04 1/2 centimètres.

Les V, soit consonnes, soit voyelles, et les S conservent la forme hybride du n° précédent.

On remarque deux écussons gravés dans le champ, l'un à la tête, l'autre au pied, se développant par 0,19 × 0,20 c. et 0,25 × 0,26.

Le supérieur, blasonné de gueules à la bande d'argent, accompagnée de six besants en orle, est des Guyot.

L'inférieur est parti : au 1er des Guyot ; au 2e, d'azur

à trois quilles d'or, au chef cousu et bastillé par en bas de sable, qui est des Guillod.

L'interprétation de la quatrième ligne présente des difficultés sérieuses. J'ai lu : **Qvi posvit sepulturam : m pace requiescat.**

Mais des doutes persistent, et sous aucun prétexte, je ne voudrais déclarer définitive une leçon qui reste toujours incertaine.

Guichenon, y a coupé court par la suppression de la phrase incriminée (1); système commode, mais insuffisant.

A l'égard du millésime, qui est très apparent, on doit lire 1476 et non 1473. Nous allons voir que frère Amédée Guyot vivait encore en 1497. La date, gravée sur sa pierre funéraire, rappelle non son inhumation, mais la construction de son tombeau.

Dimensions : 2 mètres 02 et 1 mètre 05.

C'est une belle tombe et d'une exécution généralement appréciée. Elle a déjà souffert beaucoup du frottement.

Voir, dans l'*Armorial de l'Ain*, V^{is} Guyot et Quy, l'incroyable méprise de Rev. du Mesnil.

Frère Amédée Guyot était fils de Geoffroy Guyot, seigneur de la Garde, et petit-fils de Thomas Guillod, deux familles essentiellement bressanes, puisqu'elles tirent l'une et l'autre leur origine de la ville de Bourg.

Il fonda la chapelle de Saint-Christophe, *capella per eumdem domnum refectrurarium, in ecclesia Beate Marie Ambroniaci, ad honorem et sub vocabulo sancti Christophori fundata,* et lui constitua un revenu annuel de 28 sols viennois.

---

(1) *Bugey,* 11 6.

Cette rente fut assignée sur une verchère de quatre quartellées, située à Douvres, entre la maison dite Gauchons des Gaboles, la chaussée de la rivière et la route de Douvres à Saint-Rambert. Le fonds appartenait aux Dessaigne, alias Guillod, dont l'habitation en était séparée par un chemin, du côté du soir.

Le 4 octobre 1490, chez le réfecturier, *in domo refecturarii*, en présence de Thomas Trolliet, de Pierre Chapollet et André Guippon, bourgeois d'Ambronay, Antonia, relicte de Pierre Dessaigne, Pierre, Odet et Jean, ses fils, passèrent à frère Amédée Guyot, comme recteur de la chapelle de Saint-Christophe, une reconnaissance de cette obligation (1).

Un anniversaire annuel fut ensuite institué par lui, à cette même chapelle, en 1497. Il versa, à la mense du couvent, un capital de 14 florins de Savoie pour sa célébration.

La somme provenait, pour partie, du rachat que Pierre Guillod avait effectué, de la part à sa charge, dans la pension précédente. On la remit à André Serat et à Pierre, son neveu, contre hypothèque sur un pré de cinq seytives au Molard de Douvres, lieu dit en Prelet.

La rente, soit 14 sols viennois, était stipulée annuellement payable à la Saint-Michel.

On convint de ces clauses le 5 avril, « *in magna ecclesia*, » à la grande église du monastère (2).

---

(1) *Arch. de l'Ain*, H. 149.
(2) *Ibid*. H. 124.

VI

𝕳𝔦𝔠 · 𝔦𝔞𝔠𝔢𝔱 · 𝔭𝔦𝔞𝔟 · 𝔳𝔦𝔯 · 𝕵𝔬𝔥𝔞𝔫𝔢𝔰

𝔟𝔲𝔞𝔱𝔢𝔯𝔦𝔦 · 𝔫𝔬𝔟 · 𝔟𝔲𝔯𝔤𝔢𝔫 · 𝔰𝔠𝔱𝔦 · 𝔱𝔯𝔦𝔢𝔯𝔦𝔦 · 𝔢𝔱 · 𝔨𝔞𝔱𝔥𝔢𝔯𝔦𝔫𝔞 · 𝔢𝔦[9] ·

𝔳𝔵𝔬𝔯 · 𝔮𝔳𝔦 · 𝔬𝔟𝔦

𝔢𝔯𝔳𝔱 · 𝔟[9] 𝔡𝔦𝔠𝔱𝔞 𝔨 𝔡𝔦𝔢 · 𝔵𝔦𝔦𝔦 · 𝔰𝔢𝔭𝔱𝔢𝔟𝔯𝔦𝔰

𝔷 𝔳𝔦𝔯 · 𝔦𝔬𝔥𝔢𝔰 𝔡𝔦𝔢 · 𝔵𝔵𝔳𝔦𝔦 · 𝔢𝔦𝔳𝔰𝔡 · 𝔪𝔢[9] · 𝔪 : 𝔠𝔠𝔠𝔠 : 𝔫𝔬𝔫𝔞𝔤 · 𝔱𝔢𝔦𝔬

𝔮𝔯 · 𝔞𝔦𝔢 𝔦 𝔭𝔠𝔢 · 𝔯𝔢𝔮𝔢𝔰 · 𝔱𝔫𝔱

𝔞𝔫𝔢.

Eglise de Saint-Trivier-de-Courtes, côté gauche, en remontant vers le chœur.

Longueur : 2 mètres 28 ; largeur : 1 mètre 12.

En bande, entre deux traits, autour de la tombe. Les deux derniers mots font retour sous la première ligne.

Hauteur des lettres : 0,06 1/2 c.

Elles sont gothiques et d'un beau type. Nous les estimons d'autant mieux qu'elles nous sont parvenues indemnes des accidents, dont ces signes sont habituellement affectés.

Le champ est nu, c'est-à-dire qu'il ne porte ni figures, ni blason, ni emblèmes.

S'ils n'étaient pas originaires de Saint-Trivier, les Buathier s'y trouvaient établis dès longtemps.

En 1408, Pierre Buathier tenait en abergeage, à la charge de 4 deniers de cens, du comte de Savoie, une parcelle de terre située devant le portail de l'église-mère de Saint-Trivier (1).

Leur habitation faisait face au château. Les comptes du châtelain Philibert de La Palud portent inscrit un second abergement qui les concerne. Le 1er avril 1455, le duc Louis remit, à ce titre, aux consorts Buathier, un emplacement ou terrain vague, et il est dit que ladite place joignait leur maison et confinait à l'entrée du château (2).

Ce ne fut qu'en 1565, sous le règne du duc Emmanuel-Philibert que les habitants de Saint-Trivier furent affranchis de la taille et de la mainmorte (3). Il paraît cependant résulter de la qualité du défunt qu'antérieurement à cette date on jouissait, à Saint-Trivier, de franchises au moins individuelles, si elles n'était pas collectives.

Les Buathier ont du s'éteindre ou émigrer au cours du XVIe siècle.

Le dépouillement des registres de baptême de 1609 à 1656 m'a révélé des Berthet, des Gauthier, noms d'affinité voisine, et pas un seul Buathier.

Un domaine portait autrefois ce nom ; il est devenu la Grange Battier. Enfin, j'apprends par une notice manuscrite, sans date ni nom d'auteur, sur la paroisse de St-Trivier (4). qu'à la fin du XVIIe siècle, il existait encore dans l'église de N.-D. de Consolation, qui est l'église paroissiale actuelle, une chapelle dite des Buathier. Elle appartenait aux Dubois de Raine et fut démolie, vers le même temps, pour faire place à la chapelle du Rosaire.

---

(1) *Arch. de la Côte-d'Or*, B. 9984.
(2) *Ibid.*, B. 10,033.
(3) Cf. Guigue, *Topog.* Ve Saint-Trivier.
(4) *Arch. de la Fabrique.* Mst de 1750.

VII

Hic iacet iohes roblini carpintor de belmo et
poneta eius ux faliaris · t · p . i xpo. d
d. epi moran commanditoriiq⁹ ppi
pntis ecclie qui pinnclm hui⁹ ecclie carpitabit
et fecit tbmblo q⁹ pnte hic apponi fecit
qborb · aic i pace reqbescat ame
Anno m.⁰ cccc.⁰ lxlbit.⁰ prima octobris.

Eglise d'Ambronay.

Posée en dalle dans la cinquième travée de la grand'-
nef, à droite du passage, auquel elle est contiguë.

Les lettres sont remarquables au point de vue technique.

Hauteur : 0^m, 05 centimètres.

Le texte, contenu entre deux filets en creux, espacés
de 0^m, 09 cent. et à 0^m, 06 cent. des angles, court autour
de la tombe.

La superficie de celle-ci s'évalue par 1^m, 95 × 0^m 99.

Croisette à l'angle droit supérieur, et, dans le champ,
une hache, un compas et un équerre.

La forme de la hache mérite qu'on y prête attention.

C'est par Robellini, que l'abréviation *Roblini* doit se
traduire. Le nom se lit tout au long, dans une charte des
Archives départementales.

Belmont, lieu de naissance de Jean Robellini, sans

complément déterminatif, ne peut être que Belmont en Lyonnais. Sa femme Peronette était née à Montluel (1).

Son titre de familier révèle non un serviteur à gage, mais un ouvrier-maître, un membre distingué du nombreux personnel qu'Etienne Morelli employa à la réédification de l'église et du monastère d'Ambronay.

Il construisit la toiture de l'église abbatiale. Ce *pinnaculum ecclesie* était regardé comme une œuvre d'art ou de grande hardiesse, puisque le souvenir en fut gravé sur sa tombe, comme son titre le plus méritoire devant la postérité.

Une fondation portait son nom. Elle se résumait dans les trois dispositions suivantes : 1° une messe basse, tous les samedis, en l'honneur de la Vierge ; 2° une messe à haute voix, tous les ans, la veille de la Nativité de Saint-Jean-Baptiste, *de ejusdem officio* ; 3° enfin, une procession générale des religieux à l'autel de Saint-Christophe, précédant la célébration de ladite grand'messe. Ces différents services se célébraient à la chapelle de ce dernier vocable, située *a parte venti seu meridiei*.

Il y affecta la somme de cent florins, *quia congruum est*, ajoutait-il, *qui divina sacramenta ministrant alimenta seu aliquid temporaliter percipiant*.

Voici les religieux qui, en leurs noms et comme délégués des frères absents, acceptèrent ses conditions : Jean Janin, grand prieur, Jean de Lucinge, aumônier, Etienne de Lucinge, infirmier, Pierre Chambury, chantre, Amédée Guyot, réfecturier, Hector de La Balme, doyen de Villereversure, Georges de Vaugrineuse, doyen de Mol-

(1) *Arch. de l'Ain*, H. 149.

lon, François de Fontana, Louis des Terreaux, Pierre Bordeti, Jean du Molard et Pierre Fournier (1).

La fondation est du 5 février 1497. Jean Robellini mourut le 1er octobre suivant.

Dans la 2e travée, toujours à droite de la nef principale, une tombe présente trois emblêmes identiques, hache, équerre et compas. Il ne reste aucune trace de l'inscription.

VIII

HIC · IACET · FRATER ·

HECTOR · DE · BALMA · DECANVS · VILLEREVER

[SVRE

CVIVS · ANIMA

REQVIESCAT · IN · PACE · AMEN · M · D · XXIII.

Eglise d'Ambronay, cinquième travée de la grand'nef.

La position de cette tombe, dans l'axe de l'église, en plein passage, provoque des regrets, car elle assure, dans un délai qui n'est pas éloigné, l'anéantissement du personnage et des ornements qui en font la beauté.

Deux traits bordent l'épitaphe, qui est disposée en cadre autour de la pierre.

Celle-ci présente 2 mètres 13 et 1 mètre 10 dans les deux sens.

Hauteur des lettres : 0, 07 1/2 c.

Caractères de transition.

Dans le champ, chapelle gothique, se composant de deux pilastres et d'un arc en accolade avec feuilles de choux ornant les rampants. Le défunt est représenté, en

---

(1) *Arch. de l'Ain*, H. 149.

habit monastique, sur son lit funèbre, la tête sur un coussin. Un lion dort à ses pieds.

Tout est gravé au trait.

Le dessin mérite des éloges ; il est très correct.

Aux angles supérieurs de la pierre, entre le cadre et l'extrado de l'arcade, deux écus armoriés.

On voit une bande sur l'écu de gauche. La maison de la Balme blasonnait d'or à la bande d'azur.

L'écu de droite est parti : au 1er de la Balme ; au 2e de Grólée, gironné d'or et de sable de huit pièces

C'est la seule tombe à personnages que renferme l'église ; elle exigerait des ménagements.

La maison de la Balme ou de la Baulme tire son nom de la Balme, paroisse du canton de Poncin, au-dessus de Cerdon.

Ses ramifications sont nombreuses.

Hector de la Balme appartenait à la branche des seigneurs de Vertrieu, en Dauphiné,

Il avait embrassé la vie religieuse, à Ambronay, dès avant 1490 (1), en même temps qu'Anthelme, doyen de la Tranclière, son frère, et qu'un autre frère, peut-être Eustache de la Balme, doyen de Villereversure, en 1504, auquel il succéda vraisemblablement dans la possession de ce décanat.

IX

HIC · IACET · NOBILIS ·
IOHES · VISQVA · DEQVERIO · PEDEMONCIO · CVIVS ·
ANIMA · REQVESCAT ·
IN · PACE · AMEN · OBIIT · DIE · 15 · MAI · 1527 ·

(1) *Arch. de l'Ain*, H. 92.

FIG. 1. — Tombe d'Hector de la Balme à l'église d'Ambronay

Eglise d'Ambronay, nef principale, deuxième travée, à droite.

L'inscription se déroule en bande, sur le pourtour de la tombe, maintenue par deux traits laissant, tout au plus, 0^m, 02 cent. de marge sur les bords.

Hauteur des lettres : 0^m, 07 centimètres.

L'exécution en est soignée.

Mensuration générale : 1^m 99 × 1^m 03.

Champ nu, sauf un écu, au centre, surmonté d'une banderolle.

L'écu est taillé à l'italienne et écartelé : au 1er et 4e, équipollé, de.. ; aux 2e, et 3e de...

La banderole n'offre plus qu'une devise en lambeaux. On interprète péniblement encore : ANTE HOI.... VITA ET MORS.

La leçon de Guichenon est bonne (1). J'y remarque deux substitutions de lettres seulement, dont la gravité est tout à fait relative, VISQVI pour VISQVA, et PEDE-MONTIO pour PEDEMONCIO ; mais le millésime, pourtant très apparent, est considérablement rajeuni.

Les lettres arrondissent leurs angles. Laissons ache-ver l'évolution commencée, nous en verrons sortir la belle capitale romaine, dont la tour de Machuraz va.nous donner, au n° 11, un spécimen intéressant. C'est le go-thique bâtard.

Il y a beaucoup d'analogie entre l'écriture lapidaire de la première moitié de ce siècle et les caractères en usage au XIIIe.

On se perd en conjectures sur les causes de l'expatria-tion de noble Jean Visqua, qui, né à Quiers, en Piémont, mourut à Ambronay.

_____

(1) *Bugey,* II, 6.

La plus vraisemblable le présente comme un officier des armées de Charles II, envoyé en garnison dans nos provinces. Retiré du service, il dit adieu à son pays d'origine et se fixa définitivement en deçà des monts.

J'ai demandé par lettre, au curé de Quiers, des renseignements sur les Visqua, au cas fort improbable, où ils existeraient encore ; il ne m'a pas répondu.

X

· CESTE · CHAPPELLE .

A · ESTEE · FAICTE ·

L'AN · 1533

Clé de voûte à Verizieu, hameau de Briord.

Elle consiste en un bloc calcaire taillé, encore muni de ses quatre amorces s'adaptant aux nervures des arcs en ogive, qui étaient présumés se croiser à son centre.

La clé proprement dite est de forme ronde, avec un diamètre de 0,37 centimètres.

L'inscription, telle qu'une légende monétaire, est sculptée en cercle sur son pourtour, entre deux filets.

La date qui la termine, s'est réfugiée dans le champ, où, de son côté, elle se développe en demi-cercle, autour d'un ornement, dont je n'ai pu fixer avec certitude le sens ni la nature.

C'est un relief oblong et partiellement évidé qui par son profil et ses vides mérite d'être rapproché de ces ornements lancéolés et en forme de flamme qui caractérisent la troisième phase de l'architecture ogivale.

Les lettres ont 55 millimètres de haut. Lettres de transition, également, partie gothiques, partie latines et fleuries. Celles de Brou, semées comme des joyaux sur le monument, en rappellent, avec beaucoup de vérité, le type et l'aspect.

Les points sont en losange.

Cette pierre, que nous pouvons qualifier tout doucement d'œuvre d'art, fut rapportée, il y a environ 60 ans des ruines du château de Saint-André.

Elle est déposée à titre de curiosité, sur le mur qui clot la cour de Nicolas Moiroud, adjoint au maire de Briord, dont la famille a possédé l'emplacement du château.

Nous ne doutions pas de l'existence d'une chapelle au château de Saint-André de Briord, mais nous ignorions qu'elle avait été construite en 1533.

La clé de voûte de Verizieu est un témoin fidèle. Elle atteste ce fait d'histoire locale et le prouve ; à la condition, toutefois, de ne pas égarer son certificat d'origine ou plutôt de lui en délivrer un par écrit, car son état civil actuel est purement verbal.

La chapelle de 1533 devait succéder à une chapelle plus ancienne, ou n'était que la reconstruction de la chapelle primitive du château. L'édifice religieux se posait toujours, au Moyen-Age, en auxiliaire indispensable de l'édifice militaire. Le château, de par sa nature de camp fixe et sa destination, avait constamment en perspective le siège ou le blocus, et, dans ces deux épreuves, la chapelle assurait les secours religieux tant à la garnison qu'aux populations réfugiées dans son enceinte.

XI

CAVILIARI QVAM 15

HEC PROMPTIVS·EST EMVLARI 3 4.

Grande tour du château de Machuraz, côté Est.

L'inscription est gravée sur une pierre, dont les dimensions peuvent être, approximativement, de 1 mètre 40 en largeur par 0ᵐ40 de hauteur, taillée et polie pour la recevoir,

Elle se montre au niveau du premier étage.

A l'égard des lettres, la distance n'autorise pas à en apprécier la juste mesure. Elle est de 8 à 10 centimètres. S'il y a un écart, il n'est pas grand.

C'est la capitale romaine de la bonne époque impériale, mais un peu allongée. La renaissance n'est plus à son aurore, elle brille en son plein jour.

La pierre n'est pas une applique ; elle fait corps avec la maçonnerie et épouse le circuit de la tour. D'où une corrélation certaine entre sa pose et la construction de cette dernière.

Si les sentences sont, comme on dit, la sagesse des nations, le XVIᵉ siècles, semait prodigalement la sienne. Celle-ci est une allusion aux puissantes proportions du donjon, et aux moyens de résistance qu'on le jugeait capable de fournir. Elle signifie qu'on a tôt fait de le plaisanter, non de l'égaler, et en meilleur français : vous pouvez le braver, mais n'y touchez pas.

L'inscription est coupée en deux par un écu, surmonté de la mitre et de la crosse abbatiales. Les trois sautoirs, dont il est meublé, désignent Pierre de Mornieu, qui portait d'azur à trois sautoirs d'or. Abbé de Saint-Sulpice en 1526, il l'était encore en 1534.

Le même écusson est reproduit sur la porte, donnant accès dans la tour, par le perron extérieur. On le retrouve, accompagné du millésime : 1532, sur une porte de service, près des cuisines du château.

Il est indéniable que ce blason est plaqué, et intentionnellement répété, à l'instar d'un sceau. Le donjon et le corps de logis, qui sont scellés de cette marque, furent construits par l'abbé de Mornieu, pendant qu'il tint en mains l'administration du monastère de Saint-Sulpice.

Il n'est pas hors de propos d'ajouter que le château actuel de Machuraz est une ancienne propriété de l'abbaye.

Nous ferons observer, d'autre part, que, par sa forme, comprimée sur les flancs et pourvue d'une pointe à son chef, l'écu démontre, à son tour, que l'influence italienne a tout à fait pris pied dans nos contrées.

XII

EN CE · TVBEAV · GIST · VENERABLE
LOYS·DES TERRAVX·GRAND·PRIEVR·DE CEANS:
ET·ANTHONIVS · SON · NEPVEVR ·
VOVS · PRIANS · PRIER · POVR · HEVLX · 1544 ·

Eglise d'Ambronay, 2ᵉ travée de la grand'nef, côté gauche.

Elle encadre la tombe, conduite entre deux filets distants de 10 centimètres.

Les lettres, hautes de 7 1/2 c., manquent de proportions ; elles sont grêles et d'ailleurs négligées.

Les dimensions de la pierre se traduisent par 2 mètres 35 en longueur, et 1 mètre 57 en largeur. Ces chiffres n'ont rien d'exagéré ; n'oublions pas qu'elle abrite deux sépultures.

Une niche ou chapelle orne le champ. Elle est formée de deux montants renaissance, que couronne un arc en

4

accolade très surbaissé et dépourvu de tout accessoire décoratif.

Au centre, un écusson et divers ornements dont l'identification n'est plus actuellement possible. L'écu porte deux pals et une bande brochant sur le tout. Sous l'écu, un cœur.

Vers le haut de la pierre et accostant la pointe du dais, Guichenon a vu deux autres écus, partis ; l'un blasonné d'une bande, l'autre d'une croix engrêlée.

Le frottement, très intense sur ce point, n'en a rien laissé subsister.

La bande meublante est un indice digne d'être pris en considération ; il rappelle les armes de la maison de la Balme.

Le grand prieur, couché sous cette pierre, en serait-il sorti ?

Ceux de la Balme ont effectivement possédé la seigneurie des Terreaux, près de Virieu-le-Petit, de 1450 à à 1500.

L'abbaye célébrait tous les ans l'anniversaire de Louis des Terreaux. Il l'avait établi de son vivant, et constitué, dans ce but, une rente de cinq florins (1), au capital de 100 florins monnaie de Savoie.

Jean Sévoz accepta en prêt le principal, et l'hypothéqua sur deux siennes maisons, situées à Ambronay.

Le contrat fut passé entre Sévoz et le grand prieur, en la maison de ce dernier, le 10 octobre 1541, en présence de Pierre Massard, notaire recevant, André de Pra et Pierre Curtet, témoins.

---

(1) Et non de 50 sols. V. *Archives de l'Ain*, H. 125 et *Inventaire*.

D'Antoine, neveu de Louis des Terreaux, je ne sais rien. Sans son inscription funéraire, il serait complètement oublié.

Cette épitaphe a été transcrite par Guichenon, *Bugey*, II, 6, et *Msts*, vol. XXIV, n° 62. Rév. du Mesnil l'a publiée à sa suite, sans collationner la copie (1). Je l'insère à mon tour, et, si une justification s'impose, je ne demande qu'un rapprochement à établir.

XIII

CY GIST NOBLE PHILIPPE BOCHARD
QVI MOVRVT NOTAIRE DE ROTE ET
CENSIER DE CEANS LE 5 DOCTOBRE
REQVIESCAT · IN · PACE · AMEN.

Eglise d'Ambronay, au fond du collatéral nord, devant la chapelle de Saint Joseph.

Monument fort modeste.

L'épitaphe est inscrite sur deux pierres étendues parallèlement, l'une de 42, l'autre de 87 centimètres de large, ayant une longueur commune de 2 mètres 45.

Lettres imitées de l'antique, de 0,04 cent. de hauteur, et à peu près carrées ; gravure régulière.

L'inscription s'étale vers le haut de la tombe.

Au centre, un écusson, coupant la date : 15—49, est en voie de disparaître, usé par le frottement. On distingue cependant encore, dans le champ, un quadrupède marchant à gauche.

C'est un bœuf. Les Bochard blasonnaient d'argent, au bœuf de gueules passant, sur une terrasse de sinople.

---

(1) *Arm.* V° Terreaux.

L'abbaye affermait ses rentes bien avant Philippe Bochard : des fermiers l'ont précédé ; celui-ci, néanmoins, est l'un des plus anciens connus.

Les Bochard sont originaires de Leyssard. C'est une famille de notaires.

Ils s'établirent à Poncin, en 1701, comme châtelains.

Leur filiation ne remontait, jusqu'ici, qu'à François, bourgeois de Leyssard, mort en 1685 (1). Cette tombe recule d'un siècle et demi près, les origines certaines de leur maison.

Ils ont donné des religieux à Ambronay. Je trouve Etienne Bochard, infirmier de l'abbaye, en 1551 et 1572 (2).

C.-M. Bochard, décédé en 1834, qui fut curé de Bourg et vicaire général de Lyon, compte au nombre de leur plus distingués représentants.

XIV

SOVBZ CE TVMBEAV

GIST VENERABLE BERTHON VALLIER DICT
[DE BIS
DE QVIRIEV EN DAVPHINE
RELIGIEVX & REFECTVRIER DE CEANS.

Eglise d'Ambronay, entre la 2ᵉ et la 3ᵉ travée, dans le passage.

Aucune date, mais nous savons par Le Laboureur, *Mazures de l'Ile-Barbe,* que Berthon Vallier remplissait l'office de réfecturier en 1551.

---

(1) Cf. *Armorial de l'Ain* Vᵒ Bochard.
(2) *Arch. de l'Ain,* H. 125.

Guichenon a recueilli cette épitaphe, Msts. XXIV, n° 62.
L'*Armorial de l'Ain* l'a acceptée telle quelle de sa plume.

Le texte publié est altéré et incomplet. Il fallait le restituer.

La pierre mesure 2 mètres 27 et 1 mètre 19 en longueur et en largeur.

Hauteur des lettres : 6 1/2 cent.

Exécution peu soignée.

L'inscription sert de cadre à la tombe. Deux traits l'enserrent.

Le champ est absolument nu.

La maison noble de Vallier, reconnaît pour chef, Jean Vallier, bourgeois et négociant de Quirieu, qui testa en 1437. Elle existe encore à Voreppe, dans la branche de By, celle, précisément, qui compte, parmi ses plus anciens rejetons, le réfecturier d'Ambronay.

XV

NIS   PGI
MIGRAVIT 1559.

Eglise de Treffort, côté droit de la nef principale, et perpendiculaire à son grand axe.

Pierre tumulaire plate, engagée dans le dallage, et, à part l'épitaphe, d'une nudité absolue.

Longueur : 2 mètres 30, sur 1 mètre 23 de largeur.

Les sigles NIS et PGI occupent le bord supérieur à droite et à gauche, près des angles. Le N est retourné.

Ils ont 0,09 centimètres et sont d'un travail grossier.

L'inscription et la date se trouvent sur une même ligne, vers la tête de la tombe.

Les lettres se détachent en méplat sur fond creux.

Leur hauteur atteint 10 1/2 cent., et la largeur du méplat 0,02 c. seulement.

Un trait encadre la tombe.

MIGRAVIT ! Simple et touchante épitaphe! Malgré son énergique concision, l'esprit et le cœur sont satisfaits. Elle ne laisse rien à deviner.

Cette migration, chacun la connaît. L'exilée qui a dit adieu à son lieu d'exil, qui donc l'ignore ? On sait d'où elle a pris son vol, quelle est la patrie après laquelle elle a soupiré, où elle va maintenant goûter l'éternelle paix.

MIGRAVIT ! et c'est tout ! pas un seul des noms qui rattachaient sa dépouille mortelle à la terre !

En rapprochant cette épitaphe, si belle de simplicité et de foi, des inscriptions tumulaires du xvie siècles, dont le faste éblouit parfois, involontairement on se demande : est-ce une protestation ?

XVI

SOVBZ · CEST · TV̄BEAV

GIST · VENERABLE PIERRE FAVRE DIENE

RELIGIEVX

ET AVLMOSNIER DE CEANS

QVI DECEDAT · LAN 1557 LE 4 DAOVST · SŌ

AME SOIT EN REPOS

Et cest dict tōbeau a faict faire

berable claude fabre son frere

religieux et chamarier de ceas

aage de · xlvi · ans

reqberāt a tobs qbi icy passez

de prier pobr les trespassez.

· I · 5 · 7 · 3 ·

· I I · DE · DE ·

Eglise d'Ambronay, 4e travée de la grand'nef.

La première épitaphe se développe autour de la tombe à 0m, 04 centimètres de l'arête angulaire, la seconde est burinée dans le champ.

Deux sépultures sous une même pierre. On demeure hésitant en voyant l'annonce nécrologique de Claude Favre, mais le doute tombe devant les deux dates de décès et la requête « à tous qui icy passer de prier pour les tres-passez. »

Les dimensions du tombeau dépassent, d'ailleurs, la mensuration ordinaire. Deux mètres 65 de longueur et un mètre 35 de largeur, c'est, dans des proportions diffé-rentes, mais au fond identiques — 3 mètres 57 contre 3 mètres 68 — le développement superficiel de la tombe no 12, à l'ombre de laquelle deux moines dorment, pa-reillement, leur dernier sommeil.

Aux quatre angles une élégante rosette.

Hauteur des lettres : capitales romaines, 0, 06 ; gothi-ques 0, 07.

Rien à dire de l'exécution des premières ; elle est com-mune. Les secondes, en revanche, ont été gravées avec une grande sûreté de main. Le trait a de la force ; il est nerveux, et la lettre prend, sous le ciseau de l'artiste, une allure pleine de distinction que, deux fois, nous avons essayé de reproduire par la photographie, sans pouvoir réussir. On n'a pas oublié encore la calligraphie de la belle période ogivale.

En tête de la tombe, une gerbe de blé dans un car-touche renaissance.

Elle symbolise la dignité du grand aumônier.

Au 2 février, fête de la Purification de N.-D., était annuellement fixé un anniversaire pour Claude Favre et les siens.

Un an avant son décès, le 21 décembre 1572, il en avait réglé les conditions.

Le service devait être célébré en grande solennité, « tel et mesme que se font les anniversaires cy-devant fondés par feu de bonne mémoire Mre Estienne Morel, quand vivoit, abbé de la dicte abbaye ; on fera sonner les cloches. » La chapelle des Massard était désignée pour la décharge de cette œuvre.

Cent florins de Savoie furent versés, en gros écus d'or et autre monnaie de France, dont quittance lui fut donnée par la communauté, réunie « au cloistre de l'abbaye et à l'endroit du chapitre d'icelle. »

La rente de cette somme, soit cinq florins, en assurait la célébration à perpétuité.

Gabriel Mallet, originaire de Douvres, et recteur des Ecoles d'Ambronay, prit l'engagement d'en servir la rente, sur le pied de cinq florins un gros, tous les ans, à la fête des Trois-Rois, et offrit en gage un fonds de trois journaux, situé à Douvres, lieudit vers les Combes. Sur cette garantie, reconnue suffisante, le chapitre délivra la somme, dont le fondateur lui avait confié la disposition.

A ces deux contrats assistèrent Messire Gérard Fournier, curé d'Ambronay, Pierre Deville, bourgeois dudit lieu, Pierre Monnet, prêtre, et Claude Girod, de Murs, demeurant à Ambronay, tous quatre témoins (1).

---

(1) *Arch. de l'Ain*, H. 125.

XVII

V · R · VIR · IŌES · DĀBOVRNE'
CANTOR · ET · HVM'' · PRIOR · HVIVS · CENOBII ·
VNA · CV̄ · EIVS · FRĒ
SYMONE · IACET · IN HOC · TVMVLº
QY · ĀNVV̄ · PIETATIS · OP' · FV̄DAVIT · ĀBRO ·
AĪE · REQVIESCĀT · Ī · PACE · AMEN

Eglise d'Ambronay, grand'nef, 5e travée, à droite et à quelques mètres en avant de la balustrade en pierre, substituée à l'ancien jubé.

Et, à ce propos, qu'on me permette une réflexion.

Par la démolition du jubé, au xviiie siècle, le vaisseau de l'église abbatiale avait recouvré toute son ampleur.

Malheureusement, des modifications mal comprises, en ramenant, depuis peu d'années, le chœur, les stalles et l'autel vers la partie centrale, en ont rompu l'imposante harmonie.

L'église, coupée en deux, est, pour ainsi dire, rapetissée, au grand détriment de l'unité et de la beauté architecturale du monument.

A quand l'établissement d'une commission départementale, qui protège nos édifices religieux contre les dévastations ecclésiastiques?

Ceci dit, fermons la parenthèse et revenons à notre tombe.

Elle est d'un bel effet.

Deux religieux reposent sous son abri. L'inscription ne le dirait pas que la longueur de la pierre, 2 mètre 19, supérieure d'environ deux douzaines de centimètres, à la

longueur commune, éveillerait l'attention à cet égard ;
non la largeur cependant, car, à 0,76, elle est même inférieure à la largeur des tombes à une seule inhumation,
observées jusqu'ici.

Epitaphe encadrante, tenue entre deux traits, à 0ᵐ,04
centimètres des bords.

Hauteur des lettres : 0ᵐ05.

Le champ est vide aux deux tiers.

Au pied un écusson ovale ou médaillon, dans un cartouche orné d'enroulements ou volutes, en haut, et d'une
simple pointe en bas.

Dessous : 1578.

Un chevron, deux besants et une étoile en franc quartier,
telles sont les pièces honorables de l'écu. Les armes de
ceux d'Ambournay sont donc, en réalité, celles que définit
André Steyert : d'or au chevron de gueules, accompagné
de deux (1) besants ou tourteaux de même, au franc
quartier d'azur chargé d'une étoile d'or.

La partie technique du monument est bien traitée.

Le nom patronymique de Jean et de Simon d'Ambournay paraît avoir été Bonjour. Ambronay serait le lieu
d'origine de la famille.

Simon d'Ambournay est un inconnu. Il a passé sans
laisser de traces dans notre histoire départementale.

Pierre vit le jour à Lyon. Il entra au monastère le 2
août 1550.

Voici ses lettres de provisions. Je les transcris textuel-
lement, parce qu'elles font connaître les formalités d'admission suivies à l'abbaye.

« A tous présens et advenir soit notoire et manifeste

(1) Steyert dit *trois. Armorial lyonn.*

comment, par le décès de feu Messire Anthoine de Malaval, en son vivant religieux du noble monastère et cò-
vent de Nostre-Dame d'Ambroney la place et siège d'icelluy seroit vacante, et, affin que le divin service ne diminuat, et que, de la part de vénérable et religieuse personne, frère Jehan d'Ambroney, natif de Lion, lequel se
seroit exposé, pour se mectre au lieu et place du dict feu
maistre Anthoine de Malaval, pour fère et accomplir le
divin service, et aussi que icelluy frère Jehan d'Ambroney
auroit dehuement esté pourveu de la prébande et toutz
aultres droictz du dict feu maistre Anthoine de Malaval,
par messire Benoît Buatier, docteur en droictz, chamarier de l'esglise collégiale de Saint-Pol et official de Lion,
vicaire général de Révérendissime Cardinal Crécensse,
abbé d'Ambroney, comme appert d'icelle provision en
date du second jour d'aoust, l'an mil cinq cens cinquante,
cellée et signée, laquelle, il a exibée à Messieurs les religieux du dict covent soubs-nommés. Ainsi est, que l'an
mil cinq cens cinquante, indiction huictiesme, et le quatriesme jour du moys de septembre, establis et constitués
personnellement, vénérables Messires Loys du Terreaulx,
grand prieur dudict covent, Catherin Rapton, chambe-
rier, Guigue Favre, aulmosnier, Humbert Masner, reffec-
turier, Guillaume Guyoct, doyen de Jujurieu, Jehan de
Cibin, doyen de Mollon, Anthoine Guichardel, Francoys
de Falamaigne, Philibert Rapton, Pierre Clérat, Hénard
de Villete, Jehan Cottel, Jehan Berliat et Claude de Terreaulx, tous religieux et nommés dudict covent et monastère susdict, estans congrégués en chapitre et illec capi-
tulans et traitans de l'exposition à eulx faicte par ledict
frère Jehan d'Ambroney, lequel les auroit tous prié et requis de le voulloir recepvoir en leur compaignie et nombre

desdits religieux, audict lieu et place de feu Anthoine de
Malaval, eulx tous assemblés, et d'ung commun accord,
actendu la provision, à luy faicte par ledict seigneur vicaire général dudict abbé, et aussi les bonnes meurs, cens,
savoir, prodhommie et légalité, et, affin que ledict divin
service ne diminuat et leyssat d'estre faict et accomply
en ladicte esglise, icelluy frère Jehan d'Ambroney ont
pris et receu, et par cestes pregnent et recepvent au
nombre desdictz religieux, aux charges, honneurs, droict
et proffict, revenu et émolumens, que ledict feu de Malaval avoit et pregnoit avec eulx, tant en particulier qu'en
général.

Et, en oultre, c'est compareu noble Jehan Lecheytier,
procureur de noble Nicolas du Pré, censier et fermier
des biens et revenu de l'Abbaye d'Ambroney, lequel cest
offert luy livrer pain et vin, comme faisoit au dict feu de
Malaval, luy conférant et donnant au nom du Révérendissime abbé et seigneur dudict Ambroney, le lieu, place,
commodité que icelluy de Malaval, pregnoit, en son vivant,
en ladicte abbaye et covent. Desquelles réception et aultres choses susdictes, ledict frère Jehan auroit demandé à
moy, notaire royal et greffier dudict Ambroney luy en
faire et donner acte et testimoniales, ce que luy ay accordé en la forme et manière suscripte ; audict lieu et
chappitre dudict covent, présens Messire Anthoine Burdin, prebstre, Pierre Curtelet, Estienne Tibaud, d'Ambronay, tesmoings à ce requis et appellés. » (1).

L'épitaphe de Jean d'Ambournay rappelle un anniversaire de sa fondation. Il remontait au 23 mars

---

(1) *Arch. de l'Ain*, H. 93.

1551 (1), alors que le fondateur était chambrier du couvent.

Comme il était d'usage en ces circonstances, les religieux s'assemblèrent capitulairement au cloître, et, en présence d'Etienne Favier et de Claude Guillabot, d'Ambronay, reçurent de frère Jean cent florins de capital (2). C'était le prix ordinaire des œuvres de cette nature. Ils en acquirent cinq florins de rente sur Pierre Grioz, de Vareilles, près Ambérieu.

Il était convenu que le service se célèbrerait tous les ans, « chescun jour et feste Sainct Luc, évangéliste, à commencer le jour et feste Saint Luc prochain, à la vie durant du dict Messire Jehan d'Ambourney, et, après son décès, se fera à tel jour que son corps sera mis en sépulture (3) ».

Il ne décéda qu'en 1578.

XVIII

CI GIST : M
C. BERGIER
MARECHAL
ET BOVRGEOIs
D̄ABOVRNAY

Eglise d'Ambronay, 2e travée du collatéral sud ; est adjacente au mur.

---

(1) Et non 1531. V. *Invent, des Arch. de l'Ain.*
(2) L'*Inventaire* dit 30. C'est une seconde erreur.
(3) *Arch. de l'Ain*, H. 125.

Tombe dépourvue de tout luxe.

Un double trait en orne les bords.

Les cinq lignes composant l'épitaphe, couvrent entièrement la moitié supérieure de la pierre. La moitié inférieure porte seulement la date : 1·5·9·4·, et, sous celle-ci, une croix alaisée.

Hauteur des lettres : 0,07 cent.

Dimensions générales : 1 mètre 60 × 0,80.

·L'ensemble ne présente aucun mérite artistique.

Une maison noble du nom de Bergier se montre à Bourg, au début du xvᵉ siècle. Elle s'est éteinte, en Bresse, dans les premières années du xviᵉ. Rien n'autorise à croire qu'il y ait la moindre filiation entre elle et les Bergier d'Ambronay.

XIX

✝ CY·GIST·LE·CORPS·DE·M.

ANTOINE·REYDELLET . . . .

. . . . DÉCÉDÉ·LE

18·OCTOBRE·1598·REQVIESCAT·IN·PACE·AMEN.

PROSOPOPEIA

APRÈS·QUE·LE·LIEN·DVNG·MARIAGE·SAINCT·

A·EV·JOINCT·&·LI'É·DE·NOS·AMES·LE·COEVR·

VN·SEPVLCHRE·REMPLI·DAMOVR·ET·DE·FAVEVR·

TOVS·DEVX·DEDANS·SON·CLOS·NOVS·ENFERME·

&·ENCEINT·

Eglise d'Izernore, grand'nef, première travée, à gauche.

J'ai remplacé par des points les mots oblitérés par les révolutionnaires du pays.

Ils énonçaient, vraisemblablement, des qualités qui ne s'harmonisaient pas avec l'humeur égalitaire de ces mauvais jours.

A défaut de millésime, le quatrain, d'une saveur marotique prononcée, fixerait l'âge de la tombe.

L'épitaphe se développe en encadrements sur le pourtour. Deux filets en creux, distants de 53 millimètres, lui font bordure et la maintiennent à 20 millimètres de l'arête extérieure.

La Prosopopée est gravée dans le champ.

Le type des lettres est identique; c'est la capitale romaine, mais leur hauteur varie. Elles mesurent 33 millimètres sur les bords, et 23 dans le champ. Celles de PROSOPOPEIA atteignent 45 millimètres.

Bon travail.

La pierre porte, en longueur, 1 mètre 98 et 0^m,64 en largeur.

On trouve des Reydellet à Nantua dès 1445. A cette date André Reydellet est qualifié bourgeois de Nantua.

Ils ont été châtelains d'Apremont, grènetiers au grenier à sel de Nantua, commissaires aux revues et logements des gens de guerre de Belley, et suivirent surtout la carrière militaire.

L'anoblissement du nom est de date récente. Louis XV l'accorda à Claude Charles de Reydellet, seigneur de Chavagnat et brigadier aux chevaux-légers de sa garde, en mai 1728.

Ils ont possédé les seigneuries de Chavagnat, d'Izernore et de la Villière.

La maison s'est éteinte, dans sa descendance mâle, en

1873, avec Auguste Reydellet, ancien avoué et juge de paix à Nantua.

XX

† CY·GIST·LE·CORPS·DE·HVGONINE·BRVNET·
FEME·DE·M·ANTOINE·REYDELLET
DÉCÉDÉE·LE·20·OCTOBRE·1598·
REQVIESCAT·IN·PACE·AMEN. ◠◡

Eglise d'Izernore ; contiguë à la précédente.

Deux tombes jumelles, que ne différencient pas même les épitaphes ; les noms et les qualités seuls sont dissemblables.

Ici, le champ est nu.

L'épitaphe encadre pareillement la pierre, mais aux deux tiers seulement de sa longueur.

Même formule, même type de lettres, procédé de gravure analogue, mêmes dimensions ; le même artiste a taillé les deux tombes.

Il est bon d'observer que H et V sont liés dans HVGONINE, M et E dans FEME, gravé d'ailleurs avec un seul M, et N et T dans ANTOINE.

Hauteur des lettres : 30 millimètres.

L'aspect général se traduit par une impression de grâce et de bon goût.

On trouve, dit Rév. du Mesnil, aux Archives de la Côte-d'Or, B. 548, Registres de la Chambre des Comptes de Savoie, des lettres de réhabilitation de noblesse, en date du 8 juin 1591, accordées par le duc Charles-Emmanuel à Antoine et Jean Brunet, d'Oyonnax.

Il est possible et même probable que Hugonine Brunet, vu la proximité des lieux, soit un rejeton des Brunet d'Oyonnax.

IN EIVSDEM OBITVM

EΙΙΛΚΗΔΙΟΝ

..ANT CÆLO VIRTVTV NVMINA, SI QVA   TOT VOS INGE . . O INGENS . . . . IAM . . . .

MVSARVM DE GREGE PALLAS HABET   PRÆMIA VIRTVTI . EDORE DIGNV . . . .

..Æ CELERES PROPERATE CAMÆNÆ   CARMINE PRO MERITIS . . . .

..NAM PVLCHER APOLLO LYRA   MORTVA MEBRA QVI DE MAI . . . .

...LES DIGNISSIMA GENTIS   MENS NVQAM MORITVR CHRISTO CORE . . ORESV . . .

...LVX SPECIOSA SVI   QVIPPE ANIMA IN CŒLIS VIVA SV . . . . . . GI . . .

AE PLEVÊRE PROFVSIS   SI SPACIVM VITÆ INVEN . I EXEA DEI . . . . . N . E . . .

..A VERA FIDES   VIDISSENT STRENVVM . . . IORA IVSTA VIRV . . . . .

AT IN. . . .HARENIS   ET TV QVISQVIS ADES PERLVSTRAS INI . . . .

.E. . . . .ARA POLO   DISCE HOMINV NVLLVS QVI BENE VIV . . . .

Jardin de M. Michon, place du Champ de Mars, à Bourg.

Chant funèbre sur la mort d'un poète.

Il est rythmé et divisé en distiques, cinq à droite et autant à gauche.

Lettres courtes, carrées et d'une heureuse harmonie de proportion ; les *i* sont soigneusement pointés.

Un trait léger, courant autour de la pierre, fait cadre et donne une apparence de relief à l'inscription.

Le texte est gravé sur une plaque calcaire de 0^m 06 d'é-d'épaisseur, 1 mètre 17 de longueur, et 0^m 43 de hauteur.

Le calcaire présente les caractères du bathonien rose du Mâconnais.

La plaque fut, à l'origine, scellée contre un mur ; on observe encore, sur les tranches, les trous où s'enfonçaient les crampons qui servaient à la fixer.

Une destination nouvelle, bien différente de sa destination primitive, exigea une retouche. On en fit un seuil de porte ; elle en offre du moins les apparences.

L'inscription souffrit beaucoup de cette transformation. La retouche, pratiquée en biseau, enleva la moitié du texte de la colonne gauche, et la partie droite, restée intacte, mais exposée dans un passage sans doute très fréquenté, est devenue presque illisible par suite de l'effritement du calcaire.

La construction de la maison Michon, à l'angle de la Place Grenette et de la rue Bichat, vers 1840, remit ce monument au jour. Il fut traité avec plus d'égard. On le laissa néanmoins dans la cour. C'est depuis quelques an-

nées, seulement, que M. Michon fils, craignant qu'il ne
s'égarât ou n'éprouvât des avaries plus graves, le fit
transporter à son jardin du Champ de Mars, où il est conservé dans le pavillon.

C'est là que M. Michon me l'a fait visiter, m'invitant
lui-même à en étudier l'inscription. Je lui en sais le meilleur gré.

Quoique cette découverte remontât à soixante ans,
sinon davantage, elle était, jusqu'à ce jour, demeurée
inédite.

Je me suis essayé à rétablir l'intégrité du texte ; tâche
ardue : j'ai dû l'abandonner. Elle revient de droit à un
ami des muses.

L'usage de tout versifier en vers latins, la raillerie
comme la louange, sévit particulièrement au xvie et au
xviie siècle. Ce chant pourrait appartenir à la première
moitié de ce dernier, je préfère en reporter la composition à la seconde moitié du xvie ; et ma préférence est
basée sur la forme caractéristique des lettres, l'emploi
courant de l'abréviation, et la familiarité qu'entretient
l'auteur avec les anciens dieux de l'Olympe.

Connaîtra-ton jamais l'identité du poète, à qui étaient
dédiés ces vers ? A l'époque que nous leur assignons, il
fut un personnage, qui honora particulièrement la Bresse.
Je veux parler d'Antoine du Saix, abbé de Chézery et
commandeur de l'hôpital de Saint-Antoine de Bourg.
Poète fécond et auteur de plaquettes aujourd'hui très
rares, il entra en relation suivie avec la plupart des
beaux esprits de son temps. Il passa la plus grande
partie de sa vie à Bourg. Je ne sais s'il y mourut. Il m'a
paru répondre à ce qu'il est possible d'interpréter de ce

texte mutilé. Toutefois, et je m'empresse de le déclarer, ce n'est là qu'une impression ; je n'ai à produire aucun argument de valeur, capable de la faire passer dans le domaine de la réalité.

§ 4.

Inscriptions modernes.

I

AC P D M	M L	D M	B D
	D G	D V	
BR DC	M b	D M	M
	P V	D M	
	1 6	0 7	

Matafelon, ancienne maison Bomboy.

La maison est située au centre du village, route de Thoirette.

L'inscription surmonte une porte, que l'exhaussement de la route a fait condamner. Elle occupe la face externe de la pierre, qui sert de clé au linteau, car il est en arc surbaissé.

Un trait l'encadre et le cadre a la forme d'un trapèze ; un autre trait sépare les deux principales lignes du texte.

Au centre, est gravé un écusson, meublé d'une croix, dont le croisillon est échancré à ses deux bouts. Dans les cantons, seize lettres, quatre par canton. La date se trouve à la pointe de l'écu.

Ces vingt-huit lettres renferment une énigme.

Elles ont mis à la torture les archéologues, qui ont tenté d'en ravir le secret, mais de cette somme d'efforts, il n'est rien sorti d'acceptable.

L'essai d'interprétation que j'en donne, d'après une copie levée en mai 1902, revêt un tout autre caractère. Rien ne s'oppose à son admission.

Au XVIᵉ et au XVIIᵉ siècle, on avait le goût des sentences et on les prodiguait sans parcimonie.

Sous les sigles muets de Matafelon, se cachent assurément des axiômes de charité.

Ils figurent au-dessus d'une porte. Il est hors de doute qu'il existe une corrélation étroite entre les deux idées.

Ces sentences doivent exprimer les œuvres de miséricorde, que le chrétien est invité à pratiquer sur le seuil de sa maison.

Une considération m'a spécialement guidé dans cette interprétation ; c'est la fréquence du D. Son retour, à des intervalles à peu près réguliers, de trois à quatre lettres, révèle des axiomes d'une grande concision, où revient invariablement le mot DA, *Donne*.

Ma version est la suivante :

Ante Clausuram Portae, Da Misero
Bonum, Da Bannito Reditum ou *regressum.*
Da Claudo où *caeco Manum.*

Ecusson :

Mulieris Luctui Da Munimen.
Damno Gravi Da Virtutem,
Merenti Bellatori Da Meritum
Pauperi Vulnerato Da Medicum.

On peut trouver mieux, j'en conviens, mais la voie ouverte est certainement la bonne. Les recherches devront être dirigées dans ce sens pour arriver au texte définitif.

La pierre présente 0,45 × 0,40 de dimensions moyennes.
Les lettres sont de deux grandeurs.

Elles ont 0,03 centimètres sur l'écusson et 0,06 sur les côtés.

II

D O M

Nobili ac Reverendo

Dno Clavdio Delacovz

LVD Abb. Amb. Dn de Chenavel

et de Genozd In Sen Sab

Senaᵢ Nobilis Renatvs

Delacovz Nepos Hoc

Monvmetv In Perpetva

Illivs Memoria Dicavit

Obiit 14 Feb 1614
Aetatis svae 83.

Avant-chœur de l'église d'Ambronay, devant la table de communion.

On pourrait croire le monument en marbre ; il est en simple pierre du pays.

L'épitaphe couvre le haut de la tombe et descend jusque vers son milieu.

Plus bas, un écusson aux armes des La Cous et la partie numérale de l'inscription.

Quelques feuillages décorent l'écu.

Deux filets en creux entourent la pierre ; entre eux, un intervalle de 0, 09, et, en dehors, une marge de 0, 02 centimètres.

La pierre offre respectivement, dans les deux sens, 2m 32 et 1m 10.

Les lettres, aussi larges que hautes, appartiennent à un bon type, et, si elles impressionnent agréablement, la qualité de la gravure n'y est pas étrangère.

La petite capitale mesure 0, 05, la grande 0, 06, et les trois lettres votives 0, 09.

Ces dernières alternent avec quatre rinceaux.

Les armoiries sont plus qu'aux trois quarts effacées. Trois protubérances se montrent à la surface de la pierre. Nous en connaissons la nature ; les la Cous blasonnaient d'azur à trois hérissons d'or, 2 et 1.

Le texte que nous commentons est reproduit, *Bugey*, II, 6 ; mais, conformément à sa méthode habituelle, Guichenon s'est contenté d'un à peu près.

La maison de la Cous n'eut, pour ainsi dire, qu'une durée éphémère.

Elle sort de l'obscurité avec Guillaume, vers 1530, et y rentre ou plutôt meurt avec René, aux environs de 1640, après quatre générations.

Plusieurs de ses membres vécurent de la vie religieuse à Ambronay, Jean de la Cous, abbé en 1548, Gaspard et Etienne de la Cous, dont les lettres d'admission sont des 1er septembre 1565 et 7 juin 1570, et enfin, Claude de la Cous.

Claude portait déjà le titre d'abbé en 1573. Il tint en mains la direction de l'abbaye, pendant plus de quarante ans.

De ce long temps, il passa la principale part en contestations avec les moines du couvent. Le droit de correction, la nomination du grand prieur, et, surtout, le paiement des prébendes revenant aux religieux en furent les incessants prétextes.

J'ai retrouvé, aux Archives de l'Ain, deux arrêts du Sénat de Savoie, de 1573 et 1592, et quatre arrêts du Parlement de Bourgogne du 16 août 1603, 2 août, 11 et 18 octobre 1608, prononcés en faveur des religieux contre leur abbé. Je vois même que le 21 mars 1614, un mois après le décès de Claude de la Cous, intervenait encore un dernier arrêt relativement aux prébendes de pain et de vin, qui confirmait une sentence provisionnelle antérieurement rendue contre lui (1).

Le blason des la Cous, orné de la crosse abbatiale, surmonte, à Ambronay, la principale entrée de l'ancien moulin de l'abbaye. S'il est réellement en place, ce n'est pas à la construction de ce bâtiment industriel qu'il a trait, car, au XVIe siècle, le moulin existait depuis fort longtemps; je l'ai reconnu dans une délimitation du territoire de Portes de 1212 (2). Il rappelle soit des réparations soit des aménagements nouveaux exécutés par Jean ou Claude de la Cous, pendant qu'en qualité d'abbés ils présidèrent au gouvernement du monastère.

III

✝ · D · O · M · 1614 · REFICIENDAM · CVRAVIT · C · PRÆSIDIAL·

BVRGI · SEBVSIANORVM ·

---

(1) *Archives de l'Ain*, H. 94, 104, 115.
(2) *Archives de l'Ain*, H. 357.

✝ . LVD · XIII · FRANC · ET · NAV · REGE · ET · MARIA · HEROINA .

REGENTE · P · G · P ·

___

Mᵉ DOMINIQVE VOVLLEMOT.

Eglise de Saint-André-le-Panoux, seconde cloche.

Deux filets encadrent chaque ligne.

L'inscription ressort en un suffisant relief sur le contour extérieur de l'instrument, vers le haut.

Elle se compose de deux lignes, que le format des *Annales* nous oblige à sectionner en quatre.

Au bas, les noms et prénoms du fondeur.

Hauteur des lettres : 0,015 millimètres.

Tous les points sont losangés, c'est-à-dire taillés en joyaux.

La cloche est de poids moyen, 4 à 500 kilos.

A mi-hauteur, elle est ornée d'une ceinture de rinceaux, et, sur les flancs, de deux chapelles à dais. Dans l'une, le Christ en croix et, de chaque côté, dans une niche, la Vierge et Saint-Jean ; dans l'autre, la Vierge debout, vue de face et tenant l'Enfant-Jésus sur son bras gauche.

La partie décorative de cet art n'a pas variée depuis trois siècles ; on serait plutôt porté à convenir qu'elle s'est figée dans les mains des fondeurs. Elle n'est pas différente aujourd'hui.

REFICIENDVM CVRAVIT présente cette cloche comme la refonte d'une autre cloche préexistante.

C'était la cloche du présidial de Bourg.

Elle annonçait les audiences et servait aux divers

besoins du tribunal, mais elle sonnait, vraisemblablement aussi, dans les circonstances extraordinaires, telle que l'entrée en ville du souverain ou d'un personnage officiel de haute marque.

N'étant pas destinée au culte elle ne reçut pas la consécration religieuse. Le texte n'en fait aucune mention.

Par contre, elle nous est arrivée revêtue des indications propres à renseigner l'avenir sur sa genèse, millésime, souverain régnant, régente. On procède encore de la même manière dans la plupart des cas.

C'est en 1815 ou 1816, que la cloche de l'ancien corps judiciaire de Bourg, acquise on ne sait comment, fut conduite à Saint-André.

Un accident vient de la mettre hors d'usage. La refonte en est projetée et sera bientôt un fait accompli.

Telle qu'il est, ce reste, unique peut être, d'une institution qui, pendant deux siècles, joua un rôle considérable dans l'histoire de Bourg, devrait y être ramené. Ce ne serait certes pas la pièce la moins curieuse de son musée.

Je dois cette découverte à M. l'abbé Teppe, curé de Saint-André, qui m'a ménagé, avec une extrême bienveillance, les moyens d'en faire l'observation.

IV

CPDR enlacés

Eglise d'Izernore, côté gauche de la grand'nef, première travée.

Dirai-je que la tombe est anonyme ? L'expression ne qualifierait peut-être que d'une manière imparfaite le monument, car un chiffre est une ellipse dans laquelle, au lieu de mots, on retranche des lettres, mais c'est un nom, et il faut en trouver la clé.

Au-dessus du chiffre : 1621.

Et c'est tout.

Les sigles ont 0,24 de hauteur et les formes numérales de la date 0, 12.

Les premiers sont un peu grêles, mais de bonne facture.

Longueur de la pierre : 1 m. 28 ; largeur : 0 80.

Il n'est point aisé de découvrir le sens caché sous ces quatre lettres initiales entrelacées. Je me suis arrêté à la leçon suivante, qui paraît offrir, à cause du voisinage immédiat de la tombe d'Antoine Reydellet, quelqu'apparence de vérité : Claudius Philippus De Reydellet. Le R est retourné.

V.

† CY · GIST ·

MESSIRE · HV

MBERT · MONI ☰ ·

PBRE · DECEDE

LE 26ᵉ FEB · R

1626 · L'AN ·

DE · SON · EAGE

95 · REQVIES

CAT · IN PACE

Eglise d'Izernore, dans l'avant-chœur, à droite.

Une esquille, enlevée de la pierre, ne permet plus la lecture intégrale de MONI. Il y a place suffisante pour la réduction des lettres E R ou pour un signe d'abréviation. On peut donc indifféremment traduire par MONIN ou MONNIER.

Dimensions : 1 m. 86 × 0,79.

L'inscription occupe le champ, tandis qu'un simple filet entoure la tombe, à 0, 05 1/2 des bords.

De même que dans quelques inscriptions chrétiennes de la fin de l'empire et de l'époque burgonde, les lignes se détachent entre deux traits (I). Toutefois, le trait, régulier, est tiré ici d'une main plus sûre. Mais qu'on en soit bien convaincu, le procédé n'est pas une réminiscence antique.

Hauteur des lettres : 0,07 1/2 cent.

Rien qui surpasse une bonne moyenne dans l'exécution.

Sous l'épitaphe, on observe, gravé en creux, un écusson de fantaisie de 0,30 × 0,24. Il porte, comme pièces meublantes, un calice entre deux burettes.

---

(1) *Ante* p. 21.

VI

SOVBZ CE TOMBEAV

GIST HONOR | ABLE PIER

RE IORDAÏN | PETROV

16 | 26

ET HONE | STE · MAR

GVERITE | CHASEY

SA FAME · | QVI DECEDA

LE 12 | 7· BRE

16 | 52

HONORABLE L|OVYSE COZON

A DONNE AV | LVMINIER DE

LEGLISE St NI | COLAS DAMBORNE

VN CHENEVIE | SVB · LES PLANT

TTES A LA

AIRA DIRE

ESSES TOVS

ƆITTE EGLISE

4·

Eglise d'Ambronay, contre le mur du collatéral sud, à côté de l'autel des âmes du Purgatoire.

Pierre bordée d'une bande de 0,07 c. sur tout le pour-tour.

Longueur respective de ses deux axes : 2ᵐ 21 et 1ᵐ 30.

L'épitaphe supérieure présente des lettres allongées. Elles ont 0,08 c. tandis que leurs similaires inférieures en mesurent à peine 0,06. Il y a plus de juste proportion dans ces dernières. Mais, les unes et les autres doivent être confondues dans une même appréciation, au point de vue technique : leur valeur est nulle.

La deuxième inscription, chevauchant la bordure de gauche, suppose même une négligence assez malséante, dans la circonstance.

L'épitaphe de Louise Cozon a été endommagée. La section de l'angle gauche, au pied de la tombe, jusqu'à 0, 80 × 0,54 de profondeur dans la pierre, en a entraîné la mutilation. C'était la partie énonciative de l'œuvre de ses messes. En l'état on n'en peut recueillir les conditions, sinon que les messes fondées par elle, devaient être acquittées à l'église de Saint-Nicolas, c'est-à-dire à l'église paroissiale d'Ambronay, aujourd'hui détruite.

Un trait parcourt le grand axe de la tombe, sur toute sa longueur, et se soude perpendiculairement à un autre, la traversant de gauche à droite, sous la première ligne. Il est probable qu'on ait voulu simuler une croix.

Au centre, un écusson parti : au 1ᵉʳ, une étoile et un trident ; au 2ᵉ un cœur et une étoile.

Les Cozon blasonnaient d'or au trident de sable, péri en pal, sur une mer d'argent, et surmonté d'une étoile de gueules.

Ces armes se réfèrent à Louise Cozon, et il est naturel d'en conclure qu'elle était petite-fille, par sa mère, de Pierre Jourdain et de Marguerite Chasey.

Ainsi se trouve spécifiée la nature des liens, qui unissaient les deux maisons.

Mais le blason, coupant l'épitaphe de Marguerite Chasey, fut gravé avant-elle et antérieurement à 1652. Dès lors, une seconde déduction s'impose. Louise Cozon mourut avant son aïeule, et la précéda sous cette dalle funèbre. L'unique chiffre, épargné par la section de la pierre, laisse le choix entre les deux millésimes 1634 et 1644. Celui-ci me semble préférable.

Nous ne savons rien de Marguerite Chasey ni de Louise Cozon, en dehors de ce que leurs inscriptions funéraires veulent bien nous apprendre. Un acte cependant, la charte de sa fondation aurait dû survivre à cette dernière. Je n'en ai pas retrouvé les traces.

Pierre Jourdain était un ancien fermier de l'abbaye.

A un certain moment des difficultés s'élevèrent entre les religieux et lui.

Il avait acquis un pré, provenant de la succession de noble Guillaume Charnod.

Deux messes, fondées à la chapelle Saint-Georges, par contrat du pénultième de février 1547, prélevaient sur ce fond un revenu annuel de dix florins.

Mais, au début du XVIᵉ siècle, la rente n'était plus acquittée. En 1613, dix années d'arrérages restaient à solder.

Après une instance, devant la justice d'Ambronay, les parties convinrent d'arbitres.

La sentence fut prononcée à Belley, le 23 août 1618 (1).

Elle condamna Pierre Jourdain à payer l'arriéré des dix années échues, et ensuite annuellement les dix florins, dont son acquisition se trouvait grevée (2).

---

(1) 1619 dit l'*Inventaire des Archives*; c'est erroné.
(2) *Arch. de l'Ain*, H. 150.

VII

D · O · M

✝ EN L'AN 1622 M^E JEAN CHARDON PBRE DE PERIA CVRE
[DISERNORE

A FAIT FERE CE TVMBEAV POVR LVY

ET SES SVCCESSEVRS CVREZ · EAGE · DE 65 ANS PAIZ · SOIT
[IL · AMEN.

FVI ▨▨▨ ESTIS

SVM ▨▨▨ ERITIS

QVOD SVPEREST INCERTVM

DEVM TIME

OBIIT CALENDIS AVGV
STI · ANNO
M · DC · XXXI.

Eglise d'Izernore, dans l'axe de l'avant-chœur.

Position désavantageuse, car la circulation étant incessante en cet endroit, la perte de cette pierre est certaine.

L'épitaphe proprement dite se lit autour de la tombe. Les aphorismes et les dates, quantième et millésime, couvrent le champ à sa partie supérieure, le tiers environ du monument.

Entre chaque ligne, un trait qui les isole.

Deux mots, plus vraisemblablement deux croix, usés par le frottement, ont disparu ; des hachures les remplacent.

Hauteur des lettres : 0, 05 1/2 c.

Cette pierre est remarquable par l'ampleur des proportions et la bonne qualité du travail.

Elle porte, en longueur, 2 m. 48 et, en largeur, 1 mètre 43.

En la même église d'Izernore, deux autres tombes font dalle dans le passage au milieu de la grand'nef. Vu leur état fruste, on n'en peut rien obtenir d'avantageux. Je les rapporte au xvie siècle.

Le collatéral nord renferme, pareillement, deux pierres funéraires, dont l'une à la mémoire de l'ingénieur de Reydellet de Chavagnat. Elles sont trop récentes pour que nous leur accordions, dans ces pages, autre chose que cette simple mention.

VIII

† SVM SACELLI · D · D · D · S · ANNÆ ·
V · M · MATRI · Â · N · D · D · IACOBO
DVTOVRT · S · C · T · SENATORE
CLARISᴹᴼ AN · M · DC L X V I.

Château de Loyes.

Pierre d'autel. Elle est rectangulaire et offre, sur ses côtés, 0,39 × 0,33.

Au-dessus, une simple croix.

Dessous, un écusson armorié et l'inscription.

Les armes sont gravées au ciseau, dans un encadrement circulaire de 22 1/2 cent. de diamètre. C'est un écu, timbré d'un heaume héraldique, avec lambrequins fleuris, et blasonné d'argent à trois chevrons de gueules accompagnés de trois tourteaux de sable 2 et 1.

Le cadre porte l'inscription ; il est formé de deux traits parallèles s'espaçant de 18 millimètres.

Hauteur des lettres : 9 millimètres. Petites capitales d'une belle allure.

L'orthographe de Dutour doit être remarquée ; c'est l'unique exemple que nous en connaissions.

La pierre a été découverte par l'abbé Philippe durant son ministère à Loyes.

J'en possède un bon estampage.

— Jacques Dutour reçut, le 23 janvier 1651, des lettres de provisions d'Elu en l'Election de Bresse. Il occupa son siège jusqu'au 20 juillet 1678 (1). Pierre Dutour, son père, prenait le titre de citoyen de Lyon, mais il habitait ordinairement à Loyes.

Telle qu'elle est formulée, l'inscription me semble affirmative d'un droit. SVM SACELLI s'entend d'une chapelle, dont la possession est méconnue ou susceptible de l'être.

Jadis, il existait, à l'église de Loyes, une chapelle de Sainte-Anne remontant au XVIIe siècle. Les fondateurs étaient Jean, Claude, Benoît et Pierre Balandrin. Ils la dotèrent et s'en réservèrent, de père en fils, le droit de patronage, qui, à défaut de descendance mâle directe, devait passer à leurs héritiers à perpétuité.

En 1655, Claude, Jacques et Jean Balandrin en avaient nommé chapelain Pierre Dutour, prêtre de Loyes (2).

Claude était notaire et Jean maître de poste audit lieu.

Les deux frères, Claude surtout, contractèrent de gros

(1) J. Baux, *Nobil. Bresse et Dombes*, p. 338.
(2) *Arch. du Rhône*, Visites de 1655.

emprunts. Jacques Dutour était leur banquier, et, en 1659, sa créance sur eux montait à 7,186 livres. Ils traitaient d'oncle à neveu, car Jacquême Burgat, femme de Claude Balandrin, et Pernette Burgat, mère de Jacques Dutour, étaient sœurs.

Les liens de famille n'empêchèrent pas que, désespérant de recouvrer le montant de sa créance, Jacques Dutour fit pratiquer une saisie immobilière sur ses deux débiteurs. La maison de Grammont, qu'habitaient les Balandrin, mise aux enchères, fut adjugée, le 1ᵉʳ octobre 1656, pour 3,600 livres, à Pierre Dutour, le chapelain de Sainte-Anne. Frère du poursuivant, il le rendit aussitôt cessionnaire de ses droits.

Les Balandrin firent longtemps opposition à la vente. Ce ne fut qu'en 1675 que le juge de Loyes, Louis Billon, par lettres du 6 mars, mit l'acquéreur en possession définitive de la maison (1).

La maison, dite de Grammont, était bâtie au milieu du village. D'un assez grand air, entourée de vastes dépendances, cour, étables, vignes, hermitures, c'était avec sa poype et son colombier, la plus belle propriété de Loyes à cette époque.

Elle a été démolie en 1894 ; la nouvelle église s'élève sur son emplacement.

Au milieu de ces conjonctures, la chapelle de Sainte-Anne, réputée dépendance de la maison de Grammont, dut en éprouver les viscissitudes. Elle passa aux Dutour, mais la propriété leur en fut semblablement contestée pendant seize ans.

Voilà l'explication de SVM SAGELLI. Elle rend ma-

_____

(1) *Arch. du château de Loyes.*

nifeste l'intention, bien arrêtée, de Jacques Dutour, d'affirmer d'une manière péremptoire, en 1666, le droit qu'il croyait avoir de jouir de la chapelle de Sainte-Anne et d'en disposer,

— Châtillon-la-Palud semble avoir été le lieu d'origine des Dutour. Ils s'y montrent en 1418; Claude *de Turno* tenait la curialité de la baronnie.

Au terrier Garrel, 1497, la famille est tout à fait constituée avec ses branches, sa situation foncière et l'honorabilité qui s'attache à son nom.

Quatre reconnaissances ou déclarations de servis y procèdent des Dutour.

Les trois frères, Claude, Pierre et Antoine Dutour s'acquittent de ce devoir le 25 février. Ils se qualifient hommes liges du seigneur de Châtillon.

Un Pierre Dutour, prêtre, qui desservait alors la chapelle du château, l'accomplit, le même jour, en sa dite qualité de chapelain.

Le 1er mars suivant, c'était le tour d'Antoine, Pierre, Jean, Louis et Thévenin Dutour. Eux aussi se proclament hommes liges de la baronnie.

Thévenin était curé de Sathonay, et Louis, curé de Châtillon-la-Palud.

Ce dernier devait sa déclaration comme curé du lieu; il s'y soumit le 3 mars, c'est-à-dire deux jours après. Il se dit fils d'Etienne.

De diverses considérations sur ce document, il semble résulter que les Dutour occupaient le mas du Tour, près de Châtillon-la-Palud, que ce mas prit le nom de Carronnière, et que leur nom patronymique était Micolla (1).

(1) *Arch. du château de Saint-Maurice-de-Rémens.*

On rencontrait encore des Dutour à Châtillon, en 1751.

Une alliance les fit immigrer à Loyes au XVIIe siècle. Pierre Dutour, épousa Pernette Burgat, qui en était originaire. Comme elle jouissait, par droit héréditaire, de la garde des geôles du château, fonction dont elle se démit, d'ailleurs, à cause du mauvais état des prisons, le 29 août 1643 (2), il s'y fixa.

En 1652, il prit la qualité de bourgeois de Lyon.

Il laissa trois fils :

1º Pierre, bachelier en théologie et, plus tard, doyen de N.-D. des Marais de Montluel ;

2º Jacques, qui fut archidiacre de la même église. Il acquit, en 1675, la seigneurie de Saint-Nizier-le-Désert, et je le vois figurer, dans les Chartes du château de Loyes, en 1680, sous le nom de Dutour-Vuillard.

3º Jacques Dutour, Conseiller du roi et Elu en l'Election de Bresse. Le 17 octobre 1656, il fut admis, avec le titre de Dutour de Grandchamp, aux assemblées nobles de la province.

Si les Dutour ont jeté quelque éclat, ils en sont redevables aux qualités de ce dernier.

Il continua la lignée. Jacques Dutour-Vuillard, son fils, écuyer et seigneur des Hayes, occupa un siège de Conseiller au Parlement des Dombes.

En 1692, il se démit de sa charge et prit sa retraite à Loyes. Il vivait encore en 1710, car, témoin de l'acquisition par Gabriel Dervieu, de la baronnie de Loyes, il en signa l'acte, le 6 mai, de cette même année.

Après lui, on connaît Jacques, Jacques-Marie et Claude-Marie-Thérèse qui représenta les Dutour-Vuillard à Bourg, le 13 mars 1789.

---

(2). *Arch. du château de Loyes.*

Les Dutour ont possédé les seigneuries des Hayes, de Saint-Nizier-le-Désert, de Pommier, à Saint-Martin-du-Mont, et de Grandchamp, paroisse de Jayat.

Ils quittèrent Loyes dans la première moitié du XVIIIe siècle.

Les Dervieu leur succédèrent dans leurs propriétés et dans leurs droits.

Le nom de Dutour-Vulliard est resté le nom patronymique de la maison. C'est l'archidiacre de Montluel, qui prit sur lui d'innover cette forme onomastique. Il le fit, après s'être rendu acquéreur de la terre de Saint-Nizier. Je ne crois pas qu'il y ait corrélation entre les deux faits.

Par contre, c'est un fait absolument certain qu'il existait, anciennement, des Vuillard à Châtillon-la-Palud. Claude Vuillard, en son nom, et pour Antoine et Jean Vuillard, ses frères, renouvela, le 2 mai 1497, une reconnaissance au même Pierre Garel, qui avait reçu les reconnaissances des Dutour.

Si les Vuillard ne se fondirent pas dans les Dutour, la coïncidence est au moins singulière.

Les débuts de la maison Dutour-Vuillard n'ont été connu ni de Phil. Collet, ni de Révérend du Mesnil.

A leurs yeux, Jean-Jacques Vuillard en a été la souche, qui, né à Villars, aurait, de sa mère, prit le nom de Dutour.

L'exposé qui précède, tiré des meilleures sources, puisque les archives des Dutour, aujourd'hui aux Baboin, en ont fourni les principaux éléments, démontre, contrairement aux assertions de ces deux auteurs, que le lieu d'origine de la famille est, non pas Villars, mais Châtillon-la-Palud.

---

(1) *Armorial*. Vo du Tour-Vuillard.

IX

D.   O.   M.

HIC IACET

REVERENDVS

ET NOBILIS

D   D

REGINALDVS

DE MALIVERT

DE VAVGRENEVSE

REFECTVRARIVS

ET PRIOR MAIŌ HVIVS

MONASTERII

AMBRONIACI

QVI   OBIIT

DIE 4   IANVARII

1 6   78

Église d'Ambronay, collatéral droit, cinquième travée.
Le texte s'étend sur toute la surface de la tombe.
Longueur de la pierre : 2ᵐ 09 ; largeur : 1ᵐ 03.

L'observation la plus superficielle révèle de l'irrégularité dans la forme, la disposition et l'alignement des lettres. J'ajouterai même que cette irrégularité semble être le fait, non d'un manque d'habileté, mais d'un défaut de soin.

Les trois lettres dédicatoires empiètent sur la bordure de tête, et, sur les flancs; chevauchement analogue sur les montants du cadre, du haut en bas de l'inscription.

Hauteur des lettres : 0,08 c.

Au pied, l'écu des Malyvert, coupant les trois dernières lignes, et reposant sur un bâton, dont la ressemblance avec une crosse abbatiale est frappante.

Les Malyvert blasonnaient : bandé d'argent et de gueules de six pièces.

Le bâton ne présente pas d'enroulement à son extrémité supérieure ; au lieu de volute, c'est un pommeau, dont on ne peut exactement préciser la forme, à cause des rugosités de la pierre.

Je me demande si le grand prieur de l'abbaye ne portait pas un insigne, et si nous en aurions un exemple, dans l'objet indéterminé, que je signale sur la tombe du prieur de Malyvert.

Réginald ou Renaud était fils de Claude de Malyvert, seigneur de Vaugrineuse, et d'Etiennette de Bellet.

D'après Guichenon, les Malyvert auraient porté la qualité de gentilshommes dès 1490, et, suivant le comte de Foras, qui s'est documenté aux Archives de Turin, ils auraient été anoblis par lettres patentes du 15 avril 1515 (1).

Ils ont possédé, dans l'Ain, les seigneuries de Conflans, à Saint-Maurice-d'Echazeaux, de Corveissiat, de Challes, près Bourg, de Maillard, à Lent, de Vaugrineuse, du Tremblay, paroisse de Marboz, et de Pommier-sous-Treffort.

---

(1). Révérend du Mesnil, *Armorial*.

X

CETTE·CHAPPELLE·A·ESTE·BASTIE·ET·FON
DEE·PAR·M^c·IEAN·MILLIERET·IVGE·DE·BELLEY
EN·EXECVTION·DVN·VŒV·FAIT·A·S_{TE}·ANNE
DE·SON·CONSENTEMENT·PAR·DEM_{LE}·MARIE·PICOT
SON·ESPOVSE·DANS·VNE·MALADIE·DONT·ELLE
MOVRVT·A·CONTREVOZ·LE·3_{ME}·IVIN·1684·

Façade de la chapelle rurale de Sainte-Anne à Contrevoz.

La pierre, sur laquelle est tracée l'inscription, est un
calcaire néocomien jaunâtre, qui fournit quelques marbres communs, aux environs de Belley.

Ses dimensions sont représentées par 0,65, en longueur, et 0,26 en hauteur.

Elle est enchassée dans le mur, sur l'entrée de la chapelle, à l'élévation approximative de 3 m. 50.

Aucune moulure, en creux ou en relief, ne contribue
à détacher le texte.

Celui-ci se compose exclusivement de petites capitales
de 0,03 c., bien gravées et de forme gracieuse. Tous les
points sont triangulaires.

Au-dessus, un écusson, taillé en relief, sur la paroi du
mur. Un heaume le surmonte et l'encadre de ses lambrequins feuillus.

Il est parti. A la première partition, un sautoir ; à la
deuxième, deux rosettes en chef et un chevron en pointe.

Jean Millieret portait d'azur au sautoir d'argent. A
l'égard des Picot, je n'ose définir leurs armes, les traces,
qui en restent, sont trop incertaines.

Jean Millieret débuta, dans la magistrature, par la charge de procureur aux gabelles de Belley. Il quitta ces fonctions pour celles de juge. Outre la justice de Belley, il tenait plusieurs autres juridictions subalternes.

La chapelle rurale de Sainte-Anne est bâtie, à 1.500 mètres au soir de Contrevoz, sur un petit plateau, presque au pied des montagnes du Molard de Don.

Elle mesure hors-d'œuvre 10 m. sur 5 m. 75, et 5 m. 50 de hauteur, ou 8 mètres en comprenant la pointe du fronton.

Son orientation est liturgique.

Une barrière à jour, en bois de chêne, reposant sur un mur à hauteur d'appui et coupé, à son milieu, d'une porte de communication, sépare l'intérieur en deux parties inégales.

L'une et l'autre sont voûtées d'arête.

Celle qui sert de nef, de $4^m 75 \times 4^m 57$, n'a d'autre ouverture qu'une porte à plein cintre et sans vantaux. Deux pierres plantées entre les montants en interdisent l'accès aux animaux.

Le chœur est éclairé par une fenêtre, du côté du midi. Une porte s'ouvrait au nord ; elle est murée depuis longtemps.

L'ameublement ne présente rien de remarquable. Les tableaux et l'autel sont sans valeur. Ils proviennent de l'ancienne église de Contrevoz. Toutefois, une niche, au-dessus de l'autel, renferme une statue de Sainte Anne, que distingue un cachet particulier.

Sainte Anne est assise, donnant une leçon de lecture à la Vierge appuyée contre elle.

Le motif est simple, mais l'expression est pleine d'originalité. Le groupe a été taillé dans un bloc de pierre

blanche oolithique, et doit être contemporain de la construction de la chapelle.

L'oratoire est dépourvu de service religieux. On y cé-
lèbre la messe, le troisième jour des Rogations et pour
la fête de la patronne. En cette dernière circonstance,
chaque famille aisée du pays offre, à tour de rôle, le pain
bénit.'

On s'y rend fréquemment en pèlerinage des villages
voisins.

Le lieu, où s'élève la chapelle, est absolument désert,
et on s'enquiert du mobile, qui l'a désigné au choix du
fondateur.

Le choix se lie peut être à des souvenirs légués par les
âges lointains.

Pour peu qu'on creuse la terre, dans les environs, on
met à jour de vieilles poteries et des tuiles à rebord.

On y a découvert des sépultures qui, d'après la description qui en a été faite, doivent être burgondes.

Tout près passait une voie romaine, dont on trouve
des lambeaux, soit en montant vers Ordonnas, soit en
descendant au sud-est, du côté de Belley, la même, sans
doute, que mentionne une charte de 1212 entre Portes et
Ordonnas, sous le nom de *Chiminum romanum* (1).

La pierre à écuelles, déposée à la Société des sciences
naturelles par l'abbé Tournier, gisait à 800 mètres au
nord-est de la chapelle.

Enfin, il se tenait, il n'y a pas encore très longtemps,
des foires à Assize, petit monticule situé à un demi kilo-
mètre au sud (2).

(1) *Arch. de l'Ain*, H. 248.
(2) *Communication de M. l'abbé Tournier.*

De cet ensemble de faits, il paraît résulter qu'une po-population fort dense s'est pressée en cet endroit, dans les temps anciens.

La chapelle de Sainte-Anne pourrait bien être la continuation de traditions vieillies, mais remontant fort loin dans le passé.

XI

```
        A   M   D   G
    O S S A R I V M▒▒▒
    H O C  E F F O S S V▒▒▒
    E S T  E T  C O N C A▒▒
    T▒▒▒▒E N S I S
    G : S▒▒▒▒Q V E T I : D
    1 6 9▒▒▒▒▒▒▒▒1 6 4 0
    E T    D D I C T V▒▒▒
```

Eglise de Varambon, caveau central.

L'église compte trois caveaux. Celui du chœur était réservé aux sépultures seigneuriales, les deux autres aux inhumations des chanoines et des particuliers, admis à partager cet honneur.

Ceux-ci étaient situés dans la nef.

Le caveau central s'ouvre exactement entre les deux chapelles latérales.

L'inscription a été tracée à la pointe, sur un lit de mortier préparé pour la recevoir. L'enduit est appliqué contre la paroi orientale du caveau.

Les lettres ont gardé l'empreinte de la hâte mise à les tracer. La forme en est grossière. Hauteur moyenne : 0, 04 1/2.

Le caveau a été ouvert le 29 août 1881.

Il renfermait cinq crânes humains, mais les corps y ont été déposés en plus grand nombre. De nombreux ossements sont épars sur le sol. Les chairs consumées et les bois en décomposition, détrempés par les eaux qui envahissent le souterrain, pendant les humides saisons de l'année, se transforment en une boue noire et fétide, qui couvre le dallage sur 30 à 35 centimètres d'épaisseur.

Il fut construit par Georges Soquet, doyen de Varambon, car antérieurement à 1789, l'église de Varambon était pourvue d'un chapitre de douze chanoines, sous l'autorité d'un doyen crossé et mitré.

Le décanat de Georges Soquet fut long et plein d'activité.

Son nom m'a passé sous les yeux, dans maints documents du XVIIe siècle, où il paraît soit comme partie contractante, soit à titre de témoin.

Trois familles Soquet existent encore à Varambon. Je n'ai pu en retrouver l'origine. S'y sont-elles implantées avec le doyen de la collégiale, au cours de son décanat, où sont-elles aborigènes de longue date? La solution du problème aurait peut-être résolu, par voie de conséquence, cette autre difficulté, consistant à savoir si le doyen Soquet était né à Varambon.

XII

CY · GIST · DAME
IEANNE · EMERANTIANE · DE MOYRI
AC · VEVFVE · DE
· BERARD · DV · BREVL · CHEVALIER ·

SEIGNEVR·DE
SACONEY·LA
QVELLE·EST
DECEDEE·LE
7ᴍᴇ MARS
1692.

Eglise d'Ambronay, quatrième travée de la nef principale.

Ce texte tumulaire est destiné à la destruction avant qu'il soit longtemps. C'est le cas, d'ailleurs, de tous ceux qu'un incessant besoin de suffrages, et non un orgueil déplacé a fait disposer dans les endroits les plus fréquentés, des églises, partout où la circulation est d'une activité de tous les jours. Les tombes, notamment, d'Hector de la Balme et de Berthon Vallier, à Ambronay, se présentent dans des conditions identiques.

Mais ne récriminons pas, les caractères de notre épitaphe se détachent encore avec une netteté relative, et s'interprètent sans effort.

Elle occupe, à la fois, la bordure et le champ. Les quatre premières lignes font le tour, et les six autres s'étalent en tête de la tombe.

La partie en bordure est maintenue entre deux traits, à 0,09 1/2 l'un de l'autre, et à 0,05 cent. de la section extérieure.

Hauteur des lettres : 0,07 cent.

Gravure négligée.

Développement de la pierre en surface : 1·m. 90 × 0,90 c.

Au centre, un écusson est tracé au trait. L'usure en

est avancée. On distingue néanmoins, à droite, une bande et des billettes. Ces débris suffisent à fixer la leçon.

La défunte était issue des Moyriat, qui portaient d'or à la bande d'azur, accompagnée de six billettes de même.

Les Moyriat sont d'origine bugiste ; la terre dont ils ont emprunté le nom, est aujourd'hui incorporée au territoire de Cerdon.

C'est une de nos familles nobles les plus recommandables par l'ancienneté et la durée. Elle est éteinte depuis environ trois quarts de siècle.

XIII

TOMBE · DED · C · DE
DVPRE · 1701.

Eglise de Saint-Trivier-de-Courtes ; grand'nef côté gauche de la première travée.

Hauteur des lettres : 0, 10 cent.

Le manque de soin, par son trop d'évidence, nuit à leur bon effet.

Dimension de la dalle : 1 m. 80 de longueur, et 1 m. 11 de largeur.

Le tiers supérieur a été réservé à l'inscription ; le reste est nu.

Les Dupré étaient seigneurs de la Surange (1), ou plutôt ils en portaient le nom, mais je doute que ce petit fief ait jamais joui d'une érection régulière.

La Surange était située à 800 mètres, au sud de Saint-Trivier, sur la route de Servignat. Actuellement, c'est un simple hameau de 15 à 18 habitants.

---

(1) *Anc. registres paroissiaux, passim.*

Le plus connu des Dupré de la Surange est Claude, Conseiller au Parlement de Dombes, par provisions du 30 mai 1721. Il obtint des lettres de conseiller d'honneur au même Parlement le 7 mai 1742 (1).

Ils ont possédé la Surange jusqu'en 1789.

Les Dupré blasonnaient de gueules à deux étoiles d'argent, en chef, et un croissant de même en pointe.

XIV

TOMBE DE PHILIBERT PASSEROT

1702

Eglise de Saint-Trivier-de-Courtes ; deuxième travée, à gauche.

L'épitaphe est gravée sur la partie moyenne de la pierre.

L'exécution laisse à désirer.

Hauteur des letttres : 0, 11 centimètres.

La tombe mesure, en longueur, 2 m. 02 et, en largeur, exactement 1 mètre.

Philibert Passerot occupait un rang distingué dans la bourgeoisie de Saint-Trivier. La sépulture, à l'intérieur des églises, n'était point un honnneur, dont profitaient indistinctement le bourgeois et le manant.

Je ne possède pas de renseignements particuliers à son sujet.

(1) J. Baux, *Nob. Bresse et Dombes*, pages 269 et 285.

XV

1709

.... MARIE IOSEPH
[PELA]PVSSIN ESCVYER

Chœur de l'église de Saint-Trivier-de-Courtes.

La tombe est partiellement engagée sous les gradins du maître-autel.

Longueur 2 m. 15 ; largeur 0,90. Cette dernière mesure représente seulement la largeur apparente ; la largeur totale peut être de 1 m. 05 à 1 m. 10.

De même qu'au numéro précédent, c'est à la partie centrale qu'a été ramenée l'inscription.

Hauteur des lettres 63 millimètres.

Elles ne se recommandent par aucune qualité spéciale, mais elles sont de bon goût et bien gravées.

Sous l'épitaphe est tracé un écu, meublé d'une fleur de lis.

La maison de Pélapussin armoriait, selon d'Hozier et de Livron, d'or à une fleur de lis de gueules, et, d'après Guichenon, de gueules à une fleur de lis d'or.

Les Pélapussin (1) sont descendus de Franche-Comté en Bresse.

Le village de ce nom était situé au baillage d'Orgelet. Il est aujourd'hui détruit.

Le plus ancien représentant attitré de la famille est Guyot de Pélapussin ; il vivait en 1323.

---

(1) Tous les auteurs écrivent Pélapussins. Je respecte l'orthographe de la tombe de Saint-Trivier.

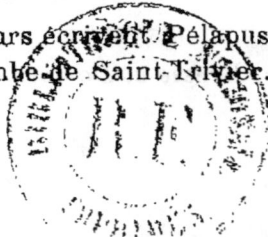

7

La maison n'existe plus, en Franche-Comté, depuis le xve siècle; en Bresse, où des alliances avec les la Vernée, les Mollard, les de Latheyssonnière, l'avaient fait ramifier, elle s'est maintenue jusqu'à la fin du xviiie siècle.

Les Pélapussin ont possédé les terres de Chemilliat, à Lescheroux, et de Montarchier, à Saint-Nizier-le-Bouchoux.

En 1689, ils paraissent aux assemblées de la noblesse, sous le nom de Pélapussin de Grandval.

Grandval est un hameau de Saint-Trivier, qu'ils firent, vraisemblablement, ériger en fief. La charte d'érection n'est pas connue.

Au rôle des privilégiés de 1784, la descendance se partage en Pélapussin de Grandval et Pélapussin de la Servette.

La Servette est un autre hameau, au nord de Saint-Trivier, qui sans doute eut aussi rang de seigneurie.

XVI

AEDIFIC · IST · CVM · HORT · QVATVOR · PAV

PERVM · SEXAGENARIOR · PARRO · AMBRON · ET ·

PROB · MORIB · MANSIONI · ET · VSVI · DESTINAT · A

DOM · GASPAR · COZON   REGIS · A · CONSIL · TVRRIS

NEOVILL · SVP · FLV · INDIS · TERRAE · ET · BARON · BELLIVI

SVS · APVD · DOMBAS · DOMINO · INSTR^{TO} · CORAM · M · HIE

RON · ROVYER · NOT · REGIO · CONFECTO · DIE · I^A M^{SIS} IVNII

ANN · 1726 · REEDIFICAT · EST · ANN · 1746 · CVRA · ET

SVMPTIB · DOMINOR · CAROLL · EMMAN · DE · MARRON · SCV

TIF · D^{TAE} TVRRIS NEOVILL·DOM·NICOLAI DE MARRON·EQVITIS

TORQVAT · BARON · MEILLONACI · ET DOM · EIVS CONIVGIS ·
[ATQVE

D^{NI} MARI·AGRICOL·DE MARRON D^{TI} ·BELLIVI^{VS} ·BARON^S ·
[DOMNI PETRI

CALOMONT^{IS} ET BLANCHER · DOMINI DVCIS PEDITVM · IN
LEGIONE

CONDEA QVATVOR SVCCESSOR·D·D·COZON·QVI EOS VNICVIQ.

D^{TOR}4·PAVP·QVOTANIS EROGARE.VOLVIT SEX BICHETAS FRV

MEN·SEX FABAR·SEX HORD.SEX FAGOPHIRIET·SEX TVRQVET

ET · ISTVD · MARMOR · CVM · INSCRIPT · ADVERS · OBLIV · PONI
IVSSIT.

Ambronay, ancien hospice Cozon.

La pierre est enchassée dans le mur méridional de la maison appelée l'Hôpital, à 1 m. 40 de terre. Le temps l'a marquée de son empreinte, mais elle a gardé l'intégrité de ses premiers jours.

La construction de cette maison de refuge eut lieu, comme le rappelle l'inscription, en 1726, et sa réédification, en 1746.

L'œuvre honore la famille Cozon, dont la bienfaisance est restée proverbiale à Ambronay.

L'hospice Cozon était situé au nord de la ville, près des jardins de M. de Lauzière, qu'une simple ruelle en sépare.

Il consiste en un corps de logis, long d'environ 20 mètres, large de 7 à 8, et se compose, exclusivement, d'un rez-de-chaussée et d'un petit grenier.

Quatre logements, complètement indépendants les uns des autres, se le partagent. Chaque loge est éclairé par une fenêtre, au midi, et communique, d'une part, par une porte, avec la rue, de l'autre, par une ouverture à l'arrière, avec un jardinet attenant.

L'hospice a perdu son caractère primitif; il a été désaffecté et vendu. Il appartient aujourd'hui à plusieurs particuliers. De son côté, la fondation est devenue caduque; mais on se souvient toujours, à Ambronay, de la fondation Cozon.

Le texte est entouré de quelques moulures, qui lui font un cadre; c'est un carré long, dont les angles sont abattus.

Le cartel présente 1 m. 33 de longueur et 0,75 de hauteur.

Les lettres rappellent la petite capitale romaine. Elles ont 22 millimètres, et la gravure en est excellente.

L'honorabilité de la maison Cozon est au-dessus de tout éloge.

Il semble qu'elle soit originaire du Forez.

Une branche s'établit à Ambronay au XVIIe siècle, d'où elle passa à Ambérieu, au début du XIXe. Depuis une trentaine d'années, elle s'était transplantée à Courmangoux, en Bresse, où elle s'est irrémédiablement éteinte par le décès de François Marie-Louis Cozon, le 31 octobre 1897.

Ce monument lapidaire rectifie une fausse donnée historique. L'auteur de la fondation de 1726 est Gaspard Cozon, et non François, comme on l'a dit et imprimé.

Gaspard Cozon était Elu en l'Election de Belley. Il acquit le château de Belvey, en janvier 1715, et la Tour de Neuville, vers le même temps.

On ne se doutait pas que les Cozon eussent été seigneurs de Neuville-sur-Ain.

XVII

D   O   M

CY GIT

Mre FRANCOIS BERGIER

NO^re ROYAL

MORT LE 12 AVRIL

1728

REQIESCAT IN PACE.

Eglise de Saint-Maurice de-Rémens.

La pierre fait dalle à l'entrée du chœur. Elle est dépourvue de tout ornement décoratif ou symbolique.

Ses deux axes offrent, respectivement, 2 mètres 26 et 0,98.

L'épitaphe est remontée du centre sur la moitié supérieure de la tombe. La prière rituélique en longe le bord inférieur.

Les lettres de cette dernière ont 0,06 de hauteur, celles de l'épitaphe 0,04 1/2, et les trois lettres dédicatoires 0,07.

Le trait est régulier, sauf dans le souhait funéraire, qui n'est probablement pas de la même main.

XVIII

VIVENS MORTIS

MEMORS POSUIT

IOANNES ANTONIU

LAPLANCHE DOCTOR

THEOLOGVS HVIVS
ECCLESIAE RECTOR
ET DIOCCESIS SANCTI
CLAVDII OFFICIALIS
ANNO 1747.

Eglise de Mornay, au bas de la nef, sous la tribune.
Pierre tumulaire de 1 m. 62 sur 0,63.

Il est juste d'observer que, si la pierre est tombale, l'inscription n'a pas les caractères d'une épitaphe ; elle est commémorative de la construction ou de la pose du tombeau.

Ce n'est pas à dire que la tombe soit restée à l'état de cénotaphe, mais on peut s'étonner, à bon droit, qu'elle n'ait pas enregistré la date de l'inhumation, soit sa fermeture définitive, si elle a réellement reçu en dépôt les restes de celui qui se l'était destinée.

La pierre est encadrée d'un trait simple, laissant une marge de 0,04 c. sur les bords. En tête, il se double d'un autre trait, pour enfermer le seul essai d'ornement que présente la tombe, une ligne brisée.

Le texte est gravée vers le haut et descend jusqu'au tiers du monument. Au-dessous, une croix alaisée et haussée.

Lettres très ordinaires de type et de facture ; elles ont 35 millimètres de hauteur.

ANTONIUS a été gravé sans S, à moins que le sigle n'ait disparu dans un défaut de la pierre ; en revanche, DIOCESIS est pourvu de deux C.

Mornay, anciennement paroisse du diocèse de Lyon, fut détaché de l'archiprêtré de Treffort et réuni au diocèse de Saint-Claude, à la création de ce dernier le 22 janvier 1742.

Cette cure est quelque peu dédaignée de nos jours; il semble qu'au XVIIIe siècle le clergé ait manifesté un sentiment tout contraire. L'official du diocèse ne croyait pas déchoir en acceptant la responsabilité de sa direction.

Jean-Antoine Laplanche a été l'un des premiers officiaux, sinon le premier, du diocèse de Saint-Claude.

XIX.

Le dallage de l'église d'Ambronay est parsemé de petites tombes anonymes.

Chaque tombelle se réduit à une dalle, portant inscrites une date et une croix, dans un cadre tantôt triangulaire tantôt en losange. Rien de plus.

Le cadre est tracé au trait, et quelle que soit sa forme, rectangulaire ou losangée, on lui retrouve toujours, un seul cas excepté, uniformément la même dimension, 0,30 à 0,50 de côté.

J'en ai compté neuf, que voici :

Grand'nef

Axe principal :

+
OBIIT
DIE 17
MENSIS AVGVS
1710.

+
DIE 3º
OCTOBRIS
1746.

Côté droit :

+

DIE

PRIMA · MENSI

S MAII · ANNI.

1672

Côté gauche :

+

DIE IIII

SEPTEMBRIS

1734.

+

DIE

15

OCTOBRIS

1750.

Collatéral droit :

+

DIE ·

IIII

APRILIS

1726

+

X FEBRVARII

1759

+

DIE 13

IVLLIY

ANᵒ.

1731

+

X

APRILIS

1768

Le collatéral nord en est privé.

La forme rectangulaire s'observe dans les tombes de 1731, 1734 et 1759, et la forme losangée dans les autres.

La tombelle la plus ancienne remonte à 1672 ; la plus récente est de 1768. Ce mode de sépulture est donc spécial au xviiie siècle.

Nous n'avons rencontré, précédemment, que des monuments de religieux dignitaires de l'abbaye, ne pourrait-on pas, et, en cela, il y a beaucoup d'apparence de vérité, considérer ces humbles pierres comme des tombes de simples religieux ?

Ils ont vécu dans le cloître ignorés de la foule du monde ; ils reposent, encore ignorés, à l'ombre de leur église. Ils n'inscrivent qu'une date de leur passage en cette basse vallée, celle de leur décès, le *dies natalis* de l'espérance chrétienne.

Mais, elles se présentent sous deux types ; à quelle fin ?

Apparemment d'établir une distinction. Ce n'est peut-être pas une conjecture dénuée de vraisemblance de rapporter au type rectangulaire, forme réduite de la pierre funèbre ordinaire, les tombes des religieux profès, et au type en losange, qui, dans l'art héraldique, est d'ordre inférieur, les tombes des frères convers de l'abbaye.

XX

ANNO DNI M . DCC . LXX. DIE XXVI. AVGUSTI

R.R.D.D. IOAN. BAPT. MARIA BRON EPISCOPUS

ÆGENSIS SUFFRAGANEUS LUGDUNENSIS

SOLEMNI RITU. DEDICAVIT CONSECRAVITQUE ALTARE HOC DEO IN HONOREM B.M.V. ANNUNTIATÆ. ET RELIQUIAS S.S. MARTY- [RUM.

AMANTII, PLACIDI, ET AURELII IN EO INCLUSIT : ET SINGULIS [CHRISTI

FIDELIBUS EADEM DIE UNUM ANNUM, ET IN DIE ANNIVERSARIO
[HUJUSMODI

IPSUM VISITANTIBUS QUADRAGINTA DIES DE VERA INDULGENTIA

IN FORMA ECCLESIÆ CONSUETA CONCESSIT.

Tablette calcaire, autrefois encastrée dans la face postérieure du maître-autel de N.-D. de Bourg.

Elle est actuellement délaissée derrière le chevet de l'église.

J'ai transcrit l'inscription parce qu'elle se détériore, et rapidement.

Elle s'encadre d'un cartouche, dont les angles sont taillés en quarts de cercle, et qui mesure 1ᵐ 68 sur 0,55.

De grands travaux furent exécutés à Notre-Dame, vers 1768-70.

On démolit le jubé et les murs qui clôturaient le chœur.

Les stalles furent reportées dans l'abside. La nef fut nivelée et munie d'un nouveau dallage. A l'ancienne chaire on substitua la chaire monumentale, qui existe encore ; enfin, on érigea un autel dans le goût dominant de l'époque.

L'autel fut construit en 1768.

Le devis en est conservé aux Archives départementales.

La forme était celle d'un tombeau, de trois pieds un pouce de hauteur, et quatre pieds et demi d'épaisseur.

Pour l'autel proprement dit, c'est-à-dire la table et ses supports, l'adjudicataire était tenu d'employer la pierre du pays, pour l'entablement, le marbre blanc veiné, et la pierre noire pour le socle. Des consoles, en marbre statuaire, devaient orner les angles de chaque côté.

Un rond de bosse, en vert antique, s'encastrait dans un cartouche, aussi de marbre statuaire, et était accompagné, à droite et à gauche, d'un panneau en marbre brèche de Sicile.

Sur les flancs, deux autres panneaux en marbre violet.

A l'arrière de la table, le plan prévoyait un gradin en pierre, de huit pieds de long sur quinze pouces de large, avec trois incrustations de marbre, sur sa longueur de face.

Le tout devait être poli, sculpté et mouluré conformément au plan dressé à cet effet.

Le devis portait la dépense à 1.100 livres.

L'entreprise échut à P. Milliet. Les conventions furent passées le 3 mai 1768, et il promit de livrer l'autel aux prochaines fêtes de Pâques.

Les chanoines fournirent, à leurs frais, les marbres précieux, tel que le vert antique (1).

Le tabernacle fit l'objet d'un devis séparé.

On avait d'abord prévu un tabernacle octogone.

Chaque pan, et la frise au dessus devaient être en marbres rares incrustés, les pilastres des angles en lapis-lazulli, et les décorations, c'est à-dire quatre chérubins, les guirlandes, les bases, les chapiteaux, astragales, corniches et le cadre de la porte en cuivre, doré à deux couches.

On s'aperçut, bientôt, que la multiplicité des faces engendrait des inconvénients pour le bon usage de l'édicule, pour la porte, surtout, qui devenait trop étroite. On les réduisit à cinq, et on substitua l'ordonnance ionique à l'ordonnance toscane primitivement adoptée.

Le chapitre prit la dépense du tabernacle à sa charge, et traita, au prix de 600 livres, le 28 juillet 1768, avec

_____

(1) *Arch. de l'Ain.* G. 6.

François Bailly, prêtre, qualifié prieur, et Antoine Bouvier, son associé, marbriers à Lyon.

Le service de cet autel a duré jusqu'en 1878.

Il a été remplacé par l'autel actuel, un chef-d'œuvre d'orfèvrerie, il est vrai, mais qui est un solécisme dans l'église de Notre-Dame.

L'évêque consécrateur, J.-B. Marie Bron, était né à Lyon, en 1713, d'une famille ancienne, qui parvint au consulat et prit pour armes un lion d'argent à gauche, tenant une gerbe d'or et, en chef, deux étoiles d'or en champ de gueules.

Il exerçait les fonctions de vicaire général, lorsque le cardinal de Tencin, archevêque de Lyon, se le fit adjoindre, comme suffragant auxiliaire, avec le titre d'évêque d'Egée *in partibus*, le 6 octobre 1753.

Le cardinal le sacra lui-même, le 24 février 1754, assisté de Guillaume d'Hugues, archevêque de Vienne et de Henri-Constance de Lort de Sérignan de Valras, évêque de Mâcon.

Mgr de Montazet lui conserva sa suffragance, lorsqu'il succéda au cardinal de Tencin, en 1758.

J.-B. Marie Bron avait été nommé chanoine de Saint-Paul, en 1729. Le chapitre l'éleva à la dignité de chamarier, peut-être en témoignage de sympathique condoléance, en 1765, l'année même que parut une brochure intitulée : *Les dénonciateurs secrets dénoncés au public.* C'était une vengeance, à son adresse, du parti janséniste, ouvertement appuyé, à Lyon, par Mgr de Montazet (1).

Il mourut le 31 octobre 1774.

---

(1) Mgr Servonnet, *Notes sur les Auxiliaires de Lyon*, dans la *Semaine religieuse de Lyon*, avril 1875. — *Communication de M. l'abbé Peyrieux, chap. de Fourvière.*

XXI

MEMORIÆ ÆTERNÆ
JOANNES - FRANCISCUS
BALLAND D'AUGUSTEBOURG
TURMÆ EQUITUM DUX VETERANUS
INDIGENARUM PORTUS PACIS
IN INSULA SANCTA DOMINICA MILITUM PRÆFECTUS
MARCHIO VARAMBONIS
BARO DIVITIS MONTIS PALUDISQUE DOMINUS
ET
MARIA - ANNA DE St-SAULIEU DE Ste-COLOMBE
CONJUX DILECTISSIMA
TEMPLI HUJUS PATRONI
PIETATIS ERGO AC DEI BENEFICIORUM MEMORES
CAMPANARIUM ET SACRISTIAM DE NOVO CONSTRUI
TOTAM FERE BASILICAM REÆDIFICARE CURAVERE
ADDITIS
CAMPANIS, ALTARI MARMOREO, CANCELLIS VITREIS
CLAUSTRIS FERREIS CÆTERISQUE OPERIBUS
HOC TEMPLUM HODIE EXORNANTIBUS
ÆQUE ADEO JURE
ALTERUM A FUNDATORIBUS TITULUM
OBTINUERE
ANNO CHRISTI MDCCLXX

JEAN-FRANÇOIS

BALLAND D'AUGUSTEBOURG

ANCIEN CAPITAINE DE CAVALERIE

ET COMMANDANT DES MILICES DE PORT DE PAIX

DANS L'ILE DE St DOMINGUE

MARQUIS DE VARAMBON

BARON DE RICHEMONT ET SEIGNEUR DE LA PALUD

ET MARIE-ANNE DE St SAULIEU DE Ste COLOMBE

SA TRES CHERE EPOUSE

PATRONS DE CETTE EGLISE

POUR SATISFAIRE LEUR PIETE ET

EN RECONNAISSANCE DES BIENFAITS DE LA PROVI-
[DENCE

EN ONT FAIT CONSTRUIRE A NEUF

LE CLOCHER ET LA SACRISTIE

ONT FAIT RECONSTRUIRE PRESQUE TOUTE LA NEF

ONT FOURNI LA SONNERIE ET ONT DECORE CETTE
[EGLISE

D'UN AUTEL DE MARBRE, DES VITRAUX, DE LA BA-
[LUSTRADE

ET AUTRES ORNEMENTS QUI L'ONT PORTEE A CE
[POINT

D'EMBELLISSEMENT OU ELLE EST AUJOURD'HUI

ET EN ONT AINSI ACQUIS LE VRAI TITRE.

DE SECONDS FONDATEURS

L'AN DE GRACE MDCCLXX.

Eglise de Varambon.

Ces inscriptions couvrent deux tablettes de marbre

blanc, plaquées au fond de deux niches, à droite et à gauche du chœur.

La seconde reproduit en français le texte de la première, sous une forme très exacte, en même temps que très littéraire.

Par leur aspect monumental, les niches contribuent, dans une large mesure, à la décoration du chœur. Elles ont 3 mètres 50, du pavé à la corniche, et 1 mètre 45 de largeur.

Elles reposent sur un soubassement en pierre grise polie, et sont formées chacune de deux pilastres et d'un entablement en marbre brun.

On les destina, dans le principe, à conserver la mémoire des restaurateurs de l'église et à protéger leurs bustes, dont les socles, aussi en marbre blanc, sont encore debout à leur ancienne place.

Hauteur des lettres : 18 millimètres.

Petites capitales romaines finement ouvrées.

La lecture du texte présente aujourd'hui des difficultés. Les révolutionnaires de Varambon lui ont fait subir de graves mutilations. Ils se sont particulièrement acharnés sur le texte français.

Jean-François Balland d'Augustebourg fut l'avant-dernier marquis de Varambon.

On a brodé, autour de son nom, de merveilleuses légendes.

Il serait né, dit-on, à Lantenay, canton de Brénod, et aurait quitté son village natal, avec une balle de colporteur chargée de cuillères, de peignes et de moules de boutons en bois de buis.

A Lyon, il entra, commis subalterne, dans une maison de commerce, qu'il abandonna bientôt pour gagner l'Amérique.

Devenu régisseur d'une importante fabrique de sucre, et, peu après, l'époux de la veuve du propriétaire, il aurait réalisé, dans cette branche industrielle, une fortune considérable (1).

Comme dans chaque légende, on trouve du vrai dans ce récit, mais la vérité disparaît sous l'exagération des faits.

Il paraît établi, d'après l'*Armorial lyonnais*, que J.-F. Balland descendait d'une famille lyonnaise, anoblie avec Guille Balland, en 1449. Elle possédait, au XVIIe siècle, les seigneuries d'Arnas et de Chamburcy, en Beaujolais (2).

Il suivit la carrière des armes, fut détaché aux colonies, fait capitaine de cavalerie, et commandant des milices de Port de Paix, dans l'Ile de Saint-Domingue.

Disposant d'une grande fortune, faite ou considérablement accrue dans le Nouveau-Monde, il acquit, à son retour en Europe, le marquisat de Varambon, la baronnie de Richemont, les terres de la Palud, de la Moutonnière et du Vernay.

Il était déjà ou devint depuis seigneur de la Courbonnet, en Normandie.

On raconte qu'au retour d'un de ses voyages aux Antilles, il essuya une violente tempête. Il conjura le ciel et promit, s'il échappait au naufrage, de restaurer l'église de Sainte-Anne de Varambon. D'autres disent que trois de ses vaisseaux, chargés de denrées coloniales, furent de sa part l'objet d'un vœu. S'ils arrivaient à bon port, il rebâtirait l'église collégiale, et consacrerait à cette pieuse entreprise cinquante mille écus.

(1) *Mst Perret*, à Priay.
(2) André Steyert, *Armorial lyonnais*.

Quelle qu'en fût la cause, le fait existe ; l'église de Varambon fut entièrement restaurée par ses soins.

Voici le détail de son œuvre.

Fondée par les sires de la Palud et construite de 1400 à 1450, d'après les principes de l'architecture ogivale à son déclin, l'église collégiale de Sainte-Anne était demeurée la propriété particulière des seigneurs de Varambon. Les chanoines se trouvaient eux-mêmes sous leur absolue dépendance, au double point de vue de leur nomination et de leur prébende.

Elle porte 25 mètres de long, 9 de large et 11 de haut sous voûte.

Les murs furent respectés, mais on dissimula leur vétusté sous un crépi neuf recouvert d'un enduit de plâtre, et l'ogive des fenêtres céda la place au plein cintre.

On fit trois divisions de l'intérieur, le chœur ou sanctuaire, l'avant-chœur et la nef.

La nef n'avait pas de collatéraux. Un portail monumental y donnait accès. On y remarquait deux bénitiers de marbre en applique contre les murs, deux bancs, deux confessionnaux et deux chapelles.

Les chapelles étaient placées sous les vocables de Sainte-Anne et de Saint-Clair. Deux autels de pierre rose remplacèrent les anciens.

Une grille de fer doré établit une séparation entre la nef et l'avant-chœur.

L'avant-chœur était réservé au marquis et à sa famille. Deux bancs de chêne, d'aspect imposant, s'y font face. Ils ont pour dossiers des lambris à panneaux, montant à quatre mètres de hauteur, et couronnés d'une corniche et d'un fronton.

Les panneaux sont ouvragés. A droite, deux motifs.

8

L'un présente un navire démonté, mature et voiles rom-
pues ; l'autre, un vaisseau, des mâts et des voiles dans le
pêle-mêle de la détresse Ils se complètent dans les deux
cas, d'un instrument de manœuvre, d'un outil de pêche,
de productions marines, et d'une allusion symbolique à
l'abondance que le commerce procure.

A gauche, deux autres motifs, ou plutôt deux trophées.
Ici, c'est un bouclier, surmonté d'un perroquet, un drapeau, un faisceau de piques, des coiffures indiennes, un
casse-tête et un carquois, ingénieusement entrelacés. Là,
c'est encore un bouclier, un carquois, la dépouille d'un
lion, un drapeau, une masse d'armes hérissée de pointes
et un cimeterre, arrangés avec une non moins ingénieuse
habileté.

Le sens de ces divers symboles est assez transparent ;
toute explication deviendrait superflue.

La décoration la plus riche fut prodiguée au le chœur.
Ce sont d'abord les encadrements de marbre, en forme de
niche, que nous venons de décrire. Un rang de douze
stalles en chêne, avec lambris, corniches et sculptures,
garnit le tour de l'abside. Le maître-autel est réputé un
chef-d'œuvre. On y voit associés les marbres les plus rares, le marbre brun, le blanc de Carrare, le violet d'Italie,
le vert des Alpes, le marbre bigarré, le jaune de Sienne,
tous sont travaillés avec beaucoup de science et d'art.

Une tour, terminée en dôme, s'éleva au chevet de
l'église. Elle fut pourvue d'une sonnerie à cinq cloches,
dont un bourdon, et d'une horloge à quatre cadrans.

Enfin, l'opulent marquis reconstruisit la sacristie, qu'il
fit lambrisser, et la dota de meubles, d'ornements de
prix, d'un ostensoir en vermeil, d'un calice en or, et de
cinq calices d'argent.

Une description plus minutieuse nous entraînerait hors du cadre que nous nous sommes imposé ; mais, dans ce court aperçu, se montre à nous, sous un jour suffisamment lumineux, l'œuvre réparatrice dont nos deux textes ont reçu la mission de perpétuer le souvenir.

Jean-François Balland résidait, habituellement, au château de Varambon. Il mourut à Lyon, en novembre 1774, mais il fut ramené dans son marquisat et inhumé à l'église, dans le caveau du chœur.

XXII

PIERRE ANTOINE CARISTIA
CELEBRE ARCHITECTE ITALIEN
AUSSI RECOMMANDABLE PAR SA PROBITE
QUE PAR SES TALENTS
A DONNE LES DESSINS DU CLOCHER
DE LA PORTE PRINCIPALE, DU DEGRE CIRCULAIRE
ET AUTRES OUVRAGES D'ARCHITECTURE DE CETTE
[EGLISE
ET LES A FAIT EXECUTER
L'AN DE GRACE 1770.

Eglise de Varambon.

Plaque de marbre noir encastrée à hauteur d'homme, — 1 mètre 65 — dans le mur est de la tour du clocher.

La forme est rectangulaire, et d'une superficie représentée par 0, 80 × 0, 45.

Quelques moulures l'encadrent.

Hauteur des lettres : 0, 03. Du même type qu'au numéro précédent, et burinées avec la même perfection.

L'exposé des travaux de l'église collégiale, qui pré-

cède intéressse Antoine Caristia au même titre que le
marquis de Varambon, quoiqu'à un moindre degré. Celui-ci donnait les ordres et approuvait, celui-là traçait les
plans et les exécutait. Or, nous avons dit ce qu'a produit
cet accord.

L'escalier circulaire, rappelé dans ces lignes, fait face à
l'église. Il mettait la collégiale en communication avec le
chemin de ronde et le chemin du château.

Il s'élève en deux demi-cercles, d'une courbe souple et
gracieuse, laissant un espace libre au centre. Vers le
haut, un perron et deux piliers simulent une entrée.

Il a été restauré en 1887.

Pierre-Antoine Caristia était, effectivement, d'origine
italienne peut-être même florentine, comme le ferait supposer son nom.

Il habitait Montluel, et sa femme était de Pérouges.

Il a laissé, dans le département, bon nombre d'ouvrages
d'architecture, très estimés de nos jours, la sacristie et
l'escalier d'honneur de l'abbaye d'Ambronay, l'hôpital de
Montluel, l'église de Pont-de-Veyle et, probablement
aussi, les stalles de Treffort, où il me semble reconnaître
son dessin et son habituel procédé de décoration.

Le texte de notre inscription ne s'est donc point montré
trop flatteur à son endroit. Ces citations le justifient.

Les Caristia ont fait école, à Lyon, au début dn xixᵉ
siècle.

XXIII

ICI EST LE TOMBEAV
DE LA FAMILLE DE FOREST
. . . . ESCYER
PREVOST ET CHA

TELAIN DE LA VILLE
DAMBRONAY
REQVIESCANT
IN PACE

. . . .

. . . .

. . . .

Eglise d'Ambronay ; collatéral nord, 6ᵉ travée.

Il fait pendant à la tombe du prieur Réginald de Malyvert, qui occupe la place correspondante, dans le bas-
côté droit.

La dalle a beaucoup souffert, et plus de mutilation que
d'usure.

Son métré superficiel s'exprime par 1 mètre 85 ×
0, 95.

Il n'est plus possible de reconstituer intégralement
l'épitaphe.

Les points suppléent aux parties du texte n'offrant pas
des garanties suffisantes d'exactitude.

La tombe est entourée d'un filet en creux, et non de
l'épitaphe, qui est cantonnée dans le champ.

Hauteur des lettres : 0, 06.

Gravure très commune.

L'écu des Forest complète la décoration de la tombe,
d'or à trois pals d'azur, au chef d'or chargé d'un lion
passant d'azur.

Le premier des Forest qui arriva à la noblesse serait
Claude, écuyer et prévôt de l'abbaye, qui vivait en 1550
et testa en 1585 (1).

_____

(1) Guich., *Généal. Bugey*, III, 107.

La filiation remonte cependant plus loin. C'est l'un d'eux, Antoine Forest, qui rédigea le procès-verbal de l'Assemblée de 1490, où le Coutumier d'Etienne de Morel reçut l'approbation du chapitre.

Il était originaire de Châtillon-les-Dombes, et exerçait le notariat à Ambronay, *coram mandato nostro, videlicet nthonius Foresii, de Castellione Dumbarum oriundus, presentialiter burgensis et habitator Ambroniaci, publico sacri romani imperii notario* (1). La theyssonnière ajoute prévôt, mais l'expression est de trop; elle n'est pas dans le texte (2).

La charge de prévôt est demeurée héréditaire, dans la famille, jusqu'à la fin du xviiie siècle.

C'est comme seigneur du fief de la cour prévôtale d'Ambronay, que Gaspard-Marie-Hélène de Forest de Vavres comparut à Belley, le 16 mars 1789 (3).

XXIV

+

TOMBE
DES · FRERs
BOSSU
1774·

Eglise d'Ambronay ; basse-nef septentrionale, quatrième travée.

Tombe d'une extrême simplicité.

Longueur, 1 m. 12, largeur, 0,60.

---

(1) *Arch. de l'Ain*, H. 92.
(2) *Rech. hist.* Pièces justif. p. 18.
(3) Rév. du Mesnil, *Arm. de l'Ain.*

L'épitaphe est gravée en tête; elle est entourée d'un cadre tracé au trait, mesurant 1 mètre 20 et 0, 44 sur ses côtés.

La croix initiale est reportée sur la marge, au-dessus de l'encadremsnt.

Au bas, dans une situation identique, un petit losange.

Hauteur des lettres : 0,06 1/2.

Exécution très ordinaire.

Les Bossu ne sont plus représentés à Ambronay.

Je connais plusieurs familles de ce nom. Rien ne prouve qu'elles soient sorties d'Ambronay, et qu'il y ait entre elles communauté d'origine.

XXV

HAEC · CRUX
ANNO · DOMINI
1783 FACTA
EST · SUMPTI ·
BUS · PAROCH
IAE · RECTORE
Dᵒ Jᵒᵒ Fᵒᵒ JAGOT

I H S

Croix du cimetière de Mornay.

Elle est voisine de l'église, et située à droite du passage qui conduit vers l'entrée.

Hauteur des lettres : 32 millimètres.

Rien à en dire sinon qu'elles sont régulières, mais sans mérite artistique.

Les mots sont séparés par un trait court et vertical, le point allongé.

L'inscription se lit sur le pied de la croix, où, pour parler plus exactement, sur la pierre taillée en cube, qui lui sert de socle, entre le piédestal et la base du fût.

Le monument et, en particulier, le piédestal, revêt tout à fait le cachet architectural de l'époque, style bâtard, où la courbe joue le grand rôle, en adoucissant la plupart des angles, c'est-à-dire en amollissant ce qui fait l'harmonie de l'art de construire, et lui donne une expression de force et de vitalité.

XXVI

PRIES · POUR · SIEUR
ANTOINE · CESAR
ROJAT · ET · POUR
DAME · BARBE
MICHALET
GRATUS · POSUIT · GENER
ANNO 1783

Eglise de Treffort ; chapelle du Sacré-Cœur.

Hauteur des lettres : 32 millimètres.

Le trait est bon.

La tombe ne présente pas la forme accoutumée des dalles funéraires ; elle adopte celle d'un quadrangle rectangle, de 0,80 de côté.

Une bande en creux, de 15 millimètres de largeur, lui sert d'encadrement.

SIEUR, à la première ligne, et DAME, à la quatrième,

qualité pourtant bien anodines, ont été martelés pendant la Révolution.

NOTA. — En la même église de Treffort, l'épitaphe de Louis de Seyturier, seigneur de la Verjonnière, décédé le 25 septembre 1587, que Guichenon a lue et transcrite sur sa pierre tumulaire (1), a éprouvé un traitement analogue, Mais ici, la détérioration est plus profonde. On déchiffre encore 25 SEPTEMBRE, et ces deux mots suffisent à orienter l'interprétation.

La tombe du seigneur de la Verjonnière fut, originairement, placée dans la chapelle des Seyturier ; depuis, elle a été transférée dans la grand'nef, où elle fait dalle, à gauche, à 1 m. 50, en avant du chœur.

XXVII

A LA MEMOIRE
DE BALTHAZARD
MICHON DECEDE
LE 3 MARS 1804
AGE DE 83 ANS
8 M · J ·
CHERI ET REGRETE
DE TOUS

Eglise de Priay, mur extérieur de la chapelle du Rosaire.

La pierre est enchassée à 1 mètre au-dessus du sol.

A défaut d'épitaphe, le type indiquerait sa destination funèbre.

---

(1) *Hist. Bresse*, III 369.

Elle se présente sous la forme d'un cippe antique, avec base, dé et corniche, mais sans fronton.

Sa hauteur tótale est de 1 mètre 30, et sa largeur moyenne de 0,66.

Hauteur des lettres : 0,06 1/2 centimètres.

Les Michon ont débuté par le notariat.

Ils viennent de Renaison, dans la Loire, où André Michon était notaire, vers le milieu de xvie siècle.

Ils acquirent Chenavel, en 1655, et, vers 1756, la Tour de Priay.

Balthazard Michon jouissait du titre de Conseiller du roi ; il remplit longtemps les fonctions d'avocat au bureau des Finances de la Généralité de Lyon.

C'est par sa fille, Jeanne-Marie Michon, qui avait épousé Ennemond-Auguste Hubert de Saint-Didier, et qu'il fit héritière de ses propriétés de Bresse, que les Saint-Didier se sont établis à Priay.

XXVIII

D   O   M

CI-GIT

Jᴇ. M. ALEXANDRE
COLABAU DE JULIENAS
ANCIEN LIEUTENANT
COLONEL AU REGIMENT
DES GARDES FRANÇAISES
ET CHEVALIER DE L'ORDRE
DE Sᴛ LOUIS
DECEDE A Sᴛ MAURICE
DE REMENS
LE 21 JUILLET
1812
PRIEZ DIEU POUR LUI

Eglise de Saint-Maurice-de-Rémens, sous le clocher.

L'épitaphe couvre intégralement la tombe.

On trouve à cette dernière 2 mètres 24 sur 1 mètre 15 de dimension.

Sur les côtés, court un trait unique, à 0,05 de l'arête angulaire, coupé en quart de cercle aux quatre angles. Pas d'autre ornement.

Hauteur des lettres : 0,05 1/2. Les lettres dédicatoires ont 0,07, et celles de la deuxième ligne 0.06.

Au point de vue de la facture, trait sûr et net.

Jacques-Marie-Alexandre Colabau eut pour père Jacques Colabau, seigneur de Châtillon-la-Palud, et pour mère Françoise Vende de Saint-André, dame de Juliénas et de Vaux.

Héritier de sa mère, il prit le titre de Juliénas. Il ne porta pas le nom de Châtillon, par suite du décès de son père postérieurement à la suppression des noms féodaux.

Lorsque la Révolution traita les Français en suspects, Alexandre Colabau s'exila avec son père. Réfugié à Naples, il épousa la fille d'un émigré, et eut quatre enfants de cette union. La gêne ne tarda pas à pénétrer au foyer.

Informé de sa situation précaire, Claude Colabau de Rignieux, son oncle, qui n'avait pas quitté la France, et habitait Saint-Maurice, se mit en mesure de lui procurer des ressources. Le projet présentait des difficultés, car tout envoi d'argent aux émigrés était puni de mort, comme entaché de trahison.

Ici se place une anecdote intéressante, que je suis heureux de citer.

Les affaires des Français réfugiés à l'étranger étaient administrées, dans notre région, par un banquier secret, qui résidait à Lyon et se tenait en communication constante avec eux. Mais il fallait lui verser les fonds.

Claude de Rignieux fit choix d'un enfant de Saint-Maurice de 12 à 15 ans, à l'intelligence vive, plein de sens et d'ardeur. On le déguisa en mendiant, et les valeurs à remettre au banquier furent cousues dans les loques de ses vêtements.

L'enfant partit, demandant, le long de la route, son pain à la charité publique. Il déposa fidèlement la somme dont il était porteur, à l'adresse indiquée et revint, avec la décharge, à Saint-Maurice, déjouant toujours par les mêmes moyens, la surveillance inquiète des agents de la tyrannie au pouvoir.

Arrivé à l'âge d'homme, l'enfant devint maire de Saint-Maurice. C'était le père du docteur Roux, mort à Meximieux il y a quelques années.

L'éminent praticien aimait à raconter cette honorable aventure, qui fut, vraisemblablement, le point de départ de la haute situation, à laquelle il parvint dans la suite.

Rentré en France, en 1802, Alexandre Colabeau se retira à Saint-Maurice, auprès de son oncle, qui, n'ayant pas d'enfants, le fit héritier,

Il y est mort à l'âge de 70 ans, laissant une mémoire entourée de l'estime universelle.

Il y a trente ans, m'a-t-il été dit, les vieillards, qui l'avaient connu, parlaient encore de lui avec une profonde vénération.

Les Colabau sont de Lyon. On y rencontre Durand Colabau, drapier, en 1590, et échevin, en 1593 (1).

Ils prirent pied en Bresse, avec Pierre Colabau, Con-

----

(1) Rév. du Mesnil. *Arm.*, V° Colabau.

seiller du roi en la Cour des monnaies, sénéchaussée et présidial de Lyon.

Il acquit, le 24 septembre 1718, pour 80,000 livres, la baronnie de Châtillon-la-Palud et ses dépendances, Rignieux, Mollon, Bublanne et Villette de Loyes.

Le vendeur était Alexandre Perrachon, son beau-frère (1).

Ses deux fils lui succédèrent, Jacques à la baronnie de Châtillon-la-Palud, et Claude à la seigneurie de Rignieux.

Jacques devint seigneur de Juliénas et de Vaux par son mariage avec Françoise de Vende de Saint André. Il fut le dernier baron de Châtillon et de Villette.

Son émigration, en 1790, entraîna la ruine de la maison Les biens-fonds dépendants de la baronnie de Châtillon furent confisqués, et on démolit le château.

Claude, son frère, fit bâtir le château de Saint-Maurice, où il se fixa.

La Révolution ne l'inquiéta point. On ne toucha à son château que pour en abaisser les deux tours, au nom de l'égalité.

Les Colabau blasonnaient d'azur à la bande d'argent, chargée de trois mouchetures d'hermine.

---

(1) *Arch. du château de Saint-Maurice-de-Rémens.*

Art. II.

MARQUES DE POTIERS

Les empreintes relevées sur les vases et les fragments de poterie sigillée, en divers points du département, allongent déjà leur liste. J'ai quatorze marques nouvelles à y ajouter.

J'en ai restitué d'autres, car, en épigraphie, un texte devient rapidement méconnaissable, lorsqu'il a passé trois fois sous la plume, plus ou moins distraite, des auteurs. Quant à celles, dont la recension m'était impossible, soit qu'on en ait perdu les traces, soit qu'elles figurent en des collections trop éloignées, je les ai interprétées et réunies en un tableau sommaire.

Les chercheurs les auront ainsi sous la main ; ils ne devront cependant pas négliger de recourir aux originaux lorsqu'ils se trouveront à leur portée.

On voudra bien se rappeler, d'autre part, que la liste n'est pas close.

§ 1.

Marques inédites.

GATISIVS SABINVS. — Gaius Atisius Sabinus.

Feu Alph. de Boissieu a transcrit cette même marque, à Lyon, sur un plat identique au nôtre. Il donne la leçon : SABINVS GATISIVS.

Mais le G renferme un point très bien constitué, qui a

passé inaperçu. Le *prenomen* doit, dès lors, passer au rang de *cognomen*.

L'atelier de G. Atisius Sabinus se trouvait vraisemblablement à Lyon, à l'angle des rues Saint-Joseph et Sala (1).

Les poteries, restituées par les fouilles d'Izernore, ont divulgué le nom d'un autre Atisius. Il avait pour prénom *Lucius*, et pour surnom *Secundus*.

L'attention de ces deux industriels à écarter la confusion par l'énoncé, tout au long, de leur onomastique respective, tendrait à faire supposer qu'ils étaient contemporains.

Pas de ligatures ici, comme celle d'I et T dans l'empreinte d'Izernore.

Les lettres ont la taille et les bonnes proportions des sigles sur poteries en terre blanche. Aucun accident ne les a détériorées.

La forme du plat mérite d'être décrite, à cause de son originalité. Il a 0, 09 centimètres de haut. Sa largeur est double ; mais il se fait surtout remarquer par un large rebord, rabattu en quart de cercle, jusqu'à moitié de sa hauteur.

Le rebord est muni d'un bec d'écoulement. C'est, de chaque côté du bec, que se voit la marque, GATISIVS à droite, et SABINVS, à gauche.

La terre est d'un blanc rosâtre.

— Musée de Bourg. Salle des sculptures ; vitrine.

SÆSLIN.

La lecture de la première lettre n'est pas sûre.

---

(1) Cf. A. de Boissieu, *Inscrip. ant. de Lyon*, p. 441. — Dr Mol'ière, *Revue du Lyonnais*, janvier 1899, p. 51.

A et E sont liés.

Fond de vase en terre samienne.

Je n'ai pas de notions suffisantes pour une interprétation convenable.

— Izernore. Collection municipale.

BELLINVS FECIT.

Elle se lit sur le fond extérieur d'un vase.

La pâte est mélangée de grains de quartz qui lui donnent un aspect grossier ; sa coloration est gris bleuâtre

Les sigles sont disposés en cercle, et le cercle mesure 0,07 de diamètre.

Ils ressortent en relief. On ne saurait désirer mieux au point de vue technique et de la beauté typique.

Hauteur : 9 millimètres.

Cette estampille fut découverte en 1897, à Briord, pendant le défonçage du Clos de la cure.

Elle est encore au presbytère.

FIRMINVSF. — Firminus fecit.

C'est sur le fond extérieur d'un autre vase trouvé à Briord, que se montre celle-ci.

Le vase est analogue au précédent, et du type de nos vases à fleurs modernes, mais il s'en distingue par la pâte, qui a de la finesse, et sa teinte en blanc rosâtre.

La marque affecte pareillement la forme circulaire, et le diamètre du cercle est identique.

Les lettres présentent les mêmes proportions ; on doit en admirer l'irréprochable pureté.

Ce poinçon fut exhumé dans les mêmes circonstances que l'empreinte au nom de BELLINVS.

M. le curé de Briord a bien voulu me le céder ; je l'ai déposé au musée de Bourg.

ICMq.

Le second et le troisième sigle sont légèrement détériorés.

La marque est empreinte en relief sur fond creux. C'est, d'ailleurs, le cas de toutes les marques qui suivent.

Elle se voit sur le fond intérieur d'un vase en terre de Samos.

Le fragment est trop peu caractéristique pour qu'on en puisse conclure à la forme du vase, dont il provient ; toutefois, la marque, qui était destinée à vulgariser le nom du potier, se trouvant imprimée à l'intérieur, les bords devaient être peu élevés.

— Musée de Bourg. Première salle ; vitrine à droite.

IVLIIM. — Julii manu.

Empreinte légèrement défectueuse et lettres négligées. Fond de plat en terre rouge.

— Musée de Bourg. Première salle ; vitrine à droite.

MIER. — Manu Julii Erici.

Marque d'une grande netteté.

M et A sont liés.

Prise sur une amphore en terré blanche, découverte à Lyon, au cours des fouilles de l'ancienne rue de la Reine.

Le vase est de forte dimension, à fond plat et à panse développée.

— Collection de M. Auger, antiquaire à Bourg.

OIXVS O.

Je n'ai pas trouvé d'interprétation rationelle à ces six lettres.

Elles sont très apparentes et de bonne lecture.

Fond de vase en terre samienne. La pâte est très fine et vernisséе.

On sait que la poterie rouge, dite de Samos, jouit d'une grande vogue dans l'Empire au II\ :sup:`e` siècle.

— Musée de Bourg. Première salle ; vitrine à droite.

VENATORO. — Venatoris officina.

Les sigles ressortent en un relief très net, et sont exempts d'avarie.

La poterie est intacte et d'un type assez singulier.

C'est un petit vase, une sorte d'entonnoir, avec fond d'un diamètre très court, comparativement à l'évasement supérieur des bords.

Ceux-ci sont cerclés, tout autour, d'un rebord horizontal d'un cent. et demi.

Il a 0, 08 cent. de hauteur totale.

Terre rouge, fine et vernissée.

Trouvé à Brou.

— Musée de Bourg. Collection Brevet.

. V . L V ..

Estampille composée de cinq lettres. La première et la cinquième ne peuvent être identifiées.

Je renonce à proposer une leçon, si conjecturale qu'elle puisse être.

Poterie samienne à forme plate, se rapprochant de l'assiette actuelle.

L'empreinte se voit sur le côté intérieur du fond.

— Musée de Bourg. Première salle ; vitrine à droite.

Marque anonyme et figurée, planche ci-jointe, n° 1.

Elle imite une fleur à quatre étamines et à quatre pétales alternants.

Imprimée sur le fond intérieur d'un vase, qui paraît avoir été plat, avec bords médiocrement élevés.

Fig. 1

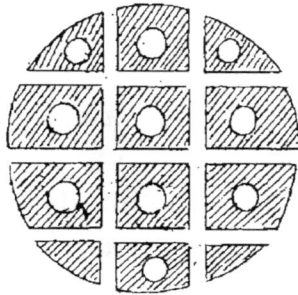

Fig. 2

Fig. 4

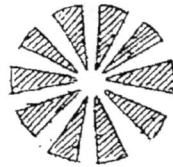

Fig. 3

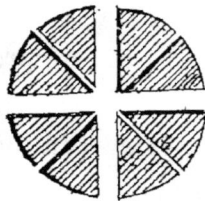

Fig. 6

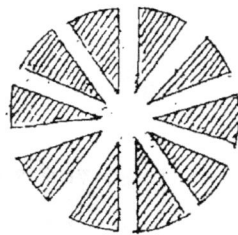

Fig. 5

MARQUES FIGURÉES.

Huteau.

Poterie samienne.

— Musée de Bourg. Première salle ; vitrine à droite.

Autre figure tenant lieu de marque. Sa forme est ronde et le diamètre de 0, 032 millimètres.

Elle consiste en un quadrillé, dont les vides sont remplis par dix tourteaux ou globules (Fig. 2)

Je l'ai dessinée sur un contrepoids ou poids de tisserand, de type pyramidal à quatre pans, et à pâte grossière et rougeâtre.

— Musée de Bourg. Salle des sculptures ; vitrine.

Les deux signes figurés sous les n°⁵ 3 et 4 marquent une même terre cuite. C'est également un poids de tisserand, mais la pâte en est fine et la teinte blanchâtre.

La pyramide a aussi quatre pans ; elle est toutefois aplatie sur deux côtés.

La marque ronde se compose de dix empreintes triangulaires d'inégale grandeur, dont les sommets, très allongés, convergent vers un centre sans y toucher. La forme conoïde offre la même disposition, mais, à la base, aux empreintes cunéiformes se substituent des coins en V où il est inutile, je crois, de chercher un sens.

On peut reconnaître, au moins dans la marque orbiculaire, une roue, et non un essai de fleur qui serait trop rudimentaire.

Chaque signe est répété trois fois sur les deux faces plates, d'abord deux à deux, puis à une seule empreinte, la ronde se trouvant superposée dans les deux cas.

— Musée de Bourg. Première salle ; vitrine à droite.

Figure 5, le doute n'est plus permis. C'est bien une roue qui, manifestement, a été adoptée pour poinçon.

Elle présente dix raies en relief.

C'est encore un poids de tisserand, pyramidal et aplati, qui nous l'a conservée. On la trouve en quadruple empreinte sur chacun de ses côtés plats.

Terre cuite très ordinaire.

Elle a été recueillie à Briord et acquise par M. l'abbé Morgon, qui la possède actuellement.

Le n° 6 présente une croix alaisée, inscrite dans un cercle, avec un × superposé dont les branches cantonnent la croix.

Trois empreintes seulement sur l'une des grandes faces d'un poids de tisserand analogue au précédent.

Marque signalée par M. Huteau.

Provient de Brou.

— Collection de l'Ecole normale.

§ 2.

Marques restituées.

LATISIV. — *Lucius* Atisius.

Bord d'amphore en terre blanche.

Ligature de I et T.

— Izernore. Collection municipale.

(J. Baux. *Ruines d'Izernore*, p. 117.)

LATISIV. — *Lucius* Atisius.

CVNDVS. — *Secundus.*

Bord d'amphore en terre blanche.

I et T, à la première ligne, N et D à la seconde, sont liés.

— Izernore. Collection municipale.

(J. Baux. *Op, laud.*, p. 117.)

L·ATISIVS. — *Lucius* Atisius.

Bord de vase en terre blanche.

I et T liés.

— Izernore. Collection municipale.

(J. Baux. *Op. laud.* p. 117.)

COFF. — *Cosii, Cocii* ou *Cerialis* officina.

Fond de vase en terre samienne.

— Izernore. Collection municipale.

(J. Baux. *Op. cit.* p. 116. - COFI.)

OFF·CER. — Officina *Cerialis*.

Plat en terre rouge, fine et vernissée.

— Musée de Bourg. Première salle ; vitrine à droite.

(Sirand. *Cinq*ᵉ. *Course arch.* p. 163 et Pl. X.)

S · EXTINVS · F · — S*extus* Extinus *Fecit*.

Gros points ronds de séparation à mi-hauteur des lettres.

Les points sont de bonne facture.

En cercle au fond d'un petit vase funéraire.

— Musée de Bourg. Salle des sculptures.

(Sirand. *Neuv*ᵉ. *Course arch.* p. 140.)

LICISPEC

F I P M

Pas de leçon à proposer.

Anse d'amphore en terre rose.

— Izernore. Collection municipale.

(J. Baux. *Op. laud.* p. 117.)

REGVLIM. — Reguli *Manu*.

Fond de plat en terre rouge de Samos.

— Musée de Bourg. Première salle ; vitrine à droite.

(Damour. *Fouilles de Brou*, Ann. Société d'Emulation de l'Ain. *Anno* 1870.)

VRIXTILLI. — *Ulpii* Rixtilli (*Manu vel officina*).
Plat en terre rouge fine ; fond intérieur.

— Musée de Bourg. Première salle ; vitrine à droite.
(Damour. *Op. cit.*)

S'EVVO'FEC'. — Sevvo Fec*it*.
En cercle autour d'un point.
Signe en virgule très accusé, après chaque mot, vers
le haut des lettres.
Fond extérieur d'un vase en terre rougeâtre.
Provient de Brou.

— Musée de Bourg. Salle des sculptures.
(Damour, *Op. laud.*)

OFFVCE. — *Officina* Uce*nii*.
Fond intérieur de plat en terre rouge finė.

— Musée de Bourg. Première salle ; vitrine à droite.
(Damour, *Op. laud.* — OFFVGE.)

.... ISPI · M. *Ch*rispi M*anu.*
Fond de vase en terre de Samos.

— Izernore. Coll. municipale.
(J. Baux. *Ruines d'Izernore*, p. 116.)

§ 3.

Marques recueillies et publiées dans l'Ain.

OFAFRO. OF*ficina* AFRO*nii.* On a lu sur un fragment de
coupe, à Lyon, APRONIVS. Provenance : Terres de
Brou. — Sirand. *Cinq*e *Course arch.*, p. 163 et Pl. X.
...ARRIT. Notre épigraphie régionale ne renferme pas de
nom capable d'encadrer ce débris. On pourrait lire
... ARR*E*T *anus* (1). Pr. Terres de Brou. — Sirand.
Op. cit., p. et pl. *ut. sup.*

---

(1) Aussitôt après la conquête, les potiers d'Arezzo importèrent leur belle céramique en Gaule.

IARVGIM. IVL*ii* ARVAGI*i* M*anu*. Fond de vase en terre de Samos. Pr. Izernore. Terre Mônin. Egaré. — J. Baux. *Ruines d'Izernore*, p. 116.

ASCIIN. ASCEN*ius* ou ASCEN*ii*. Fond de vase en terre rouge. Pr. Izernore. — Guigue. *Top. hist. Précis.* p. XIII.

ASICVS. Bord de vase en terre blanche. Pr. Terres de Brou. Musée de Bourg. Première salle ; vitrine à droite. — Sirand. *Op. cit.*, p. et Pl. *ut sup.*

ATIANIF. ATIANI*us* F*ecit* ou ATIANI*i* F*abrica*. Pr. Terres de Brou. — Damour. *Les Fouilles de Brou*, Ann. Soc. Emulation de l'Ain. *Anno* 1870.

CATILIVS. C*aius* ATILIVS. Bord de vase en terre blanche. Pr. L'Ara d'Izernore. Egaré. — J. Baux. *Op. cit.* p. 117.

ATIS. . . ATIS*ius*. Pr. Izernore. — Guigue. *Op. laud.*, p. XIII.

ATTIVS. Fond de vase en terre rouge. Pr. L'Ara d'Izernore. Egaré. — J. Baux. *Ruines d'Izernore*, p. 118.

AVPMIRI OFFCE. OFFIC*ena* AVPMIRI*i* ? Pr. Gravières de Brou. — Guigue. *Op. cit.*, p. XIV.

AVRELIANIM. AVRELIANI M*anu*. Pr. Vieu en Valromey. — Guigue. *Op. cit.* p. XI.

AVENTINIA. AVENTINI*i officina* ou AVENTINI*us* A*rtifex*. Pr. Terres de Brou. — Damour. *Op. cit.*

OF · BASSI. OF*ficina* BASSI. Pr. Saint-Didier-de-Formans. — Guigue. *Op. cit.*, p. XXVI. (1)

---

(1) Cf. Schuermans, numéros 740 à 756. Marque très répandue dans le monde romain. En Gaule, a été découverte à Limoges, Poitiers, Vienne, Annecy et Lyon. (Allmer. IV, 955 et 956, et *Trion*, 437 à 450.

BRICCI · M. BRICCI MANU. Pr. Terres de Brou. — Sirand. *Cinq^e Course arch.*, p. 163 et Pl. x.

OF CALVI. OF*ficina* CALVI. Fond de vase samien. Pr. L'Ara d'Izernore. Egaré. – J. Baux. *Op. cit.*, p. 116.

CARAT. C*aius* ARAT*us* ou ARAT*icus.* Pr. Terres de Brou. — Sirand. *Op. cit.*, p. et Pl. *ut sup.*

OFF CE. OFF*icina* C*Eii.* Pr. Terres de Brou. — Sirand. *Op. cit.*, p. et Pl. *ut sup.*

OFF · CER. OFF*icina* CER*ialis.* Pr. Gravières de Brou. — Guigue. *Op. cit.*, p. xiv.

CERMANI. M et A liés. Peut-être C*aii* ERMANI. Pr. Terres de Brou. — Sirand. *Op. cit.*, p. et Pl. *ut sup.*

COMMVOS. Serait-ce COMMV*nis* OF*ficina*? On lit ce nom sur une lampe du musée de Lyon (1). Pourrait être un nom grec ou gaulois. Pr. Terres de Brou. — Sirand. *Op. cit.*, p. et Pl. *ut sup.*

COSO. COS*ii officina* . Fond de vase en terre rouge. Pr. Izernore. Terre Monin. Egaré. — J. Baux. *Op. cit.*, p. 116.

CVI. Doit être incomplète. Fond de vase en terre samienne. Pr. Izernore. Terre Monin. Egaré. — J. Baux. *Ruines d'Izernore*, p. 116.

CVNDIM. CVNDI MANU. Il y a peut être lieu d'identifier ce nom avec SECVNDVS. Pr. Terres de Brou. — Damour. *Op. laud.*

DAMONVS. Pr. Saint-Didier-de-Formans. — Guigue. *Top. hist. Précis*, p. xxvi.

ERICIM. ERICI MANU. Pr. Terres de Brou. — Damour. *Les Fouilles de Brou.* Ann. Soc. Emul. de l'Ain. *Anno* 1870.

---

(1) Cf. A. de Boissieu. *Ins. ant de Lyon,*p. 438.

ꟾᶠᴬᴠsᴛ. ɪᴜ*lius* ꜰᴀᴠsᴛ*us* ᴏᴜ ꜰᴀᴠsᴛ*inus*. Fond de vase en terre rouge. Pr. Izernore. Terre Monin. Egaré. — J. Baux. *Op. cit.,* p. 116.

ᴾᴠᴬʟꜰᴬᴠssᴄᴏʀ. ᴠ, ᴀ, ʟ et ᴀ ᴠ, liés. ᴘ*ùblius* ᴠᴀʟᴇ*rius* ꜰᴀᴠsᴛ*inus* sᴄᴏʀ... Anse de grande amphore. Pr. Terres de Brou. — Sirand. *Cinq*ᵉ *Course arch.,* p. 163 et Pl. x.

ᴏꜰ · ꜰᴇʟɪᴄ. ᴏꜰ*ficina* ꜰᴇʟɪᴄ*is*. Fond de vase en terre de Samos. Pr. Izernore. Egaré. — Guigue. *Op. cit.,* p. xɪɪɪ, et J. Baux. *Ruines d'Izernore,* p. 116.

··· ɪᴄ. Très vraisemblablement identique à la précédente. Pr. Gravières de Brou. — Musée de Bourg. Première salle ; vitrine à droite.

ꜰɪɪʟɪx. ꜰᴇʟɪx. Fond de vase en terre rouge. Pr. Izernore. Clos Gletton. Egaré. — J. Baux. *Op. cit.,* p. 116.

ꜰɪʜɴ'. Je n'ose risquer une leçon. Pr. Saint-Didier-de-Formans. — Guigue. *Top. hist. Précis,* p. xxvɪ.

ꜰᴏᴠɪɴᴛɪɴᴠs. Pr. Vieu en Valromey. — Guigue. *Op. cit.,* p. xɪ.

ꜰᴏᴠɪɴᴛᴠs. Pr. Vieu. — Guigue. *Op. cit.,* p. xɪ.

ᴅ · ᴏᴄ · ᴄ · ꜰᴠsɪ. ᴅᴇ ᴏꜰ*fiCina* ᴄᴀ*ii* ꜰᴠsɪɪ. Pr. Terres de Brou. — Sirand. *Op. cit.,* et Pl. *ut sup.*

ᴏꜰꜰ ɢᴇʀ. ᴏꜰꜰ*icina* ɢᴇʀ*mani*. Pr. Izernore. — Guigue. *Op. cit.,* p. xɪɪɪ.

ɢʀᴇᴄɪ. (*De manu vel officina*) ɢʀᴇᴄɪ. Pr. Izernore. — *Op. cit.,* p. xɪɪɪ.

ɪᴏꜰ. ᴏꜰ*ficina* ɪᴜ*lii*. Fond de vase en terre rouge. Pr. Izernore. Terre Monin. Egaré. — J. Baux. *Op. laud.,* p. 116.

ᴋᴀʟᴇɴᴅɪᴏ. ᴋᴀʟᴇɴᴅɪ ᴏꜰ*ficina*. Pr. Terres de Brou. — Damour. *Op. cit.,*

ɪɴ · ᴍ. ɪᴜ*lii* ɴᴇʀᴛ*ii* ᴍᴀɴᴜ. Pr. Terres de Brou. — Sirand. *Op. laud.,* p. et Pl. *ut sup.*

MA · MIL · LI. Pas de leçon satisfaisante. Pr. Gravières de Brou. — Guigue. *Op. cit.*, p. XIII.

IMANNIOI. La dernière lettre est altérée ; doit être un F et plus probablement un L. IVLIVS MANNIVS *caiae* LIBERTVS ou FILIVS. Bord de vase en terre fine à vernis brun. Pr. Terres de Brou. — Sirand. *Cinq° Course arch.*, p. 163 et Pl. VII et X.

MARCIANVS. Pr. Terres de Brou. — Damour. *Les Fouil- de Brou*, Ann. Soc. Emulation de l'Ain. *Anno* 1870.

MARTIALI. MARTIALIS ou (*De manu vel officina*) MARTIALIS Pr. Saint-Didier-de-Formans. — Guigue. *Top. hist. Précis.*, p. XXVI.

MARTIVS. Pr. Vieu en Valromey. — Guigue. *Op. laud.*, p. XI.

OFMAS... Peut-être faut-il lire : OFficina MAS(*clii artificis*). Artaud a publié une marque de ce nom (1). Fond de vase en terre rouge. Pr. L'Ara d'Izernore. — J. Baux. *Ruines d'Izernore*, p. 116.

METTI M. METTIi MANV. Pr. Gravières de Brou. — Guigue. *Op. cit.*, p. XIV.

I...METTI · M. IVLII ...METTIi MANV. Pr. Terres de Brou. — Sirand. *Op. cit.*, p. et Pl. *ut sup.* METTI · M · I...

MODI. On trouve, en épigraphie lyonnaise, MARCVS OLVS. Pr. Saint-Didier-de-Formans. — Guigue. *Op. cit.*, p. XXVI.

NISVS. Bord d'un vase en terre.rose. Pr. L'Ara d'Izernore. — J. Baux. *Op. cit.*, p. 117.

NOSTER. Pr. Vieu en Valromey. — Guigue. *Op. laud.*, p. XI.

PASSENIM. PASSENIi MANV. Pr. Vieu. — Guigue. *Op. cit.*, p. XI.

---

(1) Cf. A. de Boissieu, *Ins. ant.* p. 440.

PAV. PAVlus. On a de nombreux produits du potier *Paulus*. Pr. Saint-Didier-de-Formans. — Guigue. *Op. cit.*, p. XXVI. (1).

PHOEBI. (*De manu vel officina*) PHOEBI. Pr. Saint-Didier-de-Formans. — Guigue. *Op. laud.*, p. XXVI.

POMPONIVS FIGVL FECIT { POMPONIVS FIGVLus FECIT. Fond de vase en terre rouge. Pr. Izernore. Terre Monin. Egaré. — J. Baux. *Op. cit.*, p. 116.

PRIAXI · FE. Si la leçon est sûre, on peut supposer : PRImus AXIus FECit. Pr. Terres de Brou. — Damour. *Op. laud.*,

QVINTVSF. QVINTVS FECit. Pr. Vieu en Valromey. — Guigue. *Top. hist. Précis.*, p. XI.

RATRA. RATRius Artifex ou RATRA sous-entendu *officina*. Pr. Terres de Brou. — Damour. *Les Fouilles de Brou*, Ann. Société Emulation de l'Ain. *Anno* 1870.

RVTRIO. RVTRIi *officina*. Pr. Terres de Brou.— Damour. *Op. laud.*

SABINVS. Nom de potier très répandu. Pr. Passin. — Guigue. *Op. cit.*, p. XX.

SACIRO · FE. SACIRO FECit. Pr. Gravières de Brou. — Guigue. *Op. cit.*, p. XI.

SAVDI (*De manu seu officina*) SAVDIi. Fond de vase en terre de Samos. Pr. Izernore. Clos Gletton. Egaré. — J. Baux. *Ruines d'Izernore*, p. 116.

QSAXIO. Quinti SAXIi *officina*. Pr. Terres de Brou. — Damour. *Op. cit.*

SCOROBRES. Nom gaulois ou d'affranchi. Pr. Vieu en Valromey. — Guigue. *Op. cit.*, p. XI (2).

---

(1) Sch. 4220.

(2) Probablement l'estampille incomplète SCOR.., de Schuermans, numéro 4900.

OF SECV. OF*ficina* SECV*ndi*. Fond de vase en terre rouge.
Pr. Izernore. Terre Monin. Egaré. — J. Baux. *Op. cit.*, p. 117.

SECVNDVS. Rebord d'un vase en terre blanche. Pr. L'Ara
d'Izernore. — J. Baux. *Op. laud.*, p. 117.

SENICOF. SENIC*i* OF*fficina*. Pr. Saint-Didier-de-Formans.
— Guigue. *Op. cit.*, p. XXVI.

SEVERINVS. Fond de vase. Pr. Briord. — Sirand. *Neuv°. Course arch.* p. 141.

SEXTVS. Pr. Vieu en Valromey. — Guigue. *Op. cit.*, p. XI.

SILOFECIT. Pr. Vieu. — Guigue. *Op. laud.*, p. XI.

TERINOS. Nom de consonnance grecque ou gauloise. Pr.
Vieu. — Guigue. *Op. cit.*, p. XI.

TERTIVS. Pr. Vieu en Valromey. — Guigue. *Op. laud.*, p. XI.

TITVLI. (*De manu vel officina*) TITVLI. Pr. Vieu. — Guigue. *Op. cit.*, p. XI.

VPPA · F. VPPA · F*ecit*. Pr. Terres de Brou. — Sirand.
Cinq°. Course arch., p. 163 et Pl. x.

VALLO FEC. VALLO FEC*it*. Pr. Vieu en Valromey. — Guigue. *Op. cit.*, p. XI.

VASIIN.) Sans interprétation plausible. Peut-être *Vase-*
AVIOIIC.) *nius Avidius*). Pr. Saint-Didier-de-Formans.—
Guigue. *Op. cit.*, p. XXVI.

VITALI. VITALI*S*. Pr. Terres de Brou. — Damour. *Op. laud.*

M ; W · A. M*arcus* W*ulpius* A*rtifex*. Pr. Terres de Brou.
— Sirand. *Cinq°. Course arch.*, p. 163 et Pl. x.

Marques figurées.

Sirand. — 1° Rosace boutonnée à huit pétales. Diamètre :
15 millimètres.

2° Rosace boutonnée à huit pétales plus petits et évidés. Diam. : 10 millimètres.

3° Rose boutonnée à six pétales bouclés. D. 13 millimètres.

4° Rosette boutonnée à quatre pétales en carré. (*Cinq.*[e] *Course arch.*, Pl. x.)

Damour. — 1° Rose boutonnée à six pétales piriformes. Diam. : 13 millimètres.

2° Rose boutonnée à six pétales triangulaires. Diam. : 13 millimètres.

3° Fleur à six points pour pétales et à six points plus petits en guise d'étamines. Diam. : 9 millimètres.

4° Rectangle allongé, formé de treize signes cunéiformes, dont l'un est perforé de part en part. Diam. : 38×11 millimètres. (*Les Fouilles de Brou.* Ann. Soc. Emulation de l'Ain. *Anno* 1870.)

CHAPITRE TROISIÈME

Sigillographie.

§ 1.

Jean Morel. — Sceau-matrice.

Les démolitions et les terrassements nécessités par l'établissement de l'avenue d'Alsace-Lorraine, à Bourg, ont produit au jour plusieurs pièces archéologiques.

Dans le nombre se trouve une matrice de sceau ou sceau-matrice.

Elle fait partie de mes collections.

Sa forme est ronde avec un diamètre de 19 millimètres. La légende présente, entre deux filets : * I * MOREL * T, rinceau fruité de trois mûres. Des armes occupent le champ; elles sont blasonnées : de... au croissant en pointe, accompagné de deux étoiles, et supportant un mûrier à quatre branches, chargées d'une mûre chacune.

Par leur forme, les lettres appartiennent au xɪvᵉ siècle.

Il est hors de doute que ce sceau a été la propriété de noble Jean de Morel, qui vivait en Bresse, son pays d'origine, au milieu du dit siècle, et épousa, vers 1353, Ancelise de la Theyssonnière.

Guichenon, manuscrit xvɪᵉ, rapporte la généalogie de la famille.

Elle débute par Othenin de Morel, juge de la terre de Marboz en 1409.

La maison se serait éteinte au xvi⁰ siècle, avec Jean de Morel, seigneur de Sainte-Croix, qui, de son mariage avec Louise de Forcrand, ne laissa que deux filles, Bernardine et Jeanne (1).

Il leur attribue, pour blason, trois fusées d'argent posées en fasce, et les armes d'Etienne Morel, sculptées, avec tant de profusion, à l'église et au couvent d'Ambronay, pour consacrer son œuvre restauratrice de l'abbaye, appuyent son interprétation. Car Etienne Morel, qui fut abbé d'Ambronay, et mourut en 1493, était issu de cette famille.

Les Morel ont également donné trois abbés au monastère de Saint-Claude.

C'est, vraisemblablement, à cette occasion, qu'ils passèrent en Franche-Comté, dans la terre de Saint-Claude et la région d'Orgelet.

Ils ont formé plusieurs branches dans le Jura, la branche des seigneurs d'Orgelet, celle des seigneurs d'Escrilles, des seigneurs de Champagne et de la Croix.

Les Morel de Franche-Comté portaient les armes, que Guichenon donne à ceux de Bresse.

Cependant, la branche d'Orgelet blasonnait d'argent au croissant de gueules, en pointe, accompagné de deux étoiles de gueules en fasce et supportant un mûrier de sinople de quatre branches, chargées chacune d'une mûre de gueules (2).

Notre sceau-matrice semble dès lors établir deux choses, savoir : que les Morel du Jura, vu l'identité des armes d'une partie d'entre eux, descendaient, comme le déclare

---

(1) Cf. Rév. du Mesnil. V⁰ *Morel.*

(2) Cf. de Livron. *Nob. de Franche-Comté.*

Piganiol de la Force, de Jean de Morel, noble bressan, et d'Ancelise de la Theyssounière ; en second lieu, que les Morel d'Orgelet, considérés comme une branche de la famille, en étaient probablement la descendance directe, puisqu'ils avaient conservé, dans leurs armes, les pièces meublantes du chef de la maison.

Au surplus, par voie de conséquence, ce document donne raison audit Piganiol de la Force contre les auteurs et les généalogistes, qui font venir les Morel d'Italie en Franche-Comté, à la suite de Pierre Morel ou Morelli, abbé de Saint-Claude, mort en 1443.

Le nom de cette famille est donc bien Morel et non Morelli.

On voit, par ces quelques observations et sans qu'il soit utile d'insister davantage, l'intérêt que présente cette matrice de sceau.

Elle est en laiton.

Une poignée en rendait l'emploi plus commode.

Cet appendice est taillé en pyramide hexagonale, que surmonte un losange percé d'une ouverture.

Chaque pan de la pyramide a, pour unique ornement, un trait vertical en creux.

Le sceau revêtait l'acte, qui en était pourvu, d'une consécration solennelle à l'égal de la signature.

Mais la signature ne se donnait qu'à bon escient, tandis que le sceau, par le fait de son individualité pouvant être égaré, substitué ou volé, était capable d'engendrer de multiples abus.

Aussi l'entourait-on d'une surveillance constante et de minutieuses précautions.

Il se portait, suspendu au cou, par un lien de soie passé dans le trou circulaire ou tréflé de la poignée.

Souvent, le cordon de soie était remplacé par une chaînette d'or ou d'argent, suivant la qualité du personnage ou
la matière du sceau.

On le conservait ordinairement dans des bourses en
étoffe richement ornées, et, parfois, dans de petits coffrets
de luxe.

« Ce est assavoir : les deux sceaux du secret, l'ung
d'or et l'autre d'argent avec les chaisnes. Item le grand
scel de la chancellerie avecques le contre-scel, les chaisnes
et le coffre en quoy on le mettoit (1).

Les chevaliers et les bourgeois ne s'en séparaient jamais.

A la mort, les matrices étaient brisées ou enfermées
dans la tombe avec le défunt.

Le sceau de Guillaume de Tovey, évêque d'Auxerre,
en 1182, fut enterré avec lui, après avoir été brisé à coup
de hache.

On cassait les types des abbés, en plein chapitre, ou
devant le maître-autel, après la grand'messe des funérailles (2).

Ces considérations démontrent qu'une matrice de sceau
jouit toujours d'une certaine rareté.

§ 2.

Chapitre de Belley. — Son sceau vers 1150.

Le monument de sphragistique, le plus respectable
par son âge, qui soit conservé aux *Archives de l'. in*, et,

---

(1) Quittance de la Prieure de la Saunaie, etc. *apud* Demay.
Costume, p. 56.

(2) Cf. Demay, *Op. cit.,* p. 68.

vraisemblablement, dans les archives publiques et privées du département, est le sceau de l'ancienne communauté capitulaire de l'église de Belley.

Je l'ai retrouvé, au cours de mes recherches sur les sceaux de l'Ain.

En raison, tout à la fois, de son ancienneté et de sa rareté, cette pièce, unique à l'heure actuelle, mérite d'être présentée à part.

Ce fut en 1142 que le pape Innocent II, par une bulle donnée au palais de Latran, la veille des Nones de décembre, rendit régulier le chapitre de la cathédrale, en le soumettant à la règle de Saint-Augustin (1).

Le sceau, dont je parle, peut être regardé comme le sceau originel du corps capitulaire ainsi reconstitué, car il est de bien peu postérieur à la réduction du chapitre en observance.

La charte, qu'il authentique, ne porte pas de date, mais elle suivit de près la fondation de la chartreuse d'Arvières par Saint-Artaud, qu'on attribue communément à l'année 1140.

C'est une cession de dîmes. Le chapitre, c'est-à-dire le prieur Aymon et ses chanoines, passe donation à Artaud et à son couvent des dîmes, qu'il possédait dans les limites de possession concédées à la chartreuse.

Le parchemin mesure 17 × 10 cent.

La rédaction en est brève; je le transcris intégralement:

« Amicis et dilectis in XPO, Artoldo, Alverie priori, et conventui reliquo, Aimo Belicensis ecclesie, et ceteri qui cum eo sunt fratres, in Domino salutem. Petitionibus vestris digne, ut dignum erat, annuentes, decimas, que

---

(1) Guich. *Hist. Bresse et Bugey*, II, p. 22.

ad nos pertinebant infra terminos vestros, vobis et suc-
cessoribus vestris jure possidendas in perpetuum confir-
mamus ; et, ut quod loquimur ratum sit, *Sancti Johannis
Baptiste sigillo* présentem cartam communimus. »

La pièce est cotée : Titres d'Arvières, série H. 1. 400.

Le sceau pend par une double cordelette de soie rose.

La forme est ogivale et empreinte sur un gâteau de cire
d'aspect jaunâtre.

Les ogives sont brisées, mais ses dimensions, dans les
deux sens du grand et du petit axe, se trouvent assez
exactement exprimées par 72×45 millimètres.

De la légende, on ne lit plus que : .... ·ECC....
et le champ est meublé d'une main bénissante, qu'on
pourrait également définir, une main apaumée, posée en
pal, les deux derniers doigts abaissés.

Pendant les sept siècles de son existence, le chapitre
de Belley ne réforma, ni même ne modifia le type de son
sceau ; et je constate, par le sceau-matrice actuellement
à l'évêché, dont le chapitre faisait usage avant 1789,
qu'au xviiie siècle encore il blasonnait de gueules à la
main d'or bénissante.

Ce motif jouit d'une grande vogue au xiie siècle. C'est
la pose du Christ dans les œuvres peintes ou sculptées, le
geste des évêques et des abbés sur toutes les pièces si-
gillaires de cette époque. Il semble cependant, en ce qui
concerne le chapitre de Belley, que l'immobilisation de
son type à travers les âges, doive tenir à d'autres
causes qu'à un engouement passager, eut il même duré
l'espace d'un siècle.

Fr. Rabut (1) croit pouvoir identifier la main en pal

_____

(1) *Méreaux de la Sainte-Chapelle et de l'Eglise de Belley.*
Broch. Chambéry.

du sceau capitulaire de Belley, avec la main apaumée qui figure dans les armoiries de la ville et du chapitre de Saint-Jean-de-Maurienne.

Elle rappelle, à son sens, la nature des reliques, je veux dire les deux doigts et le pouce de la main droite de Saint-Jean-Baptiste (2), qu'une pieuse femme du pays aurait rapportés d'Alexandrie (3) en Maurienne. Le chanoine Anglay a écrit une Notice à ce sujet (4).

La translation de ces restes attira une foule de pèlerins. L'on y vit, en particulier, les évêques de Belley, d'Aoste et de Turin. Chacun d'eux en remporta des parcelles, et ils mirent dès ce moment leurs cathédrales respectives sous l'invocation du précurseur du Christ.

Tel est l'évènement dont la dextre, avec le pouce et les deux premiers doigts ouverts, serait devenue, sur le sceau de notre chapitre épiscopal, la perpétuelle commémoration.

L'événement paraît authentique ; Grégoire de Tours le rapporte cap. xiv. De gloria martyrum. Mais qu'importe l'existence du fait. Il suffit qu'on ait cru à sa réalité pour lui donner cette sanction sigillographique au XIIe siècle (5).

Quelque spécieux qu'il soit, le sentiment de Fr. Rabut ne paraît pas devoir être dédaigné.

---

(2) Grégoire de Tours dit le pouce seulement.

(3) *Samarie*, d'après Longnon, *Géographie de la Gaule au VIᵉ siècle.* p. 430.

(4) *Notice sur Sainte Thècle qui a apporté en Maurienne les Reliques de Saint-Jean-Baptiste.*

(5) La croyance en était générale au XIIIᵉ siècle. Voici ce qu'en dit un *Catalogue des plus insignes reliques de la Chrétienté* remontant à cette époque :

« Indicem illum (quo venientem ad baptismum Jhesum indicaverat dicens : *Ecce Agnus Dei, ecce qui toll t peccata mundi*), detulit secum, inter Alpes, virgo beata Tecla ; ibi sub maxima veneratione tenetur in ecclesia Morianensi. » (*Index Insigniorum Reliq.*, mst, Fonds latin 14069). Cf. Abbé Batiffol. *Bul Soc. des Ant. de France*, 1891, p. 224.

CHAPITRE QUATRIÈME

Numismatique.

§ I.

Impériales romaines et autres monnaies inédites.

L'étude d'un nombre considérable de monnaies anciennes, pendant ces dernières années, m'a conduit à
reconnaître l'existence de plusieurs variétés inédites. Ce
sont les suivantes :

1º Tibère. — Dr. TI. CAESAR DIVI AVG. F. AVGVST. IMP.
VIII. Tête laurée de Tibère à droite.
R/. PONTIF. MAX. TR. POT. XXXVII. — Globe auquel est
attaché un gouvernail ; au-dessous, à gauche, petit
globe entre les deux grands sigles ordinaires : S. C.
     Moyen bronze.
Le bronze de la 37ᵉ puissance tribunitienne de Tibère
n'est connu qu'avec : TRIBVN. POT.
Variété du nº 13 de Cohen.

— Collection de M. l'abbé Tournier.

2º Tibère. — Dr..... VS CAESAR AVGVST. F. DIV.....
Tête du César à gauche.
R/. PONTI..... Dans le champ : S. C.
     Moyen bronze.
Les parties reproduites des légendes sont de bonne
lecture.
On ne trouve pas ce bronze aux monnaies de Tibère.

Mais il lui appartient par la facture et, surtout, par le style des légendes.

— Musée de Bourg. Médaillier.

3° Galba. — Dr. SER. GALBA IMPERATOR. Tête laurée de Galba à droite.

R/. VICTORIA La Victoire, debout à droite, dépose sur un autel de forme ronde un bouclier portant : P. R.

    Denier argent.

Le type ne s'est présenté jusqu'ici qu'avec IMP., non avec IMPERATOR.

Variété du n° 316 de Cohen.

— Musée de Bourg. Médaillier.

4° Vespasien. — Dr. IMP. CAESAR VESPASIAN. AVG. Tête laurée de Vespasien à droite.

R/. AVGVR. TRI. POT. Simpule, aspersoir, préféricule et bâton d'augure.

    Denier argent.

Variété du n° 43 de Cohen, caractérisée par VESPASIAN, au lieu de VESPASIANVS.

— Musée de Bourg. Médaillier.

5° Vespasien. — Dr. [IMP. CAES. VESPA]SIAN. AVG. P. M. TR. P. P. P. COS. III. La tête laurée de Vespasien à droite.

R/. S. C. Mars nu, avec un manteau flottant, se dirige à gauche portant une haste et un trophée.

    Grand bronze.

Mars est toujours à droite.

Variété du n° 441 de Cohen.

— Musée de Bourg. Médaillier.

6° Titus. — Dr. T. CAES. VESPASIAN. IMP. PON. TR. POT. COS. II. Tête laurée de Titus à droite.

R/. S. C. Mars nu, le manteau flottant sur les épaules, marche à droite, portant une haste et un trophée.

Grand bronze.

A remarquer que la tête est laurée, contrairement au type traditionnel, qui la cercle invariablement d'une couronne à rayons.

Variété du n° 199 de Cohen.

— Musée de Bourg. Médaillier.

7° Domitien. Dr. CAES. DIVI VESP. F. DOMITIAN. COS. VII. Sa tête à droite.

R/. AEQVITAS AVGVST. S. C. L'Equité, debout à gauche, tient de la main droite une balance, et de la gauche un sceptre.

Moyen bronze.

Le type à l'Equité de Domitien n'est connu qu'avec AEQVITAS AVG. au revers.

Variété du n° 6 de Cohen.

— Musée de Bourg. Médaillier.

8° Domitien. — Dr. CAES. DIVI AVG. VESP. F. DOMITIANVS COS. VII. Sa tête couronnée de laurier à droite.

R/. AEQVITAS AVGVST. S. C. Même type.

Moyen bronze.

Même observation sur la légende du revers.

Variété du n° 5 de Cohen.

— Musée de Bourg. Médaillier.

9° Domitien. — Dr. IMP CAES. DOMITIAN. AVG. GERM. COS. XI. Buste lauré de Domitien à droite, avec l'égide (?)

R/. MONETA AVGVSTI S. C. La Monnaie, debout à gauche, tient une balance de la main droite et une corne d'abondance de la gauche.

Moyen bronze.

Aucun exemplaire du type de la Monnaie ne porte AVGVSTI à la légende du revers.

Variété du n° 325 de Cohen.

— Musée de Bourg. Médaillier.

10° Domitien. — Dr. IMP. CAES. DOMIT. AVG. GERM. COS. X... CENS. PER. P. P. Son buste avec couronne de laurier à droite.

R/. MONETA AVGVSTI S. C. Même type.

Moyen bronze.

Même observation qu'au n° 9.

Variété du n° 327 de Cohen.

— Musée de Bourg. Médaillier.

11° Nerva. — Dr. IMP. NERVA CAES. AVG. P. M. TR. P. COS... P. P. Tête laurée de Nerva à droite.

R/. FORTVNA AVGVSTI S. C. La Fortune, debout à gauche, tient un gouvernail et une corne d'abondance.

Moyen bronze.

Le type de la Fortune de Nerva a été publié avec FORTVNA AVGVST.. non avec FORTVNA AVGVSTI.

Variété du n° 61 ou 68 de Cohen.

— Musée de Bourg. Médaillier.

12° Trajan. — Dr. IMP. CAES. NERVA TRAIAN. AVG. GERM. P. M. Sa tête avec la couronne radiée à droite.

R/. TR. POT. COS. IIII. P. P. S. C. La Victoire, marchant à gauche, tient une palme et un bouclier avec : S. P. Q. R.

Bronze moyen.

Cette variété à tête radiée n'est pas connue de Trajan.
Variété du n° 640 de Cohen.

— Musée de Bourg. Médaillier.

13° Hadrien. — Dr. HADRIANVS AVG. COS. III. P. P. Son
buste nu et *drapé* à droite.

R/. FORT. REDVCI. A l'exergue s. c. Hadrien, debout à
droite, donnant la main à la Fortune. Hadrien tient-il
un livre et la Fortune une corne d'abondance? Impossible de l'apprécier.

Moyen bronze.

Le type n'est connu qu'en argent.

— Médaillier de M. le commandant Laligand.

14° Antonin le Pieux. — Dr. ANTONINVS AVG. PIVS. P. P.
COS. III. Sa tête laurée à droite.

R/. PAX AVG. La Paix, debout à gauche, tient en mains
un rameau d'olivier et une corne d'abondance.

Denier argent.

L'absence de TR. P. au droit. entre P. P. et COS. III.
en fait une monnaie nouvelle.
Variété du n° 588 de Cohen.

— Musée de Bourg. Médaillier.

15° Marc-Aurèle. — Dr. AVRELIVS CAES. AVG. PII. F.
Son buste nu, drapé et cuirassé à droite.

R/. TR. POT. XIII. COS. II. S. C. La Valeur en habits militaires, debout à droite, le pied gauche sur un globe,
tient une haste et un parazonium.

Grand bronze.

Ce type n'a pas été publié de Marc-Aurèle avec CAES.
On lit toujours CAESAR au droit.
Variété du n° 748 de Cohen.

— Musée de Bourg. Médaillier.

11

16° Tétricus fils. — Dr. c. es. TETRICVS CAES. Son buste radié à droite.

R/. PAX. AVG. La paix, debout à gauche, tient un rarameau d'olivier et un sceptre.

Petit bronze.

A noter l'omission de PIV entre c. et es. au droit. Variété inédite.

— Collection de M. l'abbé Morgon. Acquise à Briord.

17° Probus. — Dr. IMP. C. PROBVS P. F. AVG. Son buste radié et cuirassé à droite.

R/. COMITI PROBI AVG. A l'exergue I. Minerve casquée et drapée, debout à gauche, tient une branche d'olivier de la main droite et une haste sur son bras gauche.

Petit bronze.

Cohen n'a publié cette variété qu'avec l'incorrection COMITI PRIBI.

— Médaillier de M. le commandant Laligand.

18° Constantin Ier. — Dr. CONSTANTINVS P. F. AVG. Son buste à droite lauré, drapé et cuirassé.

R/. SOLI INVICTO COMITI. Le Soleil marchant à gauche, radié, demi-nu, le bras droit levé et tenant un globe dans la main gauche. A l'exergue BTR, et, dans le champ, T-F.

Petit bronze.

Ce type présente toujours, au droit, IMP. au début de la légende.

— Médaillier de M. le commandant Laligand.

19° Constantin Ier. — Dr. IMP. CONSTANTINVS AVG. Constantin lauré et drapé à droite.

R/. Le même. A l'exergue PLC ; champ A et...
Petit bronze.

Se distingue du type par l'absence de P. F. à la légende
du droit.

— Médaillier de M. le commandant Laligand.

20° Charles X, cardinal de Bourbon, roi de France. —
Dr. CAROLVS · X · D : G · FRANCORVM. REX. L'écu de
France couronné, entre deux C, celui de gauche retourné. Sous l'écu D.
R/. ╪ ..... DNI : BENEDICTVM. 1593 + M. Croix à bras
échancrés et cantonnée de quatre couronnes.
Douzain. Frappé à Lyon.
Variété du n° 12 d'Hoffmann. S'en distingue par l'addition des lettres finales de FRAN[CORVM] et de BENEDIC
T[VM], l'allure anormale du C gauche et le signe + entre
le millésime et le différent.

— Mon médaillier.

21° Franche-Comté. Charles II (1665-1678). — CAROL ·
II · D · G · HISP.... Le briquet de Bourgogne, surmonté
d'un diadème et accosté de deux écus, à droite, de
Bourgogne ancien, et, à gauche, d'Autriche.
R/. ARCH · AVS · DVX. BVRGV.... Ecu aux armes du
prince sous un diadème.
Bill. Trente-deuxième de patagon ou Gros.

On ne trouve de monnaies franc-comtoises de Charles
II ni dans Poey-d'Avant, ni dans Carron ; les auraient-
ils absolument ignorées ?

— Médaillier de M. le commandant Laligand.

§ 2.

Quelques découvertes monétaires récentes dans l'Ain.

Poype de Villars. — Monnaies féodales.

On sait qu'en 1898 des fouilles, subventionnées par la Société d'Emulation de l'Ain, furent pratiquées à l'intérieur de la poype de Villars. Ce que l'on sait peut-être moins, à cause du nombre restreint de pièces, ce sont les résultats numismatiques qu'elles ont produits. Les déblais ont rendu trois monnaies féodales.

La première, un denier au type de Charles le Simple, porte au droit : + CARLVS REX et une croix pattée, cantonnée de quatre points ou besants.

Au revers : BLEDONIS et le temple carolingien.

Poids : o gr. 94 cent.

Carron, Pl. XXIII, n° 1, a publié un denier analogue. Celui de Villars s'en distingue par les quatre colonnes, qui supportent le temple, la croisette placée entre les colonnes, et l'absence du S sous le fronton. Je le crois plus ancien parce que le type est moins altéré.

Ce denier, au type immobilisé de Charles le Simple, appartient au XII° et peut-être au XI° siècle.

Ces espèces ont été frappées dans l'Est, mais les numismates ne sont pas fixés sur l'atelier d'émission.

La difficulté serait résolue, si l'interprétation, que propose Morel-Fatio, de BLEDONIS par *burgus* LÉDONIS, n'était plus ingénieuse que convaincante. On trouve, en légende, sur les monnaies carolingiennes et féodales anciennes, CIVIT., CASTRO, VILLA ; *Burgus* est demeuré jusqu'ici, je crois, sans exemple.

Ce spécimen a été recueilli dans les déblais du souterrain supérieur de la poype.

La deuxième est un denier de l'archevêché de Vienne.

On voit, au droit, le chef de Saint-Maurice à gauche, avec la légende : + s. m. vienna, et, au revers, une croix pattée, cantonnée de quatre points, avec la continuation de la légende du droit : gall. maxima. (les l barrés.)

Il pèse o gr. 75.

C'est le type du xiie siècle, celui qui eut le plus de vogue, et fut le plus souvent imité.

On l'a retiré des mêmes terres que le précédent.

La troisième appartient à Amédée viii, comte de Savoie. C'est une obole d'argent du poids de o,95 centigrammes.

L'avers présente un A gothique, entre quatre annelets, et la légende circulaire : + medevs : comes.

Au revers, se montrent, dans le champ, l'écu de Savoie, encore accompagné de quatre annelets, et autour la légende : + de : sabavdia (1).

Elle provient des murs de la tour en ruine qui couronne la poype.

Ces monnaies sont restées entre les mains de l'explorateur, M. Collet, agent-voyer à Villars.

La valeur documentaire des deux deniers, en ce qui regarde la poype et ses constructions primitives, est tout à fait restreinte, si même elle n'est pas absolument nulle. Noyés dans les terres, dont on remblaya les chambres souterraines, lorsqu'on bâtit la tour, ils n'étaient pas évidemment en place. Ces terres étaient un produit

____

(1) Cf. Perrin, *Méd. de Chambéry*, n° 80.

de remaniement, emprunté, non à la poype qui dut, au contraire, être exhaussée, mais au sol immédiatement voisin, qu'on bouleversa profondément pour les besoins de la défense.

Leur principal intérêt consiste à faire connaître la nature des espèces, qui circulaient à Villars au xiie siècle.

Il en est différemment de l'obole qui, recueillie dans la maçonnerie de la tour, contribue à en fixer la date.

La Savoie fut érigée en duché par l'empereur Sigismond, en 1416, et Amédée viii régna, avec le titre de comte, de 1391 à ladite érection.

C'est donc pendant cette première période de son règne et, plus vraisemblablement, de 1404 à 1416, que furent renforcées et agrandies les fortifications de l'ancienne capitale des sires de Villars.

Cras - sur - Reyssouze. — Double - tournois de Châteaurenaud.

Ce billon a été ramené, pendant le perforage d'un puits, d'environ 2 m. 50 de profondeur, au mois d'octobre 1899.

Dr. F. DE. BOVRBON. P. D. CONTI. Buste cuirassé et fraisé à droite. — R/. + DOVBLE·TOVRNOIS. Trois lis dans le champ et une brisure.

L'atelier de Châteaurenaud n'a fonctionné que de 1605 à 1630, sous François de Bourbon (1605-1614), et sous sa veuve, Louise-Marguerite de Lorraine (1614-1630.)

Châteaurenaud est aujourd'hui un petit village du département des Ardennes, non loin de Charleville. Il a été possédé en titre de principauté par François de Bourbon-Conti, du chef de sa femme, Louise-Marguerite, fille de Henri Ier de Guise, dit le Balafré.

François de Bourbon-Conti était fils de Louis Ier, prince de Condé.

Ce double-tournois est imité de ceux de France.

Il en existe de nombreuses contrefaçons. L'atelier des faussaires devait se trouver à Tour-la-Glaise, près Sedan. Ses produits se distinguent par la direction de la brisure, qui va de droite à gauche, ou par son absence.

Celle de l'exemplaire de Cras, allant normalement de gauche à droite, il est certainement authentique.

La brisure indique qu'il s'agit d'un prince de la maison de France.

Le double-tournois de François de Bourbon-Conti est commun; il présente néanmoins, un certain degré de rareté chez nous.

Ceux au nom de François et de sa femme sont beaucoup moins fréquents.

Conservation excellente.

Saint-Rambert. — Un florin d'or.

Après avoir tant tardé à se montrer les florins d'or de la république de Florence, égarés dans notre département, feront bientôt série.

En 1898 (1), je publiais une pièce d'or florentine, qu'un minage avait ramené à fleur de sol, à Lacoux, près des ruines du château.

C'était, à n'en pas douter, la première découverte de cette nature faite en nos pays.

Moins de deux ans après, on m'en signalait une seconde, et dans une région peu éloignée de Lacoux.

Ce deuxième florin a été trouvé à Saint-Rambert, en mai 1900, à deux mètres de profondeur, sur l'emplacement occupé depuis par la première machine à vapeur de

(1) *Bulletin de la Soc. des Sc. nat. de l'Ain*, 2e trim.

l'usine Martelin. C'est en creusant les fondations, pour l'installation du dynamo, qu'un ouvrier la fit jaillir d'une couche de gravier ancien.

Le lis de Florence s'épanouit, au droit, avec la légende : + FLOR-ENTIA, et, au revers, Saint-Jean-Baptiste, tête nimbée, barbe hirsute, vêtue d'une toison, et portant son bâton symbolique, prêche la pénitence, car le geste de la main droite est d'un prédicant. Autour : S · IOHA-NNES · B.

A l'égard de la conservation, on ne peut trouver mieux.

Comme le florin de Lacoux, il a 20 millimètres de diamètre, et se présente dans des conditions d'aloi, de taille et de poids absolument identiques, c'est-à-dire qu'il est de 24 carats ou 1000/1000 de fin, de 64 pièces au marc et pèse 3 gr. 52.

Les caractères extrinsèques, ceux, en particulier, tirés de la lourdeur et de la forme des lettres, le font attribuer à l'une des émissions de cette monnaie faite par Florence, dans la première moitié du XIVe siècle.

Le signe monétaire est une pomme de pin ou un artichaut.

A l'imitation de Florence, la Savoie créa des florins. C'est en 1352, sous le règne d'Amédée VI, que cette belle monnaie fut frappée, pour la première fois, à l'atelier de Pont-d'Ain.

L'apparition du florin savoyard dut, nécessairement, ralentir, sinon arrêter tout à fait la circulation du florin de Florence, dans les Etats des princes de Savoie.

Le florin de Saint-Rambert est devenu la propriété de M. l'abbé Tournier. On le trouvera dans ses collections.

Izernore. — Découverte de quelques Impériales.

Lorsqu'en novembre 1899, les journaux annoncèrent la découverte des ruines d'une habitation romaine, à Bussy, près d'Izernore, la Société d'Emulation de l'Ain envoya une délégation de six membres, sous la direction de son président, pour apprécier sur place la valeur que la station pouvait présenter. Ce fut une déception ; mais la commission ne revint pas les mains vides. Elle reçut, à titre gracieux, de M. Michaillard, maire d'Izernore, quelques bronzes romains, recueillis au cours de la même année, dans l'ancienne ville galloromaine.

1° Néron. — Dr. IMP. NERO CAESAR AVG. GERM. Tête laurée de Néron à droite.

R/. s. c. Victoire à gauche, ailes éployées, portant un bouclier avec s. p. q. r.

Moyen bronze.

2° Trajan. — Dr. IMP. CAES. NERVA TRAIAN. AVG. GERM. P. M. Tête laurée de Trajan à droite.

R/. TR. POT. COS. II. s. c. La Piété, debout de face, levant la main droite et tenant la gauche appuyée sur la poitrine ; auprès d'elle, à gauche, autel orné et allumé.

Moyen bronze.

3° Antonin et Marc-Aurèle. — Dr. ANTONINVS AVG. PIVS P. P. Tête d'Antonin à droite et laurée.

R/. [AVRE]LIVS [CAES. AVG. PII F.] COS. DES. Buste drapé de Marc-Aurèle à gauche.

Grand bronze.

4ᵉ Pièce fruste. — Effigie très informe ; les traits semblent rappeler ceux de Trajan.

Petit bronze.

L'intérêt de ces bronzes est quelque peu atténué par leur mauvais état.

Ils sont conservés au Médaillier de la Société.

Izernore. — Un quinaire consulaire.

A propos des fouilles de Bussy, je faisais remarquer, dans une brochure récente (1), que parmi les deux à trois mille spécimens monétaires exhumés à Izernore, pas un n'appartenait à la série des monnaies dites consulaires. L'observation ne serait plus fondée aujourd'hui, et il est bon d'ajouter que la thèse de Jacques Maissiat sur Alésia-Izernore n'en devient ni plus solide, ni plus vraisemblable.

La plus ancienne circulation monétaire romaine à Izernore était attestée, jusqu'à ce jour, par les PROVIDENT. d'Auguste, portant, au revers, un autel et, au droit, la tête radiée du prince avec DIVVS AVGVSTVS PATER.

Ce type fut frappé sous Tibère ; il ne remonte guère qu'aux environs de l'an 20 de notre ère.

Voici qu'un quinaire d'argent recule, brusquement, d'une cinquantaine d'années l'introduction, dans la vallée de l'Oignin, du système monétaire des conquérants.

C'est le type ASIA RECEPTA.

Au droit, tête nue d'Octave à droite, et CAESAR IMP. VII.

Au revers : ASIA RECEPTA. Victoire à gauche, portant une couronne et une palme, debout sur la ciste mystique de Bacchus, accompagnée de deux serpents.

La bataille d'Actium, qui entraîna la soumission de

---

(1) *La découverte arch. d'Izernore.* 1900., in 8º.

l'Orient et de l'Asie romaine, et rendit Octave maître de l'Empire, fut gagnée par Agrippa l'an 31 avant J.-C. Ce quinaire est postérieur de quelques années à cet évênement, dont il perpétue le souvenir. Il mentionne, en effet, la VII⁰ salutation impératoriale d'Octave, or Octave fut salué de son VII⁰ impératorat l'an 29 avant l'ère chrétienne. De plus, il n'est pas déclaré Auguste. Ce titre ne lui fut décerné par le Sénat que le 16 ou le 17 des Calendes de février, l'an 727 de Rome.

La frappe de notre quinaire eut donc nécessairement lieu pendant la courte période qui s'intercale entre les années 29 et 27 av. J.-C.

Il est inutile de s'attacher d'avantage à démontrer le cachet républicain de cette pièce, puisque tout, les événements de l'histoire, comme ses caractères typiques, en reportent l'attribution à la numismatique de la République romaine sur son déclin.

Sa rareté relative lui donne quelque valeur. Elle est cotée 4 francs. Son denier, suivant Cohen, vaudrait 200 francs. Je doute qu'on l'ai rencontré.

CAESAR, d'un côté, et ASIA, de l'autre, pour peu que le relief des légendes, et, c'est le cas, soit oblitéré, comment refuser d'admettre, sur la foi d'une pareille autorité, qu'Izernore ne soit pas l'Alésia de César. C'est ainsi que les légendes prennent naissance et en viennent, parfois, à revêtir toutes les apparences des faits.

Ce quinaire a été découvert pendant l'année 1900. Il est classé dans mon médaillier.

Briord. — *Gens Vibia* : **denier.**

Un seul exemplaire.

Il fut trouvé, en 1901, par M. Hugues Vuillard, qui refuse de s'en défaire.

Son état est des meilleurs.

Dr. PANSA. Tête laurée d'Apollon à droite ; devant, un papillon.

R/. C. VIBIVS C. F, Pallas, dans un quadrige galopant à droite, tient un sceptre et un trophée.

— Caius Vibius Pansa remplit l'office de monétaire en 90 av. J.-C.

Il fut proscrit par Sylla.

La *Gens* Vibia ne devint consulaire qu'en 43, avec C. Vibius Pansa, le fils présumé du monétaire qui le premier de la famille arriva au Consulat.

Les deniers de ce type se rencontrent assez fréquemment.

Briord. — Denier et Bronzes impériaux.

C'est par centaines que l'on compte les monnaies romaines récoltées à Briord. Combien en est-il, néanmoins dont l'attribution et surtout la valeur scientifique aient été exactement précisées ? Dans ces conditions, si les découvertes font des heureux parmi les collectionneurs, elles demeurent sans profit sérieux pour la numismatique.

Voici la trouvaille faite dans son jardin, au mois de novembre 1901, par M. Louis Grobon :

1· Septime Sévère. — Dr. SEVERVS PIVS AVG. Tête laurée de Sévère à droite.

R/. P. M. TR. P.XIIII. COS. III. P. P. L'Abondance couronnée, debout à gauche, tient la corne d'Amalthée sur son bras gauche et des épis de la main droite ; devant elle, un modius rempli d'épis.

Argent. Denier. — Frappé en 206.

2° Gallien. — Dr. GALLIENVS AVG. Son buste cuirassé et radié à droite.

R/. FELICIT. AVG. La Félicité debout tenant un caducée et un globe.

Petit bronze ; 19 millimètres.

3° Maximien-Hercule. — Dr. IMP. MAXIMIANVS AVG. Son buste radié et drapé à droite.

R/. VIRTVTI AVGG. Hercule nu à droite étouffant un lion ; derrière lui, à terre, une massue.

Petit bronze.

4° Constantinople. — Dr. CONSTANTINOPOLIS. Buste de femme à gauche, casquée, drapée du manteau impérial et portant un sceptre.

R/. Pas de légende. Victoire à gauche tenant un sceptre. Elle pose le pied droit sur une proue de vaisseau, et, de la main gauche, s'appuye sur un bouclier. A l'exergue : SMCON.

Petit bronze. Frappé sous les premiers successeurs de Constantin.

La découverte fut annoncée par la plupart des feuilles publiques de l'Ain et du Rhône. C'était beaucoup de bruit pour peu de chose.

Il est possible que le sol de Briord n'ait pas encore rendu de pièces semblables ; mais en cela seulement, consiste l'avantage de cette restitution, car les quatre exemplaires se rapportent à des types sans aucune rareté.

— Il m'a été montré deux autres petits lots de bronzes antiques, appartenant à M. Hugues Vuillard et à M. Claude, propriétaires à Briord.

Le premier comprend :

1º Néron. — Type de la Victoire volant à gauche et portant un bouclier, avec : s. p. q. r.

Moyen bronze.

2º Constantin. — soli invicto comiti. Type du soleil levant la main droite et tenant un globe. A l'exergue : p l c. (*Prima officina Lugduni*).

Petit bronze.

3º Constance II. — constantivs p. f. avg. Son buste lauré et drapé à droite.

R/. victoriæ dd. avgg. Deux Victoires face à face, tenant chacune une couronne et une palme. A l'exergue : plc.

Petit bronze.

Je possède un exemplaire, venant aussi de Briord, de ce même type, avec sar, à l'exergue (*Secunda Arelatis* (1).

Le second lot se compose :

1º Néron. — Mêmes type et module que ci-dessus.

Ce type est très commun dans le département, notamment à Briord.

2º Probus. — imp. probvs p. f. avg. Son buste radié et cuirassé à droite.

R/. tempor. felici. La Félicité, debout à droite, tenant un caducée et une corne d'abondance. A l'exergue I.

Petit bronze.

---

(1) Le lot se complète d'un *Dixième d'écu aux lauriers*, de Louis XV : Buste cuirassé au droit, et, au revers, écu ovale entre deux rameaux de lauriers.

3° Fausta, femme de Constantin. — FLAV. MAX. FAVSTA
AVG. Son buste à droite en cheveux.

R/. SALVS REIPVBLICAE. A l'exergue A, croissant, N.
Fausta debout et voilée, tenant Constantin et Constance enfants, dans ses bras.

    Petit bronze.

Ce groupe comprend en outre :

1° Un denier blanc de Besançon. † CAROLVS : V : IMPE-
RATOR. Buste couronné de Charles-Quint à gauche.

R/. MON CIVI BISV 1541. Croix pattée chargée en cœur
des armes de la ville.

2° Double-tournois de Gaston d'Orléans, usufruitier des
Dombes. † GASTON VSV. D. LA SOV. DOM. Son buste à
droite.

R/. DOVBLE · TOVRNOIS 1641. Trois lis sous un lambel.

Les bronzes de M. Vuillard ont été recueillis en 1901,
ceux de M. Claude en 1902.

A propos des exhumations monétaires de Briord, il
convient de noter l'observation suivante. Il semble, d'a-
près tout ce qui a été recueilli jusqu'ici, que les monnaies se rencontrent de préférence dans la partie nord-
ouest du village.

Les Hôpitaux. — Bronze de Salonine.

Petit bronze en bon état.

Il a été découvert, en août 1902, par les fils de M. de
Silans, de Saint-Rambert, dans une grotte faisant face
au village des Hôpitaux.

Dr. COR. SALONINA AVG. Son buste diadémée à droite ;
derrière, un croissant.

R/. IVNONI CONS. AVG. Biche marchant à gauche. A
l'exergue, un delta.

On sait que Salonine était femme de l'empereur Gallien.

Ce bronze n'est pas rare, mais il n'est pas non plus commun.

— Collection de M. de Silans.

Revonnas. — Sou d'or d'Anthémius.

Très beau spécimen, à fleur de coin.

Dr. DN. ANTHEMIVS PERPET. AVG. Anthémius de face, revêtu des ornements impériaux et portant un sceptre.

R/. SALVS REIPVBLICAE. Anthémius et l'empereur Léon, vus de face, tenant chacun une haste et un globe crucigère. A l'exergue : CONOB (*Constantinopolis obrusum*). Dans le champ : R-K.

Poids : 4 gr. 3.

Le règne d'Anthémius se place entre 467 et 472.

Ce *solidus* a été restitué par la culture, à Ramasse, dans un champ dit « en Fay. »

— Acquis par M. Charles Guillon.

Montmerle. — Un petit Trésor.

Montmerle est un hameau de Treffort, sur la route de Bourg à Nantua, par Thoirette. Il possède une chapelle fin xve siècle ou début du xvie.

Des terrassements, effectués à son chevet, en mai 190?, ont mis à découvert une ancienne cachette.

Elle renfermait treize monnaies, dix royales de France et trois savoyardes.

Monnaies royales :

1° Henri III. — Dr. ☩ HENRICVS · III · D · G · FRANC · ET · POL · REX · 1581. Croix florencée.

R/. SIT · NOMEN · DOMINI · BENEDICTVM. Globe. L'écu de France sous un diadème et accosté de II - II.

Arg. Quart d'écu.

2° — Dr. HENRICVS III · D · G · FRAN · ET · POL · REX.
L'écu de France couronné entre deux H. A la pointe, P.
R/. ✝ SIT · NOMEN · DNI · BENEDICTVM. 1589. Croix à
bouts échancrés et cantonnée de quatre couronnes.

    Bill. Douzain.

3° Charles X, cardinal de Bourbon. — CAROLVS · X · D ·
G · FRANC · REX · L'écu de France couronné et accosté
de deux C. Dessous, D.
R/ ✝ SIT · NOMEN · DNI · BENEDICT · A · M. 1593. Trèfle.
Même type qu'au n° 2.

    Bill. Douzain.

Les o sont pointés d'un point et les c de trois.

4° Henri IV. — ✝ HENRICVS · IIII · D : G : FRAN · ET .
NAVA · REX. L'écu de France entre deux H. Au bas de
l'écu, D.
R/..... MEN · DNI · BENEDICT · 15.. Croix échancrée,
cantonnée de deux couronnes et de deux lis.

    Bill. Douzain.

5° — Même type. Au dr. NA. Au R/. 1593.

    Bill. Douzain.

6° — Même type. Au Dr. les H accostantes sont couron-
nées.

    Bill. Douzain.

7° — Même type que le n° 4.

8° — Dr. HENRICVS · IIII · D G · FRAN · ET · NAV · REX.
Ecu écartelé France et Dauphiné entre deux H.
R/. Rose. SIT · NOMEN · DNI · BENEDICTV 1593. Soleil. Z.
Croix échancrée avec alternance de deux couronnes
et de deux dauphins dans les cantons.

    Bill. Douzain dauphinois.

9° — Même type. Au Dr. BENEDICTVM.

Bill. Douzain dauphinois.

Monnaies ducales :

11° Charles-Emmanuel I. — Dr. ☩ CAR · EM · D · G · DVX · SABAVD. Son buste à droite.

R/. CHABLASI · ET (liés) · AVG. 1595 * G. Ecu couronné aux armes du prince, et, en cœur, l'écu de Savoie.

Bill. Sol.

12° — Dr. CAR · EM · D · G · DVX · SAB · P · PED. Ecu de Charles-Emmanuel, sous une couronne, portant en cœur l'écu de Savoie.

R/. IN · TE · DOMINE · CONFIDO · 1583 · T · Croix tréflée dans un quadrilobe.

Bill. Sol.

13° — Dr. C · EMANVEL · D · G · DVX · SABAV. Même type. L'écu accosté de deux points et B au-dessous.

R/. Même légende et même type, sauf : CONFIDO · F · D · et 1 - 5 - 8 - 1 aux angles extérieurs du quadrilobe.

Bill. Sol. — Frappé à Bourg par Philibert Diano.

A part le n° 1, toutes ces monnaies sont identiques, le douzain et le sol valant l'un et l'autre douze deniers.

Une seconde remarque ; elles sont antérieures à 1595.

Selon toute vraisemblance, ce dépôt fut confié à la terre à cette dernière date.

Château de Cibeins. — Médaille du XV Siècle.

J'ai rencontré dans le médaillier de M. le comte de Cibeins, à Mizérieux, une médaille, dont il convient de signaler la présence dans le département. Les numismates me sauront gré de sa publication.

Dr. * MAXIMILIANVS * FR * CAES · F · DVX * AVSTR * BVR-

GVND * Buste de Maximilien à droite, les cheveux en crinière.

R/. MARIA · KAROLI · F. DVX · BVRGVNDIAE · AVSTRIAE · BRAB · C · FLAN : Marie de Bourgogne à droite, les cheveux noués. Derrière, deux M en monogramme et couronnés.

Les points sont triangulaires à l'avers, et orbiculaire au revers.

Diam. 48 millimètres.

Elle est de cuivre et couverte d'une feuille d'or.

Le monogramme est la marque du graveur Giovani de Candida.

Cette médaille fut, sans aucun doute, frappée en 1477, à l'occasion du mariage de Maximilien et de Marie de Bourgogne.

Il en existe plusieurs variétés.

Sa rareté relative en élève le prix à 25 et 30 fr.

Méreaux du Chapitre de Belley.

On peut, je crois, ramener les méreaux connus du chapitre de Belley à quatre types.

Chaque type paraît représenté par deux modules, un grand, de 23 à 33 millimètres, et un petit variant de 13 à 23.

1er Type. — Dr. 🐝 ECCLESIA · BELLICENSIS. Dextre bénissante.

R/. S. IOANNES · BAPTISTA · Agneau pascal à droite.

Grand module ; 32 millimètres.

Sirand. *Deux^e Course arch.*, p. 53 et Pl. II, 4. — J. de Fontenay. *Nouvelles études de jetons,* 1850. — Fr. Rabut. *Méreaux de l'église de Belley,* p. 167.

— Dr. ECCLESIA · BELICENS · Main bénissante.

R/. S · JOANNES · BAPTISTA. Agneau pascal à droite.

Petit module ; 20 millimètres.

Sirand. *Loc. cit.*, p. 53 et Pl. X, 1. — Fr. Rabut. *Op. laud.* — s. ioannes et pelicens — p. 167 et Pl. nº 2 ; 18 millimètres.

2ᵉ Type. — Dr.+ecclesia · belicensis. Dextre bénissante. R/. s × iehan + baptiste. Saint-Jean-Baptiste nimbé dans l'attitude assise.

Grand module ; 25 millimètres.
Sirand. *Loc. cit.*, p. 53 et Pl. II, 2.

— Petit module. N'est pas connue.

3ᵉ Type. — Dr. ecclesia · bellicen. Main bénissante. R/. s · ioan · baptistæ. Chef barbu de Saint-Jean-Baptiste à droite.

Grand module ; 23 millimètres.
Sirand. *Loc. cit.*, p. 53 et Planche III, 2.

— Petit module. Mêmes légendes et mêmes motifs ; 13 millimètres.
Fr. Rabut. *Loc. cit.*, p. 167, et Pl. nº 1.

4ᵉ Type. — Dr. ecclesia bellicen. Main bénissante. R/. s · ioan + baptistæ. Saint-Jean-Baptiste debout, vu de face. On ne lui distingue pas d'attribut.

Grand module ; 25 millimètres.
Inédit. Ma collection et médaillier de M. le comte de Cibeins, au château de Cibeins.

— Dr. ecclesia bellicen. — Dextre bénissante. R/. s · joannes · baptista. Saint-Jean-Baptiste debout de face sans emblême.

Petit module ; 19 millimètres.
Sirand. *Op. laud.*, p. 53, et Pl. X, 2.

Ces méreaux sont en cuivre jaune.

Il faut excepter, cependant, les deux exemplaires iné-

dits du 4e type. Le mien offre une teinte blanc jaunâtre ;
le métal doit être un alliage d'argent et de cuivre.

L'exemplaire de M. de Cibeins m'a paru être d'argent.

En outre, ils sont coulés ou fondus. Ce mode de fabrication imprime à la pièce un cachet archaïque bien
propre à donner le change sur la date réelle de leur
émission.

La plupart me semblent remonter au xviie siècle ; deux,
au moins, sont du xviiie. Le plus recommandable, à cet
égard, est peut-être le dernier type, grand module, qui
doit appartenir au xvie.

Le double module n'était pas une conception purement arbitraire ; la distinction puisait sa raison d'être
dans l'organisation intérieure du chapitre. Dans chaque
chapitre, on distinguait les chanoines et les prébendiers,
et comme il est naturel de le penser, outre la préséance,
leur situation hiérarchique respective se traduisait, dans
la pratique, par une différence de rémunération pour
l'assistance au chœur.

Quant à la main, qui figure dans le champ du droit,
le sens en a été proposé, *ante*, p. 148. L'interprétation
paraît satisfaisante.

Les méreaux du chapitre ont été confondus par l'abbé
Nyd avec la monnaie de Belley (1).

Le droit de battre monnaie fut, effectivement, accordé
à Saint Anthelme par la bulle d'or de l'empereur Frédéric Barberousse, datée du siège de Thabor (Bohême), le
24 mars 1175 (2).

Si les évêques de Belley ont usé de la concession, leurs
espèces monétaires ne sont pas arrivées jusqu'à nous.

---

(1) *Chartreuse de Portes*. Ann. de l'Ain, 1847, p. 48.
(2) Voir le texte dans Lateyssonnière, *Réch. hist.* II, p. 132
et abbé Nyd. *Loc. cit.*

CHAPITRE CINQUIÈME

Archéologie proprement dite.

Dans le vaste domaine de l'archéologie, la première qualité qui s'impose, pour être compris et rendre le travail utile, est la méthode. On n'aurait que confusion si l'on n'y restait invariablement attaché. Dans ce dessein, j'ai coupé ce chapitre de plusieurs points de repère, formant autant d'articles, où viennent d'elles-mêmes prendre place les études, dont j'avais à effectuer le classement. Nous aurons ainsi l'archéologie préhistorique, gauloise, romaine, barbare, médiévale et moderne.

Ces divisions cadrent avec les grandes époques de notre histoire. Je n'avais pas le choix ; elles m'étaient commandées.

ARTICLE 1.

Archéologie préhistorique.

§ 1er

Treffort. — Tombe ancienne.

La tombe, dont nous avons à parler, nous reporte jusqu'anx temps préhistoriques.

Elle fut découverte, il y a longtemps déjà, 45 ans, dit-on, mais elle passa inaperçue.

C'était cependant au début et dans toute la ferveur de la campagne, si vivement menée, au nom de nos origines nationales.

Elle a été en partie conservée, et, si elle retrouve aujourd'hui un peu d'actualité, j'en renvoie tout l'honneur à l'abbé Philippe, curé de Treffort, qui a su galvaniser la découverte.

Son altitude est d'environ 5oo mètres. Elle est située au lieu dit Crételet, près du Col des Engoulures, qui, sur ce point du Revermont, met en communication la vallée du Suran, et, par son prolongement vers l'est, la vallée de l'Ain, avec les plaines de la Bresse.

Ce col a dû être traversé par toutes les invasions primitives venues de l'Orient.

Le Crételet désigne un petit crêt, terminé par un plateau et formant contrefort dans le vallon de la Combe, à 1800 mètres environ au sud-est de Treffort.

Le plateau n'a guère moins d'un demi-hectare de surface.

Le sol est rocailleux, et, soit qu'il ait été dès longtemps épierré pour la culture, soit qu'il ait servi, ce qui est plus vraisemblable, de lieu de refuge aux plus anciens immigrants de la contrée, les fragments les plus encombrants ont été recueillis et entassés en murgers.

C'est à l'enlèvement de l'un de ces murgers pour l'empierrement de la route de Treffort à Montmerle, qui passe à 100 mètres au sud, d'autres disent à la dispersion des blocs par des bergers, que notre sépulture fut révélée.

Dans son état actuel, elle se compose de deux pierres plates ajustées à angle droit.

Les pierres ont en longueur 1 mètre o3 et o 90, en hauteur 0,65, et o, 10 d'épaisseur.

On ne distingue pas de fosse sépulcrale ; la chambre,

comme le montrent les dalles, était disposée à ras de
terre et sur le roc.

Quelque soit le prolongement qu'on lui suppose, dans
l'hypothèse d'une tombe normale, on ne lui trouve pas
d'orientation. Sa direction serait N.E-S.E.

A l'époque de son exhumation, on en retira des ossements humains. Nul ne sait aujourd'hui quels étaient
ces ossements.

La tombe ne renfermait pas, que l'on sache, d'ustensiles, outils, armes ou parures ; les offrandes funéraires,
s'il s'en trouvait, ont été négligées par les auteurs de la
découverte.

C'étaient là toutes les données acquises sur ce monument, lorsque je le visitais en septembre 1900, avec
l'abbé Philippe et M. Jules Convert.

On avait mis en avant l'hypothèse d'une sépulture
burgonde. Elle dut être immédiatement écartée.

La sépulture n'était ni burgonde, ni burgondo-franque,
car :

Elle fait relief à la surface du sol. Les tombes burgondes sont toujours au-dessous, entre 0, 60 et 0, 80
centimètres.

Les laves surpassent les dimensions des pierres, qui
font parois dans le tombeau burgonde. J'ai mesuré un
grand nombre de celles-ci ; la plus développée m'a offert :
1,05 + 0,40 + 0,3., et je dois ajouter qu'elle était exceptionnelle.

Elle n'a pas d'orientation déterminée, tandis que la
sépulture mérovingienne est, dans tous les cas, tournée
vers l'est.

Elle occupe le plateau du Crételet, au lieu d'être disposée sur le versant oriental de la colline.

Enfin, un murger la recouvrait.

Pour toutes ces raisons, il était manifeste que la sépulture de Treffort avait une origine beaucoup plus ancienne, et cette dernière circonstance, en particulier, la reliait à la série des tumuli.

On pouvait dès lors la reconstituer dans sa forme primordiale.

C'était une chambre funéraire, faite de quatre fortes dalles en supportant une autre, et revêtue d'une chappe ou manteau de pierres pour la protéger.

Mais ce mode de sépulture a duré des siècles, des populations de la pierre polie aux conquérants armés de l'invasion cimmérienne.

Il reste à en préciser l'âge.

La découverte d'un tesson de poterie, au cours d'une seconde exploration, est venu apporter à la solution un élément nouveau.

Il a été recueilli, parmi les pierres du murger, à proximité de la tombe.

A elle seule, l'altération de la surface externe suffirait à en garantir l'authenticité.

La pâte est assez fine et d'un brun grisâtre, parsemé de petites taches d'un brun plus foncé. Elle a éprouvé une forte cuisson et montre beaucoup de résistance.

La face interne laisse apercevoir des stries horizontales et ténues. Le vase a été fabriqué au tour.

Les produits céramiques des populations de la pierre polie ne présentent pas les mêmes traits.

La poterie est grossière, mêlée de grains de quartz et de paillettes de mica. La cuisson est imparfaite, et, dans la plupart des cas, elle garde encore l'empreinte des doigts qui l'ont façonnée.

Au reste, les néolithiques manifestaient une propension marquée à transformer, lorsqu'ils en avaient à leur portée, les grottes naturelles en sépulcres.

A Treffort, il s'en trouvait deux dans le voisinage.

Les vases et les divers produits en terre ont gagné en cuisson, à l'époque du bronze, mais leur dureté n'en est pas encore à égaler celle du fragment, trouvé au Crétetelet.

Le tour à potier était connu ; toutefois, il était à ses débuts, car on ne le rencontre que dans de rares stations.

La sépulture de Treffort, ai-je dit, renfermait des ossements humains Or, l'incinération était prédominante, dans les rites traditionnels de cet âge. Je ne sache pas que l'on ait constaté la présence d'ossements intacts, dans des tombes qui en portent indiscutablement les caractères.

Au surplus, ces tombes sont rares, car la période du bronze n'eut que peu de durée.

A l'époque du fer on crée les grandes nécropoles, et l'inhumation sous des tumuli devient le mode de sépulture le plus usité.

Les tumuli sont faits de terre ou de pierres, selon les matériaux qu'on a sous la main.

La case funéraire se compose de dalles, type d'Halsstatt, mais on a renoncé à l'emploi des grands mégalithes du premier âge.

La structure est la même, seule la physionomie générale de la tombe est modifiée.

L'usage du tour à potier s'est généralisé partout, et la cuisson donne aux poteries une dureté inconnue auparavant.

Si on rapproche notre tesson de ses analogues du musée de Lyon, son identification avec les poteries de l'époque du fer en ressort avec une frappante évidence.

Ceci dit, le classement de la sépulture de Treffort s'opère de lui-même.

Nous laissons de côté les monuments funéraires de la pierre et du bronze, et la rapportons à la première période du fer.

Elle est synchronique de la tombe de Corveissiat, des tombes du plateau des Bruyères, près de Saint-Barnard, de Voiteur, dans le Jura, d'Igé, en Saône-et-Loire, d'Halsstatt, près de Salzbourg, en Autriche, de Colasecca, de Villanova et de Poggio Renza, en Italie.

Le tumulus de Corveissiat a été découvert depuis un quart de siècle. Son mobilier funéraire était des plus riches. Il se composait de bracelets filiformes, d'un torques à tige creuse, d'un anneau et de deux fragments de ceintures. On y recueillit les ossements de sept à huit individus, et trois crânes présentaient des traces de la déformation dite macrocéphalie (1).

Or, quelques kilomètres seulement séparent Corveissiat de Treffort.

Ce n'est pas que, dans l'état où se trouve la sépulture du Crételet, l'intérêt qui s'y rattache ait une égale importance.

Non, assurément.

C'est un cube de marbre dans une mosaïque. Son synchronisme avec la tombe de Corveissiat est démontrée. Cela nous suffit.

Les tribus de l'âge du fer qui ont laissé leurs morts

(1) E. Chantre, *Premier Age du fer*, p. 30.

en Bohême, dans le sud de l'Allemagne, l'Italie du nord et l'est de la Gaule, ont donc couvert aussi la région moyenne du Suran.

C'est à ce point de vue ethnographique, que je me suis exclusivement placé, en publiant cette découverte, encore inédite, quoique déjà vieille d'un demi siècle près.

Art. II

Archéologie gauloise.

§ Ier

Un culte antique. — Brona.

Brona désigne un territoire de Villette-sur-Ain.

Deux kilomètres le séparent du chef-lieu communal, mais il est rapproché de Richemont et sur le cours moyen du bief de Brunetan, Richemont étant situé sur le côteau gauche, et Brona sur le côté droit du vallon.

Ce nom, prononcé Brona et, le plus souvent, Brône, est d'origine celtique, car sa résonance détonne, à travers les dénominations plus familières, Priay, Bellegarde, Villette, La Palud, Châtillon et tant d'autres, dont l'ère gallo-romaine et le moyen-âge ont émaillé la contrée.

Il y a plus. L'imagination populaire en est frappée. Il éveille de vagues souvenirs, des traditions confuses, comme des impressions mystérieuses qui se lient à ce que l'être a de plus intime, le sentiment religieux.

Telle en est la fascinatrice puissance, que tout s'en revêt dans un rayon de quelques centaines de mètres. Après la fontaine de Brona, ce sont l'enclos de Brona, la poype de Brona, la chapelle de Brona, le fief de Brona, la famille de Brona, le bief de Brona et jusqu'au ruisseau de Brunetan, qui emprunte ce nom, pendant les courts instants qu'il cotoye cette impressionnante solitude.

Il n'a pas varié dans le passé. Les plus anciens textes le présentent toujours sous sa forme actuelle de Brona.

Etymologiquement, Brona, pour *Bruna*, dérive du celtique *Bheru*, dont il doit être considéré comme le participe passé passif. Le sens primitif serait « Bouillonné. » Le latin *ferveo* en reproduit adéquatement l'idée. Il est à rapprocher de l'allemand *Brunen* « source, puits, fontaine » (1).

La fontaine de Brona était réputée sacrée par les Celtes. Un chemin gaulois, venant du Falquet, parfaitement reconnaissable à son encaissement et à son peu de largeur, y conduisait. La vénération, dont elle fut l'objet dans le principe, s'est perpétuée de siècle en siècle. De nos jours encore l'humble femme de la campagne va demander à son onde bienfaisante, les guérisons du mal dont souffre son enfant.

Au culte celtique se superposa la croyance chrétienne. Enfin, la féodalité imprima à ce lieu, aujourd'hui solitaire, sa marque vigoureuse, que le temps n'a pas effacée.

Nous avons donc à observer, à propos de Brona, sa source, sa poype et son église.

---

(1) « Il est encore possible, m'écrit M. d'Arbois de Jubainville, à qui je dois cette communication, que Brona ne soit pas un nom celtique et doive être considéré comme identique à Brona, nom d'une ville d'Espagne, en Bétique. (Pline l'Anc. *Hist. nat.* l. iii. § 15). »

Le mot rend trop exactement la physionomie de la source pour en suspecter l'origine indiquée.

A. — Fontaine de Brona.

Elle se montre à mi-coteau.

« Ni chemin, ni sentier n'y conduisent ; pour la trouver il faut la foi ou un guide. Un petit vallon tout vert, des préaux en pente, des bosquets, un ruisseau ; des oiseaux, pas d'hommes, pas de maison. En montant un peu à gauche, on aperçoit un petit creux plein d'eau, au pied d'une berge ; c'est là. » (1).

C'est un creux, en effet, de 0,80 de profondeur et 0,60 de diamètre.

Il s'ouvre dans les marnes bleuâtres du pliocène inférieur, qui forment le sous-sol de la Cotière et l'eau sourd au fond d'où elle remonte à la surface.

La source varie peu dans son débit. L'imperméabilité des marnes la rend presqu'insensible aux alternatives de sécheresse et d'humidité.

Ses eaux ont la limpidité du cristal. Trois pins, maigres et à moitié desséchés, leur prêtent la fraîcheur de leur ombre.

On leur attribue quelques propriétés médicinales. De

---

(1) *La Langue dévoilée*, par un Gallois, p. 340. Sous le pseudonyme de *Gallois* se cache l'abbé Pron, peintre et écrivain distingué, décédé au château de Pont-d'Ain, le 12 janvier 1894. *La Langue dévoilée* est une étude du plus pur gallicisme, pleine d'originalités et d'idées neuves serties dans un vrai joyaux littéraire, sur les racines primitives du langage. A peine imprimée, l'auteur la livra au pilon. Il voulait la refondre m'a-t-il dit ; mais le temps lui a manqué. Cinq ou six exemplaires ont échappé à la destruction ; c'est dire que ce livre est de toute rareté. — Un vol. in-8°, 527 pp. . Bourg, 1888; impr. Villefranche.

la région environnante, du plateau de la Dombes on y a recours, et de fort loin parfois. Elles ne possèdent qu'à un faible degré la faculté de guérir ; seules les maladies d'enfants, convulsions, carreau et maladies intestinales sont avantageusement traitées par leur application.

La violence du mal torture-t-elle un de ces petits êtres, la mère court à la fontaine. Elle en rapporte un vase plein d'eau et en humecte un linge que, tout ruisselant, elle applique sur le siège du mal. Le plus souvent l'enfant recouvre la santé.

Il n'est pas rare de voir des linges, suspendus aux arbrisseaux voisins, corsets, chemisettes, bas ou langes, les uns frais encore, les autres fanés ou tombant en lambeaux. C'est la reconnaissance qui les a déposés là ; ils attestent des guérisons.

Parfois encore, « la mère a jeté quelques sous dans la source, mais on ne les voit point ; les petits bergers les enlèvent à mesure qu'ils les aperçoivent. » (1).

A qui s'adresse ce recours ? C'était à la Vierge, tant que subsista la chapelle, peut-être à une déité imprécise et vague aujourd'hui, mais à coup sûr, dans le principe, au génie de la fontaine.

— Le culte de la fontaine de Brona se rattache aux traditions rituéliques de la Gaule. Nous avons dit que le nom justifie ce sentiment. Nous en voyons aussi la preuve, dans l'enseignement religieux des druides. Spiritualiste dans son essence, cet enseignement habituait l'imagination naïve du Gaulois à percevoir, dans toutes les manifestations de la nature, un agent bon ou manvais invisible et supranaturel.

(1) *La Langue dévoilée*, p. 341.

Pour le croyant celtique, les dragons, les gnômes, les wivres, les fées, les spectres peuplaient les forêts, où ils avaient élu leurs demeures, près des fontaines, à la source des rivières, sur les sommets des plus hauts monts, dans de sombres cavernes ou sur les rochers les plus sauvages. Les nuées, les vents et les tempêtes, les arbres et les rochers, le vol des oiseaux parlaient une langue pleine de mystères. Enfin, « chaque source, chaque fontaine avait son génie topique, son dieu protecteur ».

C'est lui qui communiquait aux eaux leurs propriétés divines.

Les fontaines sacrées guérissaient, les unes de la fièvre, les autres de la teigne ou des coliques.

Le druide ne manquait jamais d'envoyer en pélerinage aux fontaines et, souvent, à de grandes distances, ceux dont les maladies se montraient rebelles à leurs incantations. Il recommandait surtout, condition indispensable, d'allumer des torches au pied des chênes et aux carrefours des bois.

Lorsque la sécheresse désolait les champs, le druide se rendait processionnellement lui-même, suivi de la longue file des colons, aux sources qui produisaient la tempête. Il en agitait la surface avec une touffe de l'herbe de Bélen (1), et chaque assistant, puisant avec un vase à la fontaine, en répandait l'eau sur l'officiant, et finissait par l'y plonger tout entier.

Ce tableau que nous résumons d'après MM. Bulliot et Roidot (2) est une page vivante de l'histoire de Brona, aux temps celtiques.

---

(1) La jusquiame dédiée à Bélen, l'Apollon gaulois.
(2) *La Cité gauloise, Passim.*

Faut-il voir, comme on l'a dit, l'idée première du culte des fontaines, dans l'importance qu'ont les eaux, parmi les agents physiques, et dans la perpétuité de leur écoulement, qui semble être une image de l'éternité ?

J'ignore si la philosophie gauloise s'est élevée jusquelà ; mais les ex-voto de Brona, ceux qu'on a recueillis près des sources vénérées, modelés dans l'argile ou sculptés dans la pierre, à l'imitation des divers membres du corps humain, rendent fort improbable ce sentiment. Le culte des fontaines avait son principe dans la vertu des eaux, dont on avait, par expérience, reconnu l'efficacité.

Les eaux de Brona jouissent de propriétés thérapeutiques spéciales. C'est un fait. L'analyse l'établirait mieux encore.

Il est avéré de nos jours que les Gaulois, même avant la conquête, connaissaient et utilisaient, comme médication, les eaux minérales, thermales et froides. Près des sources restées célèbres, on a retrouvé des objets votifs, se référant aux divinités topiques des lieux.

Ce culte n'apparaît donc pas comme une superstition grossière. Le Gaulois se méprenait sur le principe des propriétés qu'il voyait agir, mais sa croyance était fondée. Il la basait sur des effets certains, dont l'appréciation n'était pas au-dessus de la portée de son intelligence, quel qu'en fut le peu de culture.

On est étonné de la persistance, pendant tant de siècles, du culte des fontaines. Elle ne surprend plus lorsqu'on tient compte des faits.

12

B. — Poype de Brona.

Ce monument me fut révélé, il y a quelques années,
par l'étude d'une procédure de 1510.

L'une des pièces, un jugement du bailli de Bresse,
faisait rentrer, à tort il est vrai puisqu'il fut réformé par
un arrêt du Sénat de Savoie en 1513, dans les limites
de la juridiction de Villette-Loyes « *maximam partem
bonorum, loci et poypiæ de Brona spectantium et per-
tinentium domino du Vernay.... scilicet poypia et locus de Brona, cum suis pertinentiis, juribus et domi-
niis* (1) ».

Les renseignements m'apprirent que la poype était
connue, dans un petit rayon alentour. Mais jusqu'alors
aucune publication ne l'avait fait connaître. Elle est
donc tout à fait inédite.

Le monticule s'élève à 30 mètres environ à l'est de la
fontaine, s'adossant au coteau et le dominant à la fois,
entre deux vallons.

Par le thalweg de ces derniers s'acheminent les biefs
des Hayes et de Brona, qui vont mêler leurs eaux à celles
du Brunetan, après les avoir répandues, au bas de la
pente, en un large marais tourbeux.

Il a 20 mètres de hauteur moyenne. A la base, il
mesure environ 155 mètres de tour. La pointe en est
tronquée, et le plan de section n'offre pas moins de 15
mètres de diamètre.

L'été, la butte est enveloppée d'un manteau vert ; ce
sont des bois, haute futaie et taillis.

---

(1) *Arch. du château de Saint-Maurice-de-Rémens.*

Le cadre est superbe.

Vue des bords du Brunetan, au fond de la vallée, lorsque les vents d'hiver ont chassé au loin les feuilles mortes, son profil présente, dans le clair du ciel, un cachet d'une imposante grandeur.

Aucune sorte de ruine à son sommet.

A deux reprises on a tenté son exploration, simples essais qui, pour tout résultat, aboutirent seulement à démontrer l'évidence de la main de l'homme, dans sa construction.

Les matériaux, qui ont servi à l'édifier, sont le limon caillouteux glaciaire, qui forme la couche superficielle des terres environnantes.

La poype est absolument isolée.

Entre la butte et le domaine actuel de Gravagneux, le sol est jonché de débris, surtout de briques et de tuiles brisées, et, pour peu que la culture descende au-dessous de la couche habituellement retournée par elle, le soc se heurte à des substructions, à des vestiges d'anciens murs.

Le même phénomène s'observe à droite et à gauche de cette ligne, sur une centaine de mètres d'étendue.

Un village occupait autrefois le territoire de Brona.

Les textes le confirment. Au terrier Thibaudon (1446), plusieurs baux emphythéotiques portent la mention : Fait à Brona, et maints confessants se déclarent domiciliés à Brona.

Si j'interprète bien les documents que j'ai sous les yeux, au XVIIIe siècle, il s'y trouvait encore quelques rares habitants.

L'origine en remontait fort loin dans le passé. A notre avis, c'était un *vicus* gaulois.

Les bouleversements politiques ont passé au-dessus et ne l'ont point ébranlé, ou, s'il fut atteint, il se remit promptement de ses commotions, plus soudaines que durables.

D'après les terriers, sa vitalité s'affirmait encore, au xvᵉ siècle, par une situation aussi prospère qu'elle pouvait l'être alors, et par une population nombreuse.

La féodalité en fit un fief. L'érection de Brona en seigneurie, doit être considérée comme le corollaire de son ancienneté et, plus spécialement, du culte de la fontaine qui faisait son renom.

Se défendre en ces temps troublés devenait la première des nécessités. Brona fut placé sous la protection d'un château.

On n'ignore pas ce qu'était le château fortifié, au xiᵉ et au xiiᵉ siècle.

Il n'y avait plus d'architecture militaire. On construisait une motte de terre, qu'on entourait d'un fossé, et d'un rempart fait des déblais remontés des fossés. La motte était couronnée d'une tour en bois et le rempart d'une palissade.

Telles furent, dans le principe, les fortifications de Brona. La butte a survécu parce qu'elle seule pouvait survivre.

A l'imperfection de ces premiers travaux succéda, au xiiiᵉ siècle, un système de construction mieux organisé, acquis par l'expérience et l'étude.

Partout, en Bresse, on éleva des maisons fortes et des châteaux. La maçonnerie fut substituée aux retranchements en terre, car on avait reconnu la supériorité de la brique et de la pierre pour les ouvrages de cette nature.

Les seigneurs de Brona construisirent eux aussi, un nouveau château ; mais, laissant leur fief originaire à la garde de ses rudimentaires défenses, ils l'édifièrent au Vernay, lieu dit situé à l'extrémité nord-ouest de la seigneurie, ou tout au moins dépendance de Brona.

La butte, dont les progrès de l'art de la guerre proclamaient de jour en jour l'insuffisance, fut néanmoins conservée. On la regarda toujours comme le signe symbolique du fief de Brona.

Brona et le Vernay ne furent pas séparés dans la suite. Au nom de leur terre, les seigneurs du Vernay ajoutèrent constamment le nom de Brona. Cependant, si le titre et le domaine direct du fief demeurèrent, jusqu'en 1789, unis au Vernay, le domaine utile en fut détaché dès le xve siècle.

Nous allons suivre le fief et ses seigneurs ; nous étudierons ensuite l'enclos et ses mutations.

a. — Le fief de Brona et ses seigneurs.

La charte qui éleva Brona au rang de seigneurie n'a pas été conservée. Mais l'érection est un fait. Elle remonte au-delà de 1150, date qui marque la première apparition, dans l'histoire, de la maison de Brona, au bénéfice de qui la création eut certainement lieu.

Brona était un arrière-fief de Richemont. Le document, cité tout à l'heure, le montre dépendant *de directo dominio et superioritate castri, et seignoriae et jurisdictionis Divitis Montis... sub superioritate et ressorto immediatis dicti castri* (1). Il faut considérer cette

___
(1) *Arch. du château de Saint-Maurice.*

mouvance comme relativement moderne, car le château de Richemont est de la fin du XIIIe siècle. Dans le principe, Brona dut féodalement mouvoir de Varambon, baronnie beaucoup plus ancienne, dont Richemont, et même Châtillon-la-Palud, n'étaient que des démembrements.

Il possédait la justice basse et le mixte impère, et le seigneur n'était admis à exercer ces droits que dans sa terre, sur les hommes habitant le mas et sur les étrangers, pourvu que l'amende, à l'égard de ces derniers, n'excédât pas 6o sols. Les hommes du seigneur suzerain, domiciliés à Brona, et ceux de Brona hors du fief restaient et devenaient justiciables du seigneur de Richemont auquel, pareillement, étaient réservées les juridictions haute et moyenne.

Ces questions de justice, longtemps litigieuses, furent réglées, le 12 février 1494, par une transaction, que souscrivirent Hugues de la Palud, seigneur de Richemont, et Aymard de Brona (1).

La maison chevaleresque de Brona portait pallé d'argent et de sinople de six pièces.

Son souvenir est tout d'honneur, de vaillance et de loyauté. Pas une tache.

Guichenou en parle avec éloge. Il avait projeté d'en écrire la généalogie ; il y renonça faute de documents.

Voici quelques noms, la plupart tirés des archives des châteaux voisins.

Béraud de Brona fut témoin, vers 1150, à une donation d'Etienne II de Villars à l'abbaye de Saint-Sulpice.

---

(1) *Arch. du château de Richemont.* — Voir pièces justificatives, n° I.

La *Chronique* de Chassagne mentionne un Berlion de Brona en 1257 (1).

C'est ce dernier, je crois, qui est nommé dix-sept ans après, au compromis que passèrent, en 1274, relativement à la propriété de la forêt dite Bois du Chauffage, Ponce, abbé de Chassagne, et les frères Gérard et Guy de la Palud. Berlion de Brona se porta caution pour Ponce (2).

Lorsqu'en 1275, Gérard de la Palud, seigneur de Varambon, jura fidélité au sire de Beaujeu, il était assisté de Carion de Brona (3).

D'après un ancien titre de la Chartreuse de Seillon, un Amédée de Brona vivait en 1280. Sa femme se nommait Mabille (4).

En 1291, Guillaume de Brona rendit hommage à Humbert IV, sire de Thoire et de Villars (5).

Le dimanche avant la Nativité de Saint-Jean-Baptiste, 1295, Guy de Brona ratifia la sentence d'arbitres, qui mit fin aux démêlés entre les Gérard de la Palud, oncle et neveu, seigneurs de Varambon et de Châtillon (6).

Parmi les témoins convoqués à Richemont, le 19 juillet 1299, et présents au testament de Gérard de la Palud, figurent Jean et Pierre de Brona (7).

Nous trouvons au château de Varax, le 11 juillet 1415, un Pierre de Brona présent à la donation que Henri de

---

(1) *Bibliotheca Domb.*, II, p. 65.
(2) *Arch du château de Saint-Maurice.*
(3) *Ibid.*
(4) Guichenon, *Hist. de Bresse et Bugey*, II, p. 126.
(5) *Arch. du chât. de Saint-Maurice.*
(6) *Ibid.*
(7) *Ibid.*

Varax et Gaspard, son fils, firent à Ollivier de Rougemont de leurs droits sur plusieurs étangs du Bois du
Chauffage (1).

Pierre épousa Béatrix de Brona. Il la fit héritière
universelle (2).

C'est à ce titre qu'elle promit fidélité à Gaspard de
Varax, seigneur de Richemont, le 15 septembre 1440 (3).

Ils eurent Aymard de Brona pour fils et successeur.

De tous ceux de sa maison, Aymard est le plus connu.
Il renouvela le terrier de la rente du Vernay et de
Brona. Le commissaire feudiste Thibaudon y mit la
dernière main en 1446 (4).

Je trouve encore, en 1494, Antoine de Brona, qualifié de seigneur de Brona et du Vernay. Il acquit, avec
Guillaume de Saint-Trivier, le pré de la Saugéa, jouxte
les biefs de Foz et de Brunetan, et l'abergea, le 4 septembre (1494), pour quatre sols viennois, à Jean et
Benoit Gravagneux (5).

Antoine était fils ou frère d'Aymard. Il ne laissa pas
d'héritier. Après lui, le fief échut à Antoinette de Brona,
sa sœur ou sa nièce. La maison tombait en quenouille.

Antoinette de Brona épousa Guillaume de St-Trivier.

Cette union fut vraisemblablement moyennée par Aymard de Brona. Il gérait la tutelle du jeune Guillaume
en 1483.

Guillaume, seigneur de Brona et du Vernay, avait eu
pour père Antoine de St-Trivier.

(1) *Ibid.*
(2) Guichenon, *Op. cit*, ii, 166.
(3) *Papiers Guillot,* à Villette.
(4) *Arch. du chât. de Richemont.*
(5) *Ibid.*

C'était une branche latérale de la grande famille de Chabeu de St-Trivier, « la plus ancienne et la plus illustre de la souveraineté de Dombes » selon Guichenon (1), la branche des seigneurs de Chazelles.

Elle avait débuté, à la fin du xive siècle, avec Guy, second fils de Hugues de Saint-Trivier et de Jeanne de Beaujeu.

Chazelles est un petit hameau de douze à quinze habitants, dans la vallée de la Chalaronne, à 4 kilomètres de St-Etienne. Ce fief était entré dans la famille avec Jeanne de Beaujeu.

De son mariage avec Antoinette de Brona, Guillaume de Saint-Trivier laissa deux fils, Pierre et Philippe.

Pierre hérita de Brona et du Vernay.

Il s'unit à Jeanne de la Teyssonnière, dame de Villion, près de Villeneuve en Dombes. L'alliance resta stérile.

En 1530, Il échangea, avec Claude de Châteauvieux, les fiefs du Vernay et de Brona, trop éloignés de son patrimoine, contre ceux de Béseneins et de Collonges, qui en étaient beaucoup plus rapprochés. Le premier ne se trouvait, en effet, qu'à deux kilomètres au nord de Saint-Etienne-sur-Chalaronne, et le second à 1,500 mètres au nord de Francheleins.

Les Saint-Trivier portaient d'or à la bande de gueules.

— L'échange de 1530 n'offrait pas moins d'avantages pour Claude de Châteauvieux que pour le seigneur de Chazelles ; le Vernay et Brona étaient à peine à deux heures de marche de sa terre de Châteauvieux.

Châteauvieux est situé sur la pointe d'un rocher, au-

(1) *Hist. de la Souv. de Dombes*, ii, p. 76.

dessus du Suran, à deux kil. au nord-ouest de Neuville-sur-Ain.

Son père fut Guy de Châteauvieux, gouverneur de Bresse, et sa mère Marguerite de Brie. Marguerite était originaire du Beauvoisis et première dame d'honneur de Marguerite de Bourbon, comtesse de Bâgé.

Il exerça lui-même les fonctions de bailli de Bresse.

Les profits de l'acquisition de Brona et du Vernay, si appréciés au premier moment, cédèrent devant des combinaisons non moins avantageuses élaborées plus tard. Claude de Châteauvieux vendit les deux fiefs à Humbert de Grillet.

L'aliénation était un fait accompli en 1538 (1).

La femme de Claude de Châteauvieux ne nous est pas indifférente, puisqu'elle a été châtelaine de Brona. Elle se nommait Marie de Montchenu, et était issue des barons de Montchenu, en Genevois.

Leur union avait été célébrée à la fin de 1529, ou dans les premiers mois de 1530 (2).

Elle était dame de la Villatte, en Angoumois.

Claude mourut à Orléans et fut inhumé à la Villatte.

Les Châteauvieux descendaient d'Aymon de Coucy, gentilhomme déjà connu en Bugey vers 1250. Ils se rendirent acquéreurs de Châteauvieux, en 1368, et en prirent le nom.

La filiation directe des Coucy-Châteauvieux finit en 1523. La maison se continua par les barons de Mornay.

Ils écartelaient, aux 1er et 4e, d'azur à trois fasces ondées d'or, aux 2e et 3e, d'azur au lis d'or.

---

(1) *Arch. de l'Ain*, Fonds du Présidial. *Testaments.*
(2) Guichenon la fixe au 14 août 1534, et la naissance de Marguerite, leur premier enfant, au 6 novembre 1530.

— Humbert de Grillet, à qui passaient les droits de fief de Brona, habitait Bourg. C'était le lieu d'origine de sa maison. Les Grillet n'avaient brillé d'aucun lustre dans le passé ; ils étaient récemment sortis de l'obscurité avec Girard Grillet, père d'Humbert.

Guichenon se garde de les priver de la particule. Humbert ne la prend pas en son testament de 1540. Il s'attribue la qualité de noble, lisons-nous dans une pièce contemporaine, mais la noblesse ne lui appartient « ny par droict de naissance, ny par le privilège des charges municipalles qu'il eust exercés à Lyon, veu en effect qu'il ne prend pas la qualité d'ex-consul, comme il est accoustumé pour tous ceux qui ont passé par le consulat (1). »

En 1533, il fonda d'une grand'messe, le second vendredi de chaque mois, la chapelle de Brou du titre de Saint-Pierre aux Liens.

Il l'avait construite à ses frais et pourvue d'une dotation de 80 écus. Plus tard, il lui léguera encore un pré de trois meaux de foin, et une terre dite Pré de Brou, qui confinait au clos du couvent (2).

Trois filles étaient nées de son mariage avec Philippine de Malyvert, Françoise, Marie et Jeanne de Grillet. D'un second mariage avec Guicharde de Cuchermois, il resta sans progéniture.

A un moment, il en conçut cependant l'espoir.

Son premier testament, en date du 3 août 1538, disposait de sa succession au profit d'un enfant à naître de cette dernière (3).

(1) *Arch. de feu Madame Fleuret*, à Tossiat.
(2) *Arch. de l'Ain*, E. 73.
(3) *Ibid.*

L'enfant ne vint pas à terme, ou mourut peu de temps après sa naissance.

Son testament définitif est de 1540. Il l'ordonnança à Lyon (1), où il se trouvait « gysant au lict mallade, le mercredy, seyziesme jour du moys de février. »

Il avait donné, par contrat de mariage, à Guicharde de Cuchermois, l'usufruit de ses terres de Brona et du Vernay ; il confirma ses intentions à ce sujet.

Quand aux fonds, dont il n'était pas disposé par legs particuliers, la totalité en fut dévolue à son petit-fils et filleul, Humbert du Puget, à la condition qu'il prendrait les nom et armes des Grillet.

En cas de prédécès, le testateur lui substituait sa mère et les siens, fors pour Brona et le Vernay, à la succession desquels il appelait le fils aîné de ladite héritière éventuelle (2).

Humbert de Grillet reçut la sépulture à Notre-Dame de Bourg, en la chapelle de Saint-Pierre et de Saint-Paul.

Cette chapelle, construite par Humbert, avait été fondée par son père. Il s'associa plus intimement encore à l'œuvre paternelle, en lui faisant un legs de 400 florins de Savoie.

Les Grillet possédaient une grande fortune, l'une des plus considérables de Bourg au xvie siècle.

Ils blasonnaient de gueules à la face ondée d'or, au lion léopardé d'argent passant, en chef, et à trois besants d'argent, en pointe.

---

(1) Et non à Bourg, comme le dit l'Inventaire de nos Archives. Ne jamais manquer de recourir aux chartes que ce document résume ; on s'évitera bien des erreurs.

(2) *Arch. de l'Ain*, E. 73.

— Humbert du Puget était né de Jeanne de Grillet et de François-Philibert du Puget, dont le mariage avait reçu la consécration religieuse le 12 février 1534.

François-Philibert tenait, depuis le 27 janvier 1537, la judicature des appellations de Bresse. Il acquit, en 1541, le fief de la Berruyère.

Ce fief se composait d'une tour et de quatre étangs. C'était la tour nord de l'enclos actuel de Richemont.

Les du Puget, sont, pour la plus grande part, redevables de leur brillante situation à Marguerite d'Autriche.

Noël du Puget, souche de la maison, fut, en effet, nommé par elle procureur général des terres de son douaire, dès le 16 novembre 1504, après avoir été conseiller et avocat fiscal de Bresse.

Ils étaient seigneurs de la Rue, et armoiraient d'or à trois pals de gueules, au chef d'argent chargé d'une aigle éployée de sable. Dans la suite, ils écartelèrent de Grillet.

Humbert, seigneur de Brona et du Vernay, servit, comme capitaine de lanciers, aux Ordonnances du duc de Savoie.

Sa femme, Lucrèce de Vienne, était native de Bourg.

Il en eut un fils, Jean, et deux filles, Philiberte et Péronne du Puget.

Philiberte s'unit, en premières noces, à un capitaine piémontais en garnison à Bourg, et, par un second mariage, à son parent, Jacques de Grillet, seigneur des Sardières.

Péronne épousa Claude de Chabeu, seigneur de Bécerel.

Les Sardières sont situées au Petit Challes de Bourg, route de Jasseron, et Bécerel au territoire de Journans.

Lucrèce mourut en 1573 et Humbert le 9 janvier 1588.

On connaît deux testaments du seigneur de Brona, l'un, du 31 août 1573, l'autre du 6 mai 1587.

A l'égard de Philiberte et de Péronne, ses filles, 5,000 livres, deux robes et deux cottes tinrent lieu de tous droits successoraux.

Son hoirie fut recueillie par son fils, Jean du Puget, déjà héritier de sa mère à titre universel.

Celle-ci avait testé le 4 septembre 1571.

En cas de non postérité du côté de Jean du Puget, Philiberte et Péronne devait se partager la succession (1).

Cette disposition avait pour but de sauver d'une perte totale le blason et le nom des du Puget.

En fait, le blason et le nom suivaient la substitution ; ils ne pouvaient s'en distraire.

Jean du Puget fut d'abord capitaine au service du duc de Savoie. On le trouve, en 1610, à la citadelle de Bourg, au service de la France, avec le grade de sergent-major.

Les fiefs de Brona et du Vernay furent par lui repris et dénombrés les 27 septembre et 3 décembre 1602 (2).

Le 27 décembre 1591, il avait épousé Bonne de Joly, fille de Pierre Joly de Choin, bailli de Bresse et du Bugey.

Il laissa d'elle Gaspard, Eléazar, François, Jeanne, Philiberte, Péronne et Magdeleine du Puget.

Il avait suivi la carrière des armes. A son décès, en 1618. il se trouvait encore en activité de service.

---

(1) *Arch. de feu Madame Fleuret.*
(2). J. Baux, *Nobiliaire*, I. 167.

« Détenu de certaine maladie et craignant le péril de mort », le seigneur de Brona fit son testament. L'acte est du 25 septembre et daté de sa maison de Bourg, « en la chambre sur la rue du cousté de vent de la grande salle. »

Gaspard, l'aîné de ses enfants, étant appelé à continuer la lignée, il y eut institution d'héritier en sa faveur, pour l'universalité des biens du testateur, sauf quelques spéciales dispositions (1).

Ainsi Eléazar reçut, à titre particulier, le fief de la Berruyère, la grange de Biligneux, dite grange Nallard, et la maison de Ceyzériat, appelée la Mallietta.

Jean du Puget fut inhumé à Notre-Dame de Bourg, chapelle des du Puget, « au tombeau de son père et prédécesseurs trespassés honorablement. »

La famille ne tarda pas à se disperser, après la mort du père.

Jeanne fut mariée à Benoît de la Maladière, seigneur de Quincieu, en Dauphiné.

Eléazar mourut à Chambéry en 1627.

François, que son père destinait à l'Ordre de Malte, fut tué dans les guerres du Piémont.

On ne sait rien du sort de Magdeleine.

Péronne et Philiberte entrèrent à l'abbaye de Bonlieu, en Forez.

L'admission eut lieu le 31 mars 1621. Elles firent don au monastère, en cette circonstance, d'un calice d'argent, et versèrent 2,100 livres à la mense du couvent.

La famille souscrivit l'engagement de servir une pen-

(1) *Pièces justif.* n° II.

sion annuelle de 400 livres à chacune d'elles, leur vie durant (1).

Jean du Puget développa, considérablement, l'étendue territoriale de son domaine du Vernay.

D'après un Mémoire des *Archives de M*me *Fleuret*, de 1588, date la mort de son père, à 1618, année de son décès, il conclut quarante-six contrats d'acquisition, et signa dix-huit échanges. Le plus ancien est du 20 avril 1688, et le plus récent du 18 avril 1618.

Les immeubles, qui en furent l'objet, consistaient en bâtiments, terres, prés, bois, verchères et chèneviers. Ils étaient situés autour ou à une petite distance de Brona et du Vernay.

Les lieux dits, le plus fréquemment cités, sont le mas des Jonet, le mas des Moiroux, les Massard, le mas Chaffanel, le mas des Georges, Biligneux, le mas Rubin, le mas Cerisier et la Ranche.

A l'exemple des fils de famille, privés de bonne heure de la direction paternelle, Gaspard du Puget contracta des habitudes de prodigalité.

Elles se traduisirent pour Brona et le Vernay, en quarante ans d'agitation, et, finalement, entraînèrent la ruine et l'extinction des du Puget.

Il ne remplit, paraît-il, aucun emploi civil ou militaire, autre trait caractéristique de son genre d'éducation.

La mort de sa mère, Bonne de Joly, qui suivit, à quelques années d'intervalle, celle de son père, lui laissa sans contre-poids suffisant, l'entière liberté de ses actes.

Il épousa Philiberte Platière, dont le père, alors décédé, avait été, de son vivant, sergent-major de la ville de Bourg.

(1) *Pièces justif.*, n° III.

Les fiançailles furent célébrées, le 5 mai 1625, à Bourg, maison des Platière.

Les futurs conjoints se firent respectivement la promesse, entre les mains de Mᵉ Etienne Brissac, covicaire de Notre-Dame, de se prendre pour « vray mary et femme, » et Claudine de Malyvert, mère de la fiancée, constitua, au profit de sa fille, 5,000 livres tournois de dot, et 100 francs pour les vêtements de noces (1).

Ce qu'on appelait le château du Vernay n'était pas, à proprement parler, un château, mais une maison forte, avec fossés et « autres marques de fief. » Gaspard du Puget la fit raser et construisit, sur le même emplacement, un château, que Guichenon vante comme « l'une des plus belles maisons de la province (2) ».

Cette construction somptueuse engloutit des sommes énormes.

Pour se les procurer Gaspard s'engagea dans la voie des emprunts. Il les répéta fréquemment et, dans le même temps, aliénait un à un ses domaines.

L'emprunt à jet continu et sans amortissement accule irrémédiablement à la ruine. La faillite sera plus ou moins tardive, mais elle est certaine.

Pour Gaspard du Puget, l'échéance fatale se présenta en 1647.

Le 6 mars, il vendit à Pierre de Brosse, les fiefs de Brona et du Vernay.

Pierre de Brosse appartenait à une ancienne famille de Bourgogne. Il était conseiller du roi, lieutenant de l'artillerie de France en Lyonnais, et portait d'azur à trois trèfles d'or.

(1) *Pièces justif.*, nᵒ IV.
(2) *Hist. de Bresse et Bugey*, II, 126.

Brona et le Vernay se composaient, au milieu du xvII^e siècle, d'une maison forte ou château entourée de fossés, d'une basse-cour, de divers bâtiments, jardins, verger, métairie, verchère, cens, justice haute, moyenne et basse, enfin, de plusieurs membres et dépendances.

Le vendeur céda le tout à l'acquéreur, pour en jouir au même titre « que les père et mère dudit du Puget et luy en avoyent jouy. »

L'entrée en jouissance était reportée à la Saint-Martin d'hiver de l'année précédente.

Les meubles attachés à fer et à plâtre, cinq ou six arquebuses à crocs et l'outillage agricole étaient compris dans la vente, non les meubles meublants, les linges, papiers, hardes, etc., qui demeuraient au vendeur.

Les fiefs étaient déclarés francs de dettes hypothécaires et de substitution, totale ou partielle.

Pierre de Brosse se réserva, pour un an, la faculté de résilier la vente, et, s'il y avait éviction par les créanciers, les payements effectués lui seraient remboursés avec tous les frais.

On convint du prix à 45,000 livres. Fors 5,000 livres antérieurement payées au vendeur, et 5,000 autres formant les reprises dotales de Philiberte Platière, l'intégralité du montant devait être affectée à désintéresser les créanciers de Gaspard du Puget (1).

Plusieurs inexactitudes s'étaient, insidieusement, glissées dans la rédaction de l'acte de vente.

Elle attribue aux fiefs du Vernay et de Brona la haute justice. Ils ne l'ont jamais possédée.

Elle les déclare exempts de dettes et hypothèques. Ils en étaient couverts.

(1) *Arch. de feu Madame Fleuret.*

Enfin, elle écarte toute clause antérieure de fidéicommis. Or, il y avait substitution, et la disposition fut reconnue légitime puisque les procéduriers, malgré leur inépuisable fonds de chicane, ne réussirent pas à faire déclarer valable l'aliénation des seigneuries.

Six enfants étaient nés à Gaspard du Puget, de son mariage avec Philiberte Platière, Guillaume, Humbert, Jean-François, Claudine, Philiberte et Anne.

Claudine épousa Guichenon, l'historien de Bresse et du Bugey. Philiberte s'unit à Pierre-Antoine Micoud, originaire du Beaujolais, et capitaine au régiment d'infanterie d'Uxelles. Anne prit le voile à Nantua.

Bénéficiaire de la substitution d'Humbert de Grillet, son bisaïeul, Guillaume l'aîné des enfants mâles, que la vente du Vernay lésait dans ses droits d'héritier, prit le titre de seigneur du Vernay et de Brona, et, le 5 août 1648, fit signifier à l'acquéreur une sommation, arguant de nullité la vente et la discussion (1).

C'est qu'en effet, les créanciers s'agitaient. Ils requéraient la mise en discussion des deux terres.

Ils étonnent par leur nombre. C'étaient dans l'ordre de collocation du 12 septembre 1648 : François Rossan, conseiller au baillage de Bresse ; les Ursulines de Bourg; François Pinas, sieur de Maillard, paroisse de Lent; François Goyffon, avocat à Bourg ; Louis Prompt dit Paugot; Denis Petit, économe de l'hôpital de Bourg; Clément Vulliard, conseiller au bailliage ; Louise Platière, veuve de Claude Tardy, conseiller au présidial ; Charles Réaton ; Marguerite d'Ardre, marquise de Chambly, tutrice du marquis de Varambon ; Humbert Arbel-

(1) *Arch. de Madame Fleuret.*

lot, notaire ; Aman de Fer, notaire et procureur à Bourg ;
Charles de la Grange, sieur de Morière ; Guidot de Cu-
gnay, sieur de Saligny ; Claude de Grillet, sieur des Sar-
dières ; Christophe de Rissé, sieur de la Moutonnière ;
Pierre Druet ; Pierre Thibaud ; François de Bonne de
Créquy, duc de Lesdiguières ; les Cordeliers de Bourg ;
Guillaume de Venère, sieur de Soucombes ; Jean-Claude
de Bordes, sieur du Châtelet ; François Tocquet, sieur de
Mongeffon ; Guillaume Dore, sieur de la Palud ; Basile
Guillot, lieutenant en l'élection de Bresse ; Philibert
Jayr, élu en ladite Election ; François Guillot, avocat ;
l'abbesse et les religieuses de Bonlieu ; Jeanne du Puget,
veuve du sieur de Quincieu ; Jean-Philibert Duport ;
Jean Dupont, négociant à Lyon ; Jean Sac ; Etienne Ri-
chard, hôtelier de la Croix de Lorraine, à Bourg ; Jean
Ponthus, lieutenant en la maréchaussée de Bresse ;
Claude Monnet ; André Berrot ; André Chauvy, dit Cot-
ton ; Benoît Bergnier ; Adrienne du Puits, femme de
Jean-Claude Réaton ; François Canazod ; Georges Soquet,
doyen du chapitre de Varambon ; *Splandray* Girat ;
Louis Arbellot ; N. Vassault ; Barthélemy Orset et Jean
Pesault (1).

Soit, au total, quarante-sept créances dûment véri-
fiées.

Pour demeurer dans le vrai, il faut ajouter que, si les
dettes, sous le poids desquelles s'effondrait la maison
du Puget, engageaient, dans la plupart des cas, la responsabilité personnelle du seigneur du Vernay, pour quelques-unes au moins, il était en droit de les répudier.

Jean, son père, avait souscrit, le 20 novembre 1612,

---

(1) *Arch. de Madame Fleuret.*

une créance de 600 livres à Claude Platière. Sa mère, Bonne de Joly, en souscrivit une autre, le 11 janvier 1620, de 300 livres au même prêteur.

Au jour de son mariage, Gaspard les retrouva l'une et l'autre dans la dot de sa femme.

La créance Rossan remontait au 20 mai 1615, la créance Cotton au 19 juillet 1616, et la créance Pinas de Maillard, au 25 mai 1620 (1).

Les réclamations des créanciers obtinrent, d'abord, un premier succès. La discussion fut prononcée et, simultanément, l'ordre de collocation des créances, le 12 septembre 1648, par le lieutenant général au bailliage de Bresse.

Gaspard du Puget et son fils appelèrent de la sentence.

Pris d'inquiétude, Pierre de Brosse avait résilié l'acquisition de Brona et du Vernay, et s'était associé à l'instance des créanciers.

Il obtint des lettres de restitution et, parallèlement à l'action des du Puget en poursuivit l'entérinement au Parlement de Dijon (2).

Ces lettres visaient le remboursement des 5000 livres avancées à Gaspard du Puget sur le montant de la vente.

Entre temps, Pierre de Brosse, qui avait hâte de se couvrir de la somme, fit, le 13 mai 1649, pratiquer la saisie des meubles restés au Vernay (3).

À l'apreté de cette démarche répondit un arrêt du 23 juin suivant, qui lui enjoignit de payer à l'intimé, pour

---

(1) *Ibid.*
(2) *Arch. de feu Madame Fleuret.*
(3) *Ibid.*

sa nourriture et sa défense, une provision de 600 livres sur les revenus du Vernay et de Brona (1).

L'entérinement des lettres, à la requête de Pierre de Brosse, eut lieu le 1er juillet (1649). Comme il était à prévoir, Gaspard du Puget dut restituer capital et intérêts, ceux-ci cumulés du jour du versement.

Quant à son appel, il fut jugé le 20 mars 1650. L'arrêt conclut au bien jugé de la première sentence, et autorisa les créanciers à faire subhaster, au cours de l'année 1651, et au banc de cour de la châtellenie de Bourg, les terres de Brona et du Vernay, avec les divers droits qui pouvaient en dépendre.

La subhastation n'eut pas lieu. Sur de nouvelles instances, le Parlement se ravisa. Par arrêt du 5 février 1656, les immeubles, provenant de la succession d'Humbert de Grillet, furent distraits de la discussion, en même temps que la substitution était déclarée ouverte au profit des enfants mâles de Gaspard du Puget (2).

Les du Puget continuèrent de résider au château du Vernay; les registres paroissiaux de Villette en font foi.

Le 1er juillet 1665, Pierre Perrachon, seigneur de Richemont, et Guillaume du Puget traitèrent au sujet de Brona et du Vernay. Ils convinrent de s'en rapporter, pour l'exercice de leurs droits respectifs, aux clauses formulées dans la transaction de 1494 (3).

Gaspard du Puget mourut le 17 mai 1674.

Les créanciers veillaient ce moment. Il fut le signal

---

(1) *Ibid.*

(2) *Arch. du château de Richemont.*

(3) *Arch. du château de Saint-Maurice.*

d'une campagne aussi vive, mais plus courte que la première.

Une créance, ignorée jusqu'alors, est celle de la Visitation de Bourg. Le 3 mars 1682, les religieuses remirent une procuration à Charles de la Charmes, pour les représenter et faire valoir leurs droits (1).

A cette seconde demande en discussion générale des biens du défunt, Guillaume du Puget opposa, une fois encore, le fidéicommis stipulé par Humbert, son arrière grand-père. Conséquemment, disait-il, il y avait lieu de distraire de la discussion en instance les propriétés, dont la source remontait à son hoirie.

En voici l'énumération : la maison seigneuriale du Vernay et celle de la Thuilière, rebâties par Gaspard du Puget, le fief de la Berruyère, les étangs Godin, Massard, Longecombe, Curtabotte, les Rippes, et les bois qui en dépendaient à Saint-Martin-du-Mont ; un château à Bourg ; une maison en ladite ville, dont le comte de Montrevel s'était rendu acquéreur ; les moulins et prés Maillet, à Longchamps, l'étang des Vavres, l'étang de Sernon, l'étang du Bois, au Vernay ; douze vignes à Ceyzériat, la Grande Vigne, de 60 fosserées ; la vigne Melonire, de 18 ; la vigne Peyssel, de 12 à 14 ; la Bidonaux, de 12 ; la vigne de la Gorge, de 60 à 66 ; la vigne Fossery, de 12 ouvrées ; la Monse, dont la contenance est omise ; la vigne Neuve, de 25 à 30 ouvrées ; celle de la Crose, de 6 à 7 ; la Mallieta, de 25 à 30 ; la Bossa, de 16, et la vigne de la Grangette, de 8 à 10 ouvrées ; la Grande Vigne, près du Vernay, dite sous le Cellier de la maison du Vernay, de 35 à 40 ouvrées ; le pré Pomat,

(1) *Arch. de Madame Fleuret.*

de 10 meaux de foin, à Bourg, près de la porte des Halles ; le dixième des dîmes de la Ruaz, paroisse de Druillat ; le cellier, avec les cuves et le pressoir, et une vigne de 10 ouvrées appelées la Vigne et la maison du Vernay, à Villette ; la rente noble du Vernay ; deux prés, de 18 et de 15 meaux de foin, aux Fouilleries, près du château du Vernay ; deux prés à Villette, le pré des Combes et le pré Robin, de 7 et de 12 meaux ; une terre de deux ânées et une ouvrée de vigne à Châtillon-la-Palud, enfin, une terre de quatre ânées de semaille à Biligneux (1).

Cette liste était tirée du livre de raison de Jean du Puget. Lui-même y avait couché de sa main ceux de ses biens-fonds, atteints par la substitution testamentaire d'Humbert.

Guillaume réussit encore, et définitivement cette fois, à détourner de ses fiefs l'humiliante perspective d'une vente aux enchères. Il resta seigneur du Vernay et de Brona.

Par son mariage, Guillaume du Puget était entré dans la maison des Grisy de Chiloup.

Sa femme, Claudine-Françoise Grisy, était fille de Claude-Joseph Grisy, seigneur de Chiloup, conseiller de S. A. Mlle Souveraine de Dombes, et secrétaire de ses finances (2).

Il décéda dans les premiers mois de 1694, sans laisser de descendance.

Sa succession échut à Claudine-Françoise du Puget,

---

(1) *Arch. de feu Madame Fleuret.*

(2) Protocoles de Me Frilet, notaire à Revonnas (*Etude de Saint-Martin-du-Mont*).

femme de Jean-Baptiste de Bécerel, seigneur de Berchod, et à Jeanne du Puget, femme de Pierre-Antoine Micoud. Un arrêt de justice les envoya en possession du Vernay et de Brona.

Ce sont elles qui, au château du Vernay, le 14 octobre 1694, reçurent des mains du commissaire-feudiste, François de Luzines, notaire à Ambronay, et lui en donnèrent acte, le terrier, entièrement renouvelé des deux seigneuries, qu'il venait d'achever (1).

Honoré Micoud se qualifiait seigneur du Vernay et de Bron, dès 1694.

Il était fils de Philiberte du Puget, qui avait épousé, avons-nous dit, Pierre-Antoine Micoud, seigneur de Châtenay. Leur union remontait au 9 mai 1660.

Sa femme se nommait Antoinette Vagnire ou Vaginay.

Il leur naquit un fils, en 1696, qui fut baptisé à Villette et reçut le nom de Jean (2).

Selon toute apparence, Honoré n'était devenu seigneur du Vernay qu'à la charge de ne laisser faillir ni le nom, ni les armes des du Puget.

Il ne paraît dans les documents que sous le nom d'Honoré du Puget-Micoud.

En 1703, les fiefs de Brona et du Vernay étaient possédés par Jean-Baptiste de Bécerel.

L'armorial de Charles d'Hozier, Registres de la Chambre des Comptes de Bourgogne, et un extrait des Registres du Bailliage de Bresse, aux Archives de Mme Fleuret, lui donnent officiellement ce titre.

_____

(1) *Arch. du château de Richemont.*
(2) *Reg. paroissiaux de Villette.*

Il en jouissait par sa femme, Claudine-Françoise du Puget.

Le sang des du Puget était épuisé jusque dans sa source. Broua et le Vernay passent en d'autres mains. Claude Cizeron en fit l'acquisition le 3 janvier 1721.

C'était un « acte de cession et de subrogation à lui faite, en acquittement de ce qui lui était dû depuis 1717, » par Louise Charlotte de Mathieu de Chevigny, dame du Vernay (1).

Seconde femme, puis veuve de Jean-Baptiste de Bécerel, la dame venderesse avait épousé, en deuxièmes noces, Charles de la Souche.

L'aliénation comprenait le fief des Berruyères.

L'acquéreur en fit la reprise et en présenta le dénombrement à la Chambre des Comptes de Dijon, le 19 février suivant (2).

Il se prémunit, contre la résiliation possible du contrat, en se faisant céder « les droits des enfants du sieur de Bécerel (3). »

Cizeron tenait une banque à Lyon, et je lis, dans un Mémoire des Archives de Richemont, que l'acquisition de Broua et du Vernay fut, par lui, payée en « billets de banque. »

Sous ce nom, très rassurant de nos jours, on désignait alors les papiers de la banque d'Etat, créée par le financier Law, en 1716.

. En manieur d'argent expérimenté, l'acquéreur de Broua sut profiter de l'engoûment général, pour conver-

---

(1) Baux. *Nobiliaire, Bresse et Bugey*, p. 167.
(2) *Ibid.*
(3) *Arch du château de Richemont.*

tir ces valeurs, véreuses et énormément surfaites, en valeurs plus réelles. Il se couvrait contre leur dépréciation.

Il acquit encore, j'ignore si ce fut par les mêmes moyens, Chardonost, paroisse de Dompierre-sur-Ain, et Janzé, près Marcilly-d'Azergue, en Lyonnais.

Les Cizeron écartelaient, aux 1er et 4e, d'azur, au chevron sommé d'une étoile et accompagné de deux roses d'or et d'un croissant d'argent, et au chef chargé de trois étoiles de gueules ; aux 2e et 3e, d'argent à la fasce de sable chargée de trois coquilles d'or (1).

En achetant des fiefs, le bourgeois du xviie et du xviiie siècle cherchait la considération, sans doute, mais avant tout il faisait des placements. Il fallait retrouver le loyer de son argent et au quintuple.

Remise en vigueur d'usages anciens abolis ou tombés en désuétude, exactions, violences, peu lui importait les moyens.

Saura-t-on jamais la somme de haines, que ces parvenus, campés dans des châteaux trop grands pour leur petite taille, ont amoncelée dans les campagnes, contre la vraie noblesse qui, pourtant, ne le méritait pas ?

« Très vigilant de ses intérêts, » Claude Cizeron réclama, dès 1725, d'Antoine de Saint-Bel, les laods de son acquisition de Gravagneux du 7 décembre 1717. Il exigea que fut renouvelée l'emphytéose de ses fonds mouvant du Vernay et de Brona, et en requit les cens et servis aux taux du terrier Cocon.

Mre de Saint-Bel opposa d'abord un refus. Ce fut inutile ; il dut se soumettre et payer en 1744.

Deux procès retentissants provoqués par son amour du

---

(1) Stéyert. *Armorial lyonnais.*

lucre et sa morgue, qu'il poursuivit sans remporter l'avantage, contre le curé de Villette, Mre Perrier, jetèrent quelques éclaboussures sur le faux prestige de l'homme d'argent.

D'autre part, « il eut de grands procès à soutenir avec les dames de Bécerel (1) ».

Enfin, en véritable homme d'affaires, il fit procéder à la rénovation de tous ses terriers.

Mais il travaillait pour un autre.

Le 11 juin 1756, par acte reçu Baron et son confrère, notaires à Lyon, Claude Cizeron remit les seigneuries du Vernay et de Brona à Jean-Baptiste Agniel de la Vernouse (2).

Jean-Baptiste Agniel était l'époux de Marie-Victoire Catherine Cizeron. De leur union naquit un enfant, qui reçut le nom de Marie-Blanche-Françoise. Elle fut baptisée à Villette, et eut pour parrain Marie-François Micoud, seigneur de Châtenay.

Agniel occupait un siège de Conseiller à la Cour des Monnaies de Lyon, et était seigneur de la Vernouse.

Ce fief, sans juridiction, se trouvait à 1,800 mètres au nord de Villars. La maison forte existe encore.

La famille Agniel fut anoblie par l'échevinage dans le premier quart du xviiie siècle.

Elle portait coupé d'azur à trois étoiles rangées d'argent sommées d'un soleil d'or, et d'or à l'agneau passant d'azur.

Vers 1769, Jean-François Balland d'Augustebourg de-

---

(1) *Arch. du chât. de Richemont.*

(2) *Pièces justif.* n° v.

vient seigneur du Vernay et de Brona. Il était marquis de Varambon depuis le 20 mars 1756 (1).

Il possédait la baronnie de Richemont, les terres de la Moutonnière et de la Palud, en Bresse, et la seigneurie de Courbonnet, en Normandie.

C'était un ancien capitaine de cavalerie et commandant à Port de Paix, dans l'Ile Saint-Domingue.

Il avait épousé aux Antilles Marie-Anne de Saint-Saulieu de Sainte-Colombe, veuve d'un officier de dragons de ses amis.

Elle lui donna un fils prénommé Jean-François comme son père.

Les Balland blasonnaient d'azur à la bande d'or, chargée d'une lance de gueules armée d'argent.

Jean-François Balland, deuxième du nom, avait conçu de grands projets. L'exécution en fut empêchée par la précipitation des évènements vers la fin du siècle.

Il habitait le château de la Moutonnière.

Par le fait de la Révolution, Brona et le Vernay perdirent leur qualité de fiefs, et passèrent sous le niveau commun.

Le château du Vernay a été démoli en 1793. Les matériaux, disposés en tas, furent vendus à la toise.

Un domaine en occupe l'emplacement.

— Mme Thurin, qui en était propriétaire, vers 1850, y fit bâtir une maison de campagne, où elle reçut souvent son frère, Mgr Chalandon, pendant qu'il était évêque de Belley.

---

(1) V. *Ante*, p. 109 et suiv.

a. — Eglise de Villette : chapelle de Brona.

Une chapelle de l'ancienne église de Villette portait le nom de Brona.

Au xviiie siècle, elle était sous le vocable de Saint-Jean-Baptiste et de Sainte-Catherine.

Les seigneurs de Brona en étaient les fondateurs. *Capella per eosdem quondam de Brona fundata in dicta ecclesia ;* ainsi parle une de ses références documentaires les plus anciennes (1).

Ils y avaient leur tombeau. L'affectation en fut maintenue sous leurs successeurs.

Aux deux siècles derniers, le caveau ne s'ouvrit qu'à de longs intervalles, devant les convois funèbres descendus du Vernay. Etablies au château par des alliances ou des acquisitions, sans attaches profondes dans le pays, les familles nobles, qui se succédaient dans la possession du fief, n'y prenaient point pied. Elles avaient leur sépulture ailleurs, dans les terres de leur patrimoine.

Un chapelain y était attaché.

Elle fut fondée, dès le principe, d'un *Memento.*

Chaque dimanche, le Memento devait être chanté sur le tombeau des seigneurs de Brona, avec l'Oraison des Morts, *pro una oratione mortuorum.*

---

(1) Terrier Thibaudon 1446. *Archives du château de Riche mont.*

Un bichet de froment et dix-huit deniers viennois, dus à la rente de Brona, étaient affectés à ce service.

Le bichet de froment formait toute la redevance d'une terre de deux bichonnées, léguée à la cure de Villette par défunt Pierre Carbonna, au début du xvᵉ siècle.

Ce fonds était situé à Villette entre la route de Lyon et l'Ain.

Péronnet Danavillier, *de Parisiis* (1), en qualité de curé, le reconnut, le 15 mars 1436, au bénéfice de Béatrix de Brona.

Il le reconnut à nouveau, le 30 mars 1446, au bénéfice d'Aymard de Brona, devant Pierre Aynard, prieur de Ménestruel, et noble Guillaume de Rougemont, damoiseau, de Priay (2).

Les dix-huit deniers se levaient sur une vigne, d'environ cinq fosserées, contiguë à celle qu'Aymard de Brona possédait à Villette.

Elle appartenait à François de Fox. On en trouve la déclaration au terrier Thibaudon, sous la date du 30 mars 1446.

En 1575, Claude Berthier, curé de Villette, était recteur de la chapelle de Brona. Sa reconnaissance du même fonds est contenue au terrier Cocon (3).

Au xviiᵉ et au xviiiᵉ siècle, on la voit associée aux mutations des terres du Vernay et de Brona, mais le souvenir des vicissitudes de sa destinée propre n'a pas été conservé.

---

(1) Erreur de scribe; il faut peut-être lire *Perogiis*.

(2) *Arch. du château de Richemont.*

(3) *Ibid.*

En 1655, on ne put dire à Mgr Camille de Neuville, en cours de visite pastorale à Villette, de quelles rentes elle était dotée (1).

Elle avait pour recteur, en 1778, Georges-Marie Commerson, vicaire de Fleyriat.

Nous avons dit toute l'âpreté que Claude Cizeron, devenu seigneur de Brona et du Vernay, mit dans la recherche de ses droits.

Son gendre et successeur, Agniel de la Vernouze, le suivit dans cette voie.

Au mois d'août 1778, Claude-Joseph Grillet, recteur de la chapelle de Gravagneux, à Villette, fut assigné, par Me Commerson, en payement de trente deniers viennois, pour arrérages de cinq ans échus à la Saint-Michel dernière, sur une vigne de son office, sise au Champ du Coin, et, par le sieur Agniel, en déclaration de servis sur ce même immeuble, avec payement des laods au sixième denier dus depuis sa prise de possession, qui remontait à deux ans (2).

La vigne, objet du litige, s'identifiait avec celle que reconnut François de Fox au terrier Thibaudon, en 1446. Elle avait été unie à Gravagneux, avec l'Enclos de Brona, et convertie en terre arable et en prairie.

La chapelle de Brona était située à gauche de l'église, la première du côté de l'Evangile.

La Révolution a partout profané les tombeaux, même ceux que les secrets de leur abord semblaient mettre à l'abri de ses violations, tels que les caveaux de Gorrevod et de Montécut à Brou. Il conviendrait, à l'égard de la chapelle

(1) *Arch. du Rhône.* Visite de 1653.
(2) *Arch. du chât. de Richemont.*

de Saint-Jean-Baptiste de Villette, de s'assurer si les chevaliers, seigneurs de Brona, reposent toujours, inviolés, dans leur chambre souterraine.

b. — L'Enclos de Brona et ses mutations. — Un fief inédit : Gravagneux.

Nous avons dit qu'il existait un village à Brona.

Entre les familles qui l'habitaient, il en est une qui se signale d'une manière constante à l'attention, dans le dépouillement des terriers, celle des Gravagnodi ou Gravagnosi. Les deux formes sont d'un emploi simultané.

Son développement avait suivi, au xvᵉ siècle, une progression rapide, car les branches et les filiations sont nombreuses, et il semble, par la situation foncière qui résulte de ses fréquentes emphytéoses, que la prospérité matérielle ait marché de pair avec l'accroissement de ses membres.

Le bail emphytéotique du 16 mars 1446, au terrier Thibaudon, en désigne cinq, tous frères, Jean, Pierre, Etienne, Mathieu et Antoine *Gravagnodi*. Ce dernier était qualifié *presbyter*.

D'autre part, une reconnaissance, au terrier Morandi, de la rente des Feuillées, à la date du 28 janvier 1497, nomme Benoît et Étienne *Gravagnosi*, fils de Jean, Guillaume et Mathieu *Gravagnosi*, fils de Mathieu, Jean, André, Claude et Pierre *Gravagnosi*, neveux desdits Benoît et Etienne, enfin, Péronnet *Gravagnosi*, leur cousin germain. Ils habitent Brona, et le contrat est passé *apud Brona domum habitacionis dictorum confitentium in camera superiori* (1).

_____

(1) *Arch. du château de Richemont.*

Le tènement qui, dans ce dernier cas, faisait l'objet de la reconnaissance, avait une bichonnée de contenance ; il était situé à la Jorlandière et tenu *pro indiviso*, par les confessants, de frère Jean de Grolée, percepteur de la Commanderie des Feuillées.

Quant au bail précédent, il concernait quatorze seyterées de fonds en terres, prés, bois et verchère, et l'état des confins inviterait à y voir le noyau primordial de ce qu'on appelait ou appela plus tard l'Enclos de Brona.

La redevance, annuellement due à la rente du fief, consistait en quinze sols et neuf deniers viennois, trois gelines à la Saint-Martin d'hiver, et six bichets de seigle livrables à la Saint-Michel (1).

Les Gravagneux occupaient le quartier sud de Brona, qui, d'eux, était désigné sous le nom de mas des Gravagneux.

Les bâtiments actuels en indiquent assez exactement l'ancienne position.

Le domaine de Gravagneux s'est constitué au détriment du village. Les maisons, successivement acquises, ont été rasées l'une après l'autre, pour laisser le champ libre à la culture.

Au XVIe siècle, Brona était encore florissant, mais il avait à se défendre contre la réussite constante et l'envahissement des Gravagneux, qui s'accusent de plus en plus. Ils sont manifestes au terrier Besson, en 1545, et au terrier Cocon, en 1575 (2). Toutefois, il est une li-

---

(1) Quelques fonds de Brona relevaient, en outre, de la directe des Feuillées, des Lyobard, des prieurs de Villette et des La Balme du Tiret.

(2) *Arch. du château de Richemont.*

mite à tout. Les Gravagneux semblent alors y toucher, car, au déclin du siècle, la famille est éteinte ou émigrée (1).

Le village de Brona n'a pas moins succombé, achevé peut-être par l'odieuse guerre de 1595. Ce qui en reste se nomme Gravagneux. C'est un grangeage, dont la propriété, en 1601, appartient à noble Charles de Saillans.

— Les Saillans, famille de robe dauphinoise, avaient été anoblis en 1512. Une alliance avec la maison de Chambort, les rendit seigneurs de Brésenaud, en Vivarais.

Charles s'établit en Bresse, où il acquit la seigneurie de Rignieux-le-Franc, dont la maison forte prit le nom de Brésenaud.

A Charles de Saillans succéda Aynard de Saillans. Comme son père, il habitait la maison forte de Rignieux.

C'est à Rignieux que, le 18 décembre 1617, conjointement avec sa femme, Isabeau de Balufin, il signa la vente de ses domaines de Gravagneux et de Montjayon.

Montjayon est toujours connu sous cette dénomination; il est situé à l'est de l'Enclos de Brona.

A cette époque, le domaine de Gravagneux consistait en maison, grange, étables, cours, jardins, verger, prés, terres, bois et forêts de haute futaie d'un seul tènement

---

(1) Cependant, le 9 février 1752, un *Gravagneux, demeurant à Gravagneux, paroisse de Villette*, est porté témoin à un abergeage passé au château de Châtillon-la-Palud. (*Arch. du château de Saint-Maurice*).

de vingt ànées de semaille, et divers fonds spécifiés dans la vente, au nombre desquels se trouve l'Enclos de Brona.

Les deux domaines furent cédés pour 4,050 livres.

— L'acquéreur était Claude de Codeville (1).

Il se qualifiait bourgeois de Lyon et se livrait au négoce.

Il tenta d'affranchir les terres de Gravagneux des redevances dues à la rente de Brona. Il ne réussit qu'à demi.

Une action à ce propos était pendante au bailliage de Bresse, dans les premiers mois de 1629.

L'affaire ne fut pas plaidée. Les parties transigèrent le 4 juillet. Codeville versa 150 livres tournois et Gaspard du Puget, seigneur du Vernay et de Brona, modéra les servis annuels, affectant son domaine, à un sol viennois payable à la Saint-Michel (2).

Aucune mention de château ou de maison forte à Gravagneux. Les textes disent de Claude de Codeville qu'il habitait le *mas de Gravagneux*.

— Claudine de Codeville, peut-être fille, et, en tout cas, héritière de Claude, avait épousé César Laure, maître teinturier et seigneur de Crozeul (3).

Les Laure venaient du Milanais. Leur établissement à Lyon datait des premières années du xviie siècle (4).

_____

(1) *Arch. du château de Richemont.*

(2) *Arch. du chât. de Richemont.*

(3) Il établit, à Lyon, la Confrérie des Pénitents de la Miséricorde, qui eut primitivement son siège dans l'Enclos des Carmes.

(4) A. Steyert. *Armorial Lyonnais.*

César Laure s'honorait, lui aussi, du titre de bourgeois de Lyon.

Par cette alliance, s'effectua la transmission, dans sa famille, de Gravagneux et de l'Enclos de Brona.

Il eut cinq enfants, Barthélemy, qui devint Conseiller en la Sénéchaussée et présidial de Lyon, Claude, Jean-Paul, Marguerite et Isabelle Laure.

César disposa de ses biens par testament nuncupatif, le 17 janvier 1637. Il institua héritier universel son fils Claude, et légua à Jean-Paul sa vaisselle d'argent, qu'il évaluait au poids approximatif de quatre-vingt marcs (1).

Il suppléait, de la sorte, aux droits de légitime, que ce dernier aurait pu prétendre tant à la succession de sa mère qu'à sa propre succession.

Car il lui avait déjà fait la part belle.

A son mariage, il lui avait constitué en apport 75,000 livres, deux maisons à Lyon, paroisse Saint-Vincent, et une grange à Cuire.

Le domaine de Gravagneux et l'Enclos de Brona demeuraient étrangers aux clauses de cet acte. Ils firent, vraisemblablement, si peut-être ils ne l'avaient déjà fait, l'objet des dispositions testamentaires de Claudine de Codeville.

En 1644, ils appartenaient à Jean-Paul Laure.

Jean-Paul Laure, de ses titres bourgeois de Lyon et Conseiller du roi, remplissait les fonctions de trésorier des rentes assignées sur les gabelles du Dauphiné.

Il acquit pour sept livres, le 20 novembre 1644, de

---

(1) *Pièces justif.*, n° VI.

Claude Anselmy, de Villette, deux coupées de terre à proximité de sa maison de Gravagneux (1).

Toujours pressé par des besoins d'argent qu'il ne pouvait assouvir, Gaspard du Puget, par acte passé à Lyon, le 10 juin 1646, vendit à Jean-Paul Laure, ses droits de fief sur le territoire de Brona. Par droits de fief, il entendait la justice, la rente, les services, la censive et l'ensemble des droits et devoirs seigneuriaux dont jouissaient les seigneurs du Vernay et de Brona sur les immeubles que possédait ledit Laure de la mouvance de ces deux terres.

Le prix en fut fixé à 1,010 livres tournois.

Il alla plus loin. Par le même contrat, il transporta au propriétaire de Gravagneux « tout le reste des droits de justice, rente, cens, servis et autres droits et devoirs seigneuriaux, pareillement, sans aucune réserve, dépendances des seigneuries du Vernay et de Brona ».

Une clause, cependant, réservait la faculté de rachat pour dix ans. Le délai écoulé, l'aliénation aurait son entier effet, s'il n'était pas auparavant fait usage de la clause résolutoire.

Cette seconde vente était consentie moyennant cent pistoles (2).

Deux ans après, J.-P. Laure reconnut, au profit de Ferdinand-François de Rie, marquis de Varambon et seigneur de Richemont, tenir en emphytéose de la directe de son château de Richemont plusieurs tènements sis à Villette (30 juin 1648).

(1) *Arch. du chât. de Richemont.*

(2) *Pièces justif.*, n° VII.

La déclaration ne s'étendait pas aux biens-fonds de Gravagneux, ni à ceux de l'Enclos de Broua (1).

C'est au bénéfice de ce même J.-P. Laure qu'en 1655 Gravagneux fut constitué en terre allodiale et noble, sous le nom de fief de Gravagneux.

La vente de Richemont avait eu lieu le 3 juin. Quelques jours plus tard, 16 juin 1655, le vendeur, Ferdinand-François de Rie, par acte spécial signé au château de Viller-Sexel, en Comté, remit à l'acquéreur, qui était Pierre Perrachon, marquis de Saint-Maurice-en-Roannais, les droits de justice moyenne et basse, dont il jouissait sur Gravagneux et son pourpris, jusqu'à concurrence de vingt-cinq bicherées de terre.

La haute justice demeurait réservée au seigneur suzerain, ainsi que le droit d'arrière-fief.

Pierre Perrachon repassa ses droits au détenteur de Gravagneux, le 10 août suivant, dans les mêmes termes et teneur (2).

Pour comprendre cette transmission si désintéressée de la part du nouveau seigneur de Richemont, il est bon de savoir que la femme de Jean-Paul Laure, issue des Perrachon, lui était apparentée de très près.

Jean-Paul Laure resta sans descendance.

Il jouit à peine six ans de son titre de seigneur de Gravagneux. Son décès arriva en 1661.

Il avait testé le 12 mars à Marseille,

La totalité de ses biens était cédée à Barthélemy Laure, fils de son frère Claude, mais, en souvenir des

---

(1) *Arch. du chât. de Richemont.*

(2) *Pièces justif.*, n° VIII.

services que lui avait rendus, trente-cinq ans durant, Etienne Péronnet, son fidèle gérant, il lui légua tous ses immeubles de Bresse (1).

Les Laure s'éteignirent en 1714. Ils armoriaient d'argent au laurier de sinople.

Les chartes attribuent la noblesse à J.-P. Laure et le disent *sieur de Gravagneux*. Il est parfois aussi parlé de la maison de Gravagneux, mais elle n'était encore ni maison forte, ni château. S'il en eût été différemment, les notaires, qui connaissaient la mentalité de la bourgeoisie de leur temps, l'auraient ressassé dans la rédaction de leurs actes pour flatter leur client.

— Le légataire de Jean-Paul Laure, Etienne Péronnet, tenait boutique à Lyon. Il avait vu le jour à Saint-Genis-Laval, où Nicolas Peronnet, son père, exerçait la profession de maître jardinier.

C'était son chargé d'affaires. C'est lui qui, en 1648, nanti de la procuration du sieur Laure, avait fait la déclaration emphytéotique à la rente de Richemont.

Mais des liens plus intimes, une alliance, les avaient rapprochés, Etienne Péronnet avait, en 1648, épousé la petite nièce dudit Laure, Antoinette de Chavannes, fille de Pascal de Chavannes, « maistre tainturier en soye », et de Barbe Laure.

Les fiançailles furent célébrées le 23 avril.

De cette union vinrent deux fils, Pascal et Jean-Paul, et cinq filles, Marie, Antoinette, Lucrèce, Barbe et Magdeleine Péronnet.

Lucrèce épousa Denis Soupier, qui ne nous est pas autrement connu.

_____

(1) *Pièces justif.*, n° IX.

Devenu veuf, Etienne Péronnet s'unit par un second mariage à Magdeleine du Brunel, fille de noble Gabriel du Brunel, seigneur de Saint-Andéol d'Eymar, en Provence, et de Françoise de Latil d'Entraigues.

Le contrat fut signé à Gravagneux le 27 mai 1671.

Ce second mariage ne fut pas moins fécond que le premier. Six filles en furent les fruits : Françoise, Honorée, Marie-Anne, Henriette, Jeanne et Claudine-Antoinette.

Marie-Anne s'unit à Joseph Dugad, et Jeanne à Claude Ponchon; ce dernier était maître tisseur à Lyon.

Etienne résidait à Gravagneux. Il y fit son testament dans la salle haute, du côté du vent, le 3 janvier 1676.

Sa femme, Magdeleine du Brunel, reçut la moitié de Montjayon, ainsi que son cheval et les harnais.

A chacune des cinq filles du premier lit était légué le septième de la grange de Gravagneux, tant des fonds que du bétail, aplis et instruments aratoires, et, aux enfants du second lit, l'autre moitié du domaine de Montjayon et du tènement du Grangeon.

Pascal et Jean-Paul, ses deux fils, étaient nommés héritiers à titre universel. La maison de Gravagneux leur fut attribuée en commun, avec sa justice, sa rente et le droit de présentation à la chapelle de Saint-Antoine de Villette.

Le mobilier du château fut ensuite inventorié, les 4, 5, 6 et 7 janvier, et divisé en deux parts. L'une fut dévolue à Magdeleine du Brunel, l'autre aux deux héritiers (1).

Etienne Péronnet mourut le 4 février 1677. Il avait désigné le « tombeau de ses prédécesseurs, » à l'église de Villette, pour sa sépulture. Il dut y être inhumé (2).

---

(1) *Pièces justif.*, n° X.
(2) *Pièces justif.*, |n° XI.

Après une année de deuil, Magdeleine, sa veuve, convola en secondes noces avec Pierre Bonté, chirurgien à Lyon, et originaire de Saint-Sernin de Balaguier, en Rouergue. Les époux établirent leur domicile au Grangeon de Montjayon. Ils y moururent l'un et l'autre, à quelques jours d'intervalle, en février 1685.

Leurs obsèques eurent lieu à l'église de Villette ; ils y furent ensevelis (1).

Ils laissaient un enfant, âgé de deux ans, dont Pascal Péronnet prit la tutelle.

Pascal et Jean Péronnet épousèrent les deux sœurs, Jeanne et Claudine Meunier de Boulieu. Elles étaient nées à la Balme, en Dauphiné.

Pierre de Boulieu, leur oncle, était prieur de Vaulx-Milieu.

De temps à autre il séjourna auprès de ses nièces, à Gravagneux. Il fut parrain de Marie Chapiez, à Villette, en 1682 (2).

Le seigneur du Vernay et de Brona avait renoncé à la clause de réméré, inscrite en l'acte de vente de 1646. Mais nous savons qu'il existait, de par Humbert Grillet, une substitution grevant ces deux fiefs. L'aliénation de Gaspard du Puget lui étant préjudiciable, elle fut annulée à la requête de Guillaume son fils. En 1685, Pascal et Jean-Paul Péronnet s'entendirent condamner au désistement de la rente noble du Vernay et de Brona, et à la restitution des fruits.

A l'égard des arrérages, un arrangement survint, que les parties signèrent le 14 août 1686. Les frères Péron-

---

(1) *Reg. paroiss. de Villette*. Anno præd.
(2) *Ibid*. Anno 1682.

net offrirent de prendre à leur compte la réfection de la rente du Vernay, sur le pied du terrier Cocon, le dernier en date. Guillaume du Puget y consentit et, moyennant la somme de 150 livres, qu'ils payèrent incontinent, les tint quittes de tous les fruits indûment perçus (1).

Ce nouveau livre des rentes du Vernay et de Brona fut appelé de Luzines, du nom du commissaire-feudiste qui l'exécuta. Nous avons dit qu'il fut livré ladite année 1686 au château du Vernay.

La mort enleva Jean-Paul Péronnet, à Gravagneux, le 15 novembre 1704. Il n'avait que cinquante ans. Sa femme, Jeanne de Boulieu, mourut le 27 octobre de l'année suivante (2).

De leurs enfants, je connais François, baptisé à Villette, le 9 février 1685, et Jeanne-Françoise, baptisée le 18 septembre 1695 (3).

Pascal Péronnet vivait encore en 1717. Le 11 mars, François et Joseph, ses fils, vendirent à Antoine Doucet, écuyer, sieur de Saint-Bel, les domaines de Gravagneux, Brona, Montjayon et du Grangeon, c'est-à-dire tous les immeubles qu'ils possédaient « dans la paroisse de Villette en Bresse. »

Ils étaient cédés au prix de 4,700 livres (4).

François Péronnet tenait une étude de notaire, à Lyon, et portait le titre honorifique de Conseiller du roi.

Sous les Péronnet, la maison de Gravagneux prend

---

(1) *Arch. du chât. de Richemont.*
(2) *Reg. paroiss. de Villette.* Anno cit.
(3) *Ibid.* Anno præd.
(4) *Pièces justif.*, n° XII.

décidément le nom de château. On voit qu'elle se distingue de la grange. Celle-ci lui est presque contiguë. Elle sert d'habitation au granger et à l'exploitation du domaine.

Le château est élevé d'un étage. Un jardin, clos de haies, s'étend au matin, et une avenue, plantée de tilleuls et de châtaigniers, y conduit au soir. Au nord et au midi s'ouvrent deux entrées, par où on pénètre dans les cours servant à la grange et aux dépendances du château.

L'intérieur est confortablement meublé, bien pourvu de linges, meubles, tapis, tentures, lits, sièges, chaises, fauteuils ; la vaisselle est en argent et en étain (1).

Le train de vie est modeste. Etienne Péronnet n'entretient qu'un cheval, et, en mariant Barbe, sa fille, avec Antoine Péronnet, de Dompierre, il lui remet une vache, un taureau et un petit acompte sur sa constitution dotale.

— Les Doucet de Saint-Bel venaient de la Balme, près Crémieu, en Dauphiné.

L'acquéreur de Brona et de Gravagneux possédait, à Villette, plusieurs propriétés récemment acquises, et il habitait Gravagneux au moins depuis 1705 (2). C'était, je suppose, du chef de sa femme, Louise de Boulieu, qui dut hériter de Jeanne de Boulieu, sa parente, et tante du vendeur.

On connait aux dits époux deux enfants, Antoine et Anne Doucet de Saint-Bel.

(1) Cf., aux *Pièces justificatives*, le n° x, *Partage et Inventaire du mobilier du château de Gravagneux*, pièce d'un grand intérêt pour l'étude du mobilier dans l'Ain, au xvii° siècle.
(2) *Reg. paroiss. de Villette*. Passim.

Anne resta fille.

Antoine épousa, en 1720, Claudine-Angélique Marron.

Celle-ci avait pour père Jean-Baptiste Marron, écuyer, seigneur des Echelles, et pour mère, Marie-Anne du Maynet, domiciliés à Lyon, paroisse Saint-Pierre et Saint-Saturnin.

Le contrat fut passé à Curis, le 25 juin.

Messire de Saint-Bel donna au futur époux, son fils, toutes ses propriétés de Villette, sauf la grange de Sur-Côte. La fiancée reçut en dot la maison forte de Balan, allodiale et franche de dettes, à la réserve de quelques fonds détachés, et la moitié des meubles meublants du château. Quant au trousseau, il consistait en six cuillères et six fourchettes d'argent, une toilette garnie, deux flambeaux, un porte-mouchettes, un lit de serge bleue brodée, garni, avec ses couvertures, et toutes les nippes, hardes, et joyaux pour lors en sa possession.

Le fiancé promit de l'habiller et de l'enjoailler selon sa condition, jusqu'à concurrence de 2,000 livres, et, en cas de survie, lui assura un augment de la moitié des meubles et effets, apportés par ladite Claudine Marron, et du tiers des immeubles (1).

Les apports de l'époux étaient évalués à 15,000 livres et ceux de l'épouse à 14,000.

Dès fin avril 1721, un enfant naissait de cette alliance.

On le nomma Antoine-Jean-Baptiste. Il reçut le baptême le 30 avril, et mourut le 9 mai de l'année suivante. Il fut enseveli à l'église de Villette, chapelle de Saint-Antoine et de Saint-François d'Assise, dite chapelle de Gravagneux (2).

---

(1) *Pièces justif.*, nº XIII.
(2) *Reg. paroiss. de Villette.*

Le vide causé par cette mort ne fut pas comblé, et, d'autre part, une dette de 8,000 livres liait Antoine de Saint-Bel envers les Péronnet. Cette double considération aide à interpréter l'acte, auquel le seigneur de Gravagneux se résolut le 18 septembre 1748.

Il passa une donation entre-vifs, qui fit rentrer le fief de Gravagneux dans la famille des Péronnet.

Elle s'étendait à « tous les bâtiments, cuves, pressoir, tonneaux, bennes, bennots, semences, outils d'agriculteur, bestiaux des granges, terres, prés, vignes, bois taillis et de haute futaye et autres fonds en dépendants, et, généralement, tous les héritages, que le donateur possède dans la paroisse de Villette, tant en fief qu'en roture, et en tous lieux circonvoisins, ensemble le prix de la vente du moulin de Fox aux mariés Claude Comte et Claudine Folliet, et le moulin lui-même, s'il rentre par hasard en possession. »

Messire de Saint-Bel gardait néanmoins l'usufruit du fief sa vie durant. S'il prédécédait, sa veuve en jouirait pendant un an, et, trois ans après, recevrait des Péronnet 12,000 livres pour restitution de sa dot et l'augment.

A dix années d'intervalle, à compter de la signature du contrat, le donataire aurait, en outre, à payer à demoiselle Anne de Saint-Bel 3,000 livres de capital sans intérêts, et, chaque année, jusqu'à son décès, 2,000 livres de pension alimentaire.

Les créances étaient éteintes.

L'acte fut notarié à Lyon. Nous remarquons, parmi les témoins, François de Boulieu, écuyer et clerc tonsuré (1).

_____

(1) *Arch. du château de Richemont.*

François Péronnet, le donataire, n'était autre que le vendeur de 1717.

Il eut pour femme Jeanne Durand.

J'ignore s'il eut beaucoup d'enfants. Je n'ai trouvé mention que de Gaspard, qui entra dans les Ordres, et de Joseph-François, qui fut avocat en Parlement.

Joseph-François Péronnet épousa, à Paris, Françoise-Clémence, fille de François Morand, docteur en médecine.

Les fiançailles se célébrèrent le 26 avril 1749.

Elles furent brillantes. La princesse Louise-Anne de Bourbon y assista, ainsi que la comtesse de Toulouse et le cardinal de Tencin (2).

Au contrat, François Péronnet remit à son fils le fief de Gravagneux, avec ses droits honorifiques et utiles, sa maison de la rue de Grenelle, à Lyon, et son domaine de Charly, en Lyonnais. Ils conservaient, cependant, lui et sa femme, la faculté d'habiter, à leurs choix, la maison de Charly, ou le château de Gravagneux, et d'y occuper trois chambres convenablement meublées (3).

A la requête de Claude Cizeron, seigneur de Brona et du Vernay, Antoine Doucet de Saint-Bel reconnut, le 7 octobre 1751, tenir de son domaine direct « et en moyenne et basse justice d'iceluy », les immeubles, dont se composait le fief de Gravagneux. Au détail, c'étaient un tènement en terres, prés, vignes et bois, avec maison, verchère, grange, écurie, tinailler, pressoir, jardin, chènevier et cours ; de plus, huit parcelles, de la contenance

(1) *Arch. du château de Richemont.*
(2) *Ibid.*
(3) *Ibid.*

de cent trois bicherées en terre et châtaigneraie, vingt-huit fosserées de vigne, dix seyterées et demie de pré et quarante-six coupées de bois (1).

Ce même jour, le sieur de Saint-Bel présenta à la même rente, en seize articles, une déclaration analogue de divers immeubles situés à Villette (2).

Antoine de Saint-Bel vécut jusqu'en 1760. Son premier testament, du 3 décembre 1754, instituait héritières, par moitié, sa femme et sa sœur Anne.

Mlle de Saint-Bel habita longtemps Gravagneux. Sur la fin de sa vie, elle se retira à Neuville-sur-Saône, auprès de Claudine Marron, sœur d'Angélique, sa belle-sœur, et veuve d'Albert de Collombet.

Elle y décéda en avril, deux mois avant son frère.

Messire de Saint-Bel était alors malade et alité à Gravagneux.

A la nouvelle de la mort de sa sœur, il modifia ses dispositions testamentaires. Par acte reçu Balandrin, notaire à Loyes, du 30 avril, il transporta la totalité de ses biens à Claudine-Angélique Marron, « sa très chère épouse, à laquelle il veut qu'ils arrivent et appartiennent, sitôt après son décèz arrivé » (3).

Il expira le 6 juin suivant à 7 heures du matin. Il était âgé de 76 ans.

Il voulait reposer en sa chapelle de Villette.

Ses intentions furent respectées. Il fut inhumé, le lendemain, en présence de Pravel, ancien curé de Châtillon-la-Palud, Richard, curé de Crans, Robin, curé de

---

(1) *Arch. du chât. de Richemont.*
(2) *Ibid.*
(3) *Pièces justif.*, n° xiv.

Mollon, Bische, curé de Chalamont et du curé de Villette, qui était alors Alexis Gentelet (1).

— Claudine-Angélique Marron était née à Curis, paroisse annexe de Saint-Germain au Mont-d'Or, le 3 octobre 1693 ; elle y fut baptisée le 16 du même mois.

Sa mère l'avait rendue héritière universelle par testament du 20 novembre 1735.

« Quant au legs de la terre donnée, disait M. de Saint-Bel dans ses dernières volontés, elle en jouira pendant sa vie durant, sans que ladite légataire soit tenue à se plaindre. »

Il y eut transaction entre sa veuve et Joseph-François Péronnet.

La donation de 1748 fut déclarée caduque. Mme de Saint-Bel récupéra tous les droits de son époux défunt, et fut admise à jouir sans trouble des immeubles, qu'il avait délaissés à Villette.

Elle versa à son cotraitant 720 livres, à titre de compensation.

L'accord fut convenu le 8 juin 1761, dans la salle basse du château de Gravagneux, devant Marie-Agricole Marron de Belvey, Marie-Anne-Alexandre Marron, chanoine d'Ainay, et Me Berlier, de Varambon, notaire recevant (2).

Claudine-Angélique, veuve de Saint-Bel, décéda, à Gravagneux, le 12 janvier 1768, à l'âge de 74 ans. Elle fut inhumée à Villette, à côté de son époux.

Son testament n'avait que deux mois de date (12 novembre 1767). Elle léguait à sa sœur Claudine, veuve

---

(1) *Arch. du chât. de Richemont.*
(2) *Arch. du chât. de Richemont.*

Collombet, une pension viagère de 5oo livres, et une autre de 1oo livres à demoiselle Louise Jayr, sa commensale habituelle. A l'égard de la généralité de ses biens meubles, immeubles et droits divers, elle en avait disposé en faveur de Marie-Agricole Marron de Belvey (1).

L'héritier de Gravagneux était cousin germain de la défunte, syndic général de la noblesse de Bresse et chevalier de Saint-Louis.

Il avait épousé Anne Buynand, sœur de Philippe Buynand, seigneur des Echelles, et coseigneur d'Ambérieu et de Saint-Germain.

Il résidait alternativement à Bourg et au château de Belvey, à Dompierre-sur-Ain. La maison de Gravagneux, trop modeste et moins à sa portée, le laissant indifférent, il y établit un fermier. Cependant, il se réserva les principales pièces comme pied-à-terre dans ses inspections domaniales et pour la saison des chasses.

Le fermier avait nom Claude Baudin. Il se dit marchand et domicilié à Gravagneux.

On conclut le bail au château de Gravagneux, le 3 juillet 1773. Sa durée devait être de six ans et partir de la Saint-Martin prochaine.

En voici les clauses esssentielles. Le fermier avait à son usage :

1° En ce qui regarde la maison de Gravagneux, « un logement dans le château, composé de la grande cuisine basse, la laiterie et l'office auprès, du petit salon à l'entrée du jardin, avec la chambre au-dessus de la cuisine et le cabinet à côté, avec le passage par le petit degré ; plus, la cave, se réservant cependant ledit seigneur place en icelle pour sa provision, comme au tinallier et pres-

_____

(1) *Pièces justif.*, n° xv.

soir pour faire sa vendange ; plus, remet de même audit
sieur Baudin, les écuries des vaches et fenaux supérieurs,
se réservant seulement ledit seigneur l'écurie pour ses
chevaux et le fenil au-dessus ; plus, remet le grenier sur
la cave, le fruitier et la vieille cave, les autres appartements du château restant réservés. »

2° A l'égard des dépendances, « les jardins, pourpris,
verger, la terre sous le jardin, le tout clos de haies vives,
le Clos de Brona avec ses vignes, le pré appelé le
Praillon, celui appelé la Saugéa, avec le défriché neuf qui
y est joint, le pâturage entre le Praillon jusqu'au bief,
la terre appelée de la Croix, de 14 coupées, la terre de
la Croix de pierre, de six coupées, 14 coupées de terre
près du pré du Moulin, défrichées par Messire de Saint-
Bel, la terre du Pierray, de 25 coupées et sept ouvrées
de vigne à prendre au Vernay. »

3° A l'égard du grangeage, « le domaine de Gravagneux, situé dans les cours dudit château, consistant en
bâtiments, cour, four, jardin, prés, terres, verchères, chènevier, champéages et autres appartenances. »

Le fermage annuel fut fixé : pour le château et ses
fonds, à 400 livres, quatre paniers des meilleurs fruits,
et trois mesures de châtaignes ; pour le domaine, à 400
livres, la première année, et 500 livres les années suivantes, un quintal de chanvre bon, loyal, et marchand,
12 poulets, bons et recevables, 12 livres de beurre frais
et 200 œufs (1).

La grange de Gravagneux était, précédemment, tenue à moitié fruits par les mariés Magnin et Chêne (2).

---

(1) *Arch. du chât. de Richemont.*
(2) *Ibid.*

Marie-Agricole Marron de Belvey fut arrêté, à la fin de janvier 1793, comme contre-révolutionnaire. Conduit à Lyon le 12 février, il fut exécuté le lendemain après un jugement dérisoire. Il avait 72 ans.

De son mariage était né François Catherin Marron.

Celui-ci, plus connu sous le nom de M. de Belvey, avait le grade de capitaine-commandant au régiment de dragons d'Angoulême, quand éclata la tourmente révolutionnaire.

Il est mort le 23 décembre 1830, à l'âge de soixante-treize ans.

Deux mois avant son décès, il avait fait l'acquisition de l'ancienne terre de Richemont. Le château tombait en ruine. Sa veuve, Anne-Constance, née de La Teyssonnière, surnommée la *Dame noire*, parce qu'elle ne quitta jamais le deuil de son époux (1), l'a fait restaurer avec beaucoup d'art et de goût.

L'Enclos de Brona et le domaine de Gravagneux sont demeurés depuis lors associés à toutes les viscissitudes de cette belle propriété.

J'ai retrouvé, aux Archives de Richemont, le plan de la maison de Gravagneux en 1802.

Elle comportait un rez-de-chaussée, un étage et des combles au-dessus.

La façade principale regardait l'orient.

Le rez-de-chaussée se composait de quatre pièces : la vieille cuisine, de 25 pieds carrés, occupée par le fermier du petit domaine, l'ancienne salle à manger, large de 21

---

(1) Femme très distinguée et d'une grande élévation de caractère ; décédée à Richemont le 20 avril 1865, à 85 ans, et inhumée à Montagnat.

pieds, servant d'habitation au jardinier, la nouvelle cuisine, large de 17 pieds, et, tout à fait au nord, la cave, de 12 pieds seulement de largeur.

Dans la vieille cuisine, on voyait un four. L'évier et le pigeonnier lui étaient contigus.

Bien que de largeur variable, les pièces avaient une profondeur uniforme de 25 pieds. Elles s'ouvraient, au soir, sur un grand corridor de 81 pieds ou 27 mètres de longueur.

Le caveau se trouvait à l'extrémité nord de la galerie, et un escalier en bois à l'extrémité sud conduisait à l'étage au-dessus.

L'étage offrait une répétition du rez-de-chaussée. L'escalier donnait accès dans un vestibule de 19 × 11 pieds, d'où on pénétrait dans une galerie de 47 pieds de longueur, analogue à celle d'en bas. Au fond, se trouvait la chapelle. Le reste de l'étage était distribué en cinq chambres contiguës, dont les deux plus au sud servaient de greniers.

Actuellement, la maison tout entière est occupée par le fermier.

La vétusté s'accuse davantage, mais la distribution générale n'a pas changée. Il est facile, le plan en main, d'en faire l'adaptation à chaque pièce, quoique depuis un siècle, on en ait profondément modifié l'affectation.

Je l'ai visitée le 25 octobre 1900. C'est un bâtiment d'apparence commune et, surtout, sans caractère architectural. J'aurais voulu recueillir sur place des indices précis, capables de renseigner sur la date probable de sa construction. J'ai vainement cherché ; il n'en présente pas.

— Ces notes, écrites d'après des documents originaux et absolument inédits, démontrent qu'à l'égard des traditions locales, de grandes réserves s'imposent. La prudence doit toujours être la loi. Voici comment l'abbé Blanchon, ancien curé de Mollon, a résumé, sur des témoignages de cette nature, le passé historique de Gravagneux et de Brona :

« La maison de Gravagneux aurait été possédée par les ducs de Savoie. Lorsqu'ils étaient seigneurs de Villette-de-Loyes, ils y venaient pour s'y livrer au plaisir de la chasse. Quoiqu'il en soit, une longue avenue de tilleuls, arrachés en 1861, et ceux qu'on a conservés annoncent que Gravagneux appartenait à de hauts et puissants seigneurs. D'après la même tradition, en 1595, le maréchal Biron, lors de la conquête de Bresse, aurait saccagé le château de Gravagneux. Alors, dit-on, le duc de Mayenne en était propriétaire, en qualité de seigneur de Villette-de-Loyes, et, comme ce duc, en 1595, était le chefs des ligueurs, il n'est pas surprenant que son château ait été saccagé (1). »

Après les pages qu'on vient de lire et les références apportées à l'appui, il serait superflu de rien ajouter.

---

(1) *Notes sur Villette.*

a. — Chapelle du château de Gravagneux

Il existait une chapelle au château de Gravagneux.

Elle fut construite par Antoine Doucet de Saint-Bel, vers le milieu du xviiiᵉ siècle.

Son titre n'est pas connu.

C'est du 16 novembre 1761 qu'est datée la première autorisation d'y pratiquer les exercices du culte, ou, plus exactement, d'y célébrer la messe, le seul exercice autorisé.

Elle fut accordée pour trois ans par Mgr de Malvin de Montazet, archevêque de Lyon, sous les prescriptions de droit.

Il y eut ensuite, à l'expiration de la concession, deux prorogations successives, le 16 novembre 1765, et le 19 janvier 1770, signées Montmorillon, grand custode et vicaire général (1).

La chapelle se trouvait au premier étage, au fond de la galerie, dont elle était isolée par un grillage ou une cloison à jour.

Elle avait 13 pieds de long et 11 de large.

Deux fenêtres garnies de vitraux, dit-on, en éclairaient l'intérieur.

C'était une construction très ordinaire, comme la maison dont elle était dépendante.

Rien, dans ce qui en reste, n'indique qu'on ait cherché à lui donner un cachet d'art particulier.

Sa désaffectation remonte à une cinquantaine d'années.

---

(1) *Arch. du chât. de Richemont.*

b. — **Eglise de Villette : Chapelle de Gravagneux.**

Les seigneurs de Gravagneux, de leur côté, possédaient, à Villette, une chapelle de leur fondation.

Elle ne doit pas être confondue avec celle de Brona, moins encore avec celle du château de Gravagneux.

Elle était du titre de Saint-Antoine et de Saint-François d'Assise.

Son établissement était plus récent que celui de la chapelle de Brona. Les pièces qui la concernent ont dû être égarées de bonne heure. Déjà, en 1630, Claude de Codeville, sieur de Gravagneux, avouait ne rien savoir de ses origines.

Son recteur était habituellement le curé du lieu, et le rectorat était à la nomination du possesseur du fief.

En qualité de patron et de présentateur, Charles de Saillans, nomma titulaire, le 26 juillet 1601, Louis Duprat, curé de Villette.

Son titre lui procurait, *durante numere*, sauf à en acquitter les charges, la jouissance d'une terre de douze bichettes de semaille, au lieu dit au Champ du Coin (1).

La chapelle était alors fondée de plusieurs messes.

Aynard de Saillans y ajouta, à la condition d'une messe hebdomadaire, le 15 décembre 1606, une vigne herme de deux ouvrées, aux Renardières, et, le 20 juillet 1611, deux autres vignes en friche depuis dix-huit ans, l'une au Quart de six ouvrées, l'autre en Côte Chenava, de deux ouvrées.

---

(1) *Arch. du chât. de Richemont.*

La vigne du Quart était affectée de la servitude des quarts fruits, Le sieur de Codeville l'en affranchit le 4 janvier 1629.

Et cet affranchissement « aux fins de donner occasion au dit Messire Duprat de continuer de mieux en mieux à faire le divin service, accoutumé être fait en ladite chapelle » (1).

Le service accoutumé consistait toujours à dire une messe par semaine, « pour le salut des âmes de ses prédécesseurs et le sien. »

A la vente du 13 décembre 1617, en remettant la chapelle de Saint-Antoine à l'acquéreur des domaines de Gravagneux et de Montjayon, Aymard de Saillans énonce, comme dépendance de Montjayon, 25 ouvrées de vigne sises à Villette, sur le revenu desquelles était assis le service des fondations (2).

Claude de Codeville nomma chapelain Messire Philibert Parte. L'acte de présentation est du 2 novembre 1630. Il renchérit encore sur les exigences de ses prédécesseurs. Il veut « toutes les semaines une messe, le mercredi, tant pour la rémission des âmes des premiers fondateurs d'icelle, que pour la conservation de la santé du dit sieur de Codeville, sa femme, parents, alliés et pour leurs amis » (3).

Voilà des intentions clairement formulées. On ne peut donc s'empêcher d'être surpris, lorsqu'on lit, dans le procès-verbal de visite de 1655, que la chapelle de Gravagneux était fondée d'une livre dont on n'a su dire l'obligation (4).

(1) *Arch. du chât. de Richemont.*
(2) *Ibid.*
(3) *Ibid.*
(4) *Arch. du Rhône. Visites.*

En 1688, la chapellenie était tenue par César Comte. Le 4 novembre, il fit à la rente du Vernay sa déclaration de redevance pour la vigne du Quart, celle des Burgaudes, alors terre et pré, et la terre de Bouvent, autrement dite au Champ du Coin (1).

Les Péronnet firent don d'un tableau de prix à la chapelle de Gravagneux. Il fut bénit par Messire Pierre Perrier, curé de Villette. Mgr Paul de Neuville de Villeroy, archevêque de Lyon, lui délégua les pouvoirs nécessaires, le 20 février 1722 (2).

Antoine de Saint-Bel pourvut du titre Messire Gallet, le 8 septembre 1730, et Claudine-Angélique Marron, sa veuve, Messire Alexis Gentelet, le 9 mars 1767. Enfin, le 8 février 1776, Marie-Agricole Marron de Belvey, le transféra à l'abbé Claude-Joseph Grillet.

Les deux premiers desservaient Villette, ce dernier professait au collège de Bourg, et était chanoine de Poncin (3).

« Les fonds de ma chapelle de Gravagneux, écrivait M. de Belvey l'année suivante, consistent en douze coupées de terre fromentière appelée la Buffa, et huit ouvrées de vigne, desquelles la propriété appartient à Gravagneux, et qui doivent y faire retour, après l'abbé Grilliet, auquel j'ai bien voulu les continuer par charité (4).

Il les avait affermées pour six ans, le 5 juillet 1776, tant en son nom qu'au nom du titulaire, la terre, à Etienne Javin, de Villette, pour 45 livres, et les deux par-

(1) *Arch. de Richemont.*
(2) *Ibid.*
(3) *Pièces justif.*, n. XVI.
(4) *Arch. du chât. de Richemont.* Livre de comptes.

celles de vigne à Jean-Baptiste Garçon, aussi de Villette, pour 28 livres.

Le fermage était payable au baron ou à son ordre, à la Saint-Martin d'hiver.

Les seigneurs de Gravagneux se faisaient enterrer à leur chapelle de Villette.

Nous avons fait connaître, en leur temps, les inhumations dont nous avons retrouvé les traces.

C'est sur Claudine-Angélique Marron que le caveau funèbre s'est fermé pour la dernière fois.

La chapelle de Gravagneux était la seconde, à gauche de l'église. Elle faisait suite à la chapelle de Brona.

C. — Eglise de Brona.

L'église de Brona se trouvait à quelques mètres au-dessus de la fontaine, dans la direction de Gravagneux.

Elle occupait l'angle sud-ouest du triangle, qu'elle forme avec la source et la poype.

Il existait une corrélation étroite entre l'église et la fontaine.

Nous avons dit que le culte des eaux constituait le principal élément du paganisme celtique. On pourrait soutenir au besoin qu'avec le culte du soleil, il constituait toute la religion populaire de la Gaule.

L'existence du Gaulois en était profondément imprégnée.

Le culte officiel de Rome s'y superposa, mais il ne pénétra jamais à fond la couche des croyances gauloises. Il les matérialisa, en quelque sorte, en représentant, sous des formes sensibles, où se révèlent les traits, plus ou moins altérés, des divinités romaines, les génies, les fées, les esprits qui vivifiaient l'onde des sources et que vénérait la piété celte.

On retrouve, fréquemment, aujourd'hui, ces statuettes, près des mêmes fontaines, mutilées ou en débris.

Le conquérant n'innova rien ; il mit subrepticement ses dieux à la place des dieux, qu'honorait l'autochtone vaincu.

Il échoua.

Le christianisme reprit ce système. Son impuissance à déraciner, dans la plupart des cas, le culte d'une source, d'un arbre ou d'un rocher, l'obligea à prendre des moyens détournés. Il installa, sur le lieu même, ses saints et ses dogmes, et la superstition se transforma, mais sans céder.

C'est ainsi qu'à Saint-Sorlin, Saint Saturnin supplanta Saturne, qu'à Bourg, un oratoire fut élevé à la Vierge, au milieu des saules vénérés dans les marais de la Reyssouze, et qu'àSaint-Martin-du-Mont, une chapelle, sous le même vocable, enveloppa, près de la Roche, un orme sacré, dont on fit presque un autel.

L'église de Brona appartient au même ordre de faits. Son cas est analogue.

Elle était dédiée sous le patronage de Saint Laurent et de Saint Etienne.

Ces deux vocables furent particulièrement en honneur dans la primitive église.

C'est une présomption en faveur de son ancienneté.

Le titre de l'église de Villette, qui est de Saint Martin en est une autre.

Car, à l'exemple de MM. Bullot et Thiollier (1), qui,

_____

(1) *La Mission et le Culte de Saint-Martin d'après les légendes.* Paris 1892, grand in-8.

à la faveur de ce vocable et des lieux dits à légendes de ce nom, ont suivi avec une sagacité remarquable, la mission de Saint-Martin aux pays éduens, nous ne craindrions pas de reconstituer, par la même méthode, la marche du grand thaumaturge dans nos contrées.

A-t-on remarqué que ces vocables jalonnent d'anciennes voies romaines, Rillieu, Miribel, Dagneux, la Valbonne, Vaux, Brénaz, Villebois, Montagneux, Peyrieu, Culoz, Anglefort sur la grande voie de Lugdunum à Genève, Villette, Saint-Martin-du-Mont, Neuville, Poncin, sur l'embranchement qui longeait la rive droite de l'Ain.

Ces localités ont donné des preuves de leur existence gallo-romaine : Neuville, des tuiles, et deux statuettes en bronze, d'Hypnos (1) et de Vénus (2) ; Saint-Martin, un four à potier ; Anglefort, des inscriptions et des médailles ; Culoz, des poteries, des médailles, une inscription ; Villette, des tuiles, des urnes cinéraires, des moulins à bras, etc. (3).

Ce sont les étapes de la campagne apostolique de Saint Martin, que l'on accompagne ainsi pas à pas dans ses prédications à travers nos pays.

Qui sait si la fondation de l'église de Brona n'est pas une épisode de la guerre de destruction, déclarée par l'ardent apôtre aux vieilles superstitions de la Gaule ?

---

(1) Musée de Lyon, *Bronze gallo-romains*, n° 98.

(2) *Une vénus pudique*, acquise, en 1899, par M. Chanel, professeur au Lycée de Bourg.

(3) On peut faire les mêmes observations dans d'autres régions du département, notamment sur la rive gauche de la Saône.

Soixante églises du diocèse de Belley sont dédiées à Saint-Martin.

Je n'ai pas vu de document se référant tout spécialement à ce sanctuaire.

Dans certains actes, il en est fait mention, mais inci-
demment, et je dois même ajouter que les pièces de cette
nature constituent des raretés.

L'abbé Blanchon en place la construction à l'année
1433. Il ne justifie pas son assertion.

Je la crois bien antérieure. Les considérations dont le
développement précède me dispensent d'insister.

Toujours d'après l'abbé Blanchon, Brona aurait eu le
titre de paroisse, et son église serait la primitive église
de Villette.

Cette seconde conjecture n'est pas mieux appuyée que
la première.

Aucun pouillé de l'archevêché de Lyon n'inscrit Brona
au rang des paroisses.

Cependant, la fête baladoire de Villette se règle sur la
Saint Laurent, et non sur la fête de Saint Martin. Cette
discordance n'est, sans doute, qu'une réminiscence antique, témoignant du crédit religieux dont jouissait
Brona et tout ce qui touchait à ce lieu vénéré.

En 1436, l'église de Brona possédait une vigne à Villette, et un pré au territoire de Bublanne (1).

Il y est fait allusion au terrier Thibaudon, dans la reconnaissance des Gravagnodi du 16 mars 1446. Leurs
fonds de Brona avaient pour confins, au nord. un violet
tendant « de Feugeria apud capellam Sancti Stephani de
Brona, » et un autre sentier allant de ladite chapelle à
Priay (2).

---

(1) *Papiers Guillot*, à Villette ; *Hommage de Béatrix de
Brona.*

2) *Arch. du chât. de Richemont.*

Le sentier existe encore. Il limitait, sur ce point, les directes de Richemont et de Villette-de-Loyes.

L'acte de vente de Gravagneux, en 1617, dit que l'Enclos de Brona consistait en deux grandes terres, partiellement en friche, un coin de pré et quelques bois entre-deux, dans « la plus grande desquelles terres, il y a une chapelle appelée Saint-Etienne de Brona » (1).

« En outre, ajoute la statistique de l'Intendant Boucher, il y a une église nommé Brône, où il y avait ci-devant des religieuses, et de présent, il n'y reste aucun de leur revenu, seulement la dite église tombe en ruine. Le curé du lieu, le jour de la Saint-Etienne, et quelques autres jours de l'année, y va dire une messe. Pour ladite église on ne sait aucun collateur » (2).

C'est le seul texte, que nous possédions, mentionnant un couvent de femmes à Brona.

A l'ouest et au midi de l'église, à laquelle il était d'ailleurs contigu, s'étendait un cimetière.

Au mois de janvier 1682, lorsque le cimetière de Saint-Martin de Villette fut frappé d'interdit, Benoît Vamby et Claude Pesant y furent enterrés.

On y retrouva dix-huit crânes, lorsqu'il fut défoncé, vers 1840, pour être livré à la culture.

Si modestes que fussent les recettes casuelles et la dotation de l'église de Brona, elles faisaient pourtant l'objet de certaines convoitises. Le banquier, seigneur de Brona et du Vernay, Claude Cizeron chercha à se les approprier. M⁰ Perrier, curé de Villette, s'interposa. Le banquier lui en garda rancune et intenta un procès.

---

(1) *Archives du château de Richemont.*
(2) *Arch. de l'Ain.* Statistique de 1666.

Un jour Claude Cizeron se promenait à cheval. Il rencontra le vénérable ecclésiastique, près du bief de Brunetan. Soudain sa colère se rallume; il se précipite sur lui, la main levée pour le frapper. Messire Perrier saisit le bras de l'insolent qui, désarçonné, dévala de sa monture.

Profondément mortifié de l'incident, il exhala son dépit en injures et demanda vengeance à la justice. Le tribunal blâma le curé de Villette « de ce qu'il n'avait pas respecté l'un des seigneurs de sa paroisse », et le le renvoya des fins de la plainte (1).

La spoliation de l'église de Brona n'eut pas lieu.

En 1744, la nef tombait en ruine. Il en était de même du chœur. Le seigneur de Gravagneux, Antoine de Saint-Bel, y fit d'importants travaux de conservation. Il sacrifia la nef, et reporta la façade à l'entrée du chœur, qu'il fit murer.

A quelque temps de là, l'église de Brona fut visitée par l'archiprêtre de Montluel, et l'autorisation d'y faire célébrer la messe fut délivrée à M. de Saint-Bel.

Peines et dépenses perdues. En 1752, de nouveau l'édifice était menacée d'une destruction prochaine. On y cessa les cérémonies du culte, et l'oratoire fut abandonné.

C'est à ce moment que fut aménagée la modeste chapelle du château de Gravagneux.

Les derniers vestiges furent détruits en 1836.

Son emplacement n'est plus, de nos jours, qu'un murger, où foisonnent les ronces et les aubépines.

Et le culte de la source vit toujours.

----

(1) Abbé Blanchon. *Notes sur Villette.*

L'antique église de Brona renfermait une chapelle, consacrée à N.-D. de Pitié. Son autel était associé au culte de la fontaine.

C'est devant l'autel et au pied de la Vierge, qu'allaient s'agenouiller, autrefois, les mères, qui avaient recours aux vivifiantes vertus de ses eaux.

« Une statue de la Vierge, portant l'Enfant-Jésus, conviendrait sur cette fontaine », écrivait, il y a plus d'un demi siècle, l'abbé Blanchon, dans ses Notes sur Villette. Ce souhait, plus pieux que réfléchi, a été réalisée, en 1890, par l'un des derniers propriétaires de Richemont.

Tout à côté de la source, il a fait placer une Piéta dans un massif en rocaille.

Le pittoresque y perd, et la religion est loin d'y récolter un gain.

Dans quel but remplacer une superstition par une autre ?

Soyons toujours réservés en ces matières.

Les eaux de Brona tiennent en dissolution des éléments susceptibles d'une faible énergie thérapeutique ; pourquoi craindre d'en convenir ?

Laissons les mères les mettre à profit pour leurs enfants, et n'abusons pas de leur crédulité.

17

ARTICLE III.

Archéologie romaine.

§ Ier

Briord. — Cimetière gallo-romain.

A 700 mètres, au nord-est de Briord, s'étend un petit plateau ; c'est en quelque sorte le premier gradin de la montagne.

Le chemin de Verizieu en gravit la pente en diagonale, pour gagner de là le Col de Saint-André et la vallée de la Brivaz.

La surface en est absolument plane ; elle a été nivelée par de grands courants. Le sol se compose de sables et de graviers secs, peu consistants, à éléments calcaires mélangés de cailloux alpins. C'est une terrasse de l'ancien Rhône, la dernière, dont la formation a directement précédé le régime actuel de ses eaux.

Les graviers sont couverts, sur 1 mètre à 1 mètre 20 d'épaisseur, d'une terre ou plutôt d'un terreau tantôt noirâtre tantôt rouge foncé.

Sur Plaine est le nom caractéristique et de bonne appropriation de ce territoire, et le champ dont nous avons à parler, après avoir appartenu aux frères Béraud, de Verizieu, est devenu la propriété de Joseph Peysson, qui habite Briord.

Les sables et le terreau ont été et sont encore exploités d'une façon intermittente par les propriétaires. A diverses reprises, ces travaux ont révélé, dans la couche profonde du terreau, l'existence d'anciennes sépultures.

Sur l'âge de ces tombes, il n'y a pas de doute à concevoir. Par leur manière d'être et leur mobilier funéraire, elles s'annoncent comme gallo-romaines.

Nous en avons six à décrire ; mais j'ai hâte d'ajouter qu'il n'a pas été fait d'exploration sérieuse. Le dégagement de chaque pièce s'est opéré sans méthode, tel celui d'objets vulgaires ou curieux, dont on ne prise que médiocrement la valeur. Mon rôle se borne à enregistrer les renseignements qu'ont bien voulu me transmettre les personnes le plus activement mêlées à ces découvertes, les inventeurs eux-mêmes.

1º En 1892, vers le point où la route de Briord à Verizieu coupe, en montant, la couche de terreau noir, on mit au jour, en bas du chemin, des pierres tombales, un monument peut-être, avec des vases à l'intérieur.

Les pierres étaient ou ont été brisées. Les poteries sont dispersées ; on ne sait plus aujourd'hui quels cabinets les ont accueillies.

2º En amont et à gauche de la route, M. Jean-Marie Béraud exhuma, trois ans après, un squelette entier. Il reposait sur le sable, à 0,15 centimètres plus bas que le niveau de la chaussée, mais dans la terre remaniée, c'est à dire à 1 mètre environ de profondeur.

Un vase rouge accompagnait les ossements. Il était vide et placé près de la tête, du côté droit. Nous le décrivons plus loin.

Aucun monument n'abritait ces débris humains ; mais, comme dans le cas suivant, le corps dut être confié à la terre, enfermé dans un cercueil en bois. Le terreau, qui les emballait, devait présenter, à leur contact, une coloration plus foncée, résultat de la décomposition des matières ligneuses. Si l'on y eut songé à temps, on aurait aussi, vraisemblablement, retrouvé les clous, qui avaient servi à en appareiller les ais.

3° La découverte de ce genre la plus remarquable, que nous ayons à mentionner eut lieu cette même année et presque à la même date.

Avec les ossements, on retira de la tombe un mobilier funéraire considérable.

Le squelette avait conservé la position, qu'on donna au corps, le jour de l'inhumation. Il était étendu sur le dos, selon l'usage, immédiatement au-dessus de la nappe de gravier.

Aucune partie ne manquait à la charpente osseuse, et chaque ossement occupait sa place respective.

Il gisait, sans monument, en pleine terre ; mais on recueillit à l'entour des clous en fer forgé, qu'à leur forte oxydation on estima très anciens. C'étaient les dernières traces de la bière qui avait contenu le corps du défunt.

Une vingtaine d'objets de diverse nature avaient été inhumés avec lui. On m'a spécifié les pièces de céramique qui suivent.

Un vase à bords élevés, en forme de soupière. et ornée de génies à l'extérieur. La pâte en était fine et noire.

Une coupe. Elle fera, avec le vase de la tombe précédente, l'objet du paragraphe deuxième.

Deux grands plats de o,25 centimètres de diamètre, revêtus d'une couverte noire, type *patera*.

Un autre vase en terre, muni d'un couvercle, pareillement vernissé en noir. Il n'avait qu'une seule anse, et offrait une grande analogie avec les « pots de terre, qu'on donne encore aux bergers pour leur déjeuner. »

Une assiette à bords légèrement rabattus.

Il n'a pas été possible de me faire l'identification des autres pièces de ce précieux mobilier, et, sauf la coupe, tous ces objets d'un intérêt si considérable et en très bon état, remis à des amateurs, le plus souvent à de simples curieux, tous étrangers au pays, ont quitté Briord, prenant des directions que personne ne sait plus maintenant indiquer.

Nommons l'auteur de la découverte, c'est encore M. J.-M. Béraud.

4° En visitant les lieux, je remarquais trois gros blocs de pierre réguliers, dont l'état fruste des surfaces travaillées trahissait à coup sûr l'origine gallo-romaine.

C'étaient, effectivement, des pierres de taille antiques, et, dans le nombre, je distinguais de suite la moitié d'un couvercle de sarcophage.

J'appris qu'elles avaient recouvert un troisième squelette. Tout à côté, gisait un instrument en fer, recourbé en forme de serpette.

L'exhumation de cette tombe est due à M. Francisque Peysson.

Le corps, de même que les deux précédents, m'assura-t-on, était intact, c'est-à-dire en place et sans violation. La chose est peu probable.

Un couvercle suppose un sarcophage, et, s'il existait un sarcophage, il renfermait le corps. La dispersion des ossements aura coïncidé avec la destruction du tombeau.

Le couvercle était de forme prismatique et orné de six antéfixes. Si de la partie nous concluons au tout, nous dirons que la forme générale du monument devait être identique à celle que présentent, au musée lapidaire de Lyon, les sarcophages de Marcus Primius Secundianus, n° 166, A. XXXVI, M. Bettonius Romulio, n° 239, A. XLVI, et Gaia Titia Fortuna, n° 392, A. XX, provenant des fondations de l'église actuelle de Vaise (1845).

5° A 20 mètres plus bas, un quatrième bloc calcaire est redressé parallèlement à la route.

Il a été retiré du sol à deux mètres en arrière.

A la nature esquilleuse de ses faces, on a bientôt fait de voir que la taille est ancienne, et, à la régularité de sa forme, qu'il entrait dans la construction d'un monument funéraire.

Les proportions concordent avec celles qu'on observe, dans le soubassement des sarcophages gallo-romains. Voir au musée de Lyon les numéros 48 et 81.

C'est un cinquième tombeau.

6° Le sixième est de découverte récente. Nous le connaissons déjà. C'est le cippe monumental décrit à la partie épigraphique de ces Etudes.

En même temps que la pierre, on a ramené au jour quelques ossements de cheval, qui paraissaient être en corrélation avec elle.

Nous devons citer le fait ; il complète ce que nous avons dit plus haut de ce monument.

— L'aire de ces découvertes mesure environ 25 mètres sur 5. C'est un ancien cimetière gallo-romain ; on ne peut se refuser d'en convenir. Le champ serait à fouiller.

A 12 mètres au delà de la ligne des tombes, du côté regardant la montagne, se trouve un mur de 60 mètres de longueur approximative. On le mit à nu, il y a quelques années, comme pour constater sa présence ; il fut recouvert aussitôt. On m'en a montré l'emplacement et la direction.

Un tronçon semblable de maçonnerie a été reconnu à la nécropole gallo-romaine de Tour ; les urnes étaient rangées contre sa paroi (1).

La destination de ces murs peut être discutée ; en ce qui nous concerne, nous y voyons seulement des murs de clôture.

Près des sépultures de Briord, passait la voie romaine de Lyon à Genève par la rive droite du Rhône. Mais son voisinage importe peu. Nos réminiscences classiques nous trompent, lorsqu'elles nous montrent, indistinctement, les tombeaux romains bordant les routes à l'entrée des villes.

Cet honneur était réservé aux familles opulentes. Les gens de condition moyenne et les pauvres étaient déposés dans des champs communs ; et si, à l'égard des premiers, un cippe en surmontait la tombe, rien n'indiquait la place de ces derniers (2).

En 1870, deux tombes, à Brou, livrèrent trois vases ; deux contenaient des ossements d'oiseaux, et le troisième un fragment d'os indéterminé.

Fréquemment aussi, dans les nécropoles de cette époque, on rencontre des ossements d'animaux disséminés près des tombes. Les fouilles de la rue de Trion, à Lyon, en 1885, celles du docteur Mollière, dix ans après, sur l'emplacement de la maison Antoine, même

---

(1) Caumont, *Abécédaire*, I, p. 452.

(2) *Ibid*, I, 403.

ruc (1) et, un peu auparavant, les fouilles de Brou par
M. Damour (2) ont fait sortir du sol des débris de chevaux, des restes de sangliers et jusqu'à des huîtres, dont
l'espèce particulière a été étudiée par le docteur Lo-
card (3).

Ces grands ossements sont même, quelquefois, renfermés dans des vases. Entre Antibes et Cagnes (Alpes-
Maritimes), un vase exhumé près d'un monument, qu'on
croît être un cénotaphe, était rempli d'ossements de
chevaux (4).

Les restes de cheval, trouvés à Briord à l'état d'offrandes funéraires, sont loin, on le voit, d'apparaître
comme une singularité ou tout au moins comme une exception.

Les offrandes aux mânes des morts constituaient un
usage essentiellement gaulois. Il remontait très haut.
Nous l'avons trouvé pratiqué dans les grottes préhistoriques des Hoteaux, de Turgon, près Druillat, et de la
Cabatane, à Treffort.

Doit-on voir, dans ces offrandes, ainsi qu'on le prétend communément, la preuve d'une croyance à la survivance d'une partie de notre être après la mort, et l'interprétation grossière de cette autre existence, où l'âme
éprouverait des besoins analogues à ceux de la vie présente ?

---

(1) Revue du Lyonnais, *Un coin du vieux Lugdunum romain,* Janvier 1899.

(2) *Les Fouilles de Brou en 1870,* Annales de la Soc. d'E-
mulation de l'Ain, p. 145.

(3) *Note sur une famille malacologique gallo-romaine,* etc.
Lyon, 1835.

(4) *Société des Ant. de France,* Bulletin 1901, p. 177.

Ce serait méconnaître, semble-t-il, le sens de ces coutumes. Gardons-nous du philosophisme ; partout où il intervient, il fausse les faits.

Les morts ni ne mangent, ni ne boivent, ni ne souffrent. Le Gaulois en était bien convaincu. En entourant leurs restes d'aliments, de parures ou d'instruments votifs, il cédait moins à une croyance qu'à un sentiment. Il traduisait, à sa manière, l'affection, le souvenir, qu'il conservait pour ceux qui lui avaient été chers.

Nous offrons, nous autres, à nos morts des fleurs et des couronnes et, souvent, les fleurs qui eurent leurs préférences les plus marquées, bien persuadés, cependant, qu'il n'est plus en eux d'en savourer les parfums ni d'en admirer la beauté. Mais c'est un besoin du cœur ; et ce serait répudier ce sentiment que de conclure de ces témoignages pieux à un ordre d'idées, auquel ils sont par leur nature tout à fait étrangers.

Nous honorons leurs restes. Est-il besoin d'un culte ou d'une croyance à la survivance de l'être pour accomplir ce devoir ?

On signale des poteries noires à reliefs, semblables à celle que la troisième tombe nous a donnée. Les restitutions de vases rouges lustrés sont plus fréquentes, il est vrai, mais n'oublions pas que la céramique samienne ne supplanta pas, d'une manière absolue, la poterie noire, qui était la poterie nationale. Celle-ci se perfectionna au contact des beaux produits, venus d'Italie, et redevint, au IIIe siècle, la poterie usuelle dans nos pays.

C'est le sentiment d'Almer, et la découverte de Briord apporte un fait de plus à l'appui de l'opinion de l'éminent épigraphiste (1).

---

(1) *Revue épigraphique*, 1896, n° 83, p. 440.

Cette poterie noire de luxe, probablement à glaçure, la nature des tombes qui, sauf la quatrième sur laquelle le doute persiste, sont toutes à inhumation, et la forme des monuments, voilà les principales raisons, que nous mettons en avant, pour justifier la date présumée de ces sépultures. Nous les rapportons au IIIe ou IVe siècle. Dans tous les cas, elles sont postérieures à Septime-Sévère, dont le règne vit cesser l'usage de l'incinération, et antérieures à l'invasion des Burgondes en Séquanie, et dans la première Lyonnaise (453). Aucune coutume, aucun objet funéraire, rappelant les mœurs ou l'industrie des envahisseurs ne s'y est, en effet, révélé.

D'autre part, on observe des traces évidentes de mutilation sur les monuments. Les sarcophages paraissent avoir été éventrés et brisés ; le cippe était renversé, le côté gauche dégradé. A ces signes on peut conjecturer une destruction violente.

La nécropole de Briord aura été saccagée par les Huns, descendant, après leur défaite, des plaines de Châlons vers l'Italie, à travers ce qu'on nomma plus tard la Bourgogne, dirigés en quelque sorte, par les grandes voies militaires, sur les villes les plus florissantes de l'Empire (451).

A l'établissement des Burgondes (453), le cimetière de Briord fut transféré soit à l'intérieur du village, soit sur la rive gauche du Rhône, près du moulin d'Anollieu (1), stations importantes où l'on a récemment découvert deux cimetières, avec les caractères de cette époque, le second, surtout, pur de tout mélange galloromain.

---

(1) Commune de Bouvesse (Isère)

§ 2.

Briord. — Vases funéraires.

De toutes les pièces votives, qui composaient le mobilier funéraires des tombes de Briord, il nous reste deux vases.

Ils appartiennent aux frères Béraud, dont l'un continue d'habiter Verizieu ; l'autre s'est fixé à Anollieu. Ils ne veulent à aucun prix consentir à s'en séparer ; ils ont bien voulu, néanmoins, et de la façon la plus aimable, les mettre à ma disposition.

Passons à l'examen.

1° Nous plaçons, en premier lieu, le vase restitué par la deuxième tombe. Il présente la forme d'une urne allongée.

La reproduction ci-jointe en met sous les yeux les divers détails.

Il a 0, 12 centimètres de hauteur et 0, 09 de diamètre à l'endroit de son plus grand renflement. Le développement de la panse est ovoïde.

Le fond semble étroit. Il est plat, avec un diamètre de 35 milimètres, approximativement le double du diamètre de l'ouverture, qui en offre 60.

L'orifice est entouré d'un rebord léger, qui le fortifie et l'orne à la fois. Un bourrelet consolide, d'autre part, le pourtour du fond. Ils sont l'un et l'autre bien proportionnés et jettent deux bonnes notes dans l'harmonie générale du profil.

Aucune anse n'en facilite l'usage.

Les dessins font défaut non la décoration.

A trois différents niveaux, à la base du col, sur la panse, et, vers le fond, le vase est orné de trois stries régulières, se maintenant à égale distance sur son contour.

Entre la première et la seconde série, on observe deux rangs de crochets, ayant l'apparence de grosses virgules retournées.

Leur application est postérieure à la fabrication du vase, mais l'enduit et la cuisson les ont rendus adhérents ; ils font corps avec la poterie.

Je ne sais pas exactement quel est le sens de cette décoration. La première impression des personnes, auxquelles je l'ai montrée, s'est traduite d'une manière uniforme : ce sont des larmes funéraires.

Il est possible que nous ayons saisi la pensée de l'artiste ; en ce cas, il est juste d'en faire la remarque, l'expression en paraît assez rudimentaire.

Le vase appartient à la classe des poteries rouges. L'argile présente de la finesse et une coloration rouge tendre. Elle était enveloppée d'une couverte d'un rouge plus accusé et brillante, que son long séjour en terre a fait déteindre et pâlir.

Que cette pièce offre un véritable intérêt archéologique, nul ne se permettra d'en douter. Elle constitue, à elle seule, un type sans similaire chez nous et dans les régions avoisinantes tant au point de vue de la forme que de l'ornementation.

A l'égard de la forme nous lui trouvons des analogues et pas d'identiques. Je citerai, notamment, les numéros 224 et 229 de la céramique gallo-romaine du Palais Saint-Pierre (Lyon), trois petites urnes, salle de Trion,

et surtout le vase recueilli par Damour à Brou, en 1870, et déposé je ne sais où (1).

Pour l'ornementation, je n'ai rien rencontré d'approchant dans les collections qui nous entourent.

Enfin, je dirai, pour conclure, que son profil élancé dans une juste mesure, souple et sans raideur, plaît généralement.

2° La seconde poterie est une restitution du troisième tombeau.

C'est le type *patina*, moins creux que l'*olla*, et à fond arrondi, au lieu du fond plat de la *patera*.

Elle se compose d'un bassin circulaire de profondeur moyenne, sur un pied peu élevé.

Le bassin n'a pas d'anse ; en cela, seulement, il se distingue de la coupe du type *calix*, dont un bel exemplaire, provenant des fondations de la maison Antoine, rue de Trion (1895), a été publié par feu le Dr Mollière dans la *Revue du Lyonnais*, janvier 1899.

La forme en est particulièrement gracieuse. À ce point de vue spécial, nous pouvons mettre la coupe de Briord en parallèle avec les types les plus élégants, que nous ait légués l'art romain.

On lui trouve 0,07 de hauteur, 0,13 d'ouverture et 66 millimètres de base, ces deux dernières mesures exprimant le diamètre et non le tour.

Le ton rouge de la pâte et le vernis plus foncé, qui la couvre, classent ce produit céramique, parmi les poteries samiennes.

La décoration se montre d'une simplicité primitive.

---

(1) *Fouilles de Brou*, Annales Soc. d'Emulation, *Anno* 1870, p. 166 et Pl. II, n° 2.

Elle se réduit à cinq stries parallèles, autour de ses bords.

Elle a conservé toute son intégrité.

Les Musées de Bourg, de Chambéry et de Mâcon ne renferment pas de poteries à lui comparer. Les numéros 3o5 et 3o6 du Musée de Lyon se réfèrent au même type, mais ils sont de plus petite dimension et n'ont ni la même grâce, ni la même élégance.

— Ces vases se recommandent beaucoup plus par le bon goût de la forme que par la qualité du travail.

L'art s'y rencontre encore; le souffle ne manque pas, mais la main ne sait pas ou ne sait plus s'y plier.

Nous y voyons les produits d'un atelier gaulois.

Les Gaulois ne savaient pas produire les « poteries à dessins artistiques et soignées. »

Ni l'un ni l'autre ne porte l'estampille du fabricant.

La forme en décèle l'usage. C'étaient des vases destinés à contenir des liquides. Dans les cérémonies rituéliques funèbres de la Gaule romaine, auxquelles nous les trouvons associés, ils devaient contenir des boissons, le vin, le lait ou les liqueurs, les ragoûts ou les comestibles à sauce offerts aux mânes des défunts, dont ils avaient suivi la dépouille au tombeau.

§ 3.

Saint-Sorlin. — Temples de Jupiter et de Saturne.

Dernièrement, en visitant l'église de Saint-Sorlin, j'observais dans le mur, partie jointoyé au mortier, partie en pierres sèches, qui soutient l'esplanade, un débris de fût de colonne et sept énormes blocs de pierre taillés.

Le diamètre de la colonne est de 0,76 ; les blocs mesurent 1 mètre 60 à 2 mètres 10 de longueur, sur 0, 60 à 0, 70 d'épaisseur.

Ce sont des matériaux de grand appareil, et leur origine romaine résulte de la taille, des proportions et de l'état de vétusté très carastéristique où ils se trouvent.

Les uns et les autres sont identiques, sous ces divers aspects, avec les tronçons de colonne d'Izernore et les superbes blocs, qu'on remarque soit dans le stylobate du temple de la dite ville, soit dans le soubassement de l'église de Briord.

Il y a peu d'apparence que des pierres de pareilles dimensions aient été à grand'peine transportées d'ailleurs sur la colline, pour être ensuite abandonnées sur place.

Ce sont des vestiges de monuments antiques, bâtis sur la hauteur.

Nous savons, par la légende de Saint-Domitien, que ses caractères intrinsèques font reporter à la fin du Ve ou au commencement du VIe siècle, qu'il existait deux temples païens dans la contrée (1).

Ils étaient dédiés à Jupiter et à Saturne, et croulèrent à l'invocation orthodoxe, faite par le serviteur de Dieu, *nomine unigeniti Filii Dei per omnia coæterni et coæqualis Deo Patri.*

Ces deux sanctuaires, en effet, n'étaient pas situés sur le *praedium* de Latinus. Quoique arien, ou plutôt parce que arien et fanatique de sa foi, Latinus les aurait condamnés sinon détruits.

---

(1) *Apud* Guich. *Hist. Bresse et Bugey.* Preuves, 230.

Ils s'élevaient hors des confins, dans le voisinage, *circa arcam*, sur une haute éminence, *excelsissima fana*.

Or, d'après la légende, Latinus possédait le territoire de *Calonnia*, qu'il nomma *Villa Latiniacus*, Lagnieu.

Comme un piédestal, merveilleusement préparé pour les recevoir, la colline de St-Sorlin offrait son sommet.

Saturne fut invoqué jusqu'au IX⁰ siècle, à Saint-Sorlin. C'est par une supercherie, seulement, qui mit Saint Saturnin à la place de la vieille divinité romaine, que son culte vit disparaître ses derniers partisans.

Que sont devenus les autres débris ? Une bonne partie a été employée dans la construction de l'église et du prieuré, le reste, comme à Izernore et à Briord, comme à Fourvière et partout où les Romains avaient accumulé les colossales masses de pierres, qui composaient leurs monuments, a été exploité, à l'instar d'une carrière, par les populations des environs.

§ 4.

Briord. — Aqueduc gallo-romain.

Malgré sa déchéance actuelle, Briord jouit d'une situation brillante pendant l'occupation romaine, sous la domination burgonde et burgondo-franque. Au XI⁰ siècle, il possédait encore une abbaye, dont le souvenir n'est évoqué qu'une seule fois dans l'histoire (1), et qu'on doit considérer comme la dernière manifestation, l'ultime reflet de son ancienne prospérité.

Les vieux murs, les substructions, les réservoirs

(1) Estiennot, *Antiquitates*, apud Guigue. *Topog.*, Vᵒ Briord.

AQUEDUC DE BRIORD — Entrée Nord-Est

d'eau (1), les briques, les tuileaux abondent sous le sol
de la plaine, en amont, dans un périmètre régulier de
900 mètres sur 800. Les sarcophages antiques y servent
à tous les usages, tellement ils sont fréquents. Les statuettes, les urnes, les vases, les poteries fines, qui en
sont sortis, enrichissent les collections publiques et les
cabinets des amateurs d'antiques, mais le plus souvent
hors du département. C'est tout au plus, si le Musée de
de Bourg s'est fait attribuer deux ou trois urnes cinéraires.

La spécification de tous ces débris en fait apparaître,
en un relief des mieux accusés, le caractère gallo-romain.
Nous-mêmes, dans les deux premiers paragraphes de cet
article, avons donné plusieurs exemples de ces identifica-
tions.

Briord est de création romaine, et son agglomération
constituait plus qu'un *vicus*, c'était un municipe.

En effet, il possédait un théâtre, Camulia Attica en
avait fait construire le *proscaenium* (2), un temple, l'é-
glise, au soubassement de grand appareil est, dit-on,
bâtie sur ses ruines, des bains publics, les deux canaux
superposés, pris dans un béton à ciment rouge, sous
le jardin de M. Louis Grosbon, en sont peut-être les

---

(1) En 1814, Guillemot assista, en témoin indigné, mais impuissant, à la destruction d'un beau réservoir, *lacus*, découvert
dans un champ voisin du village. Les murs, de 0,50 d'épaisseur, consistaient en un blocage d'une dureté extrême, et
étaient revêtus d'un mastic rose, dur et poli comme le marbre
(*Monographie du Bugey*, Introduct., p. 100.

(2) Inscription encastrée dans le mur extérieur de la cour de
M. Chevelu, à Verizieu. Elle se trouvait au château de Saint-
André avant 1789. (Cf. aussi Guigue, *Inscriptions*, n° 26.

canaux de fuite ou d'adduction, enfin, l'eau lui était amenée par un aqueduc, qui subsiste encore.

Placée sur une voie navigable de premier ordre, on peut admettre que la ville s'adonnait, surtout, au batelage et à la navigation. Le commerce absorbait la principale part de son activité. Les bateliers et les nautes du Rhône devaient former un appoint considérable dans le dénombrement de sa population.

L'assiette de la ville dans une plaine ouverte, sans défense naturelle autre que le Rhône, n'a pas été subordonnée à des préoccupations d'ordre militaire; la ville est née en des jours calmes, où la paix paraissait assurée.

Les documents monétaires, qu'a fournis son sol, remontent des derniers Constantin à Claude, Néron et Auguste. Le règne de ce dernier fixe une limite, mais qui n'a rien d'absolu. A ma connaissance, les monnaies consulaires ne sont représentées que par un seul exemplaire dans la série, et, si la numismatique gauloise doit l'être un jour, elle montre peu de hâte à s'y résoudre.

Briord est, certainement, une fondation de la période romaine impériale et du Haut-Empire; car, à partir de 250, les Barbares, qui s'agitent sur les rives du Rhin, compromettent la sécurité de toute la partie sud-est des Gaules. On ne bâtit plus de villes; on détruit, au contraire, pour élever des défenses, des murailles, dans les grands centres, et, ailleurs, des camps retranchés.

Guillemot plaisante lorsqu'au sujet de l'emplacement de Briord, il justifie le choix de « cette plaine sans eau par la facilité d'amener les eaux de Montanieux (1). » N'est-ce donc rien que d'entrouvrir une montagne à 300 pieds sous terre?

---

(1) *Monographie du Bugey*, Introd., p. 98.

Cependant, quelque certaine que soit l'origine romaine de Briord, on est frappé de la place que tient, dans l'onomastique du pays, le celtique *Briva* = pont. C'est Brivaz, le nom de la rivière qui descend des environs d'Innimont, passe sous Montagnieu, et va se décharger au Rhône, à 800 mètres en aval de Briord ; C'est Briva encore, le nom de plusieurs lieux dits de son territoire ; et, assurément, c'est le même radical que doit offrir Briord, *Brivortium* de son nom ethnique.

Le problème demande une solution.

Il serait à désirer, et l'espoir s'en réalisera peut-être bientôt, que la physionomie archéologique de cet ancien village fut éclairée d'un jour complet, nous saurions alors que penser de ce point particulier.

— La preuve la plus convaincante, qui nous soit parvenue, de l'état florissant de Briord sous les Romains, est son aqueduc.

Il dérivait les eaux de la Brivaz et les conduisait dans la ville, après avoir traversé en souterrain la montagne des Bruyarettes.

Ce monument n'a pas été étudié encore.

Il était cependant connu.

Au milieu du XVIᵉ siècle, l'accès en était praticable ; les noms des visiteurs et les dates, 1550, 1552, tracés sur les parois, le font présumer. Guichenon déclare, à son tour, qu'il en était de même de son temps (1650). « Le peuple de ce lieu-là, dit-il, croid que la rivière, qui vient des montagnes à costé dudit village, passoit par une ouverture, qui se void encore à présent, en la montagne qu'elle costoye (1). »

_____

(1) *Bugey*, II, p. 93.

Au début du xixᵉ siècle, l'aspect des lieux avait changé. La tête de départ et la tête d'arrivée étaient totalement remblayées, au point qu'il n'était plus possible d'en distinguer l'emplacement. A Briord, on n'en conservait plus qu'un vague souvenir. « Briord, écrivait de Moyria-Maillat, avait... un aqueduc souterrain taillé dans le roc, au travers d'une colline, l'espace de plus de 50 mètres. L'ouverture de cet aqueduc est maintenant obstruée, et l'on ne peut, dans le pays, recueillir des renseignements suffisants pour le reconnaître, en sorte que notre curiosité n'a pu être satisfaite en cet endroit (1). »

Guillemot ajoutait seize ans plus tard : « Quoique les vestiges n'en soient plus apparents, on ne peut révoquer en doute cet aqueduc indispensable à l'antique cité (2). »

Comment, ouverts au xviᵉ et au xviiᵉ siècles, les accès s'étaient-ils encombrés, en moins de deux siècles, jusqu'à ne plus laisser de traces, tandis que le cône de déjection, produit par la chute des terres et des éboulis, pendant les onze ou douze cents ans qui avaient précédé, n'en avaient pas radicalement fermé l'entrée ?

Il importe ici d'en appeler au rôle que la contrebande et le faux monnayage jouèrent au xviiiᵉ siècle. Sous Louis XV, ces deux systèmes de fraude prirent un déve loppement étendu et, je dirai très intense, dans nos régions. Les malfaiteurs choisissaient les cavernes, les anfractuosités et les abris sous roche, pour se dérober aux poursuites et établir leurs ateliers. On sait que Mandrin fabriqua pendant quelque temps de la fausse monnaie à la grotte de la Balme, en Dauphiné.

(1) *Monuments romains*, Bourg, 1836, in-4ᵒ.
(2) *Monographie du Bugey*, Introd., p. 98.

Transformées en refuges de brigands, certaines grottes furent murées. Il est assez naturel de penser qu'à Briord, le tunnel fut alors obstrué, pour en interdire la pénétration, soit que les fraudeurs y eussent établi ou voulussent y établir leur repaire.

En 1853, l'avance de quelque fonds par Sirand permit d'en dégager suffisamment l'orifice. Le fils Durochat, de Lhuis, parcourut le couloir en partie. Ce sont ses remarques, très brèves, du reste, et à peu près inexactes sur tous les points qu'elles ont touchés, que M. Sirand a enregistrées dans sa treizième Course achéologique.

Les choses en étaient restées là et, de nouveau, des débris de toute nature s'étaient amoncelés aux deux extrémités du canal, lorsqu'au mois d'août 1900, M. l'abbé Jacquand, curé de Briord, essaya, sur mes conseils, d'en déblayer les approches.

Il réussit, intelligemment secondé dans ce travail par un jeune homme, M. Francisque Peysson, qu'il est juste de lui associer dans les éloges puisqu'avec lui il a été à la peine.

L'accès du souterrain nous était donc ouvert.

Guidés par M. Peysson, nous l'avons exploré, M. l'abbé Morgon et moi, le 13 août 1900, dans sa plus grande étendue.

On y pénètre en rampant, l'espace d'environ 12 mètres. C'est un pas difficile à franchir ; on y arrive néanmoins, en s'aidant des pieds et des mains. Avec ce premier effort, on conquiert le droit d'observer, en toute liberté, et dans ses recoins les plus cachés, le canal profondément ouvert devant soi.

Le souterrain a 200 à 230 mètres de longueur, et son axe suit la direction NE-SO.

Il est entièrement taillé dans le roc vif.

L'orifice nord-est, qui était l'entrée, s'ouvre sur la vallée de la Brivaz, territoire de Montagnieu, et en plein bois communaux.

Il présente une grande entaille, pratiquée dans la roche, dont les dimensions atteignent, en hauteur 5 mètres, en longueur 7^{m}5o, et en largeur, 2^m 7o. La perspective trompe ; à l'œil on la croirait légèrement évasée en avant ; il n'en est rien. Au fond, apparaît béante l'ouverture de l'aqueduc, pareille à la bouche d'un vaste four.

L'ouverture sud-ouest appartient à la vallée du Rhône. A la faveur de l'escarpement rocheux qui la surplombe, on a économisé les travaux d'approche. Le roc a été simplement dégrossi, sur le contour extérieur, comme pour encadrer le canal, qui s'engouffre dans la montagne, sans autres apprêts.

C'était l'issue par où se déversaient les eaux.

Ici, nous sommes sur le territoire de Briord, mais l'aqueduc est devenue propriété privée.

La voûte du souterrain est taillée en arc surbaissé, supporté par deux pieds-droits, qui sont les parois. L'arc offre des irrégularités fréquentes, tantôt se déprimant, tantôt s'arquant davantage ; ce sont des accidents, déterminés par la nature tendre et lamellaire des bancs recoupés.

Son développement moyen, en hauteur et en largeur, peut être représenté par 2^m 7o $\times$ 1^m 95. Valeurs moyennes, disons-nous, car on note des écarts sensibles, selon les sections où les mesures sont prises.

C'est ainsi qu'en largeur, on trouve, à l'entrée, 2^m 7o, à trente mètres plus loin, 2^m 35, à cinquante, 2^m 45, à soixante-cinq, 1^m 60, et au-delà, 2^m et 2^m 10, enfin, 2^m 95 à la sortie du côté de Briord.

On inscrit des variations semblables sur la verticale.

Le plan de l'ingénieur romain comportait la perforation de la colline en ligne droite. Telle paraît bien avoir été, à l'exécution, la direction suivie, dans la plus grande partie du tracé. Cependant, à cinquante mètres de l'entrée, il se produit une déviation brusque à angle droit, puis, une seconde d'un angle plus court, à trois mètres de là, et, dix mètres plus loin, une troisième d'un angle très ouvert ; l'axe reprend alors la direction rectiligne, qu'il avait au début, et semble s'y maintenir, sans infléchissement sensible, jusqu'au point d'arrivée.

On se rendra plus exactement compte de cette anomalie, avec la figure ci-dessous.

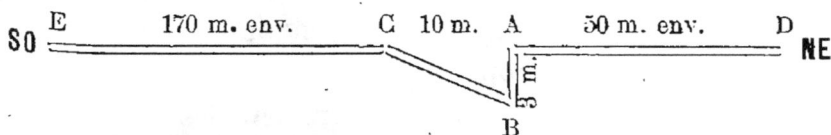

SO E   170 m. env.   C   10 m.   A   50 m. env.   D   NE

B

L'écart de C en B est imputable à l'équipe remontant du sud-ouest.

Nous ne pouvons concevoir cette déviation, si rapprochée du point de rencontre — en A —, sinon par les indices, qu'on aura faussement recueillies, lorsque l'avancement des travaux eut permis l'échange, à travers le rocher, de communications peut-être encore trop confuses.

Le travail a été exécuté à la main dans son entier. Chaque coup de broche a laissé sa trace. Les stries sont concentriques. Habituellement, elles débutent à la voûte, et descendent jusqu'au radier, en décrivant sur les parois un arc elliptique, qui a toujours, par rapport à l'ouvrier, sa convexité en avant. De D en A, la convexité est tournée au sud, et de E en A par C, B, elle est tournée au nord.

Afin de hâter la marche des travaux on avait établi deux équipes ou chantiers, c'est-à-dire que la montagne fut attaquée des deux cotés à la fois.

L'équipe nord-est s'est avancé d'environ 5o mètres, et, dans le même espace de temps, l'équipe sud en a ouvert 170 à 180.

L'ouverture des chantiers dut être simultanée. Si les ouvriers venant du sud, mirent plus de célérité dans leur tâche, elle leur fut probablement rendue plus facile par des cavités naturelles, qu'on eut garde de négliger. Ils n'eurent guère, dans la plupart des cas, qu'à en agrandir les dimensions, en dégrossir et redresser les parois.

Des couloirs naturels, il en existait certainement.

A 15 ou 3o mètres de l'orifice de sortie, on voit, à droite, une gaîne tortueuse, de o, 6o à o, 7o de rayon, qui remonte obliquement à l'intérieur du massif. Son ascension ne nous a révélé que des stalactites, aux formes les plus bizarres, mais de son existence et de sa direction nous pouvons inférer qu'elle établissait une communication, entre les anfractuosités caverneuses, qu'on aperçoit sous les rochers en corniche, vers le haut de la colline, et une ancienne galerie absorbée par le tunnel gallo-romain, et se prolongeant peut-être fort loin dans la montagne ; car, en définitive, cette gaîne devait avoir une issue par en bas.

La rencontre a eu lieu en A. Outre la déclinaison, que nous avons notée, sur le plan horizontal, on remarque un défaut de concordance sur le plan vertical. De C en B, le radier du canal se relevait assez vivement, quoique sans ressaut, de o, 70.

La trace en est demeurée tangible dans deux bordures inclinées, de o, 15 à o, 18 centimètres de saillie, qui forment plinthes au bas des parois. Ce sont les amorces du banc calcaire, qu'il a fallu retailler, pour retrouver l'équilibre du niveau.

L'aplanissement des parois, l'absence de cavités dans la roche, et la rareté relative des dépôts carbonatés expliquent la sonorité singulière, qui se produit à l'intérieur. Il y a de l'écho, mais l'écho est sec, court, presque sans répercussion. Il n'a de prolongement que dans l'axe du couloir, et là il se perd, mais ne se répercute pas.

Les matériaux divers, accumulés en cône de déjection aux orifices d'entrée et de sortie ont, sur une épaisseur variable, pénétré de 18 à 20 mètres dans le souterrain. Ils constituent deux barrages pour les eaux d'infiltration qui, n'ayant pas d'écoulement, deviennent stagnantes et transforment le canal en un réservoir intérieur. Les marques, empreintes sur la roche, démontrent que leur niveau est capable de monter parfois de o, 70 à o, 80 centimètres.

Nous l'avons trouvé à sec sur la moitié de son parcours. On rencontre, ensuite, des flaques d'espace en espace qu'il faut traverser, ayant de l'eau jusqu'à mi-jambe ; enfin, les flaques s'étendent, s'approfondissent, et, finalement, on arrive à un petit bassin, que nous avons laissé inexploré.

Par l'effet de la pente, les eaux s'accumulent sur ce point. Cette partie de l'aqueduc, le tiers probable de son étendue, ne doit être accessible en aucun temps.

Quelle était cette pente ? L'encombrement actuel du radier ne permet pas de le reconnaître. Vitruve exigeait 5 millimètres par mètre (1); mais ses principes ne furent que rarement appliqués. Les aqueducs de Lyon et de Vienne accusent 1 1/2 millimètre. Je doute qu'à Briord l'inclinaison atteignent même ce minimum de cote; l'ingénieur, comme nous le dirons tout à l'heure, avait intérêt à ménager son niveau.

Le radier est, d'un bout à l'autre et sur une hauteur de 0,15 à 0,20 centimètres, tapissé d'une vase fine et très salissante. Sa coloration, d'un gris bleuâtre, annonce la présence de matières organiques en décomposition.

D'où proviennent ces organismes ?

Ne serait-ce pas une coloration d'emprunt, au même titre que les sédiments dont le limon se compose ? En traversant le réseau de fissures qui découpent la roche, les eaux pluviales lui font subir, à la faveur de leur acidité, une décomposition chimique. Le carbonate de chaux qu'elles entraînent n'est jamais d'une pureté absolue. Enlevé aux calcaires du Jura supérieur, où de fortes proportions de matières animales et végétales se consument dans une exustion lente, il s'en est chargé à divers degrés.

Ce sont ces éléments d'une ténuité extrême, que les eaux déposent, lentement, dans leur bassin solitaire, au sein de la montagne.

Inutile d'ajouter que ce limon est de nature essentiellement calcaire.

_____

(1) « Solumque rivi libramenta habeat fastigata ne minus in centenos pedes semipede » C'est-à-dire un demi-mètre par cent mètres (Vitr. Lib. viii, 7.)

Lorsque les eaux baissent, une mince couche de concrétions bicarbonatées est abandonnée, par évaporation, sur les surfaces découvertes. Le dépôt est sans consistance, et, soumis à une dessiccation complète, comme à l'extrémité sud du canal, où il éprouve, assez loin à l'intérieur, l'action parfois intensive des chaleurs de l'été, il se transforme en une poussière friable, terne et blanchâtre.

Cette formation est de même nature que la précédente.

Les revêtements cristallins, qui font le charme de la plupart de nos grottes jurassiennes, se montrent à Briord avec parcimonie et seulement par sections. Ils se développent en draperies, en pendentifs et en colonnades, particulièrement dans les parties les moins résistantes de la roche. Ils sont à peu près continus, pendant les vingt premiers mètres, manquent presque totalement sur les trente mètres qui suivent, réapparaissent vers soixante, et ne se présentent plus au-delà que par intervalles irréguliers.

Leurs petits cristaux de calcite miroitent, de temps à autre, à la lumière des lampes, et, n'étant pas enfumés, comme dans les grottes d'un accès journalier, ils offrent un ton d'une blancheur remarquable, mais un peu mat.

La présence de l'eau, où se perdent les gouttelettes tombant de la roche empêche la formation des stalagmites ; nous en apercevons cependant çà et là quelques embryons informes.

Enfin, le carbonate de chaux se présente, à Briord, sous un quatrième et dernier aspect, sous la forme de dépôt tuffeux. On l'observe en cet état, vers l'entrée du souterrain, à la retombée de la voûte. Ce n'est pas un

phénomène d'infiltration, pas plus du reste qu'un effet
de ruissellement. Le dépôt a été formé par les eaux que
chariait le canal.

On rencontre des dépôts du même genre, dans la plupart des aqueducs gallo-romains. Ils indiquent le niveau
ordinaire du courant.

Avec une pente de 1 1/2 milimètre par mètre et une
section moyenne de 5 mètres 265, l'aqueduc de Briord
était susceptible de débiter 8,000 litres par seconde (1).

Il n'a guère fourni que le tiers, au plus, la moitié de ce
débit, la Brivaz n'étant pas elle-même capable de le fournir, hors le temps de ses grandes eaux.

Les inscriptions ont été, de notre part, l'objet de recherches toutes particulières à l'intérieur du canal, mais
vainement, il ne s'en trouve pas. Les inscriptions sont
gravées pour être vues et lues.

L'entrée et l'issue, l'issue surtout, qui étant tournée
vers la ville devait être plus souvent visitée, étaient naturellement désignées pour les recevoir. Les vestiges
épigraphiques y manquent également. Le génie romain
n'a pas daigné perpétuer le souvenir d'un ouvrage, considérable, il est vrai, mais d'assez maigre importance

---

(1) Les données du problème rentrent dans notre cadre :

Section = 2,70 × 1,95 = 5,26.

Pente = 0,0015 par mètre.

Périmètre mouillé = 1,95 + 1,95 + 2,70 = 6,60.

Rayon moyen : $\frac{5,26}{6,60} = 0,80$

Vitesse = $50 \sqrt{0,8 \times 0,0015}$
= 50 × 0,034 = 1m 70 — 1m 70 × 5m 26 = 8mc 94.

De M. Milliet, conducteur principal des Ponts et Chaussées
en retraite, à Bourg.

comparativement à tant d'autres monuments d'une amplitude étonnante, sur lesquelles il a laissé planer le silence.

Les uniques indices de gravure lapidaire, que l'on rencontre, sont peut-être des marques de travaux. Il faut, vraisemblablement, rapporter à cette catégorie un A, gravé sur la paroi droite du couloir, à proximité de la première déviation que nous avons signalée. L'A a la forme de la grande capitale romaine, est élevé de 0,20 centimètres au-dessus du radier et mesure 0,35 de haut.

En revanche, les visiteurs se sont montrés prodigues de leurs noms. Il les ont inscrits à la pointe, au charbon, à la craie rouge, voire même avec la flamme d'une lampe. On lit : PRIEVR DELISLE, en petites capitales, *Pingon*, et, à côté, *1550*, *Perret*, *Duchastre*, *Cointet*, celui-ci répété plusieurs fois et accompagné de la date *1552*.

Près de la marque ci-dessus et la précédant d'un mètre, on voit, sur la même paroi, une entaille et une rainure verticale, la rainure de 0,03 × 0,02. Elles nous ont paru répondre à un trou carré, de 0,10 centimètres de côté et de 0,06 de profondeur, creusé sur la paroi d'en face.

Que signifient ces traces, qui rappellent de loin une vanne et les conditions propres à son fonctionnement, et pourquoi une vanne, surtout en cet endroit. Si, absolument, il faut y reconnaître un barrage, il a dû servir à l'achèvement des travaux, et, avec plus d'apparence, aux opérations de nettoyage, lorsqu'elles étaient rendues nécessaires par l'envasement du canal.

L'aqueduc de Briord, avons-nous dit, détournait, pour

le service de la ville les eaux ou partie des eaux de la Brivaz.

La prise d'eau était située à 200 mètres en amont. On y distingue des blocs de pierre massifs, régulièrement taillés et disposés par assises. Leur allure et l'appareillage paraissent de facture romaine, nous n'osons néanmoins l'affirmer.

Le barrage élevait de 2 mètres 50 à 3 mètres le niveau du cours d'eau.

Il devait être pourvu d'un appareil hydraulique, destiné à régulariser le volume des eaux à dériver. On a reconnu des restes de constructions semblables à la tête de l'aqueduc du Mont Pilat, le plus important des aqueducs lyonnais.

L'eau était amenée de la Brivaz au souterrain par un canal à fleur de sol.

Cette section de l'aqueduc est reconnaissable encore.

Le chenal de l'usine, située en aval, l'emprunte sur une partie de son trajet.

Conformément au système, adopté par les ingénieurs romains, lorsqu'ils avaient à construire dans des conditions analogues, le canal devait être maçonné sur trois côtés, enduit d'une épaisse couche de ciment à l'intérieur, et couvert de larges dalles, qui assuraient la bonne qualité des eaux.

C'est par des fouilles, qui en mettraient les substructions à découvert sur quelques points, qu'il conviendrait de se renseigner sur la manière dont le canal fut construit.

A leur sortie du souterrain, les eaux devaient être reçues dans un bassin, *castellum*, à grand diamètre,

d'où elles étaient distribuées à Briord, par des conduites
en plomb ou en terre cuite, se ramifiant selon la mesure
des besoins (1).

Le réservoir était probablement construit entre l'escarpement et la route. Je suis persuadé qu'on en retrouverait les ruines sous les accumulations de détritus
descendus de la montagne.

L'orifice sud du canal se trouve à la cote de 236 mètres et Briord à l'altitude de 204. Ces 32 mètres de différence constituaient une pression énorme, bien suffisante pour approvisionner les fontaines jaillissantes, les
édifices les plus élevés de la ville et les maisons de plai-
sance étagées sur les bas côteaux voisins (2).

On comprend maintenant l'intérêt qu'avait l'ingénieur
à tenir exactement son niveau ; en le ménageant il aug-
mentait la chute.

Ce résultat, que cherchait l'édilité de Briord, dans le
percement de la colline des Bruyarettes, elle ne l'aurait

---

(1) Les Romains construisaient au point d'arrivée, près des
murs de la ville, un bassin, et, devant le bassin, trois réservoirs. L'un envoyait l'eau dans les bains publics, l'autre dans
les maisons particulières, et le troisième, celui du milieu, aux
lavoirs et aux fontaines (Cf. Vitr. Lib. VIII, 7 et Note 74. Edit.
Panckoucke, 1848.)

(2) La distribution des eaux aux particuliers se faisait à domicile, contre une redevance payée aux receveurs d'impôts
pour l'entretien des aqueducs, et la pose de la conduite était
à leur charge. « Et qui privatim ducent in domos, vectigalibus
tueantur per publicanos aquarum ductus. » (Vitr. VIII. 7).
Le taux de la redevance était calculé, je crois, sur le diamètre des tuyaux, Vitruve donne dix diamètres pour les tuyaux
de plomb, mais il en suppose un plus grand nombre.

obtenu ni en captant la Brivaz sous les Granges, ni par une dérivation partielle des eaux du Rhône, même à une distance de plusieurs kilomètres en amont,

— Ce monument ainsi que le théâtre et le temple attestent, de la plus irrécusable façon, le rang élevé que Briord occupait sous les Romains.

C'était l'émule d'Izernore ; l'un a conservé les ruines de son temple, l'autre les restes de son aqueduc.

Cependant, d'une caractéristique beaucoup moins précise, l'aqueduc ne suffirait pas par lui-même à nous l'assurer. Les villes, il est vrai, exécutaient des travaux considérables pour se procurer l'eau indispensable à la salubrité publique, mais des exemples fréquents démontrent aussi que des villages et mêmes de simples maisons de campagnes, *villae,* en exécutaient de semblables, lorsqu'il n'y avait pas de disproportion trop grande entre leurs ressources et les frais énormes, qu'exigeaient ces constructions.

Il faut se garder sans doute de diminuer l'intérêt qui s'attache à ces ruines, mais il ne faut pas non plus, à leur sujet, s'abandonner à un enthousiasme excessif. Ouvrir un rocher, transpercer une colline l'espace de 200 à 250 mètres, ne sont pas des œuvres d'une si extraordinaire exécution, que nous en devions rester confondus dans une hyperbolique admiration. Ces travaux étaient familiers au génie romain. L'aqueduc d'Arles traversait de même une colline, vers Barbegal, et pénétrait dans la ville par un souterrain taillé d'un bout à l'autre, comme à Briord, dans des bancs calcaires d'une grande compacité.

Ces réserves faites, le monument de Briord est cer-

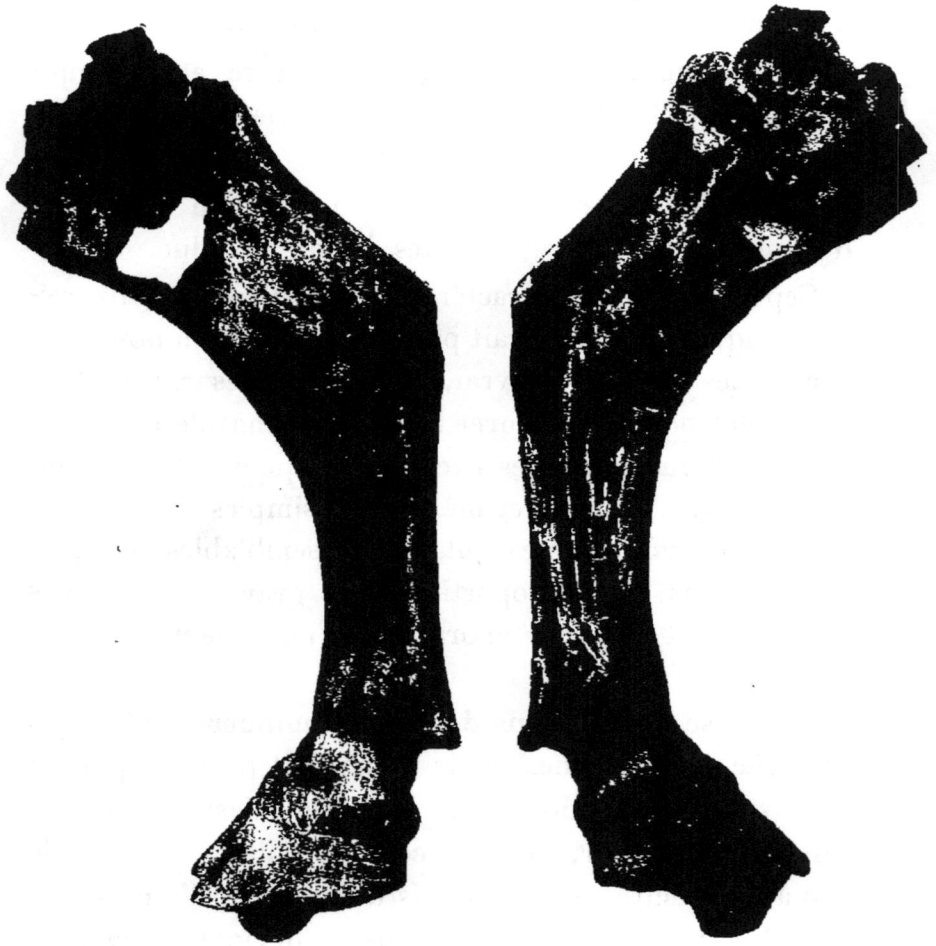

Phot. de M. A. Hudellet.

Jambe de taureau de Tessonge

Face externe   Face interne

tainement un des plus beaux débris de la civilisation romaine dans notre pays.

Il mériterait d'être mis au nombre des monuments historiques, le classement lui assurerait la surveillance et l'entretien, par conséquent sa conservation dans l'avenir.

§ 5.

Bourg. — Taureau de bronze : jambe droite postérieure.

Ce beau fragment grandeur nature fut découvert, sur le territoire de Bourg, au lieu dit Malarcher, en février 1895. Le lieu exact de la découverte est situé à 300 mètres environ de la route de Saint-Etienne et, approximamativement, à 200 mètres du Jugnon, sur la bordure sud-ouest de la forêt de Tessonge.

Un tâcheron, nommé Bertillot, aux gages de Mme Chevat, le ramena au jour, en abattant un arbre.

Les journaux du département publièrent la découverte. A la Société d'Emulation, séance du 6 mars suivant, Frédéric Tardy fit une communication à son sujet (1), puis elle tomba dans l'oubli.

L'oubli serait sans doute devenu définitif, si les circonstances ne s'étaient chargées de donner elles-mêmes à cet important vestige un regain d'actualité.

_____

(1) « M. Fréd. Tardy communique quelques renseignements sur la trouvaille, faite dans les bois de Thessonge, au-delà du Jugnon, près de la route de Saint-Etienne, de la partie inférieure d'une jambe de derrière de taureau en bronze, en arrachant un arbre. » (Procès-verbal de la dite séance.)

En novembre 1897, on retrouvait, à Coligny, une statue de divinité romaine, de Mars, a-t-il dit, mais plutôt d'Apollon. Elle était pareillement en bronze et en débris.

Deux chefs-d'œuvre anciens, identiques de taille et de perfection, exhumés en moins de trois années, à 18 kil. de distance, dans des conditions analogues ! Le hasard a parfois de singulières coïncidences ; ce fut au bénéfice de la première découverte, car on l'étudia de nouveau.

Le taureau de Tessonge et la statue de Coligny sont les œuvres d'art plastique gallo-romaines les plus monumentales qui se soient révélées dans l'Ain.

La piste du bronze en question était perdue.

La Société d'Emulation le retrouva à la Bévière, d'où il fut rapporté, sur l'offre bienveillante de communication faite par les propriétaires, et exposé en séance le 15 mars 1899.

Les démarches spéciales à cette deuxième phase de la restitution de Malarcher, sont consignées, en ces termes, au registre de la Société :

« Le Président est heureux de montrer aux membres de la Société le pied de taureau, trouvé dans le bois de Thessonge. Ce magnifique morceau de bronze appartient aux frères Chevat, et Eugène Chevat, l'un d'eux, de la ferme de la Bévière, en est actuellement le dépositaire. Il a été retrouvé par M. le Président, le jeudi 9 mars, en compagnie de MM. Buche, Villard et Sommier. M. Buche en a pris sur le champ, plusieurs photographies, et M. A. Hudellet, qui accepte, est prié de photographier cet important objet en aussi grand que possible. »

— 283 —

« La Société se fera renseigner sur l'endroit précis de la découverte, et le bureau est autorisé à faire les dépenses nécessaires, pour exécuter quelques fouilles, permettant de retrouver les autres parties de ce dieu, qui se relie, assez étroitement, d'après M. Buche, au Mars de Coligny. »

La phothographie de la pièce fut présentée à l'Académie des Inscriptions et Belles-Lettres, le 14 avril de la dite année, par M. Héron de Villefosse, qui l'accompagna de la lecture d'une Note explicative de M. Buche.

La Note, insérée au *Bulletin de l'Académie 1899*, pages 220-224, a été reproduite dans les *Annales* de la Société d'Emulation, livraison de juillet, p. 76.

Voilà l'historique de ce fragment. J'y reviens aujourd'hui, à la seule fin de compléter, par des observations personnelles, ce qui en a été précédemment écrit.

Qu'il y ait, entre le dieu de la guerre de l'Olympe romain et la déité gauloise du taureau, une corrélation, et, plus spécialement encore, un rapport étroit entre la statue de Coligny et la jambe de taureau de Tessonge, c'est une hypothèse, et sur cette face de la question nous n'appuyerons pas.

Le taureau tenait une grande place dans la mythologie celtique.

Les Cimbres juraient sur un taureau d'airain; or, s'ils parlaient la langue germanique, selon l'observation de M. S. Reinach, ils étaient tout à fait celtisés.

D'un autre côté, le taureau est fréquemment figuré sur les monnaies gauloises.

C'est qu'à l'exemple du lion, le taureau représente l'heureuse association de la force et du courage.

Ce sont les Cimmériens qui, au dire de Vanckel, auraient répandu le culte du taureau en Europe.

La forme la plus habituelle lui attribuait trois cornes. Il est à remarquer, toutefois, que cette représentation plastique suivit l'établissement des Romains dans les Gaules.

Elle traduisait en fait un mythe, un thème celtique préexistant, surtout dans les régions de l'Est, un dieu à trois têtes, espèce de géant, qu'Ammien Marcellin appelle Tauriscus, mais qui, de son vrai nom, s'appelait Garano, Tarvos trigaranus (1).

Ce terme est presque identique, étymologiquement, au Géryon grec, que tua Hercule. La légende gauloise pourrait avoir sa source, dans la mythologie de la Grèce, importée par le commerce en nos pays.

Le taureau à triple corne serait une manifestation de cette trinité singulière, qu'avait admise la théogonie des Gaulois.

Quelqu'en soit le sens, la représentation en est propre à l'art gallo-romain.

Supposer, par conséquent, que le taureau de Tessonge était un emblème religieux, et que, par sa forme, il appartenait à la classe des taureaux cornus, est une conjecture des plus vraisemblables.

On a trouvé ce symbole en France, en Suisse, en Autriche, en Hongrie, en Bohême, en Moravie, dans le grand duché de Posen et en Danemarck (2).

---

(1) Cf. Sal. Reinach, A tiquités nat., II, pages 275-283. — MM. Rochetin, Bull. Soc. Ant. France, 1890, p. 136 ; Vaillant, Ibid. 1891, page 235 ; d'Arbois de Jubainville, Ibid. 1898, p. 199.

(2) Il en a été exhumé, au début du xix⁰ siècle, un petit spécimen à Bourg, au lieu dit les Dimes. Il était accompagné de nombreux débris de tuiles romaines et autres objets antiques (Th. Riboud, Ind. gén. des monum. des Ant. du départ. de l'Ain, 1806, p. 28.)

La liturgie des Gaulois ne comportait pas de temples pour la pratique du culte. Lorsque leurs divinités se dépouillèrent de leur forme idéale, pour se façonner dans le bronze, l'argile ou la pierre à l'exemple des dieux de Rome, où les érigèrent-ils ? Sur les places publiques, aux carrefours des routes, comme les *compita* romains, ou dans les bois sacrés ? La question est fort obscure. S'ils abandonnèrent les forêts, ce ne fut que sous la pression inquiète et violente des conquérants (1).

Quelque part que fut situé le taureau de Tessonge, il était fixé sur un socle, par un scellement de plomb et de ciment blanchâtre. Le ciment a perdu sa consistance ; il est devenu friable sous les doigts, mais le plomb reste intact. Il faut que ce bronze ait rencontré des conditions particulières de conservation, car le plomb employé aux scellements par les anciens, ne contenant pas d'étain, se désagrégeait avec le temps et tombait en poussière (2).

---

(1) Il est juste de noter ici que, sur tout le plateau limité par le Jugnon, la Carronnière de Challes et les Sardières, qui fait face par son extrémité ouest au côteau qui a restitué notre bronze, on recueille en abondance des vestiges anciens, et particulièrement la tuile à rebords. La culture et l'exploitation des bois les font réapparaître. Ils ont tous éprouvé l'action du feu. L'abatage d'un arbre mit à nu, il y a quelques années, à 2 kilomètres au sud-est de Malarcher, et près d'un tronçon de voie romaine, des restes de murs, ayant les mêmes caractères ; ils présentaient aussi des traces d'incendie.

On a semblablement reconnu des tuileaux et des briques sur le plateau opposé, plus à proximité encore de Malarcher, dans l'angle formé par le Jugnon et le chemin de Meillonnaz. L'exploitation des bois mériterait d'être surveillée dans cette région ; elle tient peut-être en réserve d'importantes révélations.

(2) Le plomb de scellement moderne se compose de 66 parties de plomb et de 33 parties d'étain.

Le fragment, dont nous faisons l'étude, est la jambe droite postérieure de l'animal.

Il mesure 0^m,66. de hauteur. Sa largeur et son épaisseur sont exprimées par 196 millimètres à la partie moyenne de la cuisse, 161 et 80 au jarret, 156 et 113 au sabot.

Le taureau devait avoir la taille de nos grands bovins : 1^m 33 à la croupe, et 1^m 40 au garot. La tête pouvait atteindre 1^m 60 (1).

Au témoignage de M. Héron de Villefosse, il serait, par ses dimensions, le plus importants des taureaux découverts en France (2). *Les Antiquités nationales* de M. S. Reinach ne renferment rien qui contredise à cette appréciation. Hors, de France, on ne voit à lui comparer que le taureau trouvé à Martigny, en Valais, dont la taille est aussi celle d'un grand taureau adulte (3).

La tension des tendons indique qu'il était debout, campé, c'est-à-dire la tête haute.

L'épaisseur du métal varie entre 2 millimètres 3 et 6 millimètres 7, soit une épaisseur moyenne de 4 millimètres 4.

Une patine vert tendre le recouvre ; elle est éraillée, la jambe a été traînée sur le sol.

Les soufflures sont traitées comme les fondeurs les traitent encore de nos jours, par un habile travail de chaudronnerie. Leur nombre, 110 à 112, sur ce seul membre, décèle un oubli du fondeur.

(1) Communication de M. Bianchi, vétérinaire expert, qui, sur ma demande, a bien voulu en déterminer la taille.

(2) M. Buche. Note. *V. Annales* 1899, p. 176.

(3) M. S. Reinach. *Ant. nationales*, II, p. 278, note.

Le métal n'a pas brûlé, mais il a été coulé trop chaud.

On observe deux déchirures, vers le haut, sur la face externe. Elles ont été produites par la pioche du tâcheron. A la résistance que lui opposait le bronze, il répondait par des efforts d'autant plus violents que la résistance était plus grande. Elles déprécient la valeur de la pièce.

Parmi les offres d'achat faites aux propriétaires, l'une est néanmoins monté à 700 francs (1).

Une autre petite pièce en bronze qu'on suppose, d'après la description qu'en a donnée l'ouvrier, être une houppe, accompagnait la jambe. Ce détail ferait conjecturer que l'animal était couvert d'une housse, *dorsuale*, ou portait une sangle, passée autour du corps. La houppe leur aurait servi d'ornement. C'est d'une housse, en effet, qu'est couvert le *Tarvos trigaranus* de l'autel de Paris (2) et on voit, ornés d'une sangle, deux des taureaux catalogués au musée national de Saint-Germain (3).

Cette pièce a été égarée sur place.

On ne peut qu'admirer l'excellente facture de cette œuvre. L'attitude de l'animal est l'attitude préférée des artistes. Elle permet à la vie, à la force, au mouvement de s'affirmer avec plus d'énergie. Les formes anatomiques s'accentuent davantage, et mieux aussi ressort l'habileté de l'artiste à les rendre.

---

(1) Le Musée archéologique de Lyon vient d'en faire l'acquisition au prix de 800 francs.

(2) Musée de Cluny.

(3) Cf. M. S. Reinach, *Op. cit.* pages 282 et 283.

Je ne sais si l'on y découvrira la vigueur de style du Ier siècle.

On nous dirait, cependant, que le faire, élégant toujours, mais un peu recherché et peut-être un peu mou, de la fin des Antonins, en est la meilleure caractéristique, nous n'en serions point surpris. L'art était encore capable de produire des chefs-d'œuvre à la fin du IIe siècle, et au commencement du IIIe.

Le taureau de Tessonge a été intentionnellement brisé, et les fragments en furent enfouis. On les retrouverait, certainement, sur un étroit espace, autour du lieu de la découverte. Le cas est identique à celui de Coligny.

A Coligny, c'est d'un mètre à peine de diamètre qu'était la fosse de recèlement, et, à ce propos, on a pu faire la remarque que la statue et le calendrier semblaient avoir été brisés par leurs prêtres, pour éviter que ces objets ne fussent profanés (1).

Les prêtres ne portent pas eux-même criminellement la main sur l'objet de leur culte, pour en éviter la violation.

Tous les sacerdoces ont ce trait commun, que jusqu'à l'anéantissement de leurs divinités, ils croient à l'efficacité de leur pouvoir, contre les mains profanes qui se lèvent sur elles.

Au pis aller, on les enterre. En 1793, on enfouissait les vases sacrés, les statues et les reliques des saints, dans l'espoir de jours meilleurs, on ne les détruisait pas.

Le bronze de Tessonge avait un caractère religieux, comme la statue de Coligny. Au triomphe du christia-

_____

(1) M. Héron de Villefosse, *apud Buche, Note.*

nisme, ils furent l'un et l'autre brisés probablement à la suite des édits des empereurs, peut-être de Constantin, qui ordonnaient de détruire les temples et les simulacres des faux dieux. Par l'enfouissement, on en déroba les restes à la piété de leurs sectateurs.

Au cours d'une invasion, les débris en seraient demeurés épars sur le sol, et auraient été dispersés.

M. A. Hudellet, à qui était due la photographie grand format de ce chef-d'œuvre, présentée à l'Institut, en a fait, à notre intention, une photographie plus réduite. L'expression en est très nette, et permet de suivre, avec le même intérêt que sur l'original, la description que nous en avons donnée.

La Société d'Emulation a dû renoncer à pratiquer des fouilles à Malarcher ; les propriétaires s'y sont formellement opposés.

— On appelait, anciennement, Tessonge, et la carte de l'abbé Berlier le rappelle exactement (1), les forêts qui rayonnent autour des Mangettes, de Sanciat à Béchanne et du plateau de Challes à Lyonnière.

La dénomination s'est restreinte depuis deux siècles. Elle s'applique, seulement, à l'étendue de bois, comprise entre Tanvol et Sanciat, la Durlande et le château des Sardières.

Tessonge ! Ce nom résonne comme un sépulcre.

On ne connaît plus de village, plus de maison, pas même d'emplacement, dit de Tessonge. Ce n'est qu'un nom historique, mais le nom est encore très vivant.

Il semble qu'à cet appel, on ressente les mystérieuses influences qu'exercent toujours, à vingt siècles de dis-

(1) Carte du diocèse de Lyon, MCCLXIX.

tance, sur nous tous, les fils des Gaulois, partout où on les rencontre, les grandes forêts, qui couvraient de leur ombre les druides et les rites de leur culte secret.

Faudrait-il voir, dans les bois de Tessonge, une forêt sacré des Gaulois ?

L'existence d'un taureau de bronze, constatée sur son sol, le laisse conjecturer. C'est tout ce que l'on en peut dire.

Sous les Romains, peut-être même avant les Romains, et sous les Mérovingiens, il existait un village à Tessonge, la *villa Taxionacus* (1).

Il était situé en pleine forêt, sur une voie militaire romaine, qui n'est point perdue encore ; elle venait du sud et se dirigeait au nord-est. La dénomination de Mangettes empruntée, au XVIIe siècle, à la famille la plus influente du lieu, s'est superposée au nom primitif de Tessonge et l'a fait disparaître.

C'était la *villa Tassonu*, à l'époque carolingiénne. Le roi Pépin en fit don, vers 751, au monastère de Saint-Oyend (2).

Il est nommé *Tapsanacum*, dans la charte de l'Empereur Lothaire qui, le 20 septembre 852, confirma la donation précédente, *Taxaniacum*, dans une seconde confirmation, du 10 des Kalendes de décembre 928, par Hugues de Provence (3), et *Taxonacus*, dans une bulle de Léon IX, de 1050, à la même abbaye.

---

(1) Voir *Correspondance de Guichenon* dans *R. vue de la Soc. litt. de l'Ain*, 1870, page 297 et suivantes.

(2) D. Benoît, *Histoire de l'Abbaye et de la Terre de Saint-Claude*, II, 297.

(3) *Ibid.*, pages 365 et 383.

Vers l'an 1100, Bérard de Châtillon, évêque de Mâcon, se rendit à Tessonge, avec ses chanoines, pour traiter, avec Hugues de Thoire, de quelques fonds dépendants de son église (1).

Les conférences se tinrent sans doute au prieuré.

Le pouillé de Lyon du XVIIe siècle, publié par Auguste Bernard, mentionne, en effet, un prieuré à Tessonge, *Tassonas pri.*, que l'auteur interprète, dubitativement, il est vrai, par *Jasserona, prioratus.*

J'ajouterai, cependant, qu'il paraît ne figurer à la cote des paroisses que pour mémoire, car c'est une addition interlinéaire, et la mention se trouve dépourvue de tout autre indication en spécifiant le patronage et les droits (2).

Le prieuré fût bâti sur la rive droite de la Durlande, au sud-ouest des Petites Mangettes, près d'une source abondante, qui décida probablement du choix de l'emplacement.

En 1252, les Templiers possédaient une commanderie à Tessonge.

Que s'était-il passé dans l'intervalle? Une simple substitution. Il est, en effet, fort admissible que les moines de Saint-Claude placèrent leurs domaines de Bresse sous la garde des Templiers, et qu'ils établirent ceux-ci à proximité par la cession de leur prieuré de Tessonge.

La donation aurait eu lieu, entre la bulle de Léon IX et le diplôme de Frédéric Barberousse de 1184, qui ne mentionne plus ce lieu parmi les possessions de l'abbaye.

Les Templiers se bornèrent à prendre possession du

(1) Guigue, *Topogr. de l'Ain*, V° Tessonge.

(2) *Cart. de Savigny et d'Ainay*, II, 915.

prieuré qu'ils fortifièrent. Ils ne construisirent pas de château.

A leur suppression, Tessonge passa aux chevaliers de Saint-Jean-de-Jérusalem.

Le village portait toujours le nom de Tessonge, en 1563. La population se composait de 25 à 30 habitants. formant dix groupes ou familles, les Chanus, Maugettes, Manissier, Thyvent, Vavre, Rongier, Filiad alias Johanton, Gonin, Mathieu-Conflon, et Tisserand. Les cinq dernières existent encore (1).

Au xviiᵉ siècle, l'hôpital de Tessonge ne consistait plus qu'en une chapelle, sous le vocable de Saint-Jean-Baptiste, épargnée peut-être, parce qu'elle était le but d'un pélerinage (2). Il n'est rappelé, de nos jours, que par les décombres nivelés de son enceinte, un rectangle allongé d'environ 55 mètres sur 30, qu'entouraient des fossés (3), et par deux lieux dits, les Bois du Commandeur et la Trace du Commandeur, appliqués l'un à une section de la forêt, l'autre à un chemin qui la recoupe sur toute sa longueur.

---

(1) *Arch. de l'Ain*, H. 923. *Terrier de Tessonge*, 1563, t. II, fol. 582-679.

(2) M. François Gonin, propriétaire aux Petites Maugettes, qui m'a donné la plupart des détails qui suivent, n'a pu préciser l'objet ni l'époque du pélerinage. On venait y prier, m'a-t-il dit, pour « les veaux et dans les premiers jours de mai, » probablement le 6 mai, fête de Saint-Jean-Porte-Latine.

(3) Le puits de la commanderie se trouve sous les décombres, l'orifice fermé d'une dalle, et, près de l'enceinte, était le cimetière, où furent inhumés les religieux et les chevaliers décédés à Tessonge. On y a découvert de nombreux ossements. D'autres ossements ont été exhumés sur l'emplacement de la chapelle.

De son côté, la chapelle est détruite ; il en reste seulement quelques ruines sans caractère, que la végétation recouvre, dans une prairie, rendue marécageuse par les eaux de la fontaine qui manquent d'écoulement (1).

Le nom ethnique de Tessonge s'est effacé à son tour, et le lieu, qui fut la *villa Tassonas*, n'a d'autre dénomination, parmi les habitants du pays, que celle tout à fait moderne et vulgaire, de Grandes et de Petites Mangettes.

§ 6.

Priay. — Buste antique.

Au château de Priay, M. le baron de Saint-Didier, colonel du 16e dragons, possède un buste antique, dont l'exécution n'a rien de commun avec la manière de faire d'un praticien ordinaire. On doit le traiter en œuvre d'art.

Il orne l'un des paliers du principal escalier du château.

L'artiste, pour le produire, s'est contenté de la pierre blanche oolithique du pays.

Sa hauteur de la base à la partie la plus élevée de la tête, est de 0,42 centimètres.

---

(1) Elle a été démolie vers 1828 ; le propriétaire voulait en utiliser les matériaux. On l'appelait encore chapelle de Tessonge. D'après le calibre des briques, c'était une construction du xiie siècle.

Les pèlerins ne continuèrent pas moins de venir prier sur ses ruines. Depuis une quarantaine d'années, le concours s'est ralenti beaucoup ; aujourd'hui il a définitivement cessé.

Le marais, qui en avoisine les restes, présente l'aspect d'un ancien bassin.

Le module de la tête s'énonce par 0,23, cote qui, multipliée par sept et demi, donne 1 m. 73 1/2, dans l'hypothèse d'une reconstitution totale du corps.

Il présente ainsi des dimensions nature, car c'est la taille d'une femme élégante et bien proportionnée.

Elle porte une cuirasse à écailles de poisson, *squama*, ornée sur la poitrine d'une aigle éployée, et une tunique en dessous ; l'étoffe déborde légèrement l'armure, au-dessus des seins.

Un manteau, dont on aperçoit la bordure supérieure, est jeté par-dessus la cuirasse. Il remonte derrière l'épaule droite, et passe sur l'épaule gauche, qu'il recouvre. Sa présence ne se manifeste que par quelques plis.

La gorge et le cou sont découverts.

La chevelure est abondante ; elle est séparée, sur le front, par une raie que voile, en partie, la couronne qui ceint la tête. En arrière, les cheveux descendent en ondulations légères et se réunissent, au bas de la nuque, en une touffe unique qui, après avoir enlacé d'un tour le nœud de la couronne, retombe flottante sur le cou.

De chaque côté de la figure, vers les tempes, ils s'enroulent en spirale, formant deux bourrelets qui, à leur tour, enserrent le diadème et contribuent à le fixer.

Les bourrelets couvrent les oreilles ; ils ne laissent paraître que le bout inférieur des lobes.

La couronne se compose d'épis. Sur le front, elle est décorée d'un soleil qu'entourent des rayons. Nous avons dit comment elle est maintenue en place, par un arrangement de la chevelure, aussi ingénieux que de bon goût.

Elle est fermée par un ruban d'attache, dont les ex-

trémités flottent négligemment, l'une en arrière de l'é-
paule gauche, l'autre sur l'épaule droite et en avant.

Le buste est peint.

Sa polychromie comportait le rouge tendre, le carmin
et le noir.

Il est peu commode, d'ailleurs, d'en distinguer les
tons ; une couche brunâtre, à peu près uniforme, formée
de substances terreuses, est généralement superposée à
la peinture.

Néanmoins, la cuirasse, les chairs, les cheveux et la
couronne se montrent en rose ; les lèvres sont passées
au cinabre, et le manteau est peint en noir.

La fixité de la peinture indique que les teintes étaient
appliquées à l'encaustique. Quelques raclures, que nous
avons soumises au feu, n'ont cependant pu nous en convaincre ; mais quel résultat probant attendre de l'épreuve
sur des débris si anciens ?

On observe, sur quelques parties écaillées, notamment
à la joue gauche et au cou, une coloration jaunâtre. Ce
sont les premières couches, destinées à combler les pores,
et à donner à la pierre le poli nécessaire pour recevoir
la teinte définitive. Elles étaient préparées à l'ocre jaune ;
le frottement les a mises à nu.

Nous ne parlerons de l'attitude que pour vanter l'ex-
cellence du choix. La tête est droite, sans raideur et légèrement inclinée à gauche, pose naturelle et pleine de
dignité.

La femme est jeune et belle.

Les seins sont d'une vierge.

Les formes, vigoureusement modelées, débordent de
force et de jeunesse. La figure offre un ovale parfait, ni
sèche, ni épaisse. Les lèvres sont fines et entr'ouvertes.

Le menton arrondi se détache délicatement des parties charnues, qui l'entourent. Enfin, on peut voir par les reproductions qui accompagnent cette note, que. de quelque côté qu'on la considère, il se dégage de cette figure deux qualités exquises : la distinction et la grâce.

Une cavité centrale indique la prunelle des yeux.

Sans être excellente sa conservation est bonne.

Aucune mutilation grave ne l'a déformée. Le nez, à cause de sa plus forte saillie, a été dégradé par les chocs ou les frottements, et la tête de l'aigle est brisée. Ce sont les dommages les plus importants. On remarque, sans doute, d'autres écornures, mais elles sont assez légères pour ne pas altérer la physionomie générale de l'œuvre.

Le buste était placé sur un piédouche, un socle ou un support quelconque ; il porte le goujon de fer, qui servait au scellement.

Sa découverte est relativement récente. Il fut trouvé, en 1865, par M. Hubert de Saint-Didier, l'auteur de *l'Itinéraire pittoresque du Bugey*, dans une propriété de rapport dite « La Boucle », située à Lyon, à l'extrémité du quai Saint-Clair. Le domaine a été depuis vendu par la famille.

On le transféra au château de Priay, où il est conservé depuis lors. Il était demeuré jusqu'à ce jour inédit.

M. le colonel de Saint-Didier, avec une amabilité, dont je lui sais le meilleur gré, l'a mis à mon entière disposition, m'autorisant tant à le reproduire qu'à le publier.

La partie photographique a été traitée par M. A. Hudellet ; selon son à habitude, il l'a traitée en artiste.

Phot. de M. A. Hudellet.

Buste antique de M. de Saint-Didier

Que ce buste ait une valeur d'art, chaque ligne de la description qui le fait connaître en témoigne.

J'ajouterai même que les qualités techniques en sont telles, que l'art gallo-romain y paraît étranger.

Ce buste doit être une œuvre romaine, soit qu'il nous vienne directement d'Italie, soit qu'il ait été produit, dans la Lyonnaise, par des maîtres romains, domiciliés dans la province et y pratiquant leur art.

Appliquer un nom à cette femme, il est superflu de l'essayer.

Ce n'est pas une personnalité historique. Je n'en connais pas qui présente exactement ses traits.

Ce n'est pas un mythe divin ou une allégorie.

Cérès, dont la couronne évoque naturellement le nom est toujours représentée, dit Moréri, avec un air triste et désolé, portant une torche et des épis. Minerve serait casquée et décorée de l'égide sur la poitrine. La Valeur et Rome montrent plus de virilité dans l'allure.

Ce n'est pas une conception idéale.

Sous ce modelé merveilleux, on cherche vainement l'expression d'un sentiment, la traduction d'une pensée, quels qu'ils soient.

Enfin, il n'est pas, à ma connaissance, de chef-d'œuvre antique, dont ce buste puisse être considéré comme une réplique.

L'absence d'idéalisme et l'éclair de vérité vraie, réelle, tangible, qui illumine cette figure, annonce un portrait.

C'est le portrait d'une dame romaine, dans son plein épanouissement de vie et de beauté.

L'artiste travaillait sur nature. Dans sa coquetterie de femme, le modèle s'est complu à se parer, pour la circonstance, d'atours à la fois guerriers et champêtres, mais il s'est offert en personne au ciseau du maître.

Indépendamment de ses qualités individuelles, il a été rendu, avec une préoccupation spéciale des exigences de l'esthétique.

Il nous reste un dernier point à éclaircir et non le moins intéressant. Quelle date lui fixer ?

Nous observerons, tout d'abord, que la souplesse des formes, la sobriété des détails, d'où sont exclues les minuties, l'élégante simplicité et la dignité qui caractérisent la physionomie générale de l'œuvre, sont des qualités maîtresses, qui appartiennent surtout à la belle époque de la sculpture romaine.

Il y a, cependant, des ombres et certains symptômes présagent, s'ils n'accusent déjà, l'altération du goût. Le mode de représentation graphique, qui consiste à donner à l'œil un aspect plus vivant, en indiquant la cornée par un trait circulaire et la pupille par une dépression, n'est pas rare dans la statuaire antique, mais l'usage n'en devient général qu'à partir de la seconde moitié du II⁰ siècle.

On rencontre des statues peintes, sous les Césars et les Flaviens, telle la statue d'Auguste du Vatican, mais elles sont rares. La polychromie ne se vulgarise qu'avec les Antonins.

Le peu d'exagération dans les couleurs, dont notre buste est vêtu, nous reporterait au début de ce procédé.

La coiffure est un moyen de renseignements qu'on ne doit point dédaigner, dans l'appréciation d'un portrait féminin. Les monnaies sont, à cet égard, d'un concours aussi précieux que sûr.

Parmi les impératrices et les princesses romaines des

deux premiers siècles, Sabine, femme d'Hadrien, offre le meilleur terme de comparaison. L'identité n'est pas rigoureusement complète ; les points de ressemblance, dans la chevelure, sont néanmoins assez nombreux et assez précis, pour qu'on puisse croire à la contemporanéité des deux femmes.

Qu'on se réfère aux monnaies de Sabine, et, en particulier au n° 19, de Cohen.

Il existe, au Louvre, un portrait en marbre, d'une dame romaine, bien propre à nous guider dans le cas qui nous occupe (1). M. Michon, attaché au département des Antiques, l'a présenté à la Société des Antiquaires de France, séance du 23 mars 1898. J'ai été frappé de la multiplicité des traits communs qu'il offre avec le nôtre. Il l'attribue au IIe siècle.

Ces considérations et les qualités, que nous avons reconnues au buste de Priay, nous ramènent, avec M. Michon, au règne d'Hadrien comme date moyenne, et nous concluons, à propos de notre portrait, comme il conclut à propos de celui du Louvre, qu'il « doit être attribué au regain de faveur, dont l'art jouit sous les Antonins. »

§ 7

Le Plantay. — Bronze indéterminé.

J'ai réservé pour ce septième et dernier paragraphe une pièce restée jusqu'ici indéterminée.

Elle est en bronze et se compose d'une douille évasée par le haut.

---

(1) N° 620. *Catal. sommaire des marbres antiques.*

La douille est surmontée d'une boucle ou anneau à faibles côtes, comparativement à son large diamètre.

Au-dessus de la boucle, un nœud, d'où part une tige élégamment recourbée, à son extrémité, en bec d'aigle avec aigrette à l'arrière.

Toute cette partie supérieure de la pièce est aplatie perpendiculairement au plan de la boucle. La direction du bec en crochet y est semblablement perpendiculaire.

Si on veut bien jeter les yeux sur la figure de profil ci-jointe, on verra que la naissance de la boucle débute en dehors de l'axe du bronze, et que, par une légère déviation, elle y rentre en montant.

A la partie postérieure du nœud, postérieure, parce qu'elle est opposée à la direction de la pointe, on remarque une fente où s'engage une tige de fer, retenue par une cheville de même métal.

La tige a presque entièrement disparu par suite de l'oxydation ; elle devait être de petite dimension.

Doit-on regarder cet assemblage comme une charnière. On l'a pensé tout d'abord. Mais un minutieux examen nous a fait écarter cette manière de voir. Le fer paraît s'introduire dans le bronze de bas en haut, à la façon d'un coin, disposition peu favorable au jeu de la tige, au cas qu'elle fût mobile. Elle était fixe, selon toute vraisemblance.

En appelant douille la partie inférieure du bronze, je le considère en son présent état, mais il est de la dernière évidence qu'il adhérait à une pièce dont une rupture l'a violemment séparé ; on constate, aux rugosités de la branche, qu'il n'y a pas eu bordure ni section, mais fracture.

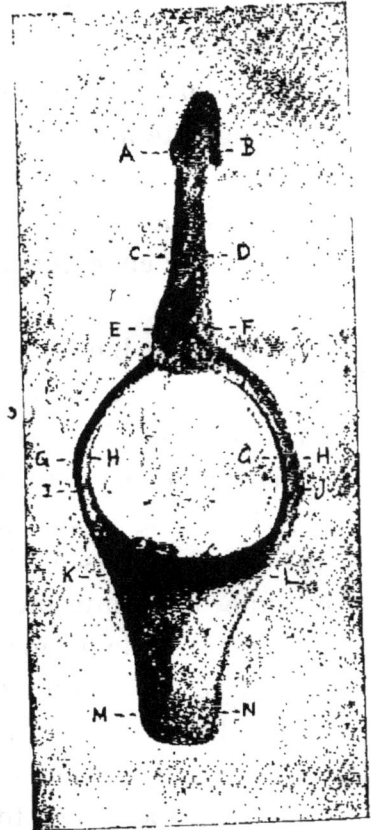

Bronze indéterminé

Vue de profil.		Profil en travers.	
A B 62 millim.	I J 11 millim.	A B 5 millim.	G H 4 9/10 mil.
C D 13 —	K L 22 —	C D 6 —	I J 42 — —
E F 27 —	M N 16 —	E F 11 —	K L 29 — —
G H 6 —	O P 118 —		M N 15 mil.

La pièce est recouverte d'une patine verte.

Elle a été recueillie, près du Plantay, dans un champ appelé le Couvent, à 200 mètres environ au sud-ouest de la ferme des Echailluays.

Le champ confine au tronçon de voie romaine, qui fait la limite des territoires de Villars et du Plantay, et qu'on peut suivre, sans interruption, l'ayant nous-même parcouru à deux reprises différentes, du domaine Rebuisson au domaine du Grand Berlié.

Sur une aire d'assez court rayon, il présente, ramenés sur le sol par la culture, une quantité considérable d'objets antiques, briques, tuiles plates brisées. L'excursion, que la Société d'Emulation fit à Villars, le 4 janvier 1900, avec la reconnaissance de la voie romaine pour objectif, s'arrêta sur ce point. Une exploration de quelques instants nous permit de recueillir, notamment, des poteries fines, un fragment de meules en grès, *mola manualis*, un poids en terre cuite et une clé de fer de petite dimension, *capsæ clavis*.

La nature de ces débris nous éclairait, suffisamment, sur le caractère et le genre de constructions, qui avaient jadis occupé cet emplacement.

C'était un domaine gallo-romain.

Il n'y a pas eu de couvent en ce lieu. La dénomination n'est intervenue que pour justifier, aux yeux de la population locale, la présence de ces vestiges, dont elles ne comprenait pas la signification.

Le champ appartient au domaine des Echailluays. Le fermier nous remit, à ce moment, le bronze que nous étudions. Il l'avait trouvé lui-même au cours de son exploitation.

La Société d'Emulation le détient provisoirement.

Il restait à l'identifier.

A cet égard, il a toute une odyssée.

Aucune pièce de nos collections ou évoquée par nos souvenirs, n'étant de nature à être mise en parallèle avec cet antique, on le soumit aux autorités compétentes.

A Lyon, elles n'osèrent formuler de jugement.

Il fut dirigé sur Paris. Après examen, on garda la même réserve.

A Vienne, dont il avait pris le chemin, en quittant Paris, sur la demande expresse d'un des représentants les plus autorisés de la science en Autriche, on se récusa encore.

Enfin, il réintégra, aussi mystérieux qu'au départ, les vitrines de la Société.

Il demeurait acquis que, ni le musée de Lyon, ni ceux de Paris et de Vienne ne renfermaient de bronzes identiques, mais l'emploi, la destination que lui réservaient les usages gallo-romains, là était toujours le problème.

Après les maîtres éminents, qui ont réservé leur appréciation, il paraîtra peut-être téméraire de risquer un rapprochement ; nous l'essayerons néanmoins.

Puisque la pièce n'a pas d'identique, nous procéderons par analogie.

Trouvé dans les décombres d'une métairie, ce n'est point parmi les meubles de luxe, qu'on doit chercher son analogue, mais parmi les objets d'un usage commun et, plus spécialement, les ustensiles de ménage.

La boucle complique la difficulté ; ce n'est qu'en apparence.

Elle n'était pas, en effet, destinée à un emmanchement,

Les côtes n'offraient pas assez de résistance. Elles auraient cédé à la première somme d'efforts, que paraît comporter un manche de cette dimension.

Moins encore, la douille se prête à une hypothèse semblable. Nous avons dit qu'elle était accidentelle, un produit de rupture.

Les Romains faisaient usage, dans la vie domestique, d'une sorte de réchaud ou brasier, qui avait des rapports assez étroits avec nos pelles à braise modernes.

Ils le nommaient *Batillum* ou *Batillus* (1).

Il servait au chauffage et, à l'occasion, à parfumer les appartements en brûlant sur les charbons incandescents, des plantes odoriférantes où de l'encens. C'était un ustensile en bronze, à fond plat, porté sur quatre pieds bas et à bords évasés. Il était ouvert sur le devant et pourvu d'un manche à l'arrière. L'extrémité du manche revêtait différentes formes, et, pour éviter le basculage du brasier, elle était munie, en-dessous, d'un petit pied ou support.

Le bronze du Plantay me paraît représenter la tête d'un manche de cette forme de réchaud.

La tige de fer fixée à l'arrière peut être considérée comme le support.

Le bec servait à l'accrocher et l'anneau à le suspendre, selon le mode de suspension, que chacun voyait bon à lui donner après emploi.

Il n'est pas jusqu'à la cavité du manche qui favorise cette conjecture, car, en lui évitant l'inconvénient de trop s'échauffer, elle facilitait le déplacement de réchaud, pendant qu'il était allumé.

(1) Cf Rich., *Dict. des Antiquités*, V° *Batillum.*

Si les musées de Paris et de Vienne, dont les collections renferment cependant tant de richesses, n'offrent pas de bronzes semblables, c'est sans doute que le type en était local et sans écoulement lointain. C'est le musée de Lyon qui eut été le mieux à même, et le sera peut-être un jour de nous l'appareiller.

Ce sentiment m'est tout à fait personnel, mais il est à mes yeux, l'interprétation la plus rationnelle de cette pièce énigmatique.

M. A. Hudellet en a pris deux photographies, de dos, pour montrer le point d'attache du support, et de profil. Nous les avons reproduites et accompagnés d'une cote très détaillée.

Les antiquaires, que ce bronze pourrait intéresser, l'auront ainsi à leur portée, avec les renseignements essentiels, pour en poursuivre l'identification, car je n'ai pas eu la prétention, il n'est pas besoin de le dire, en développant mon hypothèse, de la présenter comme un sentiment d'une valeur archéologique abolue.

Article IV.

Archéologie barbare.

Barbare ne signifiera pas, dans ces pages, absence de civilisation, mais degré moindre de culture. Nous sommes en territoire romain et on sait que Rome, dans son orgueil, qualifiait de barbares tous les peuples, civilisés ou non, situés hors des frontières de l'Empire. L'expression d'ailleurs, par sa généralité même, s'étend à l'époque entière des invasions. Les noms ethniques, franck, mérovingien, burgonde, visigoth, qui désignent d'une manière trop exclusive un peuple, une race déterminée, ne trouveraient pas exactement leur place en tête de cet article.

Sous ce titre, il sera question de nécropoles, de sépultures et de mobiliers funéraires.

§ I.

Nécropole du Châtelard-de-Luyres.

Un cimetière barbare a été exploré au Châtelard-de-Luyres.

On dénomme ainsi la montagne en promontoire, située à la bifurcation de la route, se dirigeant de Jujurieux vers Saint-Jérôme et Châtillon-de-Cornelle. Le rocher se dresse à pic sur les deux routes, et n'est dominé que par le mont dit de Boyeux, du même massif, qui s'élève au nord-est.

Le plateau a quatre hectares de superficie. Le sol y est peu profond ; la roche affleure de tous côtés. Les ruines de l'ancien château du Châtelard couronnent la partie haute du plateau.

En son état présent, c'est un pâturage parsemée çà et là de ronces et d'arbustes chétifs.

La propriété appartient à M. le baron Maupetit.

Il semble que la période gallo-romaine l'ait marqué de son empreinte. On affirme, à Luyres, « avoir trouvé, sur ce plateau, plusieurs pièces de monnaies dont les effigies étaient effacées. »

L'existence de l'ancien cimetière du Châtelard n'était pas ignorée. Les habitants du village y pratiquaient clandestinement des fouilles, dans l'espoir de mettre la main sur le *traditionnel trésor*. Mais l'éveil ne fut donné qu'en 1872, par la remise, que l'un d'eux fit à M. Maupetit, d'une pièce de bronze dont il sera parlé tout à l'heure.

Aussitôt prévenu, le propriétaire prit des mesures, en vue d'en effectuer méthodiquement l'exploration.

Nous avons sous les yeux le journal de ses fouilles ; les éléments de cette étude en sont tirés. Une visite au Châtelard, où M. Maupetit a bien voulu m'accompagner, et me communiquer, sur place, les explications les plus détaillées, leur a donné le complément qui leur manquait.

Les tombes étaient nombreuses ; elles couvraient la partie nord-est du plateau. D'autres, en moins grand nombre, se trouvaient dans le vignoble, à l'est du château.

L'emplacement de ces dernières, tourné à l'est et directement chauffé par les rayons du soleil, est conforme à l'usage, le cas des autres regardant au nord et au nord-est présente une anomalie.

Le désordre, qui régnait dans la plupart des sépultures, convainquit l'explorateur qu'en réalité des violations cupides les avaient souillées.

Elles étaient construites en pierres plates, appelées loses et laves dans le pays. Ces dalles étaient placées verticalement, à la tête, au pied et sur les flancs. Dessous, la roche en tenait lieu ; au-dessus, des couvertes de même nature, posées à plat, fermaient chaque cercueil.

La roche superficielle, étant callovienne, ne se prêtait pas à l'extraction des plaques, minces et de grandes dimension, qu'exigeaient les tombes ; on avait dû recourir au bathonien, à mi-hauteur de la montagne de Boyeux.

L'inclinaison du sol, en s'opposant à l'horizontalité des sépultures, offrait une seconde difficulté. Pour y remédier, on dut, dans certains cas, tailler et aplanir le rocher, et dans d'autres, obtenir le nivellement, en construisant, sur l'un des flancs de la tombe, un mur de soutènement en pierres sèches. L'exploration du 27 septembre 1872 mit en évidence ce dernier cas.

La forme des cercueils passa inapperçue. On ne s'est pas assuré laquelle, trapezoïde ou rectangulaire, prévalait dans la nécropole. Cependant, si on s'en rapporte au périmètre des tombes, restées intactes, aujourd'hui encore empreint à la surface, elles présentent plus de largeur à la tête qu'au pied, et il semble que les parois latérales s'enfoncent obliquement dans le sol.

Les sépultures, dans les cimetières barbares, vont habituellement par rangs. Il n'était pas possible, au Châtelard, d'adopter cette disposition ; l'irrégularité du terrain, par suite des pointements du rocher, s'y opposait. Les inhumations avaient lieu, selon que le permettaient les interstices demeurés libres. ·

On voit, dès lors, la forme accidentée, que présente la surface de cet ancien champ funèbre. Tantôt les sépultures sont rapprochées, au point de n'avoir entre elles d'autre intervalle que l'épaisseur de la dalle qui les sépare ; tantôt elles sont isolées par de petits massifs calcaires, qui s'élèvent ici sur les côtés, là vers les extrémités des cercueils.

Néanmoins, quelles que soient les exigences du terrain, les tombes ont toujours leur orientation nettement définie vers l'est ; une fois seulement nous l'avons remarquée au sud, et une autre fois au nord. Si l'anomalie de ces cas avait montré de la fréquence, elle eut attiré notre attention.

Les corps étaient couchés sur le dos, et reposaient directement sur la roche. Il est même arrivé que la partie supérieure fût creusée pour emboîter la tête.

Parfois, les corps inclinaient sensiblement à gauche. La position est sans signification aucune; la décomposition du cadavre, le mouvement des terres et l'action des eaux d'infiltration peuvent déterminer ce déplacement. Les mains étaient ramenées et croisées sur le ventre ; les os gisaient parmi ceux du bassin.

M. Maupetit a soumis à une étude attentive les crânes, que ses fouilles lui ont procurés. Nous transcrivons ses observations.

Dans les premiers jours de septembre 1872, l'ouverture d'une tombe inviolée lui livra un squelette entier ; les ossements avaient conservé leur connexion naturelle.

« Le squelette appartenait à un individu du sexe mas-
culin, de taille moyenne, plutôt grand que petit, d'un
âge assez avancé, à en juger par les sutures du frontal,
des pariétaux et de l'occipital, qui étaient soudés ensemble. »

La restitution du crâne en mit en vue les caractères.

« La tête est dolichocéphale, continue l'explorateur,
et a quelque tendance au prognathisme. Les machoires
sont armées de presque toutes leurs dents ; quelques-
unes sont cariées, les autres sont fortement usées,
celles du maxillaire supérieur surtout. Les incisives
ne se croisent pas, mais se superposent, ce qui semble indiquer un genre particulier d'alimentation. La
machoire inférieure, forte et portée en avant, paraît
indiquer une alimentation dure et grossière. La branche
et le corps de l'os du maxillaire inférieur forment un
angle obtus, ce qui démontre, une fois de plus l'âge
avancé du sujet. »

Les autres parties du squelette n'offraient pas d'intérêt.

Un jeune sujet de 10 à 15 ans, découvert en septembre 1873, manifestait par contre une brachycéphalie
très prononcée.

Mais la pièce capitale, dans cet ordre d'idées, fut rencontrée quelques jours après. On la recueillit hors
d'un caisson funèbre, entre la dalle faisant paroi et le
rocher.

Au premier aspect, ce crâne parut singulier ; l'examen
ne fit que confirmer la première impression.

Il présentait la forme approximative d'un œuf, « dont
le front serait la partie ronde, et la protubérance occipi-
tale la partie pointue. Le frontal offrait donc une dé-

pression assez accentuée. La partie postérieure était encore plus déprimée. » Les arcades sourcillières, peu
saillantes, l'étaient cependant plus que dans les crânes
communs. Le développement des bosses du frontal se
montrait quelque peu supérieur à l'ordinaire, « et les
dépressions de l'os commençaient immédiatement après.
Le sujet, sans toucher à la vieillesse, devait avoir dé-
passé la moyenne de la vie, car les sutures du crâne se
soudaient par endroits. La dépression crânienne étant
considérable, le volume du cerveau était moindre que
celui des crânes trouvés sur le même plateau. »

De ces différentes particularités, de la place qu'il occupait, de la nature des os, rugueux à la surface, et de
sa teinte légèrement dissemblable, comparativement aux
autres débris crâniens, M. Maupetit conclut à un type
à part, étranger à la race, qui peuplait les tombes du
Châtelard.

Nous avons noté, en détail, ces observations ; nous ne
voulons, en effet, laisser dans l'ombre aucun des traits
propres à distinguer cette nécropole. Mais un sentiment, touchant l'origine, la race ou la nationalité de sa
population, que recommanderaient seuls les caractères
qu'on vient de lire, ne serait pas solidement fondé.

L'examen, portant sur trois sujets, n'est pas assez
généralisé.

D'autre part, on ne peut presque rien conclure des
caractères anatomiques.

Enfin, on trouve, dans l'atavisme, l'explication de la
plupart des cas sporadiques, tels que ceux observés par
M. Maupetit, au Châtelard-de-Luyres.

L'un des premiers soins, dans les inhumations barbares, tendait, semble-t-il, à protéger le corps contre l'humidité.

On remarquait des traces de chaux à l'intérieur des sépultures.

Nous le concevons au Châtelard. Ne devait-on pas craindre, en effet, que les tombes, creusées en partie dans le roc, ne se transformassent, de temps à autre, en récipients pour les eaux?

Dans les régions nord-ouest de la France, en Normandie, on a rencontré des sépultures où le défunt était, à la même fin, entouré d'une chape de plâtre (1).

La précaution n'a eu qu'un effet passager. Les ossements avaient beaucoup souffert de la constante infiltration des eaux. Leur friabilité était extrême, dans le plus grand nombre des tombes. Ils se brisaient au moindre choc. Les crânes ne furent recueillis qu'en débris.

Au début de l'exploration, on affirma à M. Maupetit que les sépultures n'avaient jamais rien rendu, qui pût faire croire à l'existence d'un mobilier funéraire, et M. Maupetit déclare, à son tour, n'avoir retrouvé lui-même aucun objet ayant servi à l'usage de l'homme.

Les tombes, situées à l'est du château, ont pourtant restitué un instrument de bronze.

Il est formé d'une tige de 82 millimètres de longueur, qui se recourbe en demi-ovoïde et se termine en queue de poisson. La tige est aplatie, sur les deux tiers de sa longueur, et le tiers antérieur pareillement, mais sur un plan perpendiculaire au précédent. Une ciselure en-

(1) Barrière-Flavy, *Les Arts industriels de la Gaule.* I, page 4.

cadre chaque plan, et un nœud trapézoïde, à décoration losangée, leur sert d'attache. L'extrémité supérieure de l'instrument est pourvue d'une boucle. Il était, vraisemblablement, suspendu à une chaînette de même métal.

M. Perrault-Dabot, archiviste de la Commission des Monuments historiques et adjoint à l'Inspection générale, dont je désirais connaître l'avis, pense qu'on pourrait y voir une fibule. Déjà, précédemment, l'observation avait conduit M. de Lubac, qui eut à l'examiner, sur la présentation de M. Maupetit, à y reconnaître une broche, et il en faisait un produit industriel de l'époque du bronze.

Ni la technique, ni le style ne paraissent propres à cette époque, et, on cherhe vainement, vers les deux extrémités, les signes caractéristiques de cette parure, le ressort et le cran d'arrêt de l'épingle, ou, tout au moins, la place qu'ils auraient dû occuper.

L'ornementation est barbare. Le motif à losanges décore des fibules à rayons, restituées par les stations de Herpes, dans la Charente, et de Sablonnière, dans l'Aisne (1).

Mais quelle était l'affectation de cette pièce?

On rencontre, fréquemment, dans les sépultures de l'ère des invasions, des chaînettes de longueur variable, de 0,56 à 1 mètre 60. D'un côté, elles sont munies d'une agrafe, dissimulée derrière une plaque décorative, et portent suspendues à l'autre bout, des médailles, rondelles, croix, etc. (2). Ne serait-ce point parmi les pen-

---

(1) Barrière-Flavy, *Op. cit.* II. Pl. LVII, 8, et LVIII, 9.
(2) *Ibid.* I, p. 210 et sp 99.

deloques, qui décorent ces chaînettes, qu'il faudrait chercher l'attribution réelle de la prétendue fibule du Châtelard.

Je me borne à énoncer l'hypothèse. Tout aussi bien que le sentiment de M. Perrault-Dabot et de M. de Lubac, l'identification que je propose, demeure sujette à des réserves.

Sur toutes les tombes, explorées par M. Maupetit, se trouvait un foyer. On le rencontrait, sous la couche de terre végétale, à la profondeur de 15 à 18 cent. Les vestiges consistaient en amas de cendres, et en nombreux fragments de terre brûlée.

Dans ces restes de foyers, on recueillit deux dents, une quantité d'ossements, tant d'oiseaux que d'autres espèces animales, enfin des fragments de poteries.

Le cas de ces foyers, recouvrant des tombes barbares, n'est pas isolé. M. Béquet en découvrit de semblables à la nécropole franke de Franchimont, province de Namur. Ils avaient un mètre de diamètre et 0,40 d'épaisseur. A l'exemple de ceux du Châtelard, ils renfermaient de la cendre de bois, des poteries brisées, des ossements d'animaux et des morceaux de bois de cerf. Pour M. Béquet, ces foyers se rattachaient aux repas qui, chez les Franks, accompagnaient les cérémonies funèbres (1).

Tous les peuples ont eu leur repas d'adieu. Il suivait ou précédait les funérailles.

Les populations primitives accomplissaient ce cérémonial sur la tombe en plein air. Le banquet des Romains, le *silicernium*, était pareillement célébré sur la tombe ou dans une chambre du tombeau, *ad sepulturam*, dit

---

(1) *Nos fouilles en 1880*, apud Barrière-Flavy

Varron, et il est fréquemment représenté sur les cippes funéraires. Chez les Grecs, c'était dans la maison du parent le plus rapproché du défunt, et immédiatement après l'inhumation.

Maints canons des conciles prononcèrent l'interdiction de cet usage, ils ne parvinrent pas à l'abolir. Les statuts de Savoie, de 1430, en font figurer la réglementation parmi les lois somptuaires, *in prandiis vero dictarum sepulturarum non servietur nisi de unoferculo duplo moderato ad unam assisam* (1), et il me souvient d'avoir été, dans mon jeune âge, témoin des derniers vestiges de cette ancienne coutume.

Les peuples, que la civilisation intensive de l'Occident n'a pas trop intellectuellement dénaturés, conservent ces traditions pieuses. Chaque année, la cour de Chine accomplit un pélerinage aux tombes orientales de la dynastie, et offre des sacrifices sur les sépultures. Ces tombes sont situées à 160 kilomètres de Pékin. Pendant l'absence du souverain, la plus grande partie des affaires est suspendue.

Devant l'ancienneté et l'universalité de cet usage, je me demande si les foyers de l'âge du renne que, dans quelques stations, on a reconnus au-dessus des sépultures et considérés comme des foyers domestiques, ne seraient pas dans la plupart des cas, des foyers funéraires, un rite, une cérémonie des funérailles.

Une seconde question se pose, à ce même sujet. Le repas funèbre était-il particulier à l'inhumation ? Les foyers sont larges et profonds, la couche de cendres est épaisse et les animaux dont on y retrouve les restes sont

(1) Lib. V, art. XXXVII.

variés. Ces considérations seraient, peut-être, de nature à faire admettre que le repas d'adieu se renouvelait soit à des jours désignés, tels que l'anniversaire du trépas, soit à d'autres dates, commémoratives ou associées à la mémoire du défunt (1).

La présence de foyers, sur les tombes du Châtelard-de-Luyres, n'est pas le caractère le moins remarquable de cette nécropole.

A travers les débris des foyers, étaient disséminées des poteries en fragments.

Elles jonchaient le sol, comme il a été dit, jusqu'à une petite profondeur.

On peut faire deux classes de ces tessons.

L'une comprend les fragments à pâte noirâtre ou grisâtre, et remplie, à des degrés divers, de nodosités de grosseur variable.

La teinte blanchâtre de ces nodules est capable de donner le change sur leur nature. A première vue, on les prendrait pour du quartz concassé; il n'en est rien. Ils sont vraisemblablement dus à une imperfection du marchage. Quant au quartz, les grains en sont si rares, qu'il y a tout lieu de regarder leur présence comme accidentelle.

La seconde classe se compose de poteries grisâtres ou

---

(1) C'était les jours de fête chez les Romains. « On venait en famille, les jours de fête célébrer — sur la tombe — des repas, dont on pensait bien que le mort prenait sa part. Cicéron blâme cette coutume, qui ne lui semble pas convenir à des sages'(*De fin.* II, 32); mais les inscriptions nous prouvent que le monde alors la respectait. » (G. Boissier. *La Relig. romaine*, I, 267).

brun-bleuâtre. Elles ne renferment pas de grumeaux blancs.

La pâte est assez fine, et le nombre en est plus restreint.

D'une manière générale, les poteries de la nécropole du Châtelard sont grossières et la technique en est médiocre.

La cuisson a souvent laissé à désirer. La cassure offre, en certains cas, deux colorations, l'une rouge ou rougeâtre à l'extérieur, l'autre, au centre de la paroi, d'un ton grisâtre et terreux.

Une couverte sans lustre revêt quelques tessons ; on la remarque d'autant mieux qu'elle est en opposition de nuance avec la pâte, la pâte étant brune et la couverte rougeâtre.

Parfois une couche noire affecte l'intérieur, alors même que le récipient présente une coloration générale plus claire. C'est un effet de la cuisson. D'autres fois, la couche brune s'observe à l'extérieur, et seulement par endroits ; c'est qu'alors la poterie a servi à des usages domestiques.

Les fragments sont de dimension trop faible, pour reconstituer la forme des vases. Quelques-uns, ceux à rebords en particulier, semblent se rapporter au type frank, qui consiste en deux cônes, soudés par leur base ; les autres rappelleraient le prototype burgonde, le type générateur, selon l'expression de Baudot, formé d'une base sphéroïdale, que surmonte un cylindre évasé, par en haut. On peut même, souvent, distinguer, parmi les tessons de cette seconde catégorie, des débris du contour vers la ligne de soudure.

Quelques traits en diagonale, courts et serrés, tracés

à la pointe, autour d'un vase constituent l'unique spécimen d'ornementation, que nous ait conservé la céramique du Châtelard. Le procédé dérive du système décoratif, qui s'est révélé dans les nécropoles de la Bourgogne.
Le rapprochement de notre échantillon, avec les vases à
décor les plus caractéristiques de l'art burgonde, en
démontre l'analogie (1).

La durée du cimetière du Châtelard-de-Luyres doit
être appréciée par siècles. En certains endroits, où le
le terrain mesurait plus de profondeur, les sépultures
étaient superposées ; il y en avait deux niveaux. L'ex-
pulsion de son cercueil, pour faire place au corps d'un
enfant, du crâne anormal, dont nous avons parlé, qui
fut rejeté entre la roche et la dalle de la nouvelle tombe
où le retrouva M. Maupetit, paraît être, de son côté,
l'indice d'une série d'inhumations successives sur ce
même plateau.

Il semble qu'inscrire une date au bas de ces notes, si
incertaine qu'elle soit, éclairerait tout l'article d'un lumineux rayon. Les données sont particulièrement fragiles
pour oser essayer. Nous n'avons guère que le mode de
construction des tombes, l'emploi de la dalle de pierre, la
forme passablement indécise des poteries, où nous avons,
cependant, cru distinguer le mélange des types frank et
burgonde, enfin, le décor en traits diagonaux, dont le
goût burgonde s'accommodait volontiers.

C'est peu, mais sur ces bases, il y a peut-être lieu
d'assigner une date. Nous la placerons au début du VIIe

---

(1) Barrière-Flavy, *Op. cit.* II, pl. LXXV et LXXVI.

siècle, avec une large marge, néanmoins, soit en deçà, soit au-delà de cette ligne, à laquelle, bien entendu, nous n'attachons qu'une fixité relative.

§ 2.

Jasseron. — Cimetière du Clos de Comté

Dans l'angle de la source du Jugnon qui, soit dit en passant, n'est comme la Reyssouse, que l'arrivée au jour d'un ruisseau de quelque ampleur, circulant à l'intérieur de la montagne et, à ce point de vue, mérite d'être visitée, entre la source de Jugnon, disons-nous, et le chemin, qui conduit de Jasseron aux Maisons-Rouges, s'étend un champ d'environ 70 ares. La surface en est partie plane, partie en pente, car il est situé au pied du coteau.

Il était jadis planté de vigne ; différentes cultures se le partagent actuellement. On y voit même une friche.

En 1876, Ambroise Vuillod, de Jasseron, l'un des propriétaires, entreprit de reconstituer son vignoble. Il traita à forfait avec un ouvrier du pays, pour le défoncement du terrain.

L'exécution de la tâche révéla, dans la partie déclive de la propriété, l'existence d'un cimetière barbare.

Aucune suite ne fut donnée à la découverte. On en causa dans le village et ce fut tout.

Forcément, par la nature même de son travail, des observations s'imposaient à l'ouvrier ; le propriétaire en fit

de son côté. Ces remarques ont été recueillies, à ma requête, par M. Ernest Vuillod, dont le père est aujour-
d'hui décédé, et il a mis à le faire une bienveillance extrême. Ce paragraphe en contient le résumé succinct.

Le tâcheron détruisit une quarantaine de sépultures,
et ne fit qu'en entrevoir approximativement soixante
autres, car toutes les tombes qui n'entravaient pas le défoncement sont restées inviolées.

La nécropole peut avoir vingt-cinq ares d'étendue,
mais il faut tenir compte du fait qu'elle se prolonge,
au nord, sous la friche voisine. Des sépultures ont dû
être coupées, dans la limite des deux propriétés.

La dalle seule, posée de champ, jamais à plat, a été
utilisée pour leur construction.

Quelques tombes présentaient plus de largeur et d'élévation à la tête qu'au pied, remarque à laquelle beaucoup
d'autres n'ont pas donné lieu. Il semble ainsi que la
forme soit tantôt trapézoïdale, tantôt rectangulaire.

Les sépultures étaient disposées parallèlement et par
rangs, avec un espace de 0,50 à 0,60 c. ménagé de l'une
à l'autre.

L'épaisseur de terre qui les recouvrait, variait de 0,40
à 0,50 sans descendre, en aucun cas, au-dessous de cette
dernière profondeur.

Mesurée à la boussole, la direction de l'axe des tombes est NNO-SSE. Il n'était pas possible d'accorder davantage à l'orientation rituélique; l'inclinaison du coteau allant de l'est à l'ouest, les morts, inhumés dans
cette position, auraient eu la tête en bas.

L'envahissement des cercueils, par les sédiments terreux, ne souffrait que de rares exceptions; la plupart
en étaient combles.

Les squelettes étaient couchés dans l'attitude du sommeil, et affectaient une position strictement horizontale.

Aucun corps n'a été rencontré en terre libre.

Les mains étaient-elles étendues le long du corps, selon la méthode romaine, ou repliées sur la poitrine et même sur l'abdomen, ainsi qu'on le pratiqua plus tard? Cette disposition, dont l'importance n'échappe à personne, n'a pas été observée.

Pas de vestige de chaux, ni de mortier à l'intérieur des sépultures, et aucune trace de foyer au-dessus.

L'une des tombes a rendu un instrument en fer.

C'était, m'a-t-il été dit, un grand couteau. Il mesurait o,40 à o,5o de longueur totale, et ne présentait qu'un seul tranchant. On ignore la direction qu'il a prise.

Si sommaire qu'en soit la description, on y distingue le scramasax, l'arme nationale des races barbares, qui avait, à la fois, la nature d'arme de guerre et d'outil domestique. Il atteint, dans les tombes burgondes, en deça du Jura, une longueur de o,52 à o,75 centimètres.

C'est à ce seul objet, que nous voyons réduit le mobilier funéraire de la nécropole de Jasseron.

J'ai fait observer que près des deux tiers des tombes n'ayant pas été ouvertes, ne sont pas démolies. Si les circonstances se montrent favorables, des fouilles pourront y être pratiquées plus tard.

La découverte d'une arme de guerre doit être regardée comme une invite ; elle apporte l'assurance avec elle que si les recherches ne sont pas très riches, elles ne demeureront du moins pas infructueuses.

§ 3.

Coligny. — Cimetière de Champel.

Champel désigne le quartier Est, le plus élevé de Coligny.

La découverte de cette cité funèbre remonte à quelques années déjà.

Elle eut lieu à deux reprises différentes, en 1882 et en 1884. La seconde phase l'emporte, en tous points, par son importance sur la première.

Le cimetière se trouvait dans l'enclos attenant, du côté sud, à l'habitation de M. le Dr Gauthier.

L'enclos était un ancien vignoble, dévasté par le phylloxéra. La révélation de la nécropole est due à sa reconstitution.

Les tombes couvraient environ dix ares de superficie. Nous ne parlons que des tombes, dont l'existence a été démontrée d'une façon certaine, car la nécropole se prolongeait plus au sud.

L'ouverture d'un chemin limitrophe, en 1883, entraîna, en effet, la destruction de sept à huit sépultures, et les cercueils qui, de ce côté, se montrent encore dans le talus de l'enclos, sont des amorces, indiquant que les alignements funéraires se continuaient au-delà.

Les tombes, rencontrées par le tracé de la route, furent l'objet d'une étude de la part de la Société d'Emulation au moment de leur découverte. M. Pelletier, maire de Coligny, lui en ayant donné avis, le bureau se transporta sur les lieux le lundi, 13 août.

Le résultat de la visite, résumé par M. Jarrin, fut publié dans le numéro du *Courrier* du 18 août suivant.

Le sol est argileux. Il contient 6 o/o de carbonate de chaux et une proportion, plus ou moins forte, de peroxyde de fer.

C'est le produit de la décomposition sur place des couches superficielles du Pontien ou Mollasse d'eau douce. Un sondage exécuté sans succès par le Dr Gauthier, en vue de la perforation d'un puits, s'est maintenu dans les marnes bleuâtres et imperméables de cette assise, jusqu'à 13 mètres de profondeur.

Il incline du N.-E. au S.-E.

Les tombes n'ont pas été aménagées dans le sens de la pente ; elles lui sont, au contraire, perpendiculaires, c'est-à-dire qu'elles sont tournées vers l'est.

Uniformément parallèles les unes aux autres, elles formaient des rangées espacées entre elles de 0,60 à 0,85 centimètres.

Les rangées étaient coupées de nombreux vides. On ne connaît pas au juste la raison de cette irrégularité. On pourrait la supposer dans la liberté, dont jouissaient alors les cimetières ; chacun aurait inhumé ses morts sur l'emplacement de son choix.

La nécropole de Champel renfermait deux sortes de sépultures, les unes en terre libre, les autres avec dalles de pierre.

Des premières, il n'a été reconnu que trois. Elles occupaient le haut du coteau.

Les inhumations, dans les cimetières barbares, débutent toujours par la partie la plus élevée de l'enclos funéraire ; les sépultures, que ce caractère distingue, sont donc les plus anciennes.

Les tombes à dalles étaient les plus nombreuses. Il en a été découvert une centaine.

Elles s'enfonçaient sous le sol, à une profondeur variable. A la couche d'argile superposée on n'a pas reconnu moins de 0, 40, ni plus de 0, 75 centimètres d'épaisseur.

Les corps étaient déposés horizontalement sur le dos.

Un cercueil a restitué deux crânes et un squelette ; il a dû servir à deux inhumations.

Les matériaux, employés à la construction des tombes, proviendraient des carrières de Lafay, près Verjon. C'est l'opinion des gens du métier, carriers et tailleurs de pierre de Coligny. Ils pourraient descendre, avec autant de probabilité, des environs de Vergongeat. Ceux que nous avons examinés sont bathoniens, et les couches bathoniennes affleurent sur ces hauteurs.

On n'a recueilli, dans les tombes, aucun objet qui présentât le caractère de mobilier funéraire.

« Du fait qu'on n'y a pas trouvé une seule arme, dit M. Jarrin en terminant sa note, on peut conjecturer que les nouveaux occupants de notre sol, gens de métier, selon un contemporain, s'étaient faits ici agriculteurs. »

Pas nécessairement, car ils pouvaient être gens de métier et n'être gratifiés d'aucune offrande, après leur trépas.

En revanche, le champ funèbre de Champel a rendu des silex taillés, en quantité. Les uns furent récoltés en pleine terre, les autres dans les tombes ; ce dernier cas, paraît être le plus fréquent.

Ils appartiennent à l'industrie paléolithique. M. Dissart, conservateur au Musée de Lyon, s'est catégoriquement prononcé dans ce sens.

Il ne m'a pas été possible d'en retrouver des échantillons, mais la déclaration de M. le Dr Gauthier est une garantie, dont nul, pas plus que moi, ne suspectera la valeur.

La taille ne les affectait que d'un seul côté. C'étaient des lames et des racloirs.

Ils peuvent être moustériens, comme ils peuvent être magdaléniens, les deux industries offrant cette technique et ce même outillage ; mais la rareté du moustérien, chez nous, nous en fait considérer l'attribution magdalénienne comme à peu près certaine.

Leur introduction dans les tombes était subordonnée à des préoccupations superstitieuses. Ils y furent déposés à titres d'amulettes, pour conjurer les sorts.

Quelle en était la provenance? Ils n'ont pas été cueillis sur place, puisque les populations quaternaires n'avaient d'autres habitations que les abris sous roche. On les tirait sans doute d'une station, située dans le voisinage. Le souvenir s'en est perdu, soit par l'épuisement du gîte, soit par la désuétude de l'usage, qui en recommandait l'emploi.

Une observation identique a été faite, dans les tombes barbares de la station préhistorique de Solutré.

Il n'est pas à ma connaissance que l'emploi superstitieux du silex taillé ait été constaté, ailleurs, que dans ces deux stations (1).

La forme et la taille de ces instruments de l'humanité

---

(1) Et encore, à l'égard de Solutré, faut-il s'imposer des réserves. Les silex y sont tellement abondants, qu'on ne peut y enterrer qui ou quoi que ce soit, sans qu'il en pénètre dans la fosse.

primitive avaient frappé l'attention de nos conquérants barbares et ils leur attribuaient des propriétés surnaturelles. De tout temps, la hache polie avait joui de ce privilège ; la question ne s'était pas encore posée au sujet des silex.

Le 28 avril 1902, l'ouverture d'une tombe, demeurée jusqu'alors rigoureusement fermée, fut pratiquée par le Dr. Gauthier et l'auteur de ces lignes.

Les renseignements, qu'elle nous donna, vinrent à point compléter et corroborer les observations antérieures.

La tombe, dégagée des terres qui l'emballaient, apparut trapezoïdale, forme que semble avoir adoptée la généralité des tombes de la nécropole.

La fermeture en était hermétique. Une argile fine et brun jaunâtre y avait néanmoins pénétré et rempli l'auge jusqu'aux bords.

Elle mesurait 2 m. 06 de vide en longueur. Sa largeur et sa profondeur étaient respectivement, à la tête, de 0,47 et 0,32, et, au pied, d'environ 0,10 cent. de moins dans les deux sens.

Pas d'évasement dans les dalles ; verticalité absolue.

Ni chaux, ni mortier à l'intérieur.

Son axe, dirigé vers l'est, se confondait sans le moindre écart, avec l'aiguille de la boussole.

L'hôte de ce cercueil était une personne jeune, homme ou femme, de 25 ans d'âge au plus. Le docteur Gauthier crut pouvoir l'inférer de l'absence de carie dentaire, ainsi que de la délicatesse et de l'altération très avancée des ossements.

Les os des bras et ceux des mains, ramassés le long des parois latérales de la bière, montrent qu'à l'ensevelissement, les bras furent étendus parallèlement au corps.

Le défunt n'était accompagné d'aucune offrande pieuse.

Cette sépulture peut être considérée comme la synthèse de la nécropole de Champel.

« Les morts étaient couchés la tête au soir, *sur une pierre leur servant de chevet* (1) ». Personne ne m'a confirmé ce dernier détail, et le sujet que nous avons exhumé avec M. le Dr Gauthier n'a donné lieu à aucune observation de ce genre. Loin d'être la généralité, cette pratique devait constituer une exception.

Les tombes de Champel ne sont pas burgondes, mais burgondo-franques.

L'existence, dès l'époque romaine, de Coligny, Clairiat, Chataignat, Vergongeat, n'a pas besoin d'être démontrée, leur forme onomastique le déclare assez haut. Ce fut, vraisemblablement, pour les populations de Coligny et du Chataignat que la nécropole de Champel fut créée, et, peut-être aussi, pour celles de Clairiat et de Vergongeat, car il n'était pas rare, à l'époque barbare, qu'un même cimetière fut réservé, à la fois, aux sépultures de plusieurs localités.

§ 4.

Ambérieu. — Nécropole des Gouvières.

Le lieu dit des Gouvières est situé dans la Combe du Gardon, à 800 mètres en aval du point où le ruisseau prend sa source.

L'emplacement de ce cimetière était d'un bon choix.

C'est un plateau élevé, sur le flanc droit de la vallée,

---

(1) Jarrin, *Loc. cit.*

d'une légère inclinaison au sud et à l'est, et dominant un ravin profond, que le Gardon a creusé dans les sables de la Mollasse.

Le sous-sol du plateau n'appartient pas, cependant, à cette division géologique. Les quelques pointements, en bordure, sont des couches supérieures de la Grande Oolithe. Le sol proprement dit se compose d'éboulis très secs, transformés en conglomérats par un ciment de chaux carbonatée.

Il est couvert de vigne. Il y a vingt ans à peine, il s'identifiait avec le tènement des Gouvières, possédé par la maison Morier. Vendu et divisé, il se trouve aujourd'hui entre les mains de plusieurs propriétaires.

On eut connaissance de ce gisement funèbre en plusieurs fois, car le défoncement du terrain s'est effectué en divers temps. La plus ancienne découverte de sépultures remonte à 1885, la plus récente eut lieu en 1892.

On m'a montré les limites extrêmes où, de chaque côté du rectangle, se rencontrent les tombes ; elles peuvent, en l'état présent, faire attribuer à cette nécropole 15 à 16 ares d'étendue.

Les tombes étaient enfouies à 0,55 centimètres de la surface.

Nous y retrouvons le mode habituel de construction : dalles placées de champs et autres dalles à plat, dessous, pour le plancher, dessus pour la couverture ; le tout bien adapté et soigneusement fermé.

La forme en était strictement rectangulaire, c'est-à-dire de même dimension à la tête qu'au pied.

Orientation normale.

La découverte est demeurée inexplorée ; il est par conséquent difficile de déterminer le genre de distribu-

tion des tombes, si, transversalement, elles étaient disposées en rangs, et, longitudinalement, en file ou en
échiquier.

Je crois que, sur le travers, elles forment des rangées
successives, mais avec des espaces vides considérables et
fréquents.

Souvent, en effet, le pic à rencontré des sépultures
isolées. Avec des rangs pleins et réguliers, le défonçage
se maintenant sans cesse à une égale profondeur, le
fait n'aurait pas dû se produire.

On aurait aperçu, m'a-t-il été dit, une quarantaine de
tombes à dalles. Cinq seulement furent ouvertes. Leur
caractère funèbre une fois constaté, on respecta l'intégrité des autres.

Les corps reposaient horizontalement dans leur cercueil. Ni tuile, ni pierre ne supportait la tête.

Aucun corps qui ne fût protégé par un caisson de
pierres.

J'ai dit que le sol, composé d'éboulis, était remarquable par la sécheresse de ses éléments. Les tombes ouvertes n'ont présenté que des ossements sains et de
bonne conservation. Les résidus détritiques n'avaient,
en aucune manière, pénétré à l'intérieur.

Les offrandes faisaient défaut, ou, plus exactement,
les sépultures visitées n'en renfermaient pas.

Je ne puis assurer si le village de Vareilles, de tous
les hameaux d'Ambérieu le plus voisin du cimetière des
Gouvières, existait à l'époque barbare. C'est peu probable. D'où venait alors la population qui, depuis quatorze
à quinze siècles, dort dans ces tombeaux ?

Le champ funèbre est dominé par un chemin, dont
l'allure atteste l'origine romaine. Il relie deux autres

routes anciennes montant aux Allymes. Le long de cette voie s'espacent, à de courts intervalles, des groupes de celliers rustiques ou *grangeons*, Daraîse, Rampon, Princieu, et, plus au-delà, à l'ouest, Echagnieu, sur lequel la découverte d'un sarcophage romain avec épitaphe attira l'attention, en 1835. Ces groupes constituaient jadis des villages, et plusieurs n'ont cessé d'être habités que depuis deux siècles à peine. Ce sont les villages disséminés sur ces hauteurs qui, à mon avis, transportaient leurs morts aux Gouvières, et les inhumaient dans la solitude de sa nécropole.

§ 5.

Ambérieu. — Cimetière de Grandchamp.

Grandchamp se trouve immédiatement sous les ruines du château de Saint-Germain. C'est un plateau assez étroit, au-dessus de la colline, qui sépare la vallée de l'Albarine de celle du Gardon.

Un cimetière de l'époque des invasions y a été reconnu.

Il occupe l'angle sud, à la croisée de deux chemins anciens, sur le point le plus culminant de la colline. Il appartient au versant de l'Albarine.

Le chemin, qui coupe transversalement le plateau, fut élargi en 1895.

Les travaux mirent à nu plusieurs tombes. On ne pouvait se méprendre sur leur caractère ethnique ; elles étaient barbares.

Des dalles de pierre, posées verticalement, formaient le cercueil.

Celui-ci était à angle droit sur toutes ses faces, la forme déjà observée aux Gouvières.

Les sépultures se répartissaient en plusieurs rangs. Un espace de 4 à 5 centimètres, rarement davantage et, se réduisant quelquefois à la seule épaisseur de la dalle, était ménagé entre les tombes.

Par contre on avait exagéré la profondeur; elles gisaient sous quatre à cinq pieds de terre. C'est la profondeur la plus considérable que j'aie rencontrée, dans les cimetières du département se rapportant à cette époque.

Les tombes étaient exactement orientées vers l'Est.

Le déblaiement des terres a entraîné la destruction de huit d'entre elles, situées dans le talus du chemin.

Vu leur profondeur, les éléments font défaut pour apprécier la superficie relative du cimetière. Le terrain contigu a bien été défoncé, mais le minage, beaucoup plus superficiel, n'a pas et ne pouvait pas donner de résultat.

Les squelettes n'étaient pas assis, comme on le voit quelquefois. Ils reposaient dans la situation horizontale, que nous avons partout constatée jusqu'ici.

La position des bras et des mains n'a fait l'objet d'aucune observation.

Pas de chaux dans les cercueils.

Les corps ne baignaient dans aucun limon. Le travail des eaux d'infiltration se trouvait, d'ailleurs, considérablement atténué, sinon empêché par l'imperméabilité du sol.

Celui-ci, en effet, est formé de boues et de cailloutis glaciaires.

L'intérieur des tombes réapparaissait dans le même

état, avec la même netteté et ordonnance qu'il dut présenter, le jour où furent confiés à sa garde les morts,
dont il restituait les ossements.

. On n'a pas retiré de mobilier funéraire des sépultures
détruites.

Le cimetière de Grandchamp n'était séparé de celui
des Gouvières que par la profondeur de la vallée du
Gardon, trois kilomètres en dévalant les sinuosités du
versant, et à 5oo mètres à vol d'oiseau.

Sa circonscription funéraires ?

Elle est hypothétique, mais elle se déduit, assez logi-
quement, de la topographie des lieux, pendant la domination romaine.

Sous les Romains, on voyait, à 4oo mètres plus bas,
direction N.-O., le *vicus* des Arênes, *Arenae*, traversé
par un chemin, qui suivait la crête de la colline et qui
s'est conservé ; plus loin, était Ambérieu, *Ambariacus*,
où fut signé, en 5o1, le titre XLII de la loi gombette (1).
Au-delà des ruines du château, se succédaient deux autres villages, Champeaux, *Campelli*, et Salaize, *Sali-
cibus*.

Saint-Germain n'existait pas.

Au bas de la combe de Salaize, en avant de la gorge
des Balmettes, on trouvait le *vicus* de Romanas, évidemment de fondation romaine.

Ces villages, aujourd'hui abandonnés, étaient fort
peuplés au xve siècles ; il en est fait mention, en maints
endroits de nos *Chartes de la Tour de Douvres* (2).

---

(1) Aug. Longnon, *Géogr. de la Gaule au VIe siècle*, p. 71.
Note 1.

(2) Bourg. Villefranche, 1891, in-8°.

Nous pensons, et ce sentiment n'a rien que de très vraisemblable, qu'aux époques burgondes et burgondo-franque, la nécropole de Grandchamp donnait asile, en ses tombes, aux défunts des trois villages des Arênes, de Champeaux et de Salaize.

Romanas et Ambérieu en étaient trop à distance pour y monter leurs morts. Ils possédaient probablement, chacun dans leur voisinage immédiat, un cimetière particulier qu'on retrouvera peut être un jour.

§ 6.

Béon. — Nécropole de la Livette.

Béon, de son côté, possédait un cimetière à l'époque barbare, c'est encore pendant un minage qu'il s'est manifesté.

On sait que le village est situé au pied de la pente sud du Colombier. C'est au-dessus de l'agglomération principale, sur un renflement de la côte, et en plein éboulis qu'était établie la nécropole.

Ce renflement est déterminé par le brusque arrêt des détritus, provenant des roches de la montagne, en face de la résistance que leur oppose le Molard de Béon.

Et, à ce sujet, il est de tradition, dans le pays, que l'énorme masse calcaire, sur laquelle Béon est bâti, est descendu des hauteurs du Colombier.

Plusieurs raisons semblent, en effet, plaider en faveur d'un éboulement. La nature de la roche, dont la pâte, d'un blanc tendre, révèle les couches inférieures du Portlandien, concorde avec celle des couches, qui couronnent les hauts sommets du massif. D'autre part, la ligne de

rochers, qui dominent Béon, se trouvant rompue au-
dessus du village, il semble qu'en toute rigueur le vide
puisse être considéré comme la place occupée, antérieurement à sa chute, par le Molard en question.

Mais l'assise portlandienne se continue à l'ouest, puis
remonte au nord, sans solution de continuité, vers le
plateau de Retord. Le molard de Béon paraît en être le
terme au sud. Il y aurait eu plutôt rupture, et, tandis
que le pied de faille était rejeté vers la partie basse
du synclinal, la tête était relevée de 7 à 800 mètres au-
dessus. De fait, la chaîne et les crêts du Colombier sont
constitués par l'importante assise portlandienne.

Mais c'est là une digression, revenons au cimetière
qui en a été le prétexte.

Déjà quelques tombes, démolies en 1887, avaient pro-
voqué des remarques, mais aucune suite ne leur fut
donnée. Ce ne fut qu'en 1896, lorsque les propriétaires
achevèrent la replantation du vignoble, qu'on connut les
caractères et la véritable étendue de ce champ funèbre.

Le vignoble appartient à MM. Gabriel Combet et
Pierre Morel. Ils habitent Béon. C'est à M. Combet que
je suis redevable des notes, mises en œuvre dans ce
paragraphe.

La nécropole se composait d'une cinquantaine de sépultures, sur un espace, exactement limité, de 25 à 30
ares, soit un carré de 50 à 55 mètres de coté.

Au point de vue de la répartition des tombes, c'était
le mode habituel; les rangs étaient établis suivant la
pente, et les tombes en travers, regardant vers l'Est
comme le requérait la règle liturgique, à laquelle on ne
dérogeait que dans des cas d'exceptionnelle gravité.

Les dalles étaient posées de champ sur les côtés, à la

tête et au pied, et à plat, dessous et au-dessus des cercueils. J'ai vu un certain nombre de ces pierres. Elles
ont la texture des calcaires siliceux de la base du Bajo-
cien. L'assise affleure à Béon, mais elle est voilée par les
éboulis, qui s'étalent sur ce flanc du Colombier. Pour se
procurer la pierre propre à ces sépultures, on a dû recourir aux environs de Culoz où, dit-on, les bancs siliceux sont d'une exploitation facile.

Cependant, quelques squelettes reposaient en terre
libre ; l'orientation, au lieu d'être dirigée de l'ouest à
l'est, allait alors du nord au sud. Ces inhumations ont
été rencontrées, d'une manière constante, dans les intervalles des rangs, et en tête des tombes, avec lesquelles elles formaient un T.

Les tombes présentaient une largeur et une profondeur égales sur toute leur longueur, c'est dire que leur
forme n'était rien moins que trapézoïdale.

Il y a lieu d'être surpris que l'existence de ce cimetière n'ait pas été connue plus tôt. Les sépultures
étaient recouvertes de 0,55 à 0,60 centimètres de terre,
et, vu l'inclinaison du terrain, cette épaisseur se réduisait des trois quarts, sur le côté droit.

L'intervalle de l'une à l'autre mesurait 0, 90 c. à
1 mètre.

Le Châtelard-de-Luyres nous a révélé des traces de
chaux dans les tombes ; le fait s'est de nouveau produit
à Béon. Au fond de chaque cercueil, une couche de
chaux servait de lit funèbre au défunt.

Les corps étaient étendus sur le dos. Les mains s'al-
longeaient sur les côtés, et pas une seule fois, dans les
cinquante sépultures détruites, on n'a constaté qu'elles
fussent croisées sur l'abdomen.

Quelques tombes renfermaient deux squelettes.

La nécropole était absolument vide de mobilier funéraire.

En résumé, le cimetière de Béon ne révèle aucun fait nouveau, qui soit propre aux nécropoles barbares, mais il offre et confirme la plupart des traits, qui les caractérisent.

La position des mains tendrait, visiblement, à donner le change sur l'âge à lui attribuer. Toutefois, l'emploi de pierres plates, dans la construction des tombes, et l'absence de tout objet funèbre à l'intérieur méritent de prévaloir en l'espèce.

Ces considérations nous paraissent désigner, comme date la plus probable de nos sépultures, la deuxième période, dont la durée doit être approximativement comprise, entre le milieu du vi⁰ siècle et le milieu du vii⁰.

§ 7.

Oussiat. — Les tombes de Monterre.

Oussiat est un village au nord de Pont-d'Ain.

Il est distant d'environ 1200 mètres de son chef-lieu.

Que l'origine en soit romaine, le radical *Ussius* en donne la certitude, et qu'à l'époque barbare, il fût habité par une population mêlée, gallo-romaine, burgonde et burgondo-franque, nous en trouvons encore l'assurance dans l'onomastique *Ussiacus*.

N'oublions pas que le suffixe *acus* est une forme essentiellement barbare.

Comme la plupart des *vici* de fondation romaine, toujours assis sur des points élevés, par conséquent de bonne aération et très sains, Oussiat était bâti à mi-coteau, sur une ancienne terrasse de l'Ain.

Le village burgonde et burgondo-franque nous a laisé ses morts. Le champ d'inhumation se trouvait à 600 mètres, au nord-ouest de la bourgade.

Il était situé sur la colline en contrefort qui domine la route nationale, à l'endroit où elle courbe, pour se diriger sur Neuville.

Le coteau est formé de roches portlandiennes, que recouvre une fine argile rouge.

On l'appelle Monterre.

Depuis quelques années les roches sont exploitées par un entrepreneur de Pont-d'Ain, Florentin Christillin. C'est par son exploitation qu'on apprit l'existence de ce cimetière ancien.

La découverte eut lieu en 1897, lorsque l'exploitation, abandonnant l'arête du coteau, tendit à gagner vers le sud.

Le champ était en vigne. Il éprouve une inclinaison de 20 à 22° vers l'est, est élevé de 35 à 40 mètres au-dessus du thalweg de la vallée, et son sol demeure rarement humide, à cause des vents qui, sur cet angle, soufflent presque sans interruption. Lorsqu'on sait à quel genre de préoccupations obéissaient les peuples barbares, dans l'établissement de leurs enclos funèbres, ce concours de circonstances sert à guider. Si l'on avait eu à désigner le premier *dormitorium* public d'Oussiat, il est fort possible que, montrant cette partie du coteau, on eût, sans hésitation, déclaré qu'il était là.

Trois ordres de faits donnent à ce cimetière un intérêt spécial, le mode d'inhumation, le mobilier funéraire et les foyers.

1° Les tombes présentent ce caractère peu commun d'être à dalles, mais seulement vers la tête. Trois pierres, plantées de champ, en supportant une quatrième, qui fait couverture, constituaient un abri, sous lequel étaient engagés la tête et le torse supérieur du défunt. Le reste du corps reposait en terre libre.

Une tuile de type romain, renversée, faisait quelquefois l'office de couverture.

Le caisson avait la forme rectangulaire.

Dix tombes ont été mises à découvert, toutes construites d'après ce même système. On peut donc conjecturer que l'édicule protecteur était la règle, et non l'exception, à la nécropole d'Oussiat.

Les sépultures ont produit l'effet d'être disséminées un peu au hasard. Je crois qu'en réalité, il n'en est pas ainsi. Si je ne me méprends pas sur l'impression résultant de l'exhumation des tombes, l'ordre qui prévaut ici, est non pas la ligne en file, comme dans les nécropoles étudiées plus haut, mais la disposition en échiquier ; les rangs se succédaient, les tombes alternaient.

Les grumeaux de chaux, retrouvés au Châtelard-de-Luyres et à Béon, n'ont pas été remarqués à Oussiat.

Dans la partie haute, le creusement des fosses a été poussé jusqu'au roc. Les corps étaient couchés directement sur les bancs portlandiens.

Ailleurs, les sépultures offraient une profondeur variable. Elles étaient protégées, les unes par 0,50, les autres par 0,75 c. de terre. L'épaisseur moyenne de la couche peut être de 0,60.

Dans aucun cas, la roche n'a été entaillée.

Les squelettes se présentaient dans la situation normale, c'est-à-dire qu'ils étaient horizontalement étendus

23

sur le dos. Les exhumations, auxquelles j'ai pris part et
celles dont j'ai été témoin, m'autorisent à l'affirmer.

Les petits os des mains se retrouvaient constamment
parmi ceux du bassin ; les défunts ont été ensevelis les
mains en croix et ramenées sur le ventre.

Ils regardaient tous au soleil levant.

Je possède un crâne d'adulte, provenant des tombes
d'Oussiat ; il ne se signale par aucun indice particulier.

Comme il ne résultait pas, de l'étendue de la nécropole, d'utilité pratique immédiate en vue de l'exploitation de la roche, on n'a pas cherché à la connaître.

2° Le mobilier funéraire se compose de trois pièces,
une agrafe et deux perles (1).

Agrafe. — Elle est de fer et pourvue d'une plaque.

Elle s'adaptait à une ceinture ou plutôt à une courroie
de suspension.

Les ouvriers carriers ont eu l'amabilité de me l'offrir.

La boucle est ovale et mesure 31 millimètres sur 25.
Les côtes, avec 9 millimètres de largeur et 3 d'épaisseur,
sont massives comparativement aux dimensions de la
boucle. Elles présentent cette particularité, dont aucune
agrafe barbare ne m'a encore montré l'exemple, d'être
convexe en quart de rond sur le côté externe.

La boucle n'a plus d'ardillon.

La plaque se découpe en triangle. Elle a 18 millimètres
à la base et 45 de la base au sommet.

Une languette, taillée à la plus large extrémité de la
pièce et évidée à son centre, se replie contre la face interne et retient, dans son pli, l'un des côtés de la boucle.

_____

(1) *Ma collection.*

On reconnaît bien, dans ce mode d'attache, la technique barbare.

Trois clous ou rivets de fer faisaient adhérer la plaque à la lanière. Un seul reste en place.

Attendu le cachet vulgaire de la pièce, il est peu probable qu'elle ait été plaquée d'argent. En tous les cas, elle n'a conservé aucune apparence de placage.

L'agrafe et la plaque sont revêtus d'une abondante oxydation.

Les faibles dimensions de cet instrument rendent fort conjectural le sentiment, qui tendrait à en faire une agrafe de ceinturon. Il paraît mieux répondre, par ses divers aspects, aux nécessités de l'agrafe qui supportait la trousse, l'aumônière, le scramasax ou l'épée.

Perles. — Il y en a deux, avons-nous dit.

L'une est cylindrique et allongée en forme d'olive.

C'est une verroterie brune, creusée sur tout son pourtour de sillons circulaires, dans lesquels ont été coulés des émaux blancs.

En 1873, la Société d'Emulation de l'Ain recueillit, dans une tombe du cimetière barbare de Ramasse, une verroterie semblable, mais elle était à quatre faces au lieu d'être arrondie (1).

L'autre est un sphéroïde aplati. Sa pâte, également vitreuse, se colore d'une teinte en jaune d'ambre pâle.

Ses dimensions sont de 14 millimètres de diamètre et de 7 millimètres d'épaisseur.

On voit deux plats ou écrasements des côtes sur la perle brune ; ce sont deux défauts de fabrication. Elle

_____

(1) Cf. Dr Topinard, *Rapport sur les fouilles de Ramasse*. Pl. n° 19, et Musée de Bourg, où la perle est déposée.

a, en outre, éprouvé un commencement d'altération ; la pâte s'effrite en divers endroits, surtout aux deux extrémités, et les incrustations blanches sont réduites à l'état de vestiges.

La perle jaune se trouve simplement dépolie.

Ces pièces m'ont été restituées par une tombe de femme, où j'ai rencontré deux crânes et seulement un squelette.

La tombe était inviolée et, malgré d'actives recherches, les deux grains sont restés isolés. Il y a lieu de penser qu'enfilés à un cordon de suspension, ils composaient, à eux seuls, tout le collier de la défunte.

3° Nous avons dit que l'exploration des tombes du Châtelard-de-Luyres avait démontré la relation existant entre les tombes et des foyers dont on avait reconnu les traces. Des foyers semblables ont été découverts à Oussiat. Quatre, des dix squelettes ramenés au jour, gisaient près d'accumulations de cendres, mêlées de charbons et de terre brûlée.

Ils avaient été allumés sur la roche, à côté des corps et à la même profondeur. On n'a pas observé si, relativement aux sépultures, la place qu'ils occupaient étaient identiques dans tous les cas.

La juxtaposition des foyers et des tombes révèle un rite funéraire.

Nous avons exposé en quoi il consistait.

C'est la seconde manifestation de ce genre, que nous avons à enregistrer dans ces notes. Des investigations, portées avec soin dans les nécropoles de cette époque, permettraient sans doute, en multipliant les données, de mieux apprécier la nature de cet usage, son degré de fréquence et les diverses circonstances, dont il était ordinairement accompagné.

On a émis, à propos de la découverte d'Oussiat, l'hypothèse que ses tombes renfermaient peut-être les victimes d'une épidémie qui, à une époque ignorée mais ancienne aurait ravagé Oussiat et les localités voisines. On les aurait inhumées à l'écart, pour éviter la propagation du fléau.

Le grand tort de cette conjecture est qu'on la répète un peu partout. Elle manque de fondement.

Je puis me tromper ; il me semble, cependant, que le caisson, protégeant la tête des inhumés d'Oussiat, prélude à la tombe en pierres plates et l'annonce. Les sépultures de cette nécropole appartiendraient donc à une période transitionnelle, celle où l'on passa de l'inhumation en terre libre à l'inhumation en cercueils à dalles, et qu'on peut reporter vers le milieu du vi^e siècle.

C'est aussi la date que peuvent leur attribuer les verroteries. Avec leur coloration atténuée, au lieu des teintes éclatantes, qu'affectionnaient les autres peuples des invasions, elles sont bien dans les procédés de l'art burgonde. Mais elles sont volumineuses et émaillées, et ce n'est guère qu'avec le vi^e et même le viie siècle, que ces natures de perles en viennent à remplacer l'ambre et les verres soufflés, si recherchés auparavant.

Il est probable que le cimetière de Monterre continua de recevoir la population défunte d'Oussiat, pendant tout le Haut-Moyen-Age. Au Bas-Moyen-Age, on le délaissa ; un nouveau cimetière fut créé qui entoura l'église.

La Révolution supprima l'un et l'autre.

§ 8.

Sénissiat. — Nécropole burgo-franque.

On eut connaissance de cette nécropole dans les premiers mois de 1900.

Son cachet barbare est parfaitement établi.

Comme on l'a vu par ce qui précède, les sépultures de cette époque ne sont pas rares dans le département. Le mobilier funéraire l'est davantage, et divers objets ont été retirés des tombes en question.

C'est encore le défonçage d'une vigne, tombée en friche, qui a été l'occasion de la découverte.

Le cimetière est situé à 200 mètres à l'ouest de la halte de Sénissiat, et adossé contre la colline, qui s'appuye sur le chemin de fer, d'un côté, et sur la route descendant à Revonnas, de l'autre.

L'exposition est exactement à l'est.

Le vignoble est aujourd'hui reconstitué ; il appartient à M. Curnillon, cafetier de la gare.

La roche, qui emballe les tombes, constitue l'assise des calcaires hydrauliques, autrement dits couches de Geisberg.

De nature marneuse, elle est néanmoins compacte dans les couches profondes, mais à l'air elle se désagrège et donne naissance à des marnes, qui ont de la plasticité et sont peu perméables.

Soixante-dix à quatre-vingts sépultures ont été démolies.

Le manque d'exploration régulière ne permet pas

d'estimer l'importance réelle de la nécropole. Le propriétaire a purement exécuté son minage, que personne n'a même songé à surveiller dans un but scientifique. Il y a tout lieu de croire que les propriétés contigues étaient également comprises dans l'enclos funèbre.

Les cercueils se composaient de dalles sèches, placées de champ.

On n'a pas rencontré de corps inhumés en terre libre.

La nature calcaire des dalles tranche avec celle du sol. Empruntées aux couches à *Ostrea obscura* du Jura moyen, elles ne peuvent provenir que du nord-est ou du sud, à une courte distance de Sénissiat, où l'assise affleure, soit encore de Ceyzériat, où cette roche est aisément exploitable.

Les dalles ont jusqu'à 1 mètre 05 de longueur, mais, c'est l'exception. Elles offrent, en hauteur et en épaisseur, les moyennes respectives de 0,40 et 0,04 centimètres.

Un bon nombre ont été brisées jusqu'à l'émiettement, pour ameublir le terrain ; on trouvera les autres dans le mur de soutènement, construit par le propriétaire en tête de son champ.

Les cercueils étaient recouverts d'une couche de terre de 0,60 centimètres à peine.

Invariablement, ils présentaient la forme trapézoïdale.

Les tombes étaient réparties par rangs, et les rangées se découpaient en tronçons. Les vides séparant ces derniers variaient entre 1 et 5 mètres. Quant aux cercueils, ils n'avaient, le plus souvent, entre eux d'autre séparation que les dalles leur servant de parois.

Les squelettes reposaient étendus sur le dos, les bras allongés sur les flancs.

La tête penchait à gauche.

Les corps regardaient l'Orient. Telle est la rigueur de la règle, à l'époque des invasions, qu'il est possible, sur cette seule donnée, d'indiquer la saison de l'année où furent effectuées les inhumations.

Les os sont longs et forts ; ils accusent une constitution robuste et une haute stature.

Fréquemment, ils se colorent en rouge brun, comme s'ils étaient teints à l'ocre. Ce sont des accidents ferrugineux, communs dans les couches oxfordiennes. Il n'y a pas à s'en préoccuper.

Les objets funéraires représentent le côté le plus digne d'intérêt de la découverte.

Le mobilier est plus riche que les précédents, il est néanmoins pauvre. Une fibule et quatre agrafes de ceinturon, l'une simple, les trois autres pourvues de leur plaque, telle s'en présente la composition, et il a fallu, à cette fin, mettre à contribution plusieurs tombes.

Etudions d'abord la fibule.

Elle tient à la fois de la broche à rayons, en ce qu'elle s'ouvre en éventail, et de la broche zoomorphe, en ce qu'elle se développe en simulacre d'oiseau.

La tête s'élargit, en effet, en un demi-cercle qu'entoure une série de rayons en têtes d'oiseaux, reliées les unes aux autres par le bec ; les yeux sont simulés par des verroteries rouge grenat.

Elle compte cinq rayons.

L'appendice s'allonge en losange et se termine, à son tour, par une tête d'oiseau à gros bec crochu, portant de même un œil en verroterie rouge.

Quatre verres décorent le losange.

De ces dix verres cloisonnés, il en reste seulement deux adhérents, aux deux angles de l'éventail. Les cavités vides laissent voir un mastic blanchâtre au fond de l'alvéole. Ce mastic, analogue au plâtre, avait pour but de maintenir en place le verre, sans doute, mais aussi et, surtout la feuille, d'argent invariablement enchassée sous le verre pour son miroitement.

Au point de vue décoratif, notre fibule, comme la plupart de ces sortes de parure, se partage en trois champs ou compartiments. Chaque compartiment est en creux, doré et orné de guillochis disposés par séries, tantôt verticales, tantôt horizontales. A remarquer, dans le grand axe du champ central, sur la partie convexe de la la pièce, un alignement de petits cercles pointés au centre.

La bordure consiste en un double rang de nielles en zigzags ; elle a 3 millimètres de largeur.

Dans sa plus grande longueur, la broche de Sénissiat mesure 10 cent. 1/2.

Elle est en bronze ; la nature du métal se révèle par une légère patine verte.

L'aiguille a disparu et le ressort, qui l'actionnait, est fort détérioré.

Les guillochis, il faut en convenir, donnent à la décoration une singulière vigueur et un ton sévère, que ne doit pas réprouver l'esthétique.

Les détails morphologiques, avons-nous dit, sont aviformes, mais la fibule elle-même représente un oiseau. La pointe inférieure en est la tête, l'appendice le corps, et la partie supérieure le déploiement de la queue.

Parmi les bijoux du même genre, dont la publication nous est actuellement connue, le type, auquel se rapporte notre fibule, serait représenté par la broche ornithomorphe du musée de Saint-Germain, trouvée à Jouy-le-Comte, en

Seine-et-Oise, et celle de la Société archéologique de
Montpellier, recueillie à Figaret, dans l'Hérault (1). Elle
en a la taille et la technique ; seuls quelques détails d'ornementation les différencient.

L'oiseau, employé dans la décoration des bijoux barbares, est un oiseau de proie ; la grosseur et la courbure
du bec le démontrent.

Pour le baron de Baye et Lendenschmit, c'est un faucon (2). Les Barbares appréciaient, en effet, les qualités
de cet oiseau chasseur. Ce sont eux qui importèrent dans
les Gaules, la chasse au faucon, que les Romains n'ont
jamais connue.

Il est assez naturel qu'ils en aient fait un sujet d'ornement.

La fibule ornithomorphe est une parure franque et
d'origine orientale. On en suit les traces, à travers la
Bohême et la Hongrie, jusqu'en Crimée. Cet art semble
avoir pris naissance, sur les bords de la mer Noire, et
dériver d'un art plus ancien, qui aurait fleuri, en Ex-
trême-Orient, aux temps préhistoriques, dans les riches
plaines qui s'étendent entre Tomsk, Krasnoïarsk et les
Monts Altaï (3).

Il s'est répandu en Occident avec les Goths.

Le type se rencontre chez tous les peuples, qui ont
subi leur influence, et plus spécialement chez les Francs.

En Bourgogne, il est inconnu. Les deux uniques né-

---

(1) Barrière-Flavy, *Op. cit.*, II, Pl. B2, n° 6 et Pl. LVII, numéro 1.

(2) *Les oiseaux employés dans l'ornementation*, Mém. SNADF,
1899, p. 46. — Lendenschmit, *apud* Barrière-Flavy, I, p.

(3) Baron de Baye, *Op. cit.*

cropoles, où il a été signalé, Brochon et Sainte-Sabine, dans la Côte-d'Or, ne laissent pas place au doute sur le caractère franc des corps, qu'elles ont restitués (1).

Et non-seulement les Burgondes ignorèrent la fibule aviforme, mais la broche à rayons, qui, comme elle, appartient à l'art oriental, leur est toujours demeurée inconnue. Tant qu'ils conservèrent leur autonomie, ils restèrent attachés à l'art du Nord. Or, on sait que la fibule scandinave présente la forme rectangulaire, avec ou sans digitations, et que le serpent constitue sa décoration la plus habituelle.

La broche n'a été trouvée jusqu'ici que dans des tombes de femmes ; il semble que ce soit une parure exclusivement féminine (2).

Passons aux plaques et aux agrafes de ceinturon.

1° Plaque oblongue de 0,13 cent. de longueur. Elle est sensiblement plus large à l'arrière qu'à l'avant, mesurant, là 95, et ici 105 millimètres.

La boucle forme un carré long. Elle était fixée à la plaque par deux pattes, repliées en dedans, qui embrassaient l'un de ses côtés, aminci à cet effet. L'oxydation l'en a détachée et elle a perdu son ardillon.

Quatre clous de fer, aux quatre angles, rivaient la plaque au cuir de la ceinture. Il manque les deux de l'avant.

Un placage d'argent la recouvrait en entier. Il ne reste plus que des traces, insuffisantes pour en saisir le caractère, des dessins dont il était agrémenté. On distingue cependant une roue, ou plutôt deux cercles concentriques reliés par des rayons.

(1) Barrière-Flavy, *Ibid.*, I, p. 123.
(2) *Ibid.* 1, p. 104.

Des ciselures, extrêmement ténues, semblent indiquer une ornementation géométrique, au moins dans l'encadrement.

2° Plaque de forme ronde. Son diamètre est de 65 millimètres.

L'ardillon s'était détaché ; il a été retrouvé, mais la boucle a disparu.

L'attache de la plaque au ceinturon s'effectuait au moyen de trois rivets, posés en triangle, deux à l'avant et le troisième à l'arrière.

La tige est de fer et la tête de cuivre. Ce sont des bossettes, soutenues chacune par une rondelle, également en cuivre et cordonnée, qui revêtent une patine d'un beau velouté vert.

Les deux rivets antérieurs adhèrent encore ; un trou marque la place du rivet postérieur.

Le métal a dû être plaqué d'argent ;

3° Autre plaque circulaire.

La boucle est ovale et privée de son ardillon.

Elle est retenue à la plaque comme au n° 1, par deux pattes recourbées, mais sans amincissement du côté saisi par les languettes. Il devait en résulter quelque fluctuation dans le jeu de l'agrafe.

Le diamètre de la plaque est de 7 1/2 millimètres. Près du tiers de sa surface, à la partie d'arrière, a été brisé.

Les clous d'attache étaient aussi en fer, à large tête et au nombre de trois. Un seul a résisté à l'oxydation

Si cette pièce a reçu un placage, et j'en suis convaincu, il n'a pas laissé de vestige.

4° Agrafe simple. C'est une boucle ovalaire et massive, qui paraît avoir été primitivement unie.

L'ardillon fonctionne encore.

Ces quatre dernières pièces sont de fer ou plutôt d'acier. La meilleure preuve en est dans l'altération intense que l'oxydation leur a fait éprouver.

Elles ont été déformées, ont pris un aspect des plus frustres, et, avec la disparition du placage, ont perdu un des traits les plus essentiels de leur style.

La plaque n'avait pas d'utilité pratique dans l'agencement du ceinturon ; sa présence était purement décorative. Le plus souvent, la plaque-agrafe se complétait d'une contre-plaque identique, fixée à l'autre extrémité de la ceinture, bout-à-bout avec l'ardillon.

La contre-plaque paraît manquer à Sénissiat. Il serait étrange, en effet, que les tombes n'aient pas restitué un seul exemplaire sur les trois que devait comporter le complément de nos parures.

Si, dans les plaques de fer, les clous étaient, avant tout, destinés à les river au cuir, il ne s'en suit pas que cette affectation fut exclusive. La qualité du métal, leur tête en cabochon, la rondelle en torsade qui leur sert de coussinet et la disposition symétrique en triangle, que nous remarquons au n° 3, et, surtout, au n° 2, en font écarter la pensée. Ils alliaient un effet ornemental à un but utile. Telle semble bien avoir été l'intention de l'artiste, dans l'emploi des bossettes de cuivre.

Ce sont les plaques et les agrafes que l'on rencontre, le plus communément, dans les tombes burgondes et burgondo-franques.

On sera peut-être étonné de la place considérable qui est faite au ceinturon, dans le costume barbare. C'est qu'à la ceinture pendaient l'épée et la trousse, celle-ci renfermant tous les objets nécessaires à la vie du guerrier.

Les femmes s'en ceignaient aussi ; elles y suspendaient leur aumônière et leur châtelaine de toilette. Ce sont des tombes de femmes, qui ont rendu les plaques les plus grandes et les mieux ornées.

Les statues de Clovis et du roi Childebert, autrefois à l'église de l'abbaye Sainte-Geneviève et au réfectoire de l'abbaye de Saint-Germain-des-Prés, montrent comment se portaient la plaque et le ceinturon, au vi^e et au viie siècle. Se référer à P. Lacroix, *Mœurs, Usages et Coutumes du Moyen-Age*, où elles sont représentées page 449.

Il n'a pas été parlé de poteries, à propos de la découverte de Sénissiat. Les débris de terres cuites peuvent facilement échapper, et les apercevrait-on, qu'on les néglige, faute de savoir en apprécier l'intérêt.

Les armes auraient mieux été remarquées. Puisqu'il ne nous en a pas été signalé, c'est que les tombes n'en renfermaient pas.

Il y a lieu maintenant de déterminer le caractère ethnique de cette nécropole.

Est-elle franque, est-elle burgonde ?

L'étude du mobilier funéraire m'a conduit à y reconnaître, à la fois, l'élément burgonde et l'élément franc, avec prédominance de ce dernier.

En voici les raisons.

La fibule à rayons, nous en avons déjà fait la remarque, et plus spécialement la fibule en forme d'oiseau, que nous avons décrite, n'a pas été rencontrée, en Bourgogne, dans des sépultures à cachet exclusivement burgonde.

Ce type est un produit de l'industrie franque en Occident.

La plaque burgonde, ordinairement allongée, offre des

dimensions exagérées. L'anneau est très grand et large.
L'ardillon et son talon sont toujours énormes. Or, nous
ne voyons rien de démesuré, dans les pièces que nous
avons sous les yeux, du moins dans les trois derniers
numéros ; sous ces divers aspects, elles se rapprochent
davantage de l'agrafe franque, dont les proportions sont
moyennes (1).

La plaque circulaire apparaît rarement chez les Burgondes. La belle série d'agrafes, publiées par M. Barrière-Flavy, n'en contient pas. En revanche, nos numéros 2 et 3 trouvent des analogues de forme et de taille en
assez grand nombre, dans la série franque. Notons les
numéros 1, 3, 7 et 9, de la Pl. xlvii, et 1, 3, 5 7 et 9.
Pl. xlix, et nous aurions eu, peut-être, dans l'ornementation, si son état de conservation l'eut permis, l'occasion
de saisir, à défaut d'identité, des traits d'analogie plus
accentués encore.

La petite agrafe nº 4 a été recueillie principalement
dans les sépultures des guerriers francs. Ce système,
étant des plus ordinaires et des moins dispendieux, a
dû être employé par tous les Barbares. Aussi, n'est-ce
pas à titre d'argument que nous y avons recours. Mais
n'est-ce pas une présomption, en faveur de l'origine
franque de la nôtre, qu'on ait retrouvé des pièces de cette
nature, surtout dans des tombeaux francs ?

Le grand développement de la plaque nº 1 semble
procéder de la technique particulière aux Burgondes,
On en trouve, il est vrai, de dimension semblable ou peu
inférieure chez les Francs. Toutefois, la rouelle, son

---

(1) Barrière-Flavy, *Op. laud.* I, pages 141 et 348.

unique détail décoratif demeuré à peu prés intact, s'observe sur une plaque alamanique du Musée de Bonn (1) ; or, les procédés alamanique et burgonde ayant entre eux de nombreux traits communs, notre plaque doit être rapportée à cette dernière industrie.

Les Burgondes n'ont pas été seuls à faire des placages d'argent, mais ce mode d'ornementation se rencontre spécialement sur leurs produits artistiques. Chez eux, le placage remplace, à peu près constamment, la damasquinure ; c'est précisément, nous l'avons dit, un placage d'argent qui recouvre la plaque, dont il vient d'être parlé.

Ces considérations, si elles sont fondées, évoquent une date postérieure au démembrement du premier royaume de Bourgogne par les Francs, en 531.

Mettons en ligne le temps nécessaire à l'établissement des Francs, dans le pays conquis, à l'organisation de leur conquête, à un premier essai de fusion des deux races, et nous sommes ramenés au VIIe siècle.

Ce sentiment se corrobore de deux autres observations, portant sur les cercueils et le mobilier funéraire.

C'est durant la seconde période de l'époque barbare qu'apparaît la tombe à parois de dalles. Pendant la première, de 400 à 550 environ, les inhumations ont le plus souvent lieu en terre libre, et, durant la dernière, soit approximativement de 650 à 750, se montre l'auge où tombe monolithe.

D'un autre côté, la pauvreté du mobilier funéraire rappelle cette même phase des invasions. Antérieurement, c'est l'usage gallo-romain qui prévaut, les sépultures renferment de riches offrandes ; postéreurement, le mobilier disparaît.

_____

(1) Barrière-Flavy, II, Pl. XV, n° 1.

La nécropole de Sénissiat mérite donc d'être qualifiée de burgondo-franque, et nous la reportons, au moins les tombes qui ont restitué les pièces dont l'étude précède, soit au début, soit au cours du VIIe siècle.

Elle serait synchronique du deuxième niveau des tombes de Ramasse.

Or, si le docteur Topinard a reconnu, dans les divers objets retirés des sépultures de cet étage, le seul qui ait été scientifiquement exploré, la civilisation burgonde, elle ne paraît pas absolument pure de tout alliage franc. L'examen des dessins de ce mobilier et, mieux encore, des pièces qui le composent, au musée de Bourg, qui en est dépositaire, suffit à le démontrer (1).

Loin de contredire à ce sentiment, l'auteur du Rapport sur les fouilles de Ramasse y souscrit implicitement, lorsqu'il conclut « au stationnement d'une population, pendant *plusieurs siècles au moins*, à l'endroit où il a retrouvé ses os » (2).

La fibule et les agrafes de Sénissiat font actuellement parties des Collections de la Société des Naturalistes de l'Ain (3).

---

(1) Je n'apporterai en preuve que la grosse fibule de fer ronde, couverte d'une feuille d'or, avec cabochons de verroterie et filigranes pour ornements. Ce genre de bijouterie, qui succéda à l'orfèvrerie cloisonnée, dont il était une transformation, est du VIIe siècle. Un savant allemand l'attribue même au début de la période carlovingienne (Cf. Barrière-Flavy, *Les Arts industriels*. I, 117).

(2) Bourg. A. Dufour, 1874, in-8°, p. 20.

(3) Cet article était écrit, lorsque M. Chanel, président de la Société, a publié la trouvaille de Sénissiat (*Bulletin de la Société des Naturalistes de l'Ain*. Mars 1902). Cette publication laisse entières nos appréciations ; nous ne voyons rien à y changer.

§ 9.

Briord. — Cimetière burgonde.

En juillet 1902, on construisait des fontaines publiques à Briord. Arrivée près de l'église, la canalisation, destinée à les alimenter d'eau, buta contre des tombes singulières, qu'elle dut démolir, partiellement ou en totalité, selon les exigences du tracé.

L'étrangeté de ces sépultures avait vivement stimulé la curiosité commune. On se demandait quelles étaient ces tombes.

Le 27, je fus mis au courant de l'incident, par une dépêche pressante de M. l'abbé Jacquand. Le lendemain, à 9 heures 1/2, je me trouvais avec lui sur les lieux.

Les travaux battaient leur plein. La tranchée se trouvait ouverte, sur toute l'étendue intéressant le cimetière antique, mais elle devait être incessamment remblayée. Il n'était que temps. Un retard de quarante-huit heures, et la découverte ne laissait pas de traces.

La tranchée longeait le côté nord de l'église à la distance moyenne d'un mètre vingt. Elle avait 0,80 centimètres de profondeur et un écartement d'environ 0,50 entre les parois. Malgré ces faibles dimensions, elle a rencontré huit tombes de pierres.

La première s'était montrée, à la hauteur du chevet de l'église, la dernière à quelques pas en aval de la façade.

Le lendemain, 29 juillet, une seconde tranchée, ouverte de l'autre côté du clocher, en face du chemin qui descend au Rhône, révéla l'existence de six nouveaux cercueils.

Il serait téméraire d'assurer que ce sont là trois côtés du périmètre de cet ancien champ d'inhumation, car le creusement des fosses, dans les temps modernes, a dû anéantir un bon nombre de tombes situées encore plus à l'écart. L'emplacement précité n'a perdu, en effet, son affectation funèbre que depuis 1850.

Toutes les sépultures sont construites en pierres. La question de matériaux mise à part, il s'établit naturellement, entre ces divers monuments, deux catégories nettement distinctes :

1° — Les tombes de cette première série sont lourdes et massives.

Celle que nous avons ouverte était bâtie en dalles de forte dimension, dressées sur leurs tranches, sauf du côté droit, où s'élevait une maçonnerie.

Les blocs étaient taillés et plats ; ils offraient, en moyenne, 23 centimètres d'épaisseur. Une seule pierre, mesurant 2 mètres 15, formait la paroi de gauche ; deux autres dalles étaient redressées aux extrémités. Le couvercle comportait trois tronçons.

La maçonnerie de droite présentait cinq assises de moëllons, peu épaisses et fort régulières.

Les moëllons reposaient dans une abondante couche de mortier. Il semble que ce soit une réminiscence du blocage romain ; une large part demeure réservée à l'élément qui cimente. A cet égard, l'influence des traditions romaines se prolongea jusque sous les Carolingiens.

Pas de ciment, mais exclusivement de la chaux grasse, associée à des sables à gros grains et quelquefois grossiers.

A remarquer l'emploi de deux sortes de mortier, l'un,

gris jaunâtre, avait servi au maçonnage de la partie mureuse, l'autre, rosâtre, scellait l'assemblage des blocs.

Le cercueil était disposé en rectangle sur tous ses côtés.

La série se composait de trois unités.

On pourrait légitimement dénommer ces tombes sarcophages, nous ne le ferons pas, car, à l'époque où nous sommes, qui dit sarcophage dit monolithe, mais il est clair que ces sépultures, construites en grandes pierres de taille, sont une dégénérescence des tombes monumentales du Bas-Empire, taillées en forme d'auge dans un seul bloc, soit qu'elles fussent postérieures, soit qu'elles fussent contemporaines et, alors, destinées à ne pas rester apparentes.

2° — Si les matériaux des tombes de cette deuxième catégorie sont de même nature, bien différentes en sont les dimensions.

Les dalles, minces et réduites, ne mesurent plus que 5 à 7 centimètres d'épaisseur et 1 mètre à 1 mètre 20 de longueur.

Elles sont verticales, c'est-à-dire plantées de champ.

La dalle a été employée sans retouche, telle que l'extraction l'avait procurée, en sorte que l'adaptation se trouve rarement adéquate, mais toujours on voit, au défaut, un muret supplémentaire rejointoyé avec le plus grand soin.

Les tombes figuraient un trapèze, et, de plus, étaient renflées sur les flancs, à la façon de nos bières modernes. La couverture gardait néanmoins une disposition correctement horizontale.

Les grandes dalles, à texture esquilleuse, n'auraient pas fait un long usage, exposées aux influences atmosphériques ; elles se sont conservées assez saines à l'intérieur du sol. Dans la deuxième série, au contraire, la pâte est fine et très homogène. La roche se désagrège, mais toujours par plaques, propriété qu'elle doit à la texture lamellaire de ses bancs. C'est la pierre lithographique.

L'un et l'autre calcaire ont été empruntés à l'étage du Kimméridgien, mais à un niveau différent.

Comme nous l'avons vu en maint endroit, les tombes de Briord se rencontraient à 6o et 7o centimètres de la surface du sol.

Cependant, les grandes sépultures avaient leur fond à 3o et 4o centimètres plus bas que les tombes communes.

Dans quel but cette inégalité de profondeur ?

Etait-ce pour mettre leur couverture à l'unisson des autres ou constituaient-elles un premier niveau de tombes plus anciennes? Les caractères spéciaux, qui les distinguent, rendent assez plausible ce dernier sentiment.

Dès lors, ces sépultures ne doivent pas être isolées ; un défoncement régulier du sol en produirait au jour une quantité d'autres semblables.

Huit sépultures ont leur orientation Sud-Est, cinq au Nord et une à l'Ouest.

Si le principe de l'orientation vers l'Est est arrêté, il ne semble pas encore définitivement fixé.

Comparativement à l'axe de l'église, dont la direction va exactement de l'ouest à l'est, le grand axe des huit premières éprouve une déclinaison sud de 1o à 12°.

Les squelettes étaient étendus de toute leur longueur.

La tête reposait sur une pierre plate brute, qui leur servait d'appui.

Les mains étaient alignées horizontalement sur les côtés.

L'une des tombes renfermait un double dépôt. Les deux inhumations furent successives ; le crâne du premier cadavre, rejeté au pied de la bière, se trouvait entre les jambes du dernier occupant.

Le corps exhumé, en notre présence, de la sépulture du premier type dont il a été parlé, devait avoir une stature au-dessus de l'ordinaire. Les fémurs mesuraient 49 1/2 cent..

Sa taille tranchait fortement avec celle des autres défunts.

Le soin des fossoyeurs à clore hermétiquement les tombes, les a préservées de l'envahissement des terres ; elles en sont vides. Il est même peu probable que les eaux y aient pénétré. Les squelettes baignaient, cependant, dans une vase gluante, au-dessus de laquelle le crâne seul émergeait.

On n'a pas recueilli de débris de vêtements, ni boutons, ni agrafes, cuirs ou clous de chaussures. Vraisemblablement, les morts étaient ensevelis dans un simple linceul.

Les ouvriers ont rejeté, parmi les débris, des restes de souliers encore très reconnaissables ; ils provenaient d'inhumations beaucoup plus récentes.

Une tombe a rendu une perle en pâte céramique blanchâtre (1). Le grain forme un petit sphéroïde de 10 millimètres de diamètre, un peu aplati, d'un côté, perpendiculairement au trou de suspension.

C'est le type des *bullæ vitreæ* dont, au dire de Pline, la vogue fut si grande, parmi les dames romaines de son temps.

(1) Ma Collection.

Un dépoli la rehaussait, bande large d'un millimètre qui en fait trois fois le tour en spirale.

Le poli de la perle est altéré, néanmoins l'ornementation s'en détache visiblement encore.

Dans la plupart des sépultures, une quantité considérable de charbon entourait la tête. Il se présentait tantôt émietté et, dans l'espèce, formait avec la vase une bouillie noire, tantôt en nodules d'un noir de jais, qui atteignaient quelquefois la grosseur d'une noix.

Ces charbons étaient destinés à brûler l'encens dont on parfumait les tombes.

La privation d'air a empêché leur entière combustion.

Par leur aspect massif, la dimension des éléments, la coloration rosâtre de leurs joints, leur forme rectangulaire, les tombes, qui rentrent dans la première catégorie, peuvent se rattacher au type romain de la fin de l'Empire.

Les autres en dérivent, et plusieurs détails, comme le rejointoyage, la nature du mortier et la maçonnerie, montrent que le changement s'est opéré sans lacune.

Mais nous relevons, d'autre part, des caractères communs entre les deux systèmes. Le choix des matériaux, la position des squelettes, l'arrangement des mains, le chevet en pierre brute, la présence des charbons et même l'orientation s'observent dans les bières de l'une et l'autre série.

Pour nous, ces sépultures représentent deux phases, ou plutôt deux périodes d'une même époque. Elles sont essentiellement burgondes.

On saisira mieux notre pensée, lorsque nous aurons rappelé que l'Empire ne prit fin qu'en 476, avec Romulus Augustule, et que le premier royaume de Bourgogne, fondé en 413, fut démembré par les Francs en 534.

L'autonomie burgonde chevauche ainsi une ligne démarcative importante de l'histoire; elle coexiste, pendant plus d'un demi siècle, avec le Bas-Empire agonisant, et se prolonge, pendant une période presque d'égale étendue, dans l'époque barbare proprement dite.

La nécropole de Briord nous apparaît, comme l'intermédiaire en quelque sorte obligé, entre le cimetière franchement romain du lieu-dit Sur Plaine, et le cimetière à caractères franchement barbares d'Anollieu.

§ 10.

Nécropoles diverses.

Il est d'autres cimetières de l'époque des invasions qui, retrouvés dans l'Ain pendant ces trente dernières années, m'ont été signalés avec un bienveillant empressement. Les notes, qui concernent les plus importants, ne nous apprennent rien de bien spécial, que les études précédentes ne nous aient déjà révélé. Je crois opportun de les réunir, sous un même titre, afin d'éviter les redites. Non-seulement les répétitions seraient inutiles, elles ne manqueraient pas de devenir promptement fastidieuses.

a. Crépiat. — Tombes de Sur la Loyes.

Crépiat, petit village dans les Berthiands, compte environ 70 âmes et dépend de Mornay.

Il est situé au bas d'un vallon, presque sans pente et très ouvert, séparé par une colline de la vallée de l'Evoaz.

De Mornay, on accède dans le vallon, par une vieille route à cachet romain très accusé.

C'est près du col, où la route traverse la colline, au lieu-dit Sur la Loyes que, vers 1880, furent ramenées à la lumière des sépultures anciennes.

Le côteau est formé d'alluvions fluvio-glaciaires, dont on exploitait les sables. Ce fut le propriétaire lui-même, Charles Maissiat, de Crépiat, qui fit la découverte.

Il exhuma six tombes. Elles étaient, sans exception, à dalles de pierre plantées verticalement.

Il ne m'a pas été possible d'obtenir des renseignements plus détaillés, aucune autre circonstance n'ayant frappé l'attention de l'inventeur, mais ce seul caractère qui, chez nous, constitue en quelque sorte l'essence des tombes barbares, nous suffit pour donner place ici à ces sépultures.

Elles sont démolies, mais il en existe encore. Le cimetière serait à explorer.

Elevé, sec et recevant sans obstacle les chauds rayons du soleil du soir, l'emplacement ne pouvait être d'un choix mieux entendu.

— Dû à l'obligeance de l'abbé Savarin, curé de Mornay.

b. Saint-Germain-les-Paroisses. — Nécropole de Cessieu.

Elle occupe le haut d'une petite colline boisée, à l'ouest du lac d'Armaille.

Un vieillard, vivant seul et loin de toute habitation, la découvrit, vers 1888, en défrichant le bois qui couronnait le côteau. Longtemps, il démolit des tombes sans parler de sa découverte à personne. Il la révéla fortuitement un jour à M. le chanoine Bouvier, alors professeur au collège de Belley, qui excursionnait dans les environs.

Le vieillard est mort. On ne peut plus avoir des données bien précises, puisqu'il était l'unique habitant de ce lieu désert.

Il ne reste que sa déclaration première. Elle avait appris deux choses :

1º L'exhumation d'une quantité considérable d'ossements de grande dimension, avec la conviction qu'il en restait encore à découvrir ;

2º Les sépultures étaient construites avec des dalles.

« Je ne pense pas que personne se soit inquiété depuis de la découverte du solitaire de Cessieu, m'écrit M. le chanoine Bouvier en me transmettant la présente communication, mais je crois que les tombes sont peu profondes et qu'il en reste encore. »

c. Champfromier. — Place de l'Eglise.

Découverte, en 1891, d'une sépulture à dalles près de l'église.

Dalles minces, rectangulaires, posées verticalement.

Mortier à la chaux « pour garnir les interstices. »

Longueur de la tombe : 1 mètre 80 ; largeur 0, 40 ; plus large vers la tête ; forme trapézoïdale.

Renfermait deux squelettes, peut-être l'homme et la femme, chacun avec une pierre sous la tête.

La tombe tournée vers l'Orient.

Emplacement probable d'un cimetière barbare.

— Communication de M. l'abbé Tournier.

d. Mornay. — Cimetière de la Croix de Blouzin.

Nous devons de le connaître à l'administration des Ponts et Chaussées.

Il fut recoupé, en 1894, par l'ouverture du tronçon de route qui, passant par Mornay, relie Izernore à la route nationale de Bourg à Nantua par les Berthiands.

Distant de 300 mètres à peines de Mornay, il occupe la seule proéminence, qu'on voit dans la plaine, à l'ouest du village, entre un petit vallon, au soir, et un profond ravin, au matin.

On a constaté l'existence d'une dizaine de sépultures.

Elles ne s'écartaient pas ou peu des conditions ordinaires de ces sortes de monuments.

Dalles plates, comme éléments de construction, s'évasant sur les flancs, à la tête et aux pieds ; disposition symétrique en rangs et en files ; profondeur, 0,40 cent. ; intervalle, 0,50 à 0,60; axe des tombes SOO-NEE ; cadavres étendus sur le dos ; intérieur très sec et sans le moindre envasement.

M. Prudon, peintre à Bourg, fouillant par hasard ces sépultures, en a extrait un crochet de fer.

N'ayant pas vu l'instrument je ne puis formuler d'appréciation à son sujet.

Il est à peine besoin de faire observer que l'enclos de la Croix de Blouzin servait de cimetière à Mornay, *Morniacus*, à l'époque des invasions.

— Dû à la bienveillance de M. l'abbé Savarin.

e. Ambléon. — Tombes de Belet.

Elles furent exhumées par Anthelme Raymond, d'Ambléon, vers 1897.

La vigne, qui les a rendues, est située au lieu dit Belet, sur l'ancienne route d'Ambléon à Lhuis.

Le type est nouveau pour nous.

Les tombes sont toutes contiguës et par toutes leurs faces, latéralement, à la tête et au pied. L'épaisseur de la dalle constitue l'unique séparation.

Le coffre est rectangulaire et a 0,45 centimètres de profondeur.

Le dallage du fond manque parfois.

Pas de dalles en couverture. La culture, selon toute vraisemblance, en a occasionné la disparition.

Il en a été découvert sur une largeur de 7 à 8 mètres.

M. l'abbé Tournier conserve un crâne de la station de Belet. Il ne se recommande par aucun caractère particulier.

— Communication de M. l'abbé Tournier.

~~~~~~~~~~~~~~

Observations générales sur les tombes barbares.

Les Burgondes, d'après Paul Orose, embrassèrent le christianisme, lorsqu'il s'établirent en Séquanie (1). Cependant, il n'a pas été retiré d'emblèmes chrétiens de leurs tombes, dans les différentes régions de l'Ain. L'observation fut présentée à propos de la découverte de Coligny en 1883.

D'une façon générale, le mobilier funéraire se montre plus rarement, chez nous, que chez nos voisins du nord

---

(1) *Hist. Lib.* vii, cap. 32 ,ann. 367.

et, surtout, dans la partie de la Suisse qui fut soumise à ces envahisseurs.

Il n'est pas exact, néanmoins, que le département soit dépourvu de pièces, rappelant leurs croyances et leurs pratiques chrétiennes. Une plaque ajourée de ceinturon portant gravées deux Orantes, surmontées chacune d'une croix alaisée, a été retrouvée à Ramasse. Le griffon, buvant dans un vase, découpé dans trois autres plaques, ayant la même provenance, présente, de son côté, un caractère incontestablement religieux (2).

Au reste, soit en deçà, soit au-delà du Jura, la croix a été fréquemment rencontrée, dans les sépultures burgondes, associée à des objets divers.

Citons, de Flérier, près de Tanninges, dans la Haute-Savoie, une agrafe, avec plaque et contre-plaque respectivement ornées de trois croix, de Charnay, canton de Verdun-sur-le-Doubs, d'autres agrafes semblables, de Fiez, d'Elisried et de Fétigny, dans la Suisse occidentale, plusieurs pièces, où se montrent en décor des croix pattées, herminées et même en forme de croix de Saint-André.

Enfin, on reconnaît la croix discoïde sur un peigne en os, rendu par le polyandre de Belfort, en 1874 (1).

Les exemples abondent ; ces citations, faites au hasard, doivent suffire.

En ce qui regarde les tombes elles-mêmes, l'absence du signe chrétien paraît justifiée.

Dès l'origine, la croix sur les tombeaux fut un attri-

---

(1) Cf. Musée de Bourg et Dr Topinard, *Rapport sur les fouilles de Ramasse*, Pl., numéros 1, 4, 5 et 6.

(2) Barrière-Flavy, *Op. cit.* I, 382 et seqq. et Pl. A3 n° 1, LXVI, 7.

but du martyre. Ce symbolisme dut persister longtemps dans l'Eglise. Plus tard, on redouta les profanations. Les statuts de Savoie édictèrent, en 1430, trois jours de prison au pain et à l'eau, contre ceux qui oseraient peindre ou graver la croix, tant sur les sépultures, que sur le marbre et le bois, susceptibles d'être foulés aux pieds (1).

« Je ne scay pas si cet article a jamais été observé, dit Revel, mais il ne l'est pas à présent (xviie siècle). » Il n'est pas moins symptomatique de l'état d'esprit, qui régnait à cet égard, en Savoie, pendant les siècles du Bas Moyen Age.

— L'orientation des tombes vers l'Est ne peut-être invoquée comme un caractère chrétien.

Au-delà du Rhin, les Burgondes pratiquaient ce rite. Il est antérieur à leur conversion.

Pourquoi, dès lors, voir dans cet usage un sens mystique, une interprétation du *Sol Oriens* de nos textes liturgiques ? N'est-ce pas, au contraire, l'implicite reconnaissance d'une coutume dont le christianisme s'avouait impuissant à triompher ?

« Les anciens, dit M. Barrière-Flavy, adoraient le soleil comme une divinité ; il était naturel qu'ils donnassent à leurs défunts, dans la tombe, une orientation telle qu'il leur fût possible de voir apparaître tous les jours cet astre au-dessus de l'horizon (2). »

---

(1) Inhibemus sub pæna carceris trium dierum continuorum, in victu panis et aquæ omnibus et singulis, vel lignorum incisoribus, ne deinceps signum venerabile sanctæ Crucis in lapidibus marmoreis insculpere vel depingere præsumant super tumulos aut sepulcra vel alibi, ubi possit ipsius Sanctæ Crucis effigies pedibus conculcari (Lib. I, art. xxii).

(2) *Op. cit.* I, p. 3.

Les Romains, les Grecs, les Egyptiens avaient divinisé le soleil ; ils n'orientaient pas leurs sépultures.

Il faut chercher ailleurs le principe de ce rite funèbre. N'était-ce pas plutôt le souvenir de leur primitive origine, demeuré plus vivace chez les peuples de la Germanie, parce qu'ils étaient d'immigration plus récente, qui leur rendait cher et en quelque sorte sacré, cet Orient mystérieux, qu'ils savaient être le berceau de leurs races?

— Soixante centimètres de terre, c'était la profondeur moyenne de nos tombes burgondes. La cote s'abaisse parfois à o,4o, et, dans une station seulement, s'élève à 1 mètre 5o.

Ce peu de profondeur étonne, et on se demande s'il constitue la règle ou doit être considéré comme le résultat d'un phénomène de lévigation prolongée.

Nous réputons normale cette moyenne de o, 6o. Lorsque la profondeur s'exagère, la cause en est toujours locale ; l'observation des lieux en révèlera la nature. Lorsqu'elle s'atténue on devra songer à l'ablation superficielle du sol par les pluies d'orage, effet d'autant plus probable que la plupart des enclos funéraires se trouvaient situés sur des plans inclinés.

Le système était gallo-romain. La tombe, accidentellement démolie en 1901, sur le plateau des Sardières, se dérobait sous o,3o centimètres de terre ; celle de Brou, qu'explora M. Damour, en 1874, et les urnes de Briord descendaient à o,9o. Cette uniformité relative de profondeur est bien propre à nous pénétrer de cette vérité que, malgré qu'on n'incinérât plus les corps, on continua d'inhumer comme on enterrait les urnes, et qu'à ce point de vue, les barbares adoptèrent les usages en vigueur dans les pays conquis.

— Les funérailles ne sont pas d'essence exclusivement religieuse ; on peut, à bon droit, se préoccuper du caractère que leur attribuaient les peuples des invasions.

Chez les Romains, l'inhumation était une cérémonie de famille, qui paraît s'être limitée à la seule parenté du défunt. On n'y voit pas intervenir le culte dans la personne de ses ministres.

Dès les catacombes les funérailles chrétiennes revêtent un caractère religieux public. Elles l'ont toujours conservé depuis.

Aucune des sépultures de nos nécropoles, que le pic démolit avec tant d'insouciance, ne s'est fermée sans l'assistance du prêtre.

Le clergé, précédé de la croix, conduisait le corps au cimetière, où il était, par lui, procédé aux dernières cérémonies de l'inhumation.

Les *Constitutions Apostoliques* prescrivaient aux prêtres « d'accompagner les morts en chantant des psaumes », et on sait, par ces mêmes *Constitutions*, par les témoignages d'Origène et de Tertullien, enfin par les *Vies des Pères*, que les obsèques chrétiennes comportaient toujours le sacrifice eucharistique et le convoi funèbre (1).

Toutes nos nécropoles barbares ont reçu la consécration religieuse. Les morts reposaient en terre sainte.

— Le cimetière participait, en quelque sorte, du caractère sacré du temple.

Dans la Rome païenne, les sépultures étaient placées

---

(1) Cf. Abbé Martigny, *Dictionnaire des Antiquités chrétiennes* V° Funérailles.

sous la juridiction des pontifes, qui veillaient à la conservation et à l'inviolabilité des tombes.

L'Eglise hérita de cette prérogative ; elle l'a exercée, à travers les siècles, par les papes et les conciles.

En France, une loi récente a sécularisé les cimetières, pour parler le langage du jour, et l'Eglise, consciente de sa déchéance, s'est désintéressée de la question.

Les cimetières à dalles caractérisent une époque et non pas une race.

La population d'origine gallo-romaine ne répugnait pas à ce système d'inhumation ; elle s'y était ralliée.

— Les dénominations *burgonde* et *burgondo-franque*, appliquées à ces tombes, ne sont pas exclusives, car nous retrouvons, indistinctement couchés sous leurs dalles, l'aborigène et le conquérant, qui était l'étranger d'hier.

— La mesure révolutionnaire qui, sous prétexte de salubrité publique, relégua les cimetières hors des centres habités, rencontra de nombreuses et vives désapprobations en France. Par malheur, les arguments opposés procédaient beaucoup plus du sentimentalisme que des principes d'une saine logique. Les morts reposaient à l'ombre de l'église, disait-on, ils ne sont pas séparés des vivants, on voit leurs tombes, on pense à eux, on prie pour eux.

Ces considérations doivent s'effacer devant le fait, mis en lumière par tout ce qui précède, que nos plus anciens cimetières étaient habituellement tenus à distance des *vici* et même des *villæ* qui se partageaient alors le territoire.

La création des cimetières dans l'enceinte extérieure des églises est plus tardive. On l'a quelquefois attribuée à la reconnaissance populaire, après les terreurs de l'an

25

mil, mais l'usage en paraît antérieur. Il remonterait au viiie et peut-être au viie siècle. L'Eglise, dans l'impossibilité absolue d'empêcher les inhumations dans les temples, transigea; elle les permit ou tout au moins les toléra autour des édifices consacrés au culte.

C'est le sentiment de l'abbé Martigny (1).

J'ajouterai, de l'introduction de cet usage, une raison plus plausible encore. Je la vois dans l'inconvénient de célébrer, aux funérailles, la *Sanctissima preces*, qui n'était autre que la liturgie eucharistique, sur des autels improvisés, en plein air et par tous les temps ; car la célébration des saints mystères avait lieu au cimetière, en présence du corps et sur le bord de la tombe. En dehors des *Constitutions Apostoliques*, on peut citer d'innombrables exemples de cette discipline (2). On dut y remédier de bonne heure, soit en reportant les cimetières près des églises, soit en construisant des chapelles dans ceux dont on ne jugea pas à propos d'opérer le déplacement.

Cependant, l'éloignement de ces nécropoles n'était pas tellement considérable qu'on ne puisse formuler en principe, qu'un cimetière barbare était toujours situé à proximité d'un ou de plusieurs villages anciens. La nécropole de Champel confinait à Coligny et à Clairiat, celle du Châtelard-de-Luyres à Cossieu et à Boyeux et pareillement des autres.

Quelquefois le village n'est plus, mais le nom subsiste ; c'est le cas des Arênes, de Rampon, de Daraise, à Ambérieu.

---

(1) *Dict. des Antiq. chrét.*, p. 735, 2e édit.
(2) Saint Augustin, *Conf.* ix. 12. — Eusèbe. *De Vita Const.* iv. 71.

De plus, nos cimetières dits burgondes se trouvent, constamment, sur le passage de vieilles routes, qui sont toujours d'origine romaine.

Cette double remarque est faite avec intention ; elle est de nature à contribuer à l'identification d'anciens villages et de voies antiques, lorsque l'étymologie, la philologie et les textes se montrent impuissants à la pratiquer.

La période des découvertes de nécropoles burgondes et burgondo-franques ne tardera pas d'être close. L'œuvre de reconstitution de nos vignobles, si féconde à cet égard, touche à son terme.

L'avenir, sans doute, nous en tient encore en réserve ; ce seront des raretés, que le hasard nous servira par intervalle, tels ces débris d'art, dont nous avons eu de récentes restitutions à Saint-Nizier, à Coligny et à Thessonge.

En terminant, je crois utile de dresser la liste des principaux cimetières de ce genre découverts dans l'Ain. J'en trouve les éléments dans les nombreuses publications, faites en divers temps.

Ce sont : Ambronay, Bellignat, Bettant, Bourg, Brion, Certines, Cessy, Châtillon-de-Michaille, lieudit aux Tattes, Chavannes-sur-Suran, Cize, Clézieux, Corveissiat, Cuiziat, Dalivoy, à l'Abergement-de-Varey, Druilliat, Geovresset, Journans, Lantenay, Lhôpital, Meximieux, lieu-dit en Laya, Noblens, Peyrieu, Port, Pregnin, à Saint-Genis-Pouilly, Ramasse, la Roche, à Saint-Martin-du-Mont, Saint-Remy-le-Mont, à Salavre, Saint-Maurice-de-Rémens, Thézillieux, Vaux, Villereversure (Cormorand) et Vongnes.

§ 11.

Musée de Bourg. — Fibule à décoration aviforme.

La rareté des fibules à décoration en forme d'oiseau, dans nos régions bourguignonnes, nous engage à publier la broche de ce type, que possède le Musée de Bourg.

Sa provenance est malheureusement inconnue, mais le Conservateur, M. Loiseau, ne doute pas qu'elle ait été recueillie dans le département.

Elle est de bronze et à rayons.

Le bronze était couvert d'une feuille d'or ; l'or se montre encore par endroits.

La tête se projette en éventail, armé de cinq pointes ou rayons, deux digitations aux extrémités du demi-cercle, puis deux têtes d'oiseau. Dans le rayon impair du sommet, nous voyons le chef d'un animal fantastique qui, avec quelque vraisemblance, rappellerait la tortue.

Chaque rayon est détaché, comme dans la fibule gothique.

L'appendice ou corps de la pièce présente la forme allongée et presque perpendiculaire.

Cette broche mesure 95 millimètres d'une extrémité à l'autre. L'appendice en revendique à lui seul 56, et il a 17 millimètres de largeur moyenne.

La pommette de la première digitation à droite est brisée. A part ce léger accident, la fibule a conservé, sans dommage, les divers détails qui la distinguent.

A la partie centrale de la tête et sur l'appendice, l'ornementation se compose exclusivement d'arabesques. Là, elles se déroulent en demi-cercle, à l'instar du champ qu'elles décorent, ici, elles courent de chaque côté de la broche, sur un large méplat. La partie convexe offre quatre ornements, simulant un S, deux en avant, dans la situation normale de la lettre, les deux autres en arrière et rétrogrades.

Les lignes du décor sont toutes en relief.

Au bas, la décoration est formée, d'une part, de trois clous ou coins, de l'autre, de quatre points posés en carré. Le motif est répété deux fois et symétriquement disposé.

Les deux têtes d'oiseau en rayons ont la forme habituelle, bec crochu du faucon ou du perroquet et gros œil de verroteries rouges taillées en table.

Deux verres seulement, sur cinq rayons, et affectant uniquement les rayons aviformes ; cette circonstance et la place, qui leur est assignée, signifient clairement qu'en cloisonnant son bijou de verroteries, c'était deux yeux d'oiseau que l'artiste entendait figurer.

Au fond de l'alvéole, une feuille d'argent miroite à la lumière lorsqu'on la présente sous certains angles. Les bijoutiers barbares avaient recours à ce procédé, comme le font les bijoutiers de nos jours, pour donner aux verres l'éclat et les feux des pierres fines.

L'épinglette et le ressort, qui étaient de fer, ont disparu par l'effet de l'oxydation.

Par l'isolement de ses rayons et la généralité de ses aspects, la fibule du musée de Bourg a beaucoup de rapport avec celle de la Collection Delamain, à Jarnac, provenant des fouilles de la nécropole d'Herpès, dans la Charente, mais il n'y a pas identité (1). L'analogie même

---

(1) Cf. Barrière-Flavy. Pl. LVII, n° 9.

disparaît, lorsqu'on met en parallèle le rayonnement de la tête et l'ornementation.

Aucune broche publiée jusqu'ici ne m'a donné son équivalent complet. L'Album des *Arts industriels de la Gaule* n'en renferme pas, et c'est inutilement que j'ai parcouru à cette fin le *Bulletin* et les *Mémoires de la Société des Antiquaires de France*, série 1888-1902.

C'est une seconde raison qui m'a engagé à la faire connaître.

Nous avons eu déjà l'occasion de dire que cette parure est étrangère à l'industrie burgonde, et que les sépultures, propres à cette race, en sont demeurées vierges jusqu'à présent.

Néanmoins, on la trouve en Bourgogne. La nécropole de Sénissiat nous en a offert un exemple, la broche dont nous faisons l'étude, en est un autre, mais elle est, dans l'espèce, postérieure à la destruction de l'autonomie burgonde par les Francs (534).

Avec les pièces de ce caractère, que restituent çà et là nos tombes, nous assistons, pour ainsi parler, à l'infiltration franque chez nous. Nous voyons l'élément vainqueur pénétrer progressivement l'élément vaincu, et lui imposer son industrie, son goût et ses idées.

§ 12.

Les tombes de Brou.

Après le coup de foudre du 9 juin 1889, qui causa de si graves dommages à l'église de Brou, des réparations durent être effectuées aux paratonnerres. On en doubla le nombre, on creusa un nouveau puits de perte derrière lé chœur, et celui qui déjà existait, à proximité du troisième contrefort de droite, dans l'impasse entre l'église et le séminaire, fut approfondi et sa maçonnerie consolidée.

Ces derniers travaux déterminèrent la découverte de plusieurs tombes monolithes anciennes.

On ne fut qu'à demi surpris cette révélation, car déjà une tombe semblable avait été exhumée, à Brou, en 1876. Elle est au musée de la ville.

Ces tombes furent soumises à de minutieuses observations.

Leurs divers caractères archéologiques, forme, dimensions, ornement, orientation, la nature même de la pierre, tout fut soigneusement examiné.

Les résultats de l'enquête, sont restés secrets, car on ne peut accepter comme tels, la courte note des *Annales de la Société d'Emulation* déclarant, au résumé des travaux de l'année 1890, que M. Brossard, appelé à s'occuper des fouilles de Brou, à la suite de la découverte de belles cuves tombales en grès, d'accord avec l'administration préfectorale, en avait fait retirer trois. « M. Pichetty, ajoutait la Note, archéologue distingué de Paris, de passage dans notre ville, a visité ces cuves. Il fait remonter à l'époque byzantine (fin de Constantin), le dessin qui est à la tête de l'une d'elle. »

Celle du musée, pallier du 2e étage, est classée « tombeau burgonde. » L'époque burgonde proprement dite s'étend de 413 à 534.

Le Mémoire le mieux étudié sur ce sujet est dû à la plume de M. Charles Tardy. Resté manuscrit, il appartient à M. le Supérieur du Grand Séminaire. J'en ai eu communication et j'y ai puisé quantité de détails rétrospectifs, détails d'observation surtout, d'autant plus précieux que ce sont, vraisemblablement, les seuls, que nous possédions par écrit.

M. Tardy, lui aussi, remontant du début du xvie siècle, est conduit par voie d'éliminations successives, à rapporter les cercueils de Brou aux premières années du ve siècle.

J'avoue n'avoir pu saisir ce qu'a de particulièrement byzantin, du byzantin rudimentaire du ive siècle, la double arcature de tête de l'auge monolithe déposée au musée. D'autre part, la méthode éliminative de M. Tardy, avec ses lacunes longues comme des époques, laisse toujours place, pour le classement chronologique de ces tombeaux.

On ne voit dans l'étude des sépultures, de l'époque gauloise à nos jours, qu'une période à laquelle on puisse attribuer ces tombes. Elle va du viiie au xiie siècle. Impossible de sortir de là. Nous y reviendrons tout à l'heure, en essayant d'assigner à ces monuments une date plus précise.

Les cercueils monolithes sont au nombre de quatre. Il y en eût primitivement cinq. Deux autres furent recoupés, au premier étage du puits, dont les tronçons sont restés en place.

Ils étaient situés sur deux rangs. L'un faisait suite aux tombeaux mutilés; les autres formaient une seconde rangée, entre la précédente et le mur du transept méridional de l'église.

Les rangs étaient séparés par un mètre d'intervalle.

Cette disposition symétrique montre que les tombes se trouvaient exactement dans leur situation première, et que l'église de Brou, aussi bien que le quartier nord du Séminaire, couvrent un cimetière ancien.

On les a rencontrées à deux mètres 3o de profondeur.

Elles étaient liturgiquement orientées, les pieds vers l'est.

A l'intérieur, distribution sans ordre des ossements, d'où l'on avait conclu à une violation antérieure, qu'on reportait à la fondation de Brou. C'est à tort, pensons-nous ; le désordre que l'on a constaté n'était et ne pouvait être que le résultat de l'effort qu'il a fallu dépenser, pour remonter jusqu'au sol, ces énormes coffres en pierre, dont le poids est considérable.

Les tombes sont en grès quartzeux ; le grès des couvercles est, de plus, poreux. On avait cru d'abord pouvoir les identifier avec les grès de la Mollasse, mais l'analyse a chimiquement démontré à M. Huteau, qu'ils provenaient des arkoses triasiques du Mâconnais.

Elles sont taillées en forme d'auge ou de coffre, et le diamètre en est différent de la tête au pied.

L'une présente les dimensions suivantes : hauteur (*maxima* et *minima*) 48 et 39 cent., largeur, 74 et 56, longueur, 2 mètre o6.

Le plan inférieur ne se relève pas vers les pieds, c'est-à-dire qu'il demeure horizontal, sur toute sa longueur. Le rétrécissement ne se produit que sur le plan supérieur, où il est de 9 cent., et sur les faces latérales, où il en compte 18.

Au pied, la face est verticale ; sur les grands côtés et au chevet, les plans s'évasent légèrement de bas en haut.

L'auge revêt la forme extérieure du monolithe, avec, en moins, l'épaisseur des parois, qui est de 8 1/2 centimètres.

Elle est abritée sous les premiers cloîtres du Séminaire.

L'autre mesure 48 et 45 centimètres de haut, 74 et 57 de large, et 2 mètres 05 de longueur. Ce sont, à peu de chose près, les dimensions précédentes.

Le dessous de la pierre garde, pareillement, l'horizontalité, mais l'abaissemeut de la partie supérieure des deux grandes parois et leur diminution latérale sont un peu moindres, n'étant plus que de 3 et de 17 centimètres.

Ce spécimen offre, toutefois, ceci de particulier que le développement de la surface inférieure de la cavité est plus considérable que la partie supérieure. Au lieu de s'évaser de bas en haut, elle s'élargit régulièrement de haut en bas de 0,05 centimètres.

A part cette singularité, le vide intérieur reproduit la figure de la tombe.

Ce second monolithe est abandonné sur le lieu de la découverte, où il se détériore.

J'ignore ce qu'est devenu le troisième.

Enfin, j'ai dit que le musée en conservait un quatrième.

Les couvercles ont la forme prismatique. L'arête est abattue pour faire place à un chanfrein, large de 18 centimètres. Ils n'ont qu'une surélévation moyenne et s'adaptent exactement aux tombeaux.

Ils sont légèrement évidés en dessous, comme pour augmenter les dimensions de la cavité tombale.

Un seul reste entier, encore est-il en trois fragments. Un tronçon montre, à son extrêmité de tête, un bord aplati de 4 à 5 centimètres.

Pas de mobilier funéraire.

Ces monolithes n'étant que des cercueils, que la terre

devait recouvrir, ne comportaient ni inscriptions, ni ornements.

On en remarque cependant un essai. L'un présente, à son plan de tête, deux cintres supportés par des pilastres, qu'une bande coupe à mi-hauteur. L'ornementation est peu apparente.

On observe encore, sur les grands et les petits côtés, des stries s'aboutant obliquement les unes aux autres et rappelant, selon qu'on les considère horizontalement ou verticalement, soit l'arête de poisson ou la feuille de fougère, d'un emploi fréquent dans le décor gallo-romain, soit les cannelures en chevrons, que l'école de Cluny remit en vogue, dans nos pays, au xie et au xiie siècle.

Ces stries sont-elles vraiment ornementales? L'affirmative semble de rigueur, lorsqu'on les compare aux sillons des parois intérieures. Irréguliers et sans symétrie, ceux-ci doivent être regardés comme l'œuvre de la broche, qui a fouillé la pierre pour en faire un tombeau.

Les couvercles sont également striés; mais ici le doute n'est plus possible; il n'y a pas d'effet voulu.

On ne peut certainement pas rapporter les tombes monolithes de Brou au ive siècle.

Les sarcophages de la fin de l'Empire n'ont guère de commun, avec les nôtres, que leur cavité en auge. Hors de là, il n'y a pas de parallélisme à établir. On s'en convaincra en parcourant les portiques du musée lapidaire de Lyon; il est donc inutile d'insister plus longuement sur ce point.

La tombe romaine offre la figure d'un rectangle parfait. Les couvercles sont plats et, lorsqu'ils affectent la forme du prisme, ils sont ornés d'antéfixes ou se rabattent à leurs extrémités. Surtout, ils présentent encore des qualités d'exécution, qualités dont sont absolument dépourvues les restitutions de Brou.

Les ornements, sur lesquels on avait tablé, pour avancer ce sentiment, appartiennent au roman, et je conviens volontiers que cet art n'est qu'un byzantinisme mitigé ou bâtard. Il eut son efflorescence dans la région, au ixᵉ et au xᵉ siècles, et son plein épanouissement au xiᵉ et au xiiᵉ.

Nos tombes doivent être considérées, comme une transformation de la sépulture à dalles des temps barbares.

La diffusion du cercueil monolithe est du viiᵉ siècle. « La population, dit M. Pilloy, a plus d'aisance, plus de fixité ; elle peut faire plus de sacrifices, pour donner une dernière demeure impérissable à ses morts. En même temps, la forme se modifie ; les cercueils ne sont plus rectangulaires ; ils se rétrécissent vers les pieds. Les dalles de couverture prennent insensiblement la forme d'un toit. »

Ce point acquis, nous sommes fixés, sur l'âge relatif des tombes de Brou, par une comparaison.

D'importantes fouilles ont été exécutées par M. Oct. Bobeau, dans un ancien cimetière de Langeais, en Indre-et-Loire ; le *Bulletin archéologique* en a publié le compte rendu, 3ᵉ livr. 1899. L'auteur a exhumé de la nécropole des bières monolithes, qui s'échelonnent du vᵉ au ixᵉ siècle. Les contacts, remarqués entre elles, ont servi de base à leurs groupements.

Parmi les groupes de M. Bobeau, celui qui reproduit, avec le plus d'exactitude, les caractères typiques des tombes, dont nous nous occupons, est attribué au ixᵉ siècle.

Comme les cercueils de Brou, les tombes de Langeais sont creusées en auge et offrent plus de hauteur et de largeur au chevet qu'au pied. Leurs flancs sont obliques, et le dessous reste horizontal. Quand au vide intérieur, il est moulé sur la configuration trapézoïdale des monuments.

Les couvercles constituent de véritables prismes triangulaires.

Il n'est pas jusqu'aux stries qui, par leur disposition en feuilles de fougère, et, dans le cas des coffres les plus irréguliers, par leur tendance à devenir convergentes, ne contribuent à donner plus de valeur au rapprochement que nous essayons.

Nous n'hésitons pas à reconnaître le même âge à nos sépultures.

Aux xᵉ, xiᵉ et xiiᵉ siècle, nous ne rencontrerions pas les mêmes qualités de style. Elles s'atténuent au xᵉ et deviennent meilleures aux deux siècles suivants.

Au xᵉ siècle, période d'invasion et de trouble, on délaisse l'art pour la défense; les productions monumentales portent les marques de cet abandon.

Au xiᵉ et au xiiᵉ, la physionomie générale des tombeaux change. Ils gardent la forme du trapèze, mais ils montrent plus d'harmonie dans leur ensemble. La pierre est aplanie à la laye, et très fréquemment elle présente soit des saillies, soit une ouverture cylindrique à l'extrémité principale de l'auge, pour supporter ou immobiliser la tête du défunt.

La coupe du puits corrobore ce sentiment.

M. Tardy a relevé l'ordre des couches.

Au fond du puits, au dessus des graviers aquifères, se trouve la couche romaine ; ce sont des tuiles brisées. Elle est surmontée d'un terreau noir où les ossements abondent. Des terres noirâtres viennent ensuite, sur une épaisseur de o, 70 ; puis, on relève un mètre de terre renfermant, vers le haut, un lit d'ossements, qui devait être un ossuaire, un mètre de terre sans caractère précis, et 3o à 4o centimètres de déblais divers.

C'est du troisième niveau que les tombes furent remontées. Je ne puis m'empêcher de voir la couche burgonde, dans le terreau intermédiaire, entre ce niveau et la couche romaine, et de penser que le niveau, contenant les sépultures, représente en réalité les temps carolingiens.

L'enfouissement de la couche romaine, à 3 mètre 5o de profondeur, paraît anormal. A Brou, on la rencontre d'ordinaire à o, 6o et généralement, elle ne dépasse pas l'épaisseur de o, 4o. Mais, il ne faut pas oublier que les terrassements, les rejets de terre, les accumulations de débris de toute nature, auxquels donna lieu la construction de l'église, ont dû exhausser considérablement le sol aux alentours.

Les tombes, on s'en souvient, étaient orientées à l'est. C'est vers le xiie siècle que l'on commence à faire le silence sur cet usage. Le fait prouverait que les tombes sont au moins plus anciennes.

La présence de deux crânes fut reconnue dans un même tombeau.

Or, en 4oo, prétendit-on, un concile de Mâcon interdit l'inhumation de deux corps dans un même sépulcre, et, partant de là, on s'attribua le droit d'exagérer à plaisir l'ancienneté de ces sépultures (1).

_____

(1) M. Tardy, *Mém. mst.*

Il n'y eut pas de concile à Mâcon, en 400 ; le *Matis-conense primum* est de 582.

Le canon, dont on invoque la teneur, est le XVIIᵉ du deuxième concile, tenu par les évêques francs à Mâcon, en 585.

Il ne trouve pas son application ici ; l'interprétation en est erronée.

Il édictait la défense d'inhumer à nouveau, dans les tombes, avant l'entière décomposition des corps.

Le cas était prévu par les lois, *secundum legum decreta*, comme aujourd'hui en France, par le décret du 24 prairial an XII.

En voici le texte : « Comperimus multos, necdum marcidatis mortuorum membris, sepulcra reserare et mortuos suos superimponere vel aliorum, quod nefas est, mortuis suis religiosa loca usurpare sine voluntate, scilicet domini sepulcrorum. Ideoque statuimus ut nullus deinceps hoc peragat. Quod si factum fuerit, secundum legum decreta, superimposita corpora de eisdem tumulis rejactentur (1) ».

Nous avons vu, d'ailleurs, que ce genre de sépulture fut fréquemment usité, pendant les temps burgonde et burgondo-franc.

« Il n'y a place pour ces tombeaux, dit encore le Mémoire précité, qu'entre 300 et 400, pendant la dernière ère de paix et de prospérité de l'Empire romain, sous Constantin et les empereurs voisins de son règne (2) ».

Et il est donné, de cette prétendue impossibilité, cette unique raison que le transport du Mâconnais à Brou, de

---

(1) *Collectio regia*, T. XIII, p. 85.

(2) Page 5.

ces blocs volumineux et lourds, n'aurait pu être effectué en des temps troublés.

On aurait dû spécifier, ce semble, de quel trouble il s'agit. Mais quelle qu'en fût la nature, la vie provinciale ne fut jamais compromise, en Bresse, au point de ne pouvoir effectuer un transport de quelques kilomètres sur son territoire.

L'allégation suppose une idée fausse des conditions politiques, sociales, économiques et commerciales des temps qui nous ont précédé. La discuter nous entraînerait trop loin.

On n'a peut-être pas attaché, dès le principe, à la découverte de Brou, l'importance qu'elle méritait. M. Tardy assure que l'observation des fouilles laissa à désirer. « On ne s'est éclairé de personne, dit-il, et on a fait fouiller en n'examinant que les côtés saillants, en sorte que beaucoup de remarques indispensables n'ont pas été faites comme il le fallait. »

« Quand nous avons visité le lieu de la découverte, la fouille était faite ; les ossements, dispersés en tas divers, les uns dans la fouille, les autres en dehors, offraient un mélange complet. Ce désordre prouve la mauvaise exploration qui en a été faite ».

« C'est pour obvier, ajoute-t-il en finissant, dans la mesure de nos moyens, aux résultats fâcheux des dernières fouilles, incomplètes et mal étudiées, des tombeaux de Brou, que nous donnons ces quelques aperçus (1) ».

Des tombes monolithes, telles que nous venons de les décrire, devaient entraîner des dépenses considérables.

(1) *Mém. mst.* pages 2 et 7.

C'était un objet de luxe, que seules pouvaient se permettre les gens de condition aisée.

Ces sarcophages, que divers indices représentent comme les spécimens d'une riche série, confirment ce que d'autres découvertes (1) laissaient déjà pressentir, à savoir que, sous les Carolingiens et très certainement dès les temps antérieurs, il existait à Bourg un bourg, un *vicus* d'une aisance relative et même prospère. L'ancienne église de Saint Pierre en était le centre et il inhumait ses morts dans l'enclos funèbre qui rayonnait autour.

Art. V.

Archéologie du Moyen-Age et moderne.

§ 1er.

Encore les Poypes.

Nous avons fait connaître, à propos des fouilles de Villars, notre pensée sur cette classe de monuments (2).

Nous éprouvons aujourd'hui le besoin de reprendre la question.

Des documents nouveaux, l'étude plus approfondie de quelques tertres et des plus remarquables, les notes dont j'ai reçu communication, en ont agrandi le cadre. Elle sera plus explicitement traitée.

Et d'abord, qu'est-ce qu'une poype ?

(1) Boucles d'oreilles de métal composite, avec boutons incrustés de cabochons. — Epée, scramasax et boucle de ceinturon (1876 et 1878). — Enfin, en 1890, pendant le forage du puisard, au chevet de l'église, une monnaie mérovingienne qui n'a pas été identifiée.

(2) *La Poype de Villars et ses fouilles.* In-12, Bourg, 1899. Bull. Société Ant. France 1899, 4e livr.

On appelle ainsi une éminence conique, faite de remblais et ceinte d'un fossé.

On conçoit la poype sans construction à son sommet, on ne la conçoit pas sans fossé.

Le système comportait une cour basse ou esplanade, *porprisia*, qu'il est rare de retrouver en bon état, et que délimite constamment une dépression circulaire, dernier vestige d'un second fossé. Lorsque la cour enveloppait la poype, comme à Villars, ce deuxième fossé était concentrique au premier. On distingue encore facilement le pourpris à Saint-André-de-Corcy, à Neuville, à Arbigny et surtout à Saint-Sulpice.

Le plus grand nombre de nos tertres a été démoli ; il en reste à peine une soixantaine. Ils occupent la partie sud et occidentale, c'est-à-dire la région plane, du département.

Egarés au milieu d'une Société, pour qui leur présence paraît une énigme, ils ont mis à l'épreuve la sagacité des savants.

— Th. Riboud, en son *Indication générale des Monuments et Antiquités du département de l'Ain*, présentée à l'Institut en 1807, ramenait à trois les différentes opinions qui, de son temps, s'étaient déjà manifestées à leur sujet.

Les uns voulaient y voir des travaux militaires, mais, ajoute l'auteur précité, « leur isolement et leur forme prouvent qu'ils sont antérieurs à l'artillerie, qu'ils ne sont point de construction romaine, et qu'ils faut les attribuer à un peuple plus ancien. »

Les autres les considéraient comme des tombeaux. A leurs yeux, ils auraient la nature des tombes, couvertes d'un amas de terre ou de pierres brutes, qu'on rencon-

tre en Angleterre, dans l'Asie du Nord, la Grèce, et
même en Amérique. La dimension variait avec la qualité
des personnages.

Enfin, d'autres pensaient que ces monuments pouvaient avoir servi aux assemblées civiles et religieuses
des Gaulois, attendu qu'ils les tenaient en plein air, à
l'écart et dans les forêts, « que la forme ronde et élevée
était plus commode et plus saine, et que les tertres
dont le cône était excavé étaient favorables à des réu-
nions. »

Mais quelle que soit l'opinion admise, concluait Th.
Riboud, on ne peut se refuser à donner aux poypes une
origine celtique ou druidique.

M.-C. Guigue, dans sa *Topographie de l'Ain, Introduction*, p. IV, adoptant les conclusions de M. Péan, fait
des contrées à poypes des régions sacrées, aux temps
préhistoriques, des frontières protectrices, communes
aux peuples circonvoisins, qu'on ne devaient ni défri-
cher, ni cultiver. Les buttes marquaient ce caractère.

De ces divers sentiments, le premier mérite seul quelques égards.

Si les poypes remontaient aux époques anciennes,
préhistorique et même celtique, elles ne se montreraient
pas aussi vigoureusement redressées; le profil en serait
aplati, et l'on verrait, à leur place, un relief circulaire
plus ou moins turgescent, mais non conique. On est
souvent étonné des effets de ravinement produits par
les eaux atmosphériques en moins de temps encore.

D'autre part, ce ne sont pas des tombeaux. L'usage
des tombes à chape de terre ou de pierres appartient à
à l'âge néolithique et aux premiers temps des métaux.
Le même argument trouve ici son emploi.

Je ne sache pas qu'on ait jamais rencontré de sépulture, au sein de ces tertres. La démolition de la poype de Raclet, à Saint-André-de-Corcy, effectuée récemment, n'a donné lieu à aucune constatation funéraire. Elle a seulement livré une lampe de bronze à trois becs, que M. Nouvellet conserve au château de Vernange. En trouverait-on, d'ailleurs, qu'elles manqueraient de signification dans l'espèce. C'est que la poype aurait pour noyau un tumulus antique.

Les poypes sont d'origine féodale.

Ne nous arrêtons pas à la dénomination ; elle obscurcit inutilement le problème. Elle est spéciale à nos contrées.

La poype est l'équivalent de la motte.

Dans la déclaration de fidélité, que Perret de Sermoyer rendit à Amédée de Savoie, sire de Bâgé, au temple d'Epaisse, le lundi avant la quinzaine de Pâques 1288, il jura tenir de son fief, *mottam seu poypiam, quam habet apud Salmoya, cum porprisia et fossatis* (1).

Du Cange, de son côté, s'exprime en ces termes : *Est enim poypia collis seu tumulus cui inaedificatum castellum, idem proinde ac motta* (2).

Or, nul n'ignore l'origine de la motte et son affectation.

(1) La poype de Sermoyer existe encore. C'est un beau monument, d'environ 55 mètres de diamètre à la base, et de 10 à 12 m. de hauteur, régulier, pourvu de fossés toujours alimentés d'eau, et situé à 1500 mètres à l'est du village.

La plateforme est évidée en entonnoir jusqu'à trois mètres de profondeur.

La butte renfermait certainement un ancien souterrain, dont la voûte s'est effondrée.

Il conviendrait de l'explorer à fond. Les fossés ont restitué un fer de lance, déposé au musée de Pont-de-Vaux.

(2) V° Poypia.

Comme la poype encore, elle était entourée d'une basse cour, dont elle occupait tantôt le centre, tantôt un point quelconque du circuit.

Un retranchement en terre, terminé, à sa crête, par une clôture en palis, protégeait le pourpris, et deux fossés défendaient, en outre, l'accès de ce dernier et du tertre.

La tour, que supportait la motte, était en bois, rarement en briques ou en pierres.

La motte ne se rencontre que dans les pays plats, où les éminences naturelles font défaut.

Dans les pays de montagne, les accidents de terrain en tenaient lieu (1).

Quelque différente qu'en soit la désignation, il y a, on le voit, similitude complète, entre les deux sortes de monuments.

Le système de défense, tel que nous le font concevoir les poypes et les mottes du Moyen-Age, fut seul usité à l'établissement de la féodalité ; et, c'est une conviction, pour nous, qu'en Bresse et en Dombes les poypes représentent, d'une manière exclusive, les constructions militaires des xe, xie et xiie siècles.

Mais l'architecture réalisait des progrès.

Au xiiie siècle, elle substitua aux remparts de terre des constructions en maçonnerie.

La plupart de nos châteaux seigneuriaux de Bresse furent bâtis au xiiie et au xive siècle. Richemont n'était pas achevé en 1299, le Montellier fut construit vers 1300, Montribloud, vers 1215, et Varax présente tous les caractères de la même époque.

---

(1) Cf. Caumont. *Abécédaire d'Arch.* Arch. civ. et milit., p. 392 et s.

Dès ce moment, les anciennes poypes se partagèrent en deux groupes. Les unes furent converties en si-gnes de fief ; nous en parlerons tout à l'heure ; les au-tres, ce fut peut-être le plus grand nombre, devinrent le pivot des fortifications nouvelles. Elles servirent de supports à la grande tour ou donjon. Au Montellier, un colossal donjon couronna la poype, et il en fut de même à Varax, bien qu'il ne reste, actuellement, que des rui-nes de la tour.

Nous aurions de nombreux exemples à citer à l'appui de ce fait ; nous empruntons les plus probants au proto-cole des hommages de Bâgé en 1272 (1).

Ogeret de Saint-Cyr déclare tenir en fief de la dite Sirerie *domum suam et poypiam de Sancto Cyrico cum tota et forteressia* (2).

De la même suzeraineté Gilet Rubitini possède *poy-piam suam cum forteressia et fossatis, sitam apud Cha-vanes, in parochia de Cuceil.*

C'est au même titre encore, que Josserand de Mont-gilbert tient *domum suam de Tresvernois, in parochia de Sancto Cyrico cum poypia*, et Foulque de Biolières *donjonem et fortalitiam de Curto fonte.*

Ne perdons pas de vue, cependant, qu'à partir du

---

(1) Guichenon, *Hist. de Bresse*, Preuves, p. 14.

(2) Malgré l'abandon où elle a été laissée, la poype de Saint-Cyr s'est conservée jusqu'à nos jours. Elle se dresse à 400 mè-tres au nord de l'église.

Diamètre de la base, 60 à 65 mètres, de la plateforme, 14 à 15 mètres. Hauteur, 8 à 10 mètres.

Les fossés de la motte sont en partie comblés, mais très ap-parents. On retrouve seulement des traces de ceux du pourpris ; on y a bâti deux domaines.

XIIIe siècle, on n'éleva plus ou du moins que très rarement des poypes pour asseoir les donjons.

Il est à remarquer que, malgré la substitution des remparts de pierres ou de briques, aux retranchements en terre, le plan primitif de la forteresse ne subit pas de changement. On retrouve, dans le donjon et la bayle ou première enceinte de Varax et du Montellier, la poype et le pourpris de Saint-André, de Neuville et de Saint-Sulpice.

— Envisagée de la sorte, la poype n'est pas un ouvrage militaire, que le Moyen-Age seul puisse revendiquer.

Il est dans la nature, quand la défense ou le combat s'impose, de s'assurer les avantages. On choisit de préférence une situation de difficile accès, abrupte et élevée.

Dans ces conditions, on ne sera pas surpris d'apprendre qu'une butte, analogue à la poype, entrait déjà, comme pièce essentielle, dans les fortifications des Romains et des Gaulois.

Qu'était, en effet, l'oppidum gaulois ? Tantôt une ville, tantôt un bourg et même un simple lieu de refuge, mais quelle qu'en fut l'importance, il occupait toujours un site facile à défendre, je veux dire escarpé ou appuyé contre des cours d'eau.

Des fossés, des murs, des tours renforçaient les obstacles naturels, et à l'endroit dominant l'aire de la place, était assise la citadelle, l'*arx*, d'où l'on pouvait lutter encore si l'ennemi parvenait à forcer les premières enceintes.

La citadelle de *Vesontio* est rappelée par César : *Hunc murus circumdatus arcem effecit et cum oppido conjungit,* Il n'est pas moins explicite, lorsqu'il dit, parlaut d'Alésia ; *Vercingetorix ex arce Alesiæ suos conspicatus ex oppido egreditur* (1)

Dans ces deux oppida, l'*arx* couronnait deux massifs, qui sont restés ce qu'ils étaient à l'époque de la conquête.

Lorsque les oppida étaient bâtis en plaine, ou dans des régions marécageuses, était-il suppléé, par des mottes artificielles, aux désavantages des lieux ? Le fait paraît vraisemblable, mais nous ne connaissons pas de textes qui le certifient.

Quoiqu'il en soit de ce dernier point, on voit apparaître la poype et sa tour dans l'*arx* gaulois.

Chez les Romains, la motte se trouve dans des rapports identiques avec la citadelle, mais elle est mieux caractérisée.

Une forte muraille complétait les avantages de la position.

A l'un des points culminants, « sur un tertre, où le sol était uni, une levée de terre, une motte s'élevait la citadelle qui, ressemblant au poste militaire fortifié ou au petit oppidum, dut s'appeler de bonne heure *castellum*, châtel. A défaut d'éminence naturelle on créait une colline factice (1). »

A part le nom, cette colline fortifiée qui portait l'*arx* romain, c'est la poype du Moyen-Age qui portera le donjon.

Au reste, il dut en être ainsi, partout et toujours, dans les fortifications bien ordonnées. Dans une place de

---

(1) *De Bello gall.* i, 38 et vii, 84.

(1) Jacques Flach, *Enquête sur les conditions de l'habitation en France. Introduction*, p. 31.

guerre, il faut un centre, vers lequel tout converge et d'où tout rayonne. Ce centre doit être élevé pour découvrir le pays, observer les mouvements suspects. Ce centre, enfin, doit être plus puissamment protégé, car il est la tête, c'est la vie de la place et, en cas d'insuccès final, le dernier membre de l'organisme qui doit périr.

Puisqu'il appartenait au donjon de soutenir l'effort suprême, c'est dans la poype sous-jacente, croyons-nous, qu'étaient renfermées les approvisionnements de la défense.

Il est possible, en conséquence, que l'on trouve, dans nos mottes baronnales, des chambres souterraines et, dans celle-ci, des provisions altérées, des blés calcinés, des débris d'armes. Le cas s'est présenté à Villars; il se présenterait sans doute encore à Varax et au Montellier, si on entr'ouvrait les poypes de leurs châteaux.

Ne serait-ce pas là, je le demande, une seconde raison et non la moins importante de l'exhaussement des donjons? Il fallait des souterrains. En les excavant dans le sol, ne risquait-on pas de rencontrer, à peu de profondeur, l'eau ou tout au moins une humidité abondante, qui les eut rendus absolument impropres à leur destination.

Nous rattachons à ce même ordre de faits, les galeries souterraines, qui parfois mettaient les places de guerre en communication avec la campagne. L'imagination populaire en voit dans tous les châteaux; en réalité, elles sont rares. Les Romains en creusèrent dans certaines circonstances. Au Moyen-Age, on ne les rencontre qu'exceptionnellement. Chartres en fut pourvue au IXe siècle. L'importance, purement relative, de nos meilleures places fortifiées bressannes, doit faire écarter l'espoir d'en retrouver des traces, dans ce qui reste de leurs anciennes substructions.

Néanmoins, si l'on en découvre, elles auront leur point de départ sous le donjon, dans les caveaux de la poype.

— Nous avons dit qu'à la transformation de l'architecture militaire, au xiiie siècle, les poypes, dont on n'utilisa pas la situation, demeurèrent à l'écart.

On ne les abandonna, ni ne les démolit néanmoins, elles adoptèrent une signification symbolique.

En devenant signes de fief ou de juridiction, elles furent assimilées aux châteaux. Les poypes, revêtues de ce caractère, ne portaient pas de tour. Elles étaient ceintes de fossés.

Quant au pourpris, livré le plus souvent à la culture, il se nivela peu à peu ; ce n'est qu'à grand'peine qu'on arrive aujourd'hui, à le reconstituer dans la généralité de ces monuments.

Les droits de fiefs y étaient attachés. *Extant etiamnum*, dit du Cange, *in Bressiæ et Dombarum provinciis, plurima castrorum in poypiis extructorum rudera, quibus assignata quondam maxima privilegia et jura adhuc vigent*. Droits et privilèges étaient donc encore en vigueur de son temps.

Dans cette série, nous classons les poypes suivantes :

La poype de Mézériat. Etienne de *Chancieu, de Chanciaco*, la reconnut à la directe noble de Bâgé, en septembre 1272 ; *poypiam suam et fossata sua de Maysirya*.

Celle de Saint-Sulpice dont nous trouvons l'hommage, par Gauthier de Saint-Sulpice, au même protocole,

*poypiam suam Sancti Sulpitii sitam inter duas poy-
pias* (1).

La poype de Laiz et la poype de l'église dudit lieu,
tenues en fief de Bâgé par Jacques de Fayola, chevalier, *quartam partem pro indiviso poypiœ de
Luyseis*, *et totam poypiam sitam desuper ecclesiam
de Luyseis.*

Que ces tertres emblématiques aient joui des droits
féodaux, nous en sommes convaincu, lorsque nous voyons
Perraud Chabua, le 9 mai 1280, déclarer *mottam et ca-
sale de Luyseis et generaliter omnes pertinentias et
appendentiis de Luyseis.*

Guillaume de Foissiat est un peu plus explicite ; il dit
tenir en hommage-lige *poypiam suam de Foyssia, cum
pertinentiis et appendentiis et escheytis.*

---

(1) La poype de Saint-Sulpice est le plus beau monument de ce
genre que j'aie visité. La motte et la cour sont restées ce qu'elles
étaient dans le principe ; le puits que celle-ci possédait vers son
centre existe toujours.

La butte présente approximativement, les diamètres suivants :
70 mètres à la base, 16 mètres à la plate-forme, et autant de
hauteur.

Le pourpris est à peu près rond, portant 150 à 160 mètres de
tour.

L'un et l'autre sont encore protégés par des fossés ou l'eau de
manque jamais.

Des deux poypes mentionnées ici, il n'en subsiste plus qu'une.

Elle s'élève au nord-est de la précédente dont elle est dis-
tante d'environ 60 mètres. Ses dimensions sont légérement inférieures.

Son érection fait supposer une division du fief de Saint-
Sulpice, à une époque inconnue mais certainement fort ancienne.

La butte conserve ses fossés, *cum fossatis*, mais elle a cessé d'être forteresse, tout en demeurant baronnale. On a soin de distinguer la poype du château. Perret de Sermoyer, qui confesse tenir sa motte en fief du Sire de Bâgé, réserve sa maison, *salva domo sua*. Celle-ci relevait du fief de l'évêque de Mâcon.

Ainsi, la poype était noble; elle possédait la qualité de fief, puisqu'elle était hommagée par le feudataire et concédée sous cette condition par le seigneur suzerain.

On créa des poypes de cette seconde catégorie fort tard dans le Bas-Moyen-Age. Celle de Jasseron ne remonte pas au-delà de l'origine du prieuré, et la fondation de ce dernier est du xve siècle.

— Indépendamment des deux sortes de poypes, dont nous cherchons à mettre en lumière les divers caractères, on distinguait les poypes à signaux et les poypes à vedettes.

Lorsque, vers la fin de l'Empire, les Barbares faisaient des incursions dans les provinces frontières, les populations se réfugiaient dans des camps temporaires, promptement improvisés.

Les camps communiquaient entre eux, à la manière gauloise, c'est-à-dire au moyen de feux allumés sur des tours.

Dans les pays de peu de relief, les tours devinrent souvent impuissantes à transmettre les signaux; on dut, par des monticules factices, en augmenter la hauteur.

J'ignore s'il existe d'ancienne mottes à signaux, dans nos régions à poypes.

On recueille des tuileaux plats sur la motte de Saint-

André-de-Corcy, autour de la poype de Neuville (1) ; ils abondent à celle de Villars. Mais que conclure de ces documents, lorsqu'on sait qu'au xe siècle, à l'origine première de nos poypes féodales, la tuile du type romain était encore usitée dans nos pays.

Les mottes à signaux, de création romaine, furent vraisemblablement absorbées par les ouvrages militaires de la féodalité. S'il en existe encore, et l'on peut en douter, elles sont difficiles à identifier.

Les poypes à vedettes furent élevées pour la surveillance d'une région déterminée. Une tour en pierre ou en bois les couronnait.

Je n'en connais pas d'exemple dans l'Ain. La tour des poypes primitives, et plus tard le donjon, dans les châteaux-forts, durent généralement suffire aux besoins de cet ordre.

— Portant la marque indéniable de la main de l'homme, s'élevant solitaires en plein champ, souvent dans des lieux déserts, dans les bois, enveloppées dans le mystère de leur origine et de leur ancienne affectation, les poypes

---

(1) Par elle-même la poype de Neuville n'offre rien de particulier ; il en est autrement de sa position.

Elle se trouve en relation, avec un énorme quadrilatère, formé de remblais, auquel elle sert de poste avancé du côté de l'Est. La largeur du fossé l'en sépare

Le quadrilatère est défendu par un fossé sur tous ses côtés, et mesure 40 × 35 mètres et 10 mètres de hauteur. C'est probablement le premier emplacement du prieuré de Neuville.

A ce point de vue, la butte de Neuville peut se rapprocher de celle de Jasseron, où l'on remarque une corrélation semblable entre la poype et le prieuré.

inspiraient un respect, parfois superstitieux, aux populations qui vivaient à leur ombre. On leur attribuait même un caractère sacré, avons-nous dit, qu'elles communiquaient à la région tout entière où s'observait leur présence.

Ce prestige est bien atténué de nos jours, et il tend à disparaître partout où il se maintenait encore.

Il avait sa source dans l'essence propre de la poype. Refuge assuré, forteresse, résidence du seigneur, représentation symbolique du fief, la poype a été tout cela, elle s'imposait au respect des populations à l'égal du château, dont elle fut une forme dans le principe, et de l'autorité seigneuriale, dont elle était une manitestation.

— D'où vient le nom ?

Poype est un terme vulgaire dérivé d'un mot plus ancien.

Il est restreint à la Bresse, au Lyonnais et au Bas-Dauphiné.

Son étymologie présente des difficultés.

On a proposé *Podium*, *Podium pium*, *Podium oppidi* et le latin populaire *Poppia*, plus exactement *Puppia* dont le sens est mamelle, mais il n'a pas été donné encore d'explication certaine.

Philologiquement parlant, il faut séparer *Poypia* de *Podium*. Il est impossible que l'un dérive de l'autre, impossible même qu'il y ait entre eux une parenté quelconque.

En Dombes, on dit *Poua*, et, d'après du Cange, *Poya*, *etiamnum rusticis Dumbensibus*. POYA, montée, vient du participe de basse latinité *podiata*, comme le français appuyer vient de *appodiare*.

Quant à *Poua*, il pourrait être, dans l'idiome bressan, une altération de *Poya*, mais il continue, plus vraisemblablement, *Pica*, pointe, Pi-a, Pi-v-a, Pu-v-a, Pua-Poua, et doit signifier par métaphore *terrain en pente*. En tout cas, le rapprochement entre *Podium* et *Poypia* doit être absolument rejeté.

Podium a donné *Puy* et non poype, comme *modium* a donné *muid* et non moype, et *inodio*, *ennui*, mais pas ennoype.

Du reste, les formes *Poium*, *Pogium*, signalées par du Cange, datent de l'époque, où *Podium* s'était déjà transformé en *Puei* dans nos provinces. Elles ne sont par conséquent qu'une retraduction maladroite des scribes, qui ne savaient pas retrouver le vieux *Podium*.

Podium pium rappellerait le caractère hiératique, prêté à nos poypes, mais il est en désaccord avec les chartes. Elles parlent constamment de *poypiam*, *poypias* ; *podia pia* est une forme insolite. Mentionner l'hypothèse suffit. On ne saurait faire davantage, tant qu'on ne lui donnera pas pour fondements des textes formels.

A l'égard de *Podium oppidi*, la même observation s'impose.

Les deux *d* seraient tombés, conformément aux règles étymologiques, ex. : *videre*, voir, et on se trouverait en présence d'un mot comme *puype*, qui, dans notre dialecte a pu donner *Pouype* et *Pouape*.

Podium oppidi pouvait désigner la ceinture de remparts, sur laquelle était construit le château-fort, et, par extension, tout château construit sur une éminence isolée.

Cette conjecture, que je dois à M. H. de Boissieu, se-. rait capable de séduire, mais elle a également le tort de ne pas s'appuyer sur les textes, et c'est par pur arbitraire qu'il est fait application de ces deux termes aux poypes de la Bresse.

Mais, enfin, d'où vient *Poypia* ?

Quelques-uns ont cru y distinguer du celtique ; ils n'ont pu en donner une bonne raison.

M. Protat y reconnaît le latin populaire *Poppia*, plus exactement *Puppia*, qui signifiait mamelon. L'étymologie est fort acceptable.

Pipet, autrefois, *Pupet*, nom d'un monticule de Vienne, en serait un diminutif ; le *Poupé*, du dialecte dauphinois, qui désigne le bout de la mamelle, et vient de *Pupellus*, en serait un autre, et tous deux corroborent l'interprétation de *Poypia* par mamelon (1).

Le sentiment de M. Protat a été suivi par Clair Tisseur, *Dictionnaire étymologique du Patois lyonnais*, aux carrechions, p. 468, et par M. le chanoine Devaux, dans son *Essai sur la langue vulgaire du Dauphiné au Moyen-Age*, p. 318. Nous nous y rallions nous-même, car il est le plus satisfaisant.

Il est bon d'ajouter que la forme *Puppia* n'est qu'une forme conjecturale, ingénieusement imaginée par le savant italien, M. Caix, pour expliquer l'italien *Poccia*, mamelle. L'explication ne dépasse donc pas la valeur d'une simple hypothèse, mais c'est la plus plausible.

— Disséminées dans la plaine alluviale de la région lyonnaise, l'Ain, le Rhône et l'Isère, elle-même perdue

---

(1) Commentaire de M. le chanoine Devaux, prof. aux Facultés catholiques de Lyon.

entre les régions montagneuses des Alpes, du Jura et du
Plateau central, appelées d'un nom dont le radical est un
bas latin, qui s'est peut-être mieux conservé dans ces
pays, à cause du voisinage de l'Italie et de leur latinisa-
tion plus profonde, les poypes semblent, par leur forme
et leur dénomination, constituer un phénomène archéologique.

Dans les plaines du Nord et du Nord-Ouest, au contraire, les mottes n'ont pas soulevé de problème. Le
nom expliquant la chose, elles ont toujours été comprises.

Un simple parallélisme suffit à éclaircir le mystère, et
montre qu'entre les unes et les autres, il y a plus que de
l'analogie, il y a identité complète.

C'est tout ce que nous avons cherché à établir.

§ 2

Briques historiées.

Sirand, XII⁵ *Course archéologique*, consacre un paragraphe à l'étude de nos différentes espèces de briques
anciennes. Il parle des briques sigillées, vernissées,
mais ne cite pas de briques historiées.

Son silence démontre la rareté des types de cette fabrication. Il en existe cependant ; M. Merlin en possède
un spécimen à Saint-Martin-le-Châtel.

La brique présente respectivement, en longueur et en
largeur, 0,35 et 0,23. On ne peut en apprécier l'épaisseur, car la pièce est enchassée dans un mur ; M. Merlin
l'estime à 8 ou 10 centimètres.

Le sujet occupe le champ, laissant, sur les côtés, une bordure plane et unie de 09 centimètres qui l'encadre.

C'est une empreinte en relief, produite par l'application d'une matrice, qui le portait gravé en creux. La brique étant d'un type commun, on ne comprendrait pas qu'il en fût autrement.

Il représente une scène de chasse.

Un veneur, sonnant du cor, conduit à droite une biche captive. Deux arbres simulent la forêt.

Un personnage, un animal et deux arbres, conçoit-on une composition plus simple en ses éléments ?

Le dessin se présente, en quelque sorte, à la façon des ombres chinoises. Chaque partie du tableau est simplement délimitée par le relief, dans ses contours; il est donc inutile d'y chercher le fini du détail.

En revanche. on y trouvera de la vie, du mouvement et beaucoup de vérité dans l'expression.

La perspective s'y montre, mais à l'état rudimentaire; elle flotte, pour ainsi dire, à la surface, manquant de profondeur.

On croirait cette charmante composition empruntée aux miniatures du *Livre du roy Modus*.

On sait que cet ouvrage de vénerie, dont l'auteur est demeuré inconnu, formula, pour la première fois, les règles de la chasse des animaux à poil, du cerf au lièvre. Il vit le jour en 1328; la vogue en fut immense et de longue durée.

C'est à peu près le temps auquel nous rapportons la brique de M. Merlin.

Le veneur est vêtu de chausses et d'un surcot; il a pour coiffure un chaperon, et porte aux pieds des solerets à la poulaine.

Le surcot n'est pas étoffé, mais il n'est pas non plus collant. Il laisse voir les manches ajustées de la cotte ; un cordon le serre à la ceinture. La jupe retombe jusqu'aux genoux.

Les chausses enserrent les jambes, et se rattachent aux braies qui devaient se porter sous la cotte.

Les poulaines sont allongées ; cependant, la pointe n'a pas la longueur demesurée, plus du double de la longueur du pied, qu'elle prendra au cours du XIVe siècle.

Le chaperon enveloppe la tête et vient, en avant, encadrer la figure.

Il ne semble pas que la cornette ait rien d'anormal.

Nul n'ignore qu'à partir de Philippe-le-Bel elle se déforme, s'étire en une longue queue, qui descend quelquefois jusqu'au jarret. Le bibliophile Jacob à reproduit le fac-similé, dans les *Mœurs, Usages et Coutumes du Moyen-Age,* de miniatures cynégétiques, d'après un manuscrit de la Bibliothèque nationale du Traité de vénerie précité. Les varlets, fauconniers et piqueurs, qu'elles mettent en scène, présentent la plupart du temps, un chaperon muni de cet appendice.

L'équipement du veneur ne correspond pas à l'équipement de chasse du XIIIe siècle. On peut consulter, à ce propos, le costume de Guillaume Malgenète, veneur du roi. Sa statue qui jadis ornait sa tombe, à l'abbaye de Long Pont, est figurée par P. Lacroix dans l'ouvrage que nous venons de citer.

Ce n'est pas davantage le costume caractéristique du XIVe siècle. Les miniatures du même Manuscrit, de la Bibliothèque nationale, font toucher du doigt la différence. Et, au sujet de ces miniatures, une observation nous est assurément permise. Nous savons que le *Livre du roy Modus* parut en 1328. L'exemplaire de la Bibliothèque nationale doit être un peu postérieur. Ses personnages portent tous le pourpoint collant, avec le plastron rembourré, et la ceinture passée au niveau des hanches. D'après les sceaux, le pourpoint ne se montre pas avant 1351 (1).

Entre ces deux époques doit s'intercaler, comme il arrive habituellement, chaque fois qu'un usage est en cause, une période transitionnelle. à laquelle nous rapportons la composition de chasse de la brique de Saint-Martin.

Pour nous, cette période comprend tout le premier quart du xive siècle.

On se confirmera dans cette idée, si l'on veut bien comparer notre veneur et le valet de chasse, comme lui jouant du cor, gravé sur un olifant anglais également reproduit par P. Lacroix, *Op. laud.* p. 209 et attribué à la même époque.

La forme du cor est peut-être encore plus probante.

Sans doute, la courbure était déterminée par celle de la corne ou de l'ivoire, mais elle s'arquait plus ou moins, au gré de la coutume. La longueur de l'instrument était soumise aux mêmes exigences.

Le cor, dont nous parlons, n'est ni le cor du xiiie siècle, qui est moins recourbé et plus allongé, ni celui du xive siècle, qui est court et très arqué, presque le tiers d'un cercle.

Il tend cependant à se rapprocher du premier.

Le cornet de chasse se nommait *huchet* et, plus anciennement, olifant.

(1) Cf. Demay. *Le Costume d'après les sceaux*, p. 120.

En Bresse, on appelle *huchet* le cri strident que se renvoient dans la nuit, les jeunes gens en quête de divertissement. Vieil usage qui survit à tout. Il descend peut-être en ligne directe de l'ancienne -trompe de chasse. On dit *hucher*, c'est-à-dire imiter le son du *huchet*.

L'animal, dont le piqueur annonce la capture, est une biche. Il en a les proportions, la queue courte et l'élégance de tête. Nous lui reprocherons, cependant, un peu de lourdeur dans les formes.

Elle est conduite par un licou.

Le cerf a été commun, dans nos pays, au Moyen-Age. Les comptes des châtellenies rappellent fréquemment la chasse au cerf.

Il s'est conservé jusqu'à une époque voisine de la nôtre.

En 1705, un cerf blessé fut cerné dans les vignes de Rangoux, à Revonnas, par des « paysans qui l'achevèrent avec leur *foussoux*. Ils le remirent au seigneur du lieu n'ayant aucune arme. » (1),

Les défrichements des deux derniers siècles l'ont fait émigrer.

Le gros gibier demande, pour se protéger, de grandes étendues de forêt.

. L'essence d'arbre, que l'artiste voulait rendre, ne peut être déterminée avec certitude ; la forme en est trop imparfaite. Il faut noter, cependant, que la figuration artistique de l'arbre, telle qu'elle se présente ici, est absolument conforme au procédé en usage à l'époque que nous avons indiquée.

---

(1) Minutes notariales de Revonnas, aujourd'hui à Saint-Martin-du-Mont.

C'est invariablement un tronc à trois ou quatre rameaux nus, portant un bouquet de feuilles, souvent une pomme de pin à leur extrémité ; on en trouvera plusieurs exemples, dans la décoration du cor anglais, dont nous avons parlé.

L'argile, qui a servi à fabriquer la pièce, offre beaucoup de finesse et prend, à la cuisson, une couleur rose foncé.

C'est un produit des anciennes tuileries de Saint-Martin-le-Châtel. Nous verrons tout à l'heure que des produits plus récents, dont la provenance locale est certainement authentique, rappellent la même méthode de fabrication.

Cette brique se trouvait engagée dans les murs du chevet de l'église. On l'en retira, en 1866, losqu'on dut les consolider par différentes reprises, exécutées dans cette partie de l'édifice.

La nef a été reconstruite il y a quelques années ; en démolissant le mur septentrional, on retrouva plusieurs briques de forme et de dimensions semblables, mais elles étaient dépourvues d'empreintes.

Il en existe probablement d'autres, dans la maçonnerie demeurée intacte de l'abside. Si le pic l'attaque un jour, les démolitions seront à surveiller.

L'exercice de la chasse était très goûté au XIVe siècle. C'est au cours de ce siècle, en effet, que l'art de la vénerie fut doté de ses règles.

Ce n'est pas qu'on n'ait chassé auparavant, mais d'une manière générale, on ignorait les moyens de forcer le gibier lorsqu'on l'avait levé.

La chasse n'est pas un odieux massacre, comme en pratiquent, aujourd'hui encore les grands juifs dans les parcs de nos anciens châteaux historiques, qu'ils occupent aux environs de Paris, où, en deux ou trois heures, on abat plusieurs milliers de pièces. C'est, ainsi que le dit un écrivain cynégétique, « la science de forcer, de prendre ou de tuer un animal désigné, parmi un certain nombre d'animaux de la même espèce » (1).

Voilà la science qui reçut ses formules et son code, à l'époque où nous reporte cette étude.

La brique de Saint-Martin-le-Châtel, avec sa scène de chasse, douce, sans cruauté, peut être à bon droit considérée comme une révélation très suggestive. Elle montre quelle était la nature des idées, des goûts, des divertissements du monde féodal, au début du xive siècle.

§ 3.

Briques sigillées.

Les briques sigillées, c'est-à-dire marquées de l'empreinte d'un sceau sont plus communes.

Le modèle qui fait l'objet de cet article n'est pas nouveau, mais jusqu'ici, on n'avait pu en faire connaître la provenance, ni en expliquer la marque.

Il se rapporte au type dit Savoyard.

Ces briques sont de divers calibres ; voici les dimensions de celui-ci : longueur, 0,230 millimètres ; largeur, 0,113 1/2 ; épaisseur, 0,090.

L'exemplaire comporte donc, dans sa longueur, avec le type ordinaire, une légère différence en moins, in-

---

(1) Elzéar Blaze, *apud Lacroix*, Op. laud, p. 191.

suffisamment compensée par le surplus des autres faces. Le type le plus commun offre : o. 275 × o,110 × 0,080 millimètres.

Mais l'intérêt de cette brique ne réside pas dans ses proportions.

Sur deux faces, la tranche et le plat, elle porte un sceau, répété trois fois sur la longueur, et, au centre, autour de l'empreinte qu'ils encadrent, quatre contre-sceaux d'un diamètre moindre de moitié.

Le sceau a o,07 de diamètre. Dans le champ, on voit un écu dans un cartouche à volutes. Il est accosté de : 16-40 et porte coupé, en pointe, d'or à 8 pals de gueules, et, en chef, d'argent chargé d'un aigle éployé de sable.

Le diamètre du contre-sceau est de o,03 centimètres.

Il présente, dans un cordon d'entrelacs, un écusson en losange armorié d'argent au sautoir engrêlé de gueules.

Ils sont l'un et l'autre de forme orbiculaire.

Les pièces héraldiques nous les font attribuer aux du Puget et aux Galand de Veinières.

Ces armes étaient portées, en 1640, par François du Puget. Après avoir servi, en qualité d'enseigne, aux régiments de Trémont et d'Entraigues, comme lieutenant à celui de Tavannes, et comme capitaine aux régiments de Saint-Forgeul et de Choin, il avait passé, avec ce grade, aux Carabiniers et était de service en Bresse.

Il avait épousé, en 1623, Philiberte Galand, fille de Jean-Baptiste Galand de Veinières et de Christine de Chanlecy (1).

---

(1) Guichenon, *Hist. de Bresse*, III, 330.

parcs de nos anciens châteaux historiques, qu'ils occupent aux environs de Paris, où, en deux ou trois heures, on abat plusieurs milliers de pièces. C'est, ainsi que le dit un écrivain cynégétique, « la science de forcer, de prendre ou de tuer un animal désigné, parmi un certain nombre d'animaux de la même espèce » (1).

Voilà la science qui reçut ses formules et son code, à l'époque où nous reporte cette étude.

La brique de Saint-Martin-le-Châtel, avec sa scène de chasse, douce, sans cruauté, peut être à bon droit considérée comme une révélation très suggestive. Elle montre quelle était la nature des idées, des goûts, des divertissements du monde féodal, au début du xive siècle.

§ 3.

Briques sigillées.

Les briques sigillées, c'est-à-dire marquées de l'empreinte d'un sceau sont plus communes.

Le modèle qui fait l'objet de cet article n'est pas nouveau, mais jusqu'ici, on n'avait pu en faire connaître la provenance, ni en expliquer la marque.

Il se rapporte au type dit Savoyard.

Ces briques sont de divers calibres ; voici les dimensions de celui-ci : longueur, 0,230 millimètres ; largeur, 0,113 1/2 ; épaisseur, 0,090.

L'exemplaire comporte donc, dans sa longueur, avec le type ordinaire, une légère différence en moins, in-

(1) Elzéar Blaze, *apud Lacroix*, Op. laud, p. 191.

suffisamment compensée par le surplus des autres faces. Le type le plus commun offre : o. 275 × 0,110 × 0,080 millimètres.

Mais l'intérêt de cette brique ne réside pas dans ses proportions.

Sur deux faces, la tranche et le plat, elle porte un sceau, répété trois fois sur la longueur, et, au centre, autour de l'empreinte qu'ils encadrent, quatre contre-sceaux d'un diamètre moindre de moitié.

Le sceau a 0,07 de diamètre. Dans le champ, on voit un écu dans un cartouche à volutes. Il est accosté de : 16-40 et porte coupé, en pointe, d'or à 8 pals de gueules, et, en chef, d'argent chargé d'un aigle éployé de sable.

Le diamètre du contre-sceau est de 0,03 centimètres.

Il présente, dans un cordon d'entrelacs, un écusson en losange armorié d'argent au sautoir engrêlé de gueules.

Ils sont l'un et l'autre de forme orbiculaire.

Les pièces héraldiques nous les font attribuer aux du Puget et aux Galand de Veinières.

Ces armes étaient portées, en 1640, par François du Puget. Après avoir servi, en qualité d'enseigne, aux régiments de Trémont et d'Entraigues, comme lieutenant à celui de Tavannes, et comme capitaine aux régiments de Saint-Forgeul et de Choin, il avait passé, avec ce grade, aux Carabiniers et était de service en Bresse.

Il avait épousé, en 1623, Philiberte Galand, fille de Jean-Baptiste Galand de Veinières et de Christine de Chanlecy (1).

---

(1) Guichenon, *Hist. de Bresse*, III, 330.

De toutes les briques sigillées, recueillies dans le département, c'est l'espèce la plus commune.

M. Merlin, avec qui, nous avons déjà fait connaissance au paragraphe précédent, en possède un échantillon, et l'archéologue Sirand en a retrouvé plus de 150, marquées des mêmes cachets (2).

L'exemplaire de M. Merlin est en très bon état. C'est à la bienveillante communication qu'il a daigné m'en faire est due cette note.

François du Puget habitait, à Saint-Martin-le-Châtel, le château dit du Puget.

En disant château, nous exagérons sans doute ; le Puget n'était qu'un arrière-fief, et n'avait droit qu'à une maison-forte. Le fief ou seigneurie de Saint-Martin appartenait à un autre manoir, appelé la Tour et possédé par les la Baume de Montrevel en titre de marquisat.

Le château du Puget était situé à 300 mètres au sud de l'église, dans la propriété de M. Merlin.

Une importante tuilerie y était annexée.

Celle-ci se trouvait à quelques dizaines de mètres plus au midi. M. Merlin a découvert, sur son emplacement, des restes de murs, des cendres, des fragments de briques, des traces de four et autres vestiges, qui attestent une fabrication active et prolongée.

Les vieillards se souvenaient encore, il y a quelques années, d'en avoir vu les bâtiments.

En Bresse, les tuileries fabriquant plus de briques, vulgairement appelées *carrons*, que de tuiles, étaient apappelées carronnières.

---

(2) *Courses arch.* III, 99.

La carrònnière du Puget jouit de quelque notoriété au xviie siècle.

La bonne confection de ses produits contribua certainement, à sa renommée ; on peut conjecturer, néanmoins, que la principale part en était due à l'excellente qualité de l'argile employée.

Les assises, qui composent le sol de Saint-Martin, appartiennent au niveau géologique, connu sous le nom de Marnes de Condal.

Cet horizon renferme des marnes, des sables et des argiles. Ces dernières sont parfois réfractaires et, généralement, de couleur blanchâtre.

Leur finesse et leur grande plasticité les font rechercher pour les divers objets d'industrie céramique.

Elles sont exploitées à Meillonnas, sous le nom de *Terre d'engobe*.

A Saint-Martin, les argiles dont s'alimentait quotidiennement la carronnière du Puget, étaient tirées de son voisinage immédiat. On distingue les anciennes fosses d'extraction sous le Clos Merlin.

Outre la carronnière du Puget, il en existait deux autres à Saint-Martin, et dans un étroit rayon. Le fait démontre, mieux que tout ce qu'on pourrait dire, combien les propriétés plastiques de ses argiles étaient appréciées.

La brique de M. Merlin a été découverte au lieu dit le Château-Rouge.

Il en a été retrouvé plusieurs autres, dans les démolitions de l'ancienne église.

Si M. Sirand eut noté la provenance de chaque spécimen de ce modèle, qu'il a eu l'occasion d'observer, nous aurions tenté, et l'essai ne serait pas dépourvu d'intérêt, de reconstituer l'aire de diffusion de ces produits.

Les sceaux n'étaient pas appliqués sur toutes les pièces indistinctement, autrement les briques de ce genre seraient beaucoup plus abondantes. Quelques exemplaires seulement, de temps à autre, recevaient l'empreinte au moment de leur fabrication.

Les variations, dans l'apposition des marques, montrent, d'autre part, qu'elles étaient produites à l'aide d'un sceau manuel. On n'avait pas encore songé à fixer les matrices, d'une manière permanente, au moule dont on faisait usage.

Les cachets garantissaient à l'acheteur la bonne qualité de la marchandise, mais ils constituaient, surtout, comme de nos jours, un moyen de réclame pour l'industrie qui l'avait confectionnée.

Les carronnières seigneuriales s'affermaient le plus plus souvent. La présence du sceau et du contre-sceau du propriétaire, sur les briques sortant de la carronnière de Saint-Martin, laisse supposer que François du Puget l'exploitait directement lui-même.

§ 4.

Origine et durée du type de brique dit Savoyard.

Au Moyen-Age, pendant une période, que nous limiterons tout à l'heure, la brique savoyarde jouit d'une vogue incontestée, en Bresse et dans la Dombes.

Mais une question se présente à ce sujet.

Quand et comment cette brique a-t-elle pris naissance, à quelle époque a-t-elle fini ?

Tout le monde connaît ce type, allongé, épais, massif et fort ; on le rencontre partout.

Les Romains ne le fabriquaient pas.

A l'époque des invasions, et même très tard, sous les Carolingiens, il ne se montre pas encore. L'industrie céramique vivait des traditions romaines (1).

Nous avons dit que la tuile plate s'est conservée dans la région bressane, jusqu'au x° siècle et peut-être plus bas encore.

La date est à retenir. Elle est le point ne départ probable du type sovoyard.

La brique savoyarde est une brique de construction.

Les *lateres* romaines s'employaient en chaînons longitudinaux, ou disposées en diagonale, elles constituaient l'*opus spicatum* ; mais leur forme plate en rendait peu avantageux l'emploi exclusif en maçonnerie.

Elle était destinée à remplacer la pierre, dans les pays qui n'en possédaient pas.

A part les blocs erratiques et les cailloux de transport, la Dombes et la Bresse en sont absolument dépourvues.

Les matériaux à bâtir y font défaut. Pendant longtemps on y construisit uniquement, comme à l'époque gauloise, en torchis et en pisé. Ce dernier était fait d'un limon subglaciaire durci par compression.

Le besoin d'une brique mureuse fut reconnu au xiie siècle, lorsque par suite des progrès de l'architecture militaire, on dut, devant l'insuffisance des fortifications en terre et en bois, élever des constructions défensives d'un caractère plus solide et plus résistant. Tours, enceintes et donjons furent construits en maçonnerie.

(1) Caumont, *Abécédaire ou Rud.*, iii. 409.

Les extrémités de la brique savoyarde, avec ses 8 ×
11 centimètres de surface moyenne, présentent, à peu
de chose près, les dimensions des cubes de pierre du
petit appareil romain. Ceux-ci mesurent de 9 à 12 centimètres de côté.

Dans les plus anciens châteaux féodaux, où la brique
figure, l'une de ses extrémités fait le plus souvent parement ; en d'autres termes, la brique est posée perpendiculairement à l'axe du mur. C'est le cas des soubas-
sements de l'enceinte de Varambon qui, selon toute
vraisemblance, remontent au xii⁰ siècle. C'est également le cas des châteaux de Varax, de Glareins, du
Saix, etc.

Cette disposition n'était ni fortuite, ni fantaisiste. Elle
s'inspirait du petit appareil romain, dont elle était une
imitation.

Et de fait, les murs élevés d'après ce système, offrent
absolument l'apparence, l'aspect des murs construits selon la méthode romaine.

Nous ne voudrions pas nous montrer trop affirmatif ;
ces considérations semblent, pourtant, nous autoriser à
conclure que le type de brique en question vit le jour,
sous la pression d'une nécessité urgente, et dans un
temps, où l'appareil romain était encore en honneur.

Ce temps ne peut-être que le xie ou le xiie siècle.

Vers la fin de la période carolingienne, l'appareil allongé avait pris beaucoup d'extension. On voit, néanmoins, par les traces qui en sont restées, l'influence du
petit appareil antique se manifester dans un grand nombre de monuments.

La persistance de ce dernier dura jusqu'à l'époque que
nous venons d'assigner. Au donjon de Langeais, en

Indre-et-Loire, et au château du Plessis-Grimault près d'Aulnay-sur-Odon, en Calvados, l'un du xe, l'autre du xie siècle, c'est encore le système romain qui prévaut (1).

D'ailleurs, il est juste de le dire, jusqu'au xiie et au xiiie siècle, les constructions militaires romaines se conservèrent intactes, dans beaucoup de nos villes fortes, et, lorsque vers ce temps, on agrandit les fortifications, les anciens murs restèrent, le plus souvent, dans leur premier état à l'intérieur de la nouvelle enceinte (2).

Les modèles se maintenant ainsi sous les yeux, les influences devaient être lentes à s'effacer.

La dénomination de brique savoyarde, appliquée à ce type, est entachée d'inexactitude.

Elle n'est pas usitée en Savoie. La Bresse est son pays d'origine et de fabrication ; mais la Bresse était incorporée à la Savoie, et la Savoie étant une principauté, le nom prévalut.

Le nom de brique bressane ou de brique de construction serait plus caractéristique et plus vrai. L'un rappellerait sa destination l'autre, l'autre la province où elle vit le jour.

Du xiie au xvie siècle, ce type régna sans conteste contre l'Ain et la Saône.

Voici, prises sur différents points de la région, les murs d'enceinte de Varambon, les châteaux de Richemont, du Montellier, l'ancienne chapelle de Tessonge, ses plus fortes et ses plus faibles dimensions :

---

(1) Cf. Caumont, *Abécédaire*, iii, pages 409 et 412.

(2) *Ibid.*, p. 380.

Longueur : 250 à 320 millimètres,

Largeur : 110 à 140 —

Epaisseur : 65 à 115 —

La brique destinée aux fondations était sensiblement plus volumineuse :

Longueur : 370 à 440 millimètres.

Largeur : 135 à 150 —

Epaisseur : 55 à 85 —

Avec la Renaissance, au XVIe siècle, le type s'altère.

La brique perd de son épaisseur, et la forme générale s'allège.

Au lieu du bloc de terre cuite, qui était l'équivalent du moëllon, elle tend à devenir une simple brique d'expédient dont l'emploi va être limité à certains cas déterminés.

Néanmoins, elle constitue toujours le fond des maçonneries de résistance. A Bourg, par exemple, c'est le seul élément que l'on rencontre, dans le mur d'enceinte élevé sous François Ier.

Ses proportions ne sont plus que :

Longueur : 250 à 260 millimètres.

Largeur : 115 à 125 —

Epaisseur : 50 à 60 —

Au XVIIe siècle, le volume se réduit encore. La chapelle du lycée (1670) et la Tour de Notre-Dame de Bourg (1662-65), présentent exclusivement des briques, dont le calibre est :

240 × 127 × 47 millimètres.

dans l'une, et :

240 × . × 53 millimètres.

dans l'autre.

Cependant, l'ancien type savoyard n'était pas tout à fait tombé en défaveur. On le pratiquait çà et là, dans quelques tuileries écartées. Nous avons vu, il n'y a qu'un instant, qu'en 1640, il était fabriqué à Saint-Martin-le-Châtel, et il n'est pas sûr que la fabrication de ce modèle, vraisemblablement toujours recherché à la campagne, n'ait pas contribué, pour une large part, à la réputation, dont la carronnière des du Puget jouissait à cette date.

On donnait la préférence à la pierre. Nous retrouvons peu de châteaux, en Bresse, à partir du xvi⁰ siècle, dans la construction ou la reconstruction desquels le rôle essentiel soit dévolu à la brique d'une manière exclusive.

La transformation du type savoyard en brique Renaissance, puis en la forme de brique, que nous devrions peut-être surnommer le type français, s'est perpétuée jusqu'à la fin du xviiie siècle.

Il a été remplacé par la brique communément appelée *plotêt*, dont le cube est exprimé par la formule :

$$205 \times 102 \times 60 \text{ millimètres.}$$

§ 5.

La Piéta de Servignat.

Servignat possède une église de construction récente. L'ancienne église a été démolie en 1881. C'était, m'a-t-on dit, un monument du xiie siècle, et les caractères architectoniques, qu'on m'en a cités, semblent lui assigner cette date (1).

_____

(1) Il n'y a pas à tenir compte de la déclaration d'un ouvrier, employé aux démolitions, affirmant avoir lu, gravée sur une pierre, et en chiffres arabes vraisemblablement, la date de 1140.

C'est l'âge de nos églises de Bresse, les plus frappées de vétusté.

Elles nous apparaissent comme le dernier écho des terreurs de l'an mil, ou plutôt du cri de reconnaissance, qui salua le passage de ce terme, alors réputé fatal.

Parmi les objets qui composaient l'ameublement de ce vieil édifice, se trouvait une Piéta. C'était assurément le plus remarquable ; on n'avait pas jugé bon, néanmoins, de lui réserver une place dans la nouvelle église. A notre avis, on avait eu tort. Nous allons essayer de le démontrer.

Les statues dites *Piéta* sont communes. Tout le monde sait quel sujet ce nom rappelle. Ce sont des figurations de la Vierge, tenant sur ses genoux, le corps inanimé de son fils.

Le groupe de Servignat mesure 1 mètre 15 de haut. Il a été taillé dans un bloc de calcaire oolithique blanc, et il est polychromé.

.La Vierge est assise, légèrement tourné à gauche ; un bloc de pierre lui sert de siège (1).

Elle est vêtue d'une cotte, d'un surcot, d'une guimpe et d'un manteau.

La cotte se montre à peine ; il semble pourtant que ce soit le vêtement, dont on aperçoit un pan au bas de la poitrine.

Au XIIe siècle, on trouve en inscriptions des sentences, des citations bibliques, des textes patrologiques, mais pas d'inscriptions millésimales.

(1) Le dossier, attribué au siège par la photogravure, est de trop. C'est le poteau de la charpente murale de la cure, contre laquelle le groupe était adossé. Le photographe s'est mépris, à son endroit, en rectifiant le cliché.

28

On reconnaît le surcot à ses manches ; elles descendent jusqu'aux poignets, serrant étroitement les avant-bras, et sont garnies de onze petits boutons chacune.

Le manteau se fait remarquer par son ampleur ; il enveloppe complètement la Vierge. Pas de manchettes, la forme n'en comportait pas.

La tête disparaît sous les plis de la guimpe. Cette partie du costume se composait alors de deux pièces, la barbette, qui entourait le cou et encadrait partiellement la figure, et le couvre-chef qui, après avoir abrité la tête et les épaules, descendait flottant vers le milieu des reins. Ellle est assujettie par deux brides de 0,01 centimètre de largeur, légèrement froncées, qui traversent le front et le pli du menton.

Le Christ est mort ; il est étendu de gauche à droite sur les genoux de sa mère, qui le presse dans ses bras. Il a pour perizonium ou ceinture, un linge, passé en façon de jupe autour des hanches, et maintenu par un nœud. L'étoffe s'arrête à un bon travers de main au-dessus des genoux.

La blessure s'ouvre au côté droit (1).

Ce groupe sort du commun. Il échappe au reproche de banalité, qu'on est en droit d'adresser à la plupart des vieilles sculptures, dont nos églises de campagne sont encore en possession.

Une profonde douleur est empreinte sur le visage de la Vierge.

La gravité de son attitude et le mouvement des bras, ainsi que le dépourvu de recherche qui caractérisent

_____

(1) Il est à peine besoin de faire remarquer que la tête n'est plus adhérente ; elle n'a été rajustée, assez maladroitement du reste, que pour l'obtention du cliché.

cette composition, méritent pareillement d'être remarqués.

Le Christ est exsangue; on le voit à la souplesse du corps.

Malgré l'aspect cadavérique, on est impressionné par la beauté de la tête. Ce ne sont pas tant les cheveux ondés, retombant sur les épaules, la barbe ondulante et la couronne d'épine cerclant le front, qui provoquent le sentiment, mais la majesté douce et calme du divin supplicié.

Tout au plus pourrait-on trouver les bras et les jambes un peu grêles, si nous ne savions que nous avons sous les yeux un cadavre.

La draperie est de bonne facture. Quoique très ample, elle n'est ni bouffante ni tourmentée.

L'habile distribution des plis, simple, sans affectation, donne, au contraire, à l'ensemble un relief plein d'élégance et de distinction.

L'étreinte de la Vierge, pressant son fils, n'a rien de la douleur désordonnée qui fait, pour ainsi dire, douter de sa sincérité. Elle l'enveloppe tendrement, par un effort de son amour maternel; l'étreinte est digne, comme il convient à la douleur vraie et résignée.

Tout dans ce groupe exprime, en effet, la douleur, mais ce sentiment est tempérée de consolations mystérieuses, et je crois pouvoir ajouter qu'il traduit réellement, dans sa plénitude, la grandeur du sujet.

Nous avons dit que le groupe est polychromé.

Il a été peint à l'huile.

La couche se gerce et s'effrite ou disparaît par écailles.

La ceinture du Christ est de nuance gris clair, avec bordure or.

Le manteau de la Vierge paraît être gris ; il fut vraisemblablement noir à l'origine. Il est doublé de rouge et décoré de galons d'or sur ses bords.

Rouges encore sont les manchettes, et d'or tous les boutons.

La chevelure de la Vierge comme celle du Christ est teinte en jaune blond.

Le xııe siècle remit en vogue la polychromie antique ; l'usage en fut alors général.

Pendant les trois siècles qui suivent, on en retrouve des vestiges, mais ils sont clairsemés.

La Renaissance lui rendit un regain de faveur. Elle tira un bon parti des couleurs pour animer ses œuvres.

Une composition, acquise par le Louvre, représentant la Vierge et l'Enfant-Jésus, fut l'objet de la part de M. Courajod, d'une communication à la Société des Antiquaires de France, dans sa séance du 6 mai 1896. Cette composition est en bois, peinte et dorée, et attribuée par l'éminent professeur à l'école florentine ou siennoise.

On voit, au musée de Lyon, salle des sculptures, un haut relief en pierre, dont il est fait honneur à l'art français de la première moitié du xvıe siècle. Il porte également des traces de peinture.

Enfin, un rapport de M. le comte de Beaumont à la Société précitée, le 22 avril même année, sur un Christ debout dans l'attitude de la marche, établit que cet usage persistait encore, à l'état sporadique au xvııe siècle.

On a donc peint les compositions sculptées de bois ou de pierre, à toutes les époques du Moyen-Age, mais le xııe et le xvıe siècle paraissent seuls présenter la quasi généralisation de cette pratique.

Quel âge assigner à cette œuvre?

Les bandelettes, enserrant la figure de la **Vierge**, nous avaient d'abord remis en mémoire la femme de Putiphar des miniatures qui ornent le Psautier de Saint-Louis, mais il n'y a rien, dans le modelé de notre production, de la raideur propre aux conceptions artistiques du xIIIᵉ siècle.

Nous devrions dire plus. Dans ce groupe, il est permis de voir l'affranchissement définitif des traditions hiératiques qui influencèrent encore si profondément l'art, aux deux siècles suivants, tant s'était montrée vigoureuse, l'impression produite par la statuaire des cathédrales de Paris, de Beauvais, d'Amiens, de Chartres, de Reims et de Strasbourg.

Les vêtements sont du xvᵉ et du xvIᵉ siècle.

C'est le costume des veuves, moins exposé, par son austérité même, aux fantaisies de la mode.

Des plis gauches, une draperie maladroite seraient sûrement antérieurs au dernier quart du xvᵉ siècle. Nous ne rencontrons rien de semblable ici. L'ample étoffé du manteau, la souplesse du drapé, le laisser aller et, tout à la fois, la régularité des plis, nous dirons même l'aisance de pose des personnages nous font, au contraire, descendre à la première moitié du xvIᵉ siècle.

L'exécution, de son côté, évoque le faire spécial de cette époque.

Je ne sais si je me trompe, mais il me semble reconnaître, dans notre composition, l'inspiration et le procédé technique, qui ont créé plusieurs des statues de Brou.

Que l'on compare, le Christ de Servignat et l'*Ecce Homo* du grand portail de notre monument bressan, la

Vierge avec la Sainte Monique du porche méridional, ou mieux encore, avec la Sainte Monique placée à l'entrée du chœur, sous le jubé, et l'on acquerra la conviction que les deux personnages de notre groupe pourraient bien être des imitations de ces charmantes statuettes du début du xvi° siècle.

On trouverait encore d'autres analogies, tout aussi saisissantes.

Un rapprochement avec les figures, qui occupent les vitraux du chœur et de la chapelle des Mystères, en montrerait, dans la forme des manchettes de Marguerite, dans l'arrangement des boutons, le mouvement des draperies, et jusque dans la teinte blonde des cheveux, qu'on observe uniformément partout.

La composition de Servignat, que ces différentes considérations nous rendent, en quelque sorte, plus intéressante, a dû être exécutée par un artiste, formé à l'é-l'école des chefs-d'œuvre de Brou ou qui les avait en modèles sous les yeux.

Les documents, consultées par M. le Supérieur du Grand Séminaire aux Archives de l'Ain, et dans divers autres dépôts, démontrent qu'à la fin du xve siècle, le culte de N-D. de Pitié, avait pris, en Bresse, une extension considérable.

Marguerite d'Autriche lui communiqua une impulsion nouvelle. Deux chapelles de son église lui furent dédiées, par Louis de Gorrevod, sous le titre de N.-D. de Pitié, et et par l'abbé Antoine de Montécut, celle-ci sous le vocable de N.-D. des Sept-Douleurs. C'était le nouveau nom dont la piété publique aimait à le désigner (1).

(1) *La Dévotion à N.-D. des Sept-Douleurs*, p. 11 et suiv. — *Saint Nicolas de Talentin*, p. 48.

La chapelle érigée à Servignat, en l'honneur de Notre-Dame de Pitié, se trouvait, au xvie siècle, du côté gauche de l'église. Elle faisait pendant à la chapelle de Saint Barthélemy.

Le seigneur du lieu l'avait rentée de 15 livres annuelles, assignées sur un pré de sa propriété.

La rente était constituée au profit de la cure, et le titulaire en jouissait à la charge d'une messe du Saint-Sacrement tous les jeudis (1).

L'église n'avait le titre de paroisse que depuis un demi-siècle (2).

Mais les dévotions font comme les modes ; elles changent et se supplantent.

Tant que le culte des Sept-Douleurs fut en honneur, on eut des égards, à Servignat, pour le groupe figurant la douleur la plus amère qui ait affligé le cœur de la Vierge.

---

(1) *Arch. du Rhône*, Visites de 1656.

(2) L'ancienne église de Servignat servit, primitivement, de chapelle à un prieuré de chanoinesses nobles, établi sur le modèle de celui de Neuville-les-Dames.

Lorsque Biron ravagea la Bresse, en 1595, elles quittèrent Servignat et se retirèrent auprès de leur prieure, au Villars, village de 500 âmes à 3 kil. au sud de Tournus.

Les guerres de Louis XIV, en Franche-Comté (1668 et 1674), les contraignirent à changer de résidence une seconde fois. Le prieuré fut transféré à Tournus, où les religieuses s'établirent, après avoir réformé leur Congrégation (*Saint-Trivier-de-Courtes*, Arch. de la Fabrique.)

Elles avaient conservé le patronage de l'église de Servignat. « Messire Jean Gauthier, curé dudit Servignat, nous a dit la dite cure dépendre du prieuré de Villardz en Masconnois. » (*Arch. du Rhône*, Visites de 1656.)

Au xviii⁰ siècle et pendant celui qui vient de finir, la dévotion à Saint-Joseph, le Sacré-Cœur, les Ames du Purgatoire, dont les noms sont presque oubliés aujourd'hui, avaient dérivé, à leur profit, le courant religieux.

L'ancienne dévotion à la Vierge souffrante était alors tenue dans l'ombre. La composition, autour de laquelle ce culte avait, durant trois siècles, évolué à Servignat, descendue de la place d'honneur, qu'elle occupait dans sa chapelle, reposait à terre dans un délaissement immérité.

A la démolition de la vieille église, on la relégua dans la cour du presbytère. Elle y est restée vingt ans, sans précaution efficace contre les intempéries, dont elle a beaucoup souffert.

Le groupe a réintégré tout récemment l'église nouvelle.

A part son cachet religieux, cette œuvre ne paraît pas avoir été appréciée à sa juste valeur. Je souhaite que ces lignes contribuent à réparer cet oubli.

§ 6.

Le Donjon de Saint-Trivier-de-Courtes et son enceinte (1).

Saint-Trivier et son mandement furent, originairement, réunis au patrimoine des Sires de Bâgé. Ce patrimoine paraît constitué vers le milieu du IXe siècle.

Dès l'organisation du système féodal, un château dut être construit sur le point culminant du plateau ; les sires de Bâgé ne pouvaient laisser découverte la marche septentrionale de leur principauté.

Saint-Trivier a toujours été considéré comme une des meilleures places de guerres de la Sirerie.

A plusieurs reprises la terre fut donnée en apanage aux puînés de la maison, à Renaud, fils de Renaud III, en 1180, à Hugues, fils d'Ulrich II, en 1220, enfin, à Renaud, en 1250, puis à son frère Alexandre, tous deux fils de Renaud IV, l'avant-dernier sire de Bâgé.

En 1272, elle devint, avec Bâgé, terre de Savoie. C'était la conséquence du mariage de Sybille, dernière héritière de Bâgé, avec Amédée de Savoie, qui devait ceindre la couronne comtale en 1285.

Le château existait à cette époque ; il présentait même des caractères d'ancienneté.

Nous verrons tout à l'heure qu'une poype lui était contiguë ; or, nous savons que les poypes, en tant que système militaire, sont antérieures au XIIe siècle.

(1) *Archives de la Côte-d'Or. Invent.* B. 9938-10083.

29

En 1200, la vogue n'est plus aux mottes factices, ni aux fortifications en remblais.

Au cours de ce siècle, un château en briques fut bâti à Saint-Trivier. On trouve néanmoins encore, dans cette construction, des vestiges de l'ancien système. La clôture est formée de palis ; le châtelain, Humbert de la Balme, note, en effet, que la palissade du château, en grande partie tombée, fut reconstruite en 1273.

Quoique l'érection de Saint-Trivier en place forte soit antérieure, Amédée V de Savoie mérite d'être regardé comme le véritable fondateur du château.

Vers 1295, il en fit construire l'enceinte.

On bâtit les murs, d'abord du four à la cuisine, ensuite de la cuisine au pont jeté sur les fossés, enfin du pont à l'angle situé derrière le four.

Les murs avaient trois à trois pieds et demi d'épaisseur.

Ils étaient percés de fenêtres, d'archières, poternes et autres ouvertures en quantité nécessaire, pour les besoins de la place.

Les briques se fabriquaient sur les lieux. D'après le compte de Jean Archoud, elles revenaient à six sols le mille, non compris le bois pour les cuire.

Les pierres étaient tirées des carrières de Tournus et de Montbellet.

Dans le bayle ou cour intérieure, s'élevaient les bâtiments accessoires.

Ils consistaient en appartements de maîtres, communs et dépendances.

Les appartements de maîtres se composaient d'une chambre dite chambre basse, de la chambre du comte et de sa garde-robe, d'une troisième chambre, contiguë à la cuisine ou au lardier, et d'une grande salle.

La grande salle avait plusieurs destinations.

C'était la salle des chevaliers, la salle de réception, des cérémonies, de quelques parades. Elle servait aussi de salle à manger, car deux portes la mettaient en communication avec la paneterie et la bouteillerie.

En 1299, on creusa une cave souterraine, qu'on substitua au cellier, resté jusqu'alors indépendant. Elle se prolongeait sous la grande salle et la chambre du comte.

Plusieurs bâtiments étaient élevés d'un étage, et même d'un grenier au-dessus.

Je n'ai pu reconstituer, parmi les pièces hautes, que la chambre seigneuriale, une chambre à coucher sans doute, une seconde chambre et la chapelle, celle-ci exactement située au-dessus de la chambre et de la garderobe du comte, que nous avons vues au rez-de-chaussée.

Des greniers, on ne sait rien, sinon qu'on y fit des réparations en 1293 et en 1299.

Une porte unique donnait accès dans l'enceinte ; elle était couverte en bardeaux et défendue par une tourelle. Au côté opposé s'ouvrait une porte commune, qui mettait en communication les jardins et le château.

Sous le nom de communs, nous entendons la cuisine, le lardier, la bouteillerie et la paneterie.

La cuisine, le lardier et la chambre contiguë furent construits en 1230, la bouteillerie et la paneterie en 1299.

Des réparations eurent lieu, en cette dite année, à la chapelle. On agrandit les fenêtres et on refit entièrement les voûtes.

Le maître-maçon Amiet dirigea les travaux ; son salaire était de deux sols par jour.

Toujours en 1299, on ajouta une nouvelle tour au château. On la construisit du côté du jardin, près de la chambre du comte. L'intérieur en fut lambrissé.

Il fallut consolider, en 1297, les poutres de la grande salle qui fléchissaient ; des piliers en maçonnerie servirent d'appuis.

On procède encore de même aujourd'hui, dans nos domaines de Bresse, de construction ancienne pour la plupart, mais l'étai de bois a remplacé le pilier de pierre.

Le château comptait au surplus des annexes.

En 1298, on construisit de vastes bâtiments. Ils s'étendaient de la chambre du comte au mur d'enceinte. Leur affectation ne m'est pas connue ; c'étaient, probablement, des écuries, des remises ou peut-être même des étables.

Au nombre des dépendances nous inscrirons, en outre, le four, bâti en 1280, le hangar à remiser les engins de guerre et la carronnière.

La carronnière fut réparée en 1283. Elle possédait un grand et un petit four ; l'un pouvait enfourner ving-huit milliers de briques, l'autre dix-sept milliers.

Les comptes ne parlent pas de la basse-cour. Peut-être n'en existait-il pas ; les redevances en nature, poules, poussins, œufs, beurre et autres y devaient suppléer.

Outre l'ancien cellier, abandonné en 1299, à côté de la grande salle se trouvait le puits ; on le pourvut, en 1302, d'une toiture en bardeaux (1).

---

(1) Ce puits existe toujours ; il est situé au fond du jardin de Mᵐᵉ Vialet, à l'ouest de la poype, dont il est séparé par une quarantaine de mètres. Ce serait un excellent point de repère, si la reconstitution du château féodal de Saint-Trivier était possible.

A trois mètres environ de profondeur, il existe, dit-on, une ouverture dans la paroi du côté de l'est. C'est l'entrée d'une galerie souterraine, qu'une inspection minutieuse pourrait seule identifier.

Un double fossé entourait l'enceinte.

On le franchissait sur un pont-levis, manœuvré à l'aide de quatre fortes chaînes de fer.

Un autre pont, faisant face à la poterne derrière le château, conduisait au jardin, et de là au verger et à la vigne attenants.

En 1293, le comte fit planter des treilles dans le potager.

Le verger fut également reconstitué. On creusa un fossé autour pour l'assainir, et on l'emplanta d'arbres, qu'on enta, ensuite, avec trois douzaines de greffes de pommier et de poirier.

La vigne était aussi de la création d'Amédée V. Elle fut plantée en deux fois, vers 1290 et 1303. En 1303, on employa aux travaux soixante-dix hommes de corvée, qui défrichèrent le sol, arrachèrent les souches et préparèrent les fossés ou *preuves*.

En février et mars, cent cinquante-un manœuvres couchèrent les chapons, quarante-un autres nivelèrent le sol après eux.

Les plants provenaient d'Uchizy et de Tournus.

On sépara par une haie la vigne de la forêt.

La forêt, sur laquelle la vigne était prise, devait être située à l'ouest de Saint-Trivier ; elle n'existe plus depuis longtemps.

Quelques déplacements princiers intéressent le château.

Sybille de Bâgé l'habita en 1279, pendant que le prince, son époux, chevauchait vers Saint-Amour.

Amédée ne fit qu'y passer, l'année suivante, en se rendant en Angleterre. Il y revint, la même année, pendant le siège de Saint-Germain-du-Bois.

Sybille y séjourna de nouveau en 1285. En 1302, ce fut Marie de Brabant, deuxième femme d'Amédée V. Elle y venait pour la première fois. Dès l'annonce de son arrivée, on réquisitionna en toute hâte les charpentiers pour approprier les dressoirs, les moulins à moutarde et monter les tréteaux et les tables.

Le château jouissait des trois degrés de juridiction.

Au point de vue judiciaire, deux cas sont à citer.

En 1286, le nommé la Testa, convaincu d'injures à l'égard du comte, fut arrêté à Saint-Amour et pendu à St-Trivier, et, en 1295, un certain Del Blans, accusé de vol et d'incendie à l'église de Lescheroux, fut frappé de quarante sols d'amende.

Pendant le dernier quart du XIIIe siècle, des guerres, dont les péripéties ne nous sont qu'insuffisamment connues, occasionnèrent des mouvements de troupes et, par suite, de fréquents changements de garnison au château.

Les comptes de la châtellenie font mention de la guerre contre Henri de Pagny, de la guerre de Cuiseau, de la guerre avec le sire de la Tour du Pin.

Au cours des hostilités avec le sire de la Tour, Saint-Trivier reçut une garnison de gens d'armes à cheval, commandés par les capitaines Hugues de Loisy et Etienne de Portal.

La châtellenie fut ravagée plusieurs fois ; en 1286, notamment, les redevances en foin restèrent en souffrance, à cause des dévastations ennemies et de la misère qui en était résultée pour les tenanciers.

La guerre avec Henri de Pagny, gentilhomme bourguignon, eut pour causes l'arrestation de ses gens, qui s'étaient emparé des biens de Pierre Alquat, homme du comte, et la capture de ceux de Guillaume de Pagny, qui avaient pénétré en armes sur la terre de Saint-Trivier.

Elle dura plusieurs années.

~~~~~~~~~~

1300-1400.

Durant cette période, on démolit et on rebâtit au château, mais on construit plus qu'on ne démolit. Il conserve néanmoins ses maîtresses lignes et sa physionomie première.

Le château, avec sa cour, ses murs et ses fossés constituait un système de défense indépendant. Il faisait cependant corps avec la ville, mais de telle sorte que, la ville étant forcée, il pût encore résister.

Une porte et un pont-levis permettaient de passer de l'une en l'autre enceinte. En 1312, le châtelain inscrivit en compte les ferrures du pont-levis, situé du côté de la ville.

Le château fut renforcé de deux tours, nommées la Tour Neuve et la Tour Carrée.

On mit les deux années 1353 et 1354 à élever la Tour Neuve.

La solidité de son assiette exigea la démolition partielle de la grande salle, et celle de la chapelle. Elle était en briques, comme toutes les constructions de la place ; on fit faire, pour les cuire, quinze mille fagots de bois, à raison de trois deniers le mille.

La toise de maçonnerie coûta seulement vingt deniers.

Elle se divisait, sur sa hauteur, en plusieurs étages, desservis par un escalier à vis. Une guérite la terminait au sommet.

On la raccorda, par une courtine de quatre pieds d'é-
paisseur, avec les murs du côté de la ville.

A la construction de ce raccord, les maçons furent servis par deux cent six hommes et cent trente-une femmes.
Le salaire des hommes était de trois sols, et celui des
femmes de deux sols par jour.

Cette tour, vraisemblablement destinée à devenir le
donjon du château, était très élevée. On la couvrit
néanmoins de chaume. Quelle résistance était capable
d'opposer à la force des vents une si frêle toiture?

Dès 1359, elle fut endommagée par un orage, il fallut
la réparer. Malgré cela, vingt ans plus tard, un ouragan
l'emporta.

Cette fois encore, le châtelain la fit restaurer en
chaume, mais en faisant observer que la tour était si
haute qu'une couverture en paille n'avait aucune chance
de durée.

On la coiffa enfin d'une toiture en tuiles en 1381.

La Tour Carrée n'était que de deux ans postérieure à
la Tour Neuve. Les murs mesuraient quatre pieds d'é-
paisseur sur deux de ses faces, et quatre pieds et demi
sur les deux autres.

De même que la précédente, elle était divisée en
plusieurs étages. Chaque étage recevait le jour par des
fenêtres à large embrasure, où étaient ménagés des
sièges en pierres.

Les salles furent pourvues de cheminées, et l'on établit au-dessus une guayte ou guérite pour les veilleurs.

La tour, bâtie sur la fin du siècle précédent, existait
toujours. En 1359, on la perça d'une ouverture, pour
avoir accès dans le recept du côté du verger.

C'est elle, sans doute, qui porte dorénavant, dans les

comptes, le nom de Tour du Recept. Le vent en renversa la toiture en 1369.

Plusieurs autres tours flanquaient le mur d'enceinte.

Dès 1322, il est parlé d'une grande tour qui, en la dite année, fut couverte en bardeaux.

Une autre tour s'élevait à l'angle ouest de la place. Son sommet fut, pareillement, agrémenté d'une guérite en 1364.

En 1383, on voit paraître une nouvelle tour. La chambre haute, qui se trouvait en mauvais état, fut réparée. On la lambrissa sur tout son pourtour. Des réparations furent aussi exécutées à la toiture en 1387.

Enfin, il est fait mention de la tour du Ratier ou de la prison ; on l'abrita d'une toiture en 1389.

Six tours au moins concouraient ainsi à la défense du château.

L'une d'elles, que je crois être la Grande Tour, croula en 1396. Sa chute entraîna l'effondrement du toit de la grande salle, qui lui était attenant.

Les courtines furent achevées en 1305. On les couronna de créneaux, vers le haut, tandis que leur base fut, tout autour, consolidée par des avant-pieds ou talus.

Le talus ne se montra pas suffisant, paraît-il. Vers 1320, on y ajouta des contre-forts, et le châtelain déclare qu'il fallut vider les fossés, pour en asseoir les fondations.

Je remarque qu'en 1308, on établit une palissade, de la grande porte du château au mur d'enceinte de la ville. J'ignore dans quel but, car il existait des courtines de ce côté.

Trois fois, dans ce siècle, les murs d'enceinte furent exhaussés, en 1358, 1389 et 1397. En 1389, on munit de machicoulis les créneaux des tours et des courtines. La défense se tenait ainsi au courant des découvertes et des perfectionnements de l'art militaire.

Le échiffes étaient de petites guérites, en briques ou en charpente, affectées au guet.

Il s'en trouvait plusieurs dans la place.

Nous avons vu qu'au moins trois tours en étaient pourvues.

Nous en rencontrons d'autres sur la cuisine, la porte d'entrée et l'écurie. La construction des deux premières remontait à 1305. Celle de l'écurie était peut-être plus récente; en tous cas, on l'agrandit en 1389.

Il était d'usage, pour empêcher la sape des murs, d'installer, près des créneaux, en saillie et sur le plan vertical des murs, des balcons de bois. L'appareil se nommait hourd, mais on l'appelait chaffaud dans nos pays.

Un chaffaud fut monté devant la grange en 1308; un second à l'angle de la cuisine, en 1359; un troisième, qui occupait l'angle des murs du côté de l'ouest, fut restauré en 1360.

Une tour, a-t-il été dit, commandait la porte du château. En 1358, elle fut surmontée d'une coiffe ou toiture, qu'on renouvela trente-un ans après, en 1389, en même temps que fut renouvelée celle de la tour d'angle derrière la cuisine.

Les vantaux de la porte d'entrée étant vermoulus, on leur substitua des vantaux neufs, en 1383.

Les ponts-levis n'étaient guère en meilleur état. Reconstruits en 1320, réparés en 1369, ils se détérioraient de de jour en jour; on décida enfin de les remplacer en 1389.

Courut-il une alerte au château? Je vois qu'à un certain moment, le châtelain fit couper, par précaution, le pont du verger; le danger passé, on s'empressa de le rétablir. C'était en 1354.

La partie fixe du grand pont, appelée pont dormant, eut son tour en 1390; on en pratiqua la réfection avec des madriers neufs.

Les fossés reçurent d'importantes améliorations en 1350, je veux dire qu'on les creusa plus larges et plus profonds.

Une petite barque ou batelet en faisait le service.

Ce fut un auxiliaire précieux à l'époque de l'exhaussement des murs en 1389.

Le châtelain receveur note, en 1367, l'achat d'une chaîne pour l'amarrer,

On ne laissait pas improductifs ces grands réservoirs toujours pleins d'eau; ils étaient empoissonnés. Guillaume Forêt dut payer une amende de trois quarts de livre pour y avoir clandestinement posé des nasses, en 1391.

La poype, abandonnée depuis la construction du château par Amédée V, recouvra, en 1360, son ancienne affectation.

La plateforme fut couronnée d'une bastille qu'on fit venir de Montrevel. C'était une tour en bois, analogue aux donjons des xie et xiie siècles.

On cura les fossés et, sur leur crête, s'éleva une palissade. La poype avait quinze pieds de haut et trente-cinq toises de tour (1).

---

(1) La poype de Saint-Trivier est toujours en état, offrant les dimensions indiquées ici. Elle se trouve au nord de la ville, à la limite des jardins. Les fossés en sont encore très apparents.

Je crois que le donjon et son enceinte en occupaient l'ancienne basse cour, qui devait s'étendre, entre ladite poype, le chemin de l'Hôtel-de-Ville et le Clos de l'hôpital.

Il convenait, dès lors, qu'il existât une communication entre la poype et le château. A cette fin, on établit un pont dormant de dix toises, et un pont-levis de huit pieds de longueur. Leur construction rencontra beaucoup de difficultés, car les fossés étaient très profonds et on avait négligé d'en écouler l'eau.

L'établissement, d'ailleurs, en fut mal assuré. Nous remarquons qu'en 1383, on renouvela le pont dormant, et qu'en 1399, l'état du pont-levis devenant inquiétant, on y effectua en toute hâte d'importantes réparations.

Ce dernier avait été pourvu d'une échiffe en 1389.

Voilà pour les ouvrages militaires ; passons aux logements et aux dépendances.

On montait à la chapelle par un escalier en bois. Les marches en furent restaurées, en 1325. Précédemment, en 1310, on avait substitué aux vitrages deux verrières, dont le coût total ne s'éleva qu'à six six livres quinze sols.

La chapelle fut démolie en 1354, ainsi que la *taillerie* située au-dessous.

Nous avons dit que l'on construisait alors la Grande Tour. La chapelle fut sacrifiée, comme l'avait été l'année d'avant, une partie de la grande salle. Elle fut reportée sur un autre point du château, que je n'ai pu préciser.

Vers 1372, elle avait pour chapelain Guillaume de la Claye, prêtre habitué de Saint-Trivier, et, vers 1382, Barthélemy de Bochallet, curé dudit lieu.

Nous relevons, en 1383, l'achat d'une pièce de serge pour un tapis d'autel.

La chambre seigneuriale du rez-de-chaussée paraît être restée ce qu'elle était, au siècle précédent ; rien de changé dans ses dispositions. Quant à la chambre de l'étage, on y arrive plus commodément. Sur l'ordre émané directement du comte, on construisit, en 1306, un escalier et une porte dans l'ancienne tour, pour en faciliter l'accès.

Entre la chambre basse du seigneur et la cuisine se trouvait une loge. La destination n'en est pas indiquée. On y fit des aménagements, en 1353.

La grande salle fut fort éprouvée au xiv⁰ siècle.

Après la réfection de ses murs, en 1327, de la porte de l'écurie à la tour, voisine de la poterne, le mur vis-à-vis du puits se prit à menacer ruine.

En 1351, un pan de muraille en voie de réparation croula, et dans sa chute, renversa l'édicule qui abritait le puits. Enfin, nous avons vu que le toit eut beaucoup à souffrir de l'écroulement de la Grande Tour, en 1390.

Après chaque accident, la salle était réparée. Elle s'aménageait même; on la dota d'un carrelage en 1370.

La cuisine ne fut guère moins épargnée.

Deux ou trois fois, elle fut en partie détruite par des incendies.

Il semble que des feux de cheminée aient causé ces sinistres; le châtelain n'oublie jamais de mentionner la reconstruction de la cheminée, en notant la réparation des dégâts.

L'entière réfection du four, dont la construction était cependant presque récente, eut lieu en 1305. Une seconde réfection est inscrite à la date de 1386.

On reprit l'étable par le pied, en 1358, et, en 1388, on répara la charpente de la toiture.

Il faut signaler la reconstruction et un nouvel aménagement de la carronnière, en 1361. On y ajouta un four en terre près de la vieille tour du château.

Les hangars, où étaient remisés les engins de balistique, ne devaient être que temporaires. Ils sont en charpente, fréquemment reconstruits, et, le plus souvent, en des endroits différents.

Ainsi, en 1361, un abri de cette nature est élevé à côté de la carronnière. En 1374, on en construisit un autre; celui-ci mesurait huit toises sur trois.

Enfin, une annexe, que nous n'avions pas eu l'occasion de citer jusqu'ici, se rencontre en 1393. Le compte d'André de Saint-Amour porte en dépense, en ladite année, la façon d'échelles pour la tour du colombier.

L'entretien du jardin, du verger et de la vigne paraît être relégué au second plan, pendant la période présente.

Les soucis du châtelain sont ailleurs.

Nous observons, pourtant, que la charpente destinée au palissage des treilles fut refaite, en 1308, et que les ceps, reconnus trop vieux, furent remplacés en 1324.

La récolte de 1318 donna deux ânées de vin seulement, et de médiocre qualité.

Les ronces, les épines, les broussailles s'emparent du verger; il fallut, en 1370, toute une équipe d'hommes et plusieurs jours de travail, pour les extirper et remettre le fond en valeur.

Malgré ces soins, le rendement augmenta peu; en 1374, il fut laissé au châtelain pour les frais de clôture.

Les hôtes de marque que reçut le château, au XIVe siècle, sont par ordre de date :

Edouard de Savoie, en 1305.

Il y résida de rechef, vers 1308, avec sa femme Blanche de Bourgogne.

Le duc de Bourgogne y fut hébergé vers 1312. Il conduisait un corps de troupe à Amédé V en guerre avec le Dauphin.

La comtesse de Savoie l'habita, vers 1320. Nous l'y retrouvons en 1321, mais elle n'y fit qu'une halte ; elle se rendait en Bourgogne. Le receveur de la châtellenie, Antoine de Saint-Damien, note, à ce propos, sous une rubrique spéciale, la dépense en avoine du grand cheval du comte appelé Rubilliart.

On rencontre encore des dépenses d'hôtel princier en 1323.

Robert de Bourgogne et l'évêque de Metz y logèrent, vers 1326.

A la même époque, la comtesse de Savoie, qui allait en France, s'arrêta à Saint-Trivier, et, en 1328, c'était le comte, son époux ; il allait rejoindre l'armée de Flandre.

L'arrivée de Léonard, duc de Clarence, fut annoncée en 1368. On fit de coûteux préparatifs pour le recevoir, tables, tréteaux, paille pour les chambres. Au dernier moment le duc modifia son itinéraire ; il ne traversa pas Saint-Trivier.

Le comte Amédée VIII visita le château en 1397.

La qualité de haut justicier impliquait le pouvoir d'exécuter les criminels.

L'exercice de ce droit supposait un gibet.

On dressa un pilori neuf, en 1373.

Voici les exécutions dont Saint-Trivier fut témoin, de 1300 à 1400.

Le fils Le Bol, en 1324. Il fut d'abord condamné à être

pendu, mais Guillemet, son père, paya une composition de dix livres et il fut noyé.

Pierre Villiet, en 1351. Il avait assassiné, dans la forêt de Chamandrey, une femme d'Avignon, qu'il conduisait à Saint-Denis-de-Vergy, en Bourgogne.

Le nommé Fèvre, en 1371. Girarde, veuve de Jacques Fèvre, son frère, coupa la corde du supplicié la nuit de sa mort; elle fut de ce chef condamnée à quinze francs d'amende.

Le nommé Ladent, convaincu de vol, en 1372.

Le corps fut enlevé du gibet par Etienne Guillon qui, pour entrave à la justice, dut payer six francs de composition.

La démarche d'Etienne Guillon, comme celles de la veuve Fèvre et de Guillemet Le Bol, démontrent que si la pendaison était redoutée à l'égal de la pire infamie, l'exposition du corps jusqu'à décomposition, était, de son côté, considérée comme un déshonorant surcroît de châtiment.

Les compositions suivantes jettent un peu de lumière sur les mœurs de l'époque.

Factère, de Vescours, s'est approprié, à la mort de son frère, curé de la paroisse, les ornements, corporaux, arches et autres objets mobiliers de l'église; dix livres d'amende (1303).

Plusieurs hommes du comte, individuellement convoqués, n'ont pas fait le guêt au château; treize deniers d'amende chacun.

Aimon Perrin, convaincu de pillage durant la guerre de Saint-Amour; un franc et demi d'amende.

Jean Tilerel a pris des souliers, chez un paysan, lors de la chevauchée de Châtillon; deux francs d'amende.

Voilà comment, en temps de guerre, le Moyen-Age faisait respecter la propriété.

Guillaume Pelletier a porté un faux témoignage ; neuf francs d'amende.

Jean Churel, en 1399, et Jeanne Morel, en 1396, ont poussé sans motif, l'un le cri de Savoie, l'autre le cri de Bâgé ; neuf et dix-huit deniers d'amende.

La femme Grobon, accusée de sortilège ; un franc d'amende.

Jean Berganion, curé de Courtes, pour n'avoir pas payé les laods de sa maison (1387), neuf deniers d'amende.

Pour l'incendie de la maison Chabret, Pierre Goyet, responsable de sa fille, qui en était l'auteur, paye quatre florins.

Ajoutons, pour achever l'exposé de cette question de la justice à Saint-Trivier en ce XIVe siècle, que Jean Gurel, notaire, fut nommé clerc et scribe de la cour, le 24 avril 1392, par Bonne de Bourbon, comtesse régente de Savoie, et que Pierre Brutin, reçut d'Amédée VIII, le 21 mars 1396, des lettres de provisions aux mêmes offices.

Résumons brièvement les faits de guerre.

Une courte mention de 1360, rappelle une chevauchée à Saint-Amour ; elle aurait eu lieu la dite année.

La justice de la Franchise était contestée entre le duc de Bourgogne et le comte de Savoie ; les officiers du duc y firent apposer les pannonceaux de Bourgogne. Au cours d'une expédition armée, en 1385, le châtelain de Saint-Trivier les fit abattre par ses hommes.

L'approche des Grandes Compagnies fit redouter une attaque du château.

30

En 1366, une bande, sous les ordres du capitaine Calambdon, cherchait à pénétrer sur les terres de Savoie.

C'était en mai. Deux fois par jour, et pendant huit jours, le châtelain envoya deux messagers aux renseignements. Ils correspondaient, à Tournus, avec Jean Beauvalet, qui surveillait le mouvement des Routiers entre Mâcon et Chalon.

Le 25 mai, l'archiprêtre de Varennes, chef des Compagnies, fut tué. La surveillance devint moins sévère.

Le château avait été mis sur le pied de guerre.

Dès 1356, Jean de Chaussin, maître des engins du comte, autrement dit ingénieur militaire, avait pourvu d'artillerie les courtines et la plateforme des tours. En 1366, on avait réparé les machicoulis, les bretoiches, et rajusté le tour en fer, qui servait à tendre la grosse arbalète ; on avait introduit trente charretées de cailloux pour le jet et du bois en quantité ; enfin, la bastille, élevée sur la poype fut démolie, et le pont de communication avec le château coupé.

En prévision d'un blocus, on monta un moulin à bras dans l'enceinte, en 1376. On organisait même des moulins à eau, lorsque les places étaient adossées à des rivières.

L'année suivante, le châtelain fit couper les brouissailles, qui envahissaient les bords des fossés, et essarter les bois, qui garnissaient la poype ; il enlevait ainsi à l'ennemi le moyen de s'y embusquer ou de s'y mettre à couvert.

Armé de la sorte, le château était capable d'affronter un siège. On en fut pour les frais ; les bandes ne traversèrent pas la Saône, en amont de Mâcon.

Mais un autre danger surgit bientôt, vers les confins nord de la châtellenie.

Le bruit se répand, en 1378, que des troupes en armes se préparent à entrer en Bresse. Des messagers partent en toute hâte s'enquérir de leurs projets auprès du chancelier de Bourgogne.

L'année suivante, de nouveaux rassemblements de gens d'armes sont signalés ; de nouveaux messagers courent aux informations, et on enjoint aux habitants du plat pays de se réfugier dans les places fortes.

On ne voit pas que ces menaces, si menaces c'étaient, aient été suivies d'effet.

Il en fut différemment en 1388. Trois cents cavaliers mirent au pillage la châtellenie et emmenèrent des prisonniers. On ne connut pas leur bannière ; on sut seulement plus tard qu'ils étaient au service du duc de Bourgogne, et obéissaient aux ordres des baillis de la Comté.

La moisson fut peu abondante en 1308, et de 1368 à 1399, le franc est substitué à la livre, comme unité monétaire, dans les comptes des châtelains.

1400-1500.

Le déplacement de la chapelle, à l'époque de la construction de la Grande Tour, n'eut qu'un caractère provisoire.

Elle fût rebâtie en 1403.

Guillaume Foussut prit la maçonnerie à forfait, à vingt deniers la toise.

Elle était située près du puits et présentait trois travées.

Une rosace ou *O lapideum*, due à Guillaume Bandellot, s'ouvrait sur la façade, et la toiture fut surmontée d'une croix de fer et d'une girouette en fer blanc.

A l'intérieur, des lambris de sapin couvrirent les murs; un artiste de Cuisery, nommé Pierre, les décora de sujets peints.

Les fenêtres furent garnies de trois verrières à personnages; on s'en remit, pour la pose, à Pierre Gatazola, vitrier à Saint-Trivier.

Un banc était réservé au comte, à la comtesse, et aux officiers de leur suite.

D'autres peintures historiées furent exécutées à la chapelle, en 1436. Elles représentaient la Vierge, Saint Jean, Sainte Catherine et Saint Maurice. Le peintre se nommait Jean Levieux et la dépense ne se monta qu'à trois florins.

La chapelle était placée sous le vocable de Sainte Catherine.

A l'égard de l'ameublement, nous devons relever, en 1447, l'achat d'une chasuble de huit florins, et de trois chapes à quatre florins l'une, et, en 1452, la dorure du calice par l'orfèvre Pierre Burdin, qui coûta vingt deniers.

Le service religieux de la chapelle, d'abord assuré par le clergé paroissial, ou des prêtres habitués de Saint-Trivier, fut confié, à partir de 1428, à un chapelain avec résidence au château.

Par lettres du 24 février, susdite année, Amédée VIII, de Savoie pourvut de cet office Jean Buret, originaire de Bourg.

Philippe, comte de Bresse, y nomma André du Breuil, natif de Cerdon, le 2 septembre 1469.

En 1487, le titulaire était Jean Clavel.

Trente moitiers de seigle composaient tout le revenu de la chapellenie (1).

On sait que le donjon de bois, érigé sur la poype, avait été démoli, en 1366, en prévision d'une attaque. On le rétablit ; nous le supposons du moins, car, en 1404, on plaça sur la bretoiche, dominant la porte de la bastille, une bannière *ad cognoscendum ventex*, et quatre épis de fer.

Nous avons dit que la porte était précédée d'un pont dormant et d'un pont-levis. Le premier fut réparé en 1417, et reconstruit en 1475 ; on munit le second d'un contrepoids, pour en aider la manœuvre, en 1419.

De même qu'au xive siècle, on renforça, au xve, les fortifications du château. On éleva encore deux tours.

La tour du Colombier , ainsi appelé de cet édicule, auquel elle était contiguë, fut bâtie en 1439.

Guillaume Raffau, capitaine du château, avança deux cents florins pour sa construction ; le duc lui remboursa la somme l'année suivante.

A son retour de Bourgogne, en 1445, le duc visita la place. L'enceinte lui parut faible en face de l'église ; il jugea convenable de la flanquer d'une nouvelle tour. Son ordre fut immédiatement mis à exécution.

La construction dura quatre ans ; on posa la toiture en 1449. La tour était ronde.

(1) *Meytier* et *moitier*, le *modius* des Romains, mesure de capacité de la contenance de 6 coupes. La coupe valant les deux tiers du double décalitre, soit 13 litres 32 cent., le moitier, qui lui est six fois supérieur, valait, conséquemment, 79 litres 92 cent., ou quatre doubles décalitres. On l'appelait *quartal*, dans quelques châtellenies.

Ces grands travaux entraînèrent la réfection partielle des courtines. On dut en rebâtir la partie comprise entre la tour du Colombier et la grosse tour, et le pan d'entre la tour ronde et le mur situé du côté de l'église. Ils furent l'un et l'autre réédifiés en 1454.

On ouvrit, à cette occasion, des meurtrières, tant archières que bombardières, dans les murs des tours et des remparts.

Nous remarquons qu'en 1403, une construction en bois fut élevée près de la grande cuisine, de l'entrée du château aux degrés de la grande salle. On l'appela maison de bois. Elle fut carrelée en 1415. J'ignore à quel usage elle était affectée.

En 1447, on établit sur tout le pourtour de la place, un glacis en maçonnerie, destiné à garantir le pied des murs et la base des tours. L'ouvrage fut exécuté sous la surveillance des syndics. La mesure venait à la suite d'une inspection au château par Jean de Lornay, capitaine des fortifications de Bresse.

Il fallut le refaire en 1465.

La grande cuisine fut bâtie dans les premières années de ce siècle. On conserva, néanmoins, l'ancienne; sa reconstruction eut lieu en 1410.

Voilà pour les constructions neuves; quels furent les aménagements nouveaux et l'entretien ?

On restaura le chaffaud qui surmontait l'ancienne tour, dite du Colombier, en 1401. En 1432, les fondations, qui menaçaient de manquer, furent reprises en sousœuvre, et, en 1467, après l'avoir exhaussée, on recouvrit entièrement la tour.

En 1404, la tour, située au-dessus de l'étable, dut se prêter pareillement à d'importantes réparations.

La tour du Ratier, dont la maçonnerie se désagrégeait sous l'action des eaux pluviales, eut sa toiture remise à neuf, en 1418.

Il y eut des reprises effectuées à celle du portail, en 1423, et on renouvela deux fois la couverture de la grosse tour, en 1428 et en 1488.

Enfin, en 1472, on exécuta des restaurations, sur un grand pied, aux tours dite du Sauge ou du Singe, de l'Etable, du Ratier et du Colombier.

La poterne de cette dernière avait été murée cinq ans auparavant.

Avec de la surveillance et des soins, l'enceinte conservait sa solidité.

On repassa les mâchicoulis des courtines, en 1410, et on établit des rateliers sur la crête des murs.

Six ans plus tard, l'enceinte reçoit des retouches considérables, depuis la chambre du duc jusqu'à la tour, dite du Coin.

Les joints étant tombée, on remailla toute la partie extérieure des murs, en 1435, de la porte du château à la dite tour.

La même opération fut pratiquée aux piles du pont dormant et à la contrescarpe des fossés. Les talus des fossés étaient par conséquent murés.

Ce fut le tour de la courtine, qui touchait à la grosse tour, en 1439, de celle qui confinait à l'entrée, en 1453, et de la courtine reliant le château à la ville, en 1457.

Au-dessus des murs et en arrière des créneaux, circulait un chemin de ronde.

Il fut ravalé en 1434, et, en 1447, on le pourvut, sur tout le circuit de l'enceinte, d'une toiture en tuiles.

Des restaurations partielles y furent effectuées postérieurement, en 1467 et en 1484.

Il est naturel de penser que les fossés donnaient lieu à des accidents fréquents. Afin de les prévenir, on avait garni de palissades les bords extérieurs. Je trouve, à la date de 1421, cette simple mention : réparation de la palissade des fossés. C'est la seconde depuis 1400.

Des restaurations, dont je ne puis déterminer la nature, furent également pratiquées au pont-levis du château, en 1401, 1431 et 1486.

On le remplaça en 1443.

Le pont dormant, de son côté, fut renouvelé plusieurs fois en ce siècle, en 1410, 1419 et 1464.

A la réfection de 1419, on négligea, vraisemblablement, d'en consolider les piles. Quatre ans après, elles durent être réparées.

Elles offraient une épaisseur de quatre pieds à la base, et de trois pieds au sommet.

N'oublions pas d'enregistrer, parce qu'elle concerne tout spécialement le château, l'acquisition, en 1444, de deux veuglaires ou canons, et de sept coulevrines.

Les veuglaires furent livrées par Thierry Brulefer, bombardier à Mâcon, au prix de cinquante florins, et les coulevrines par Philippe Gonevoy, bombardier à Pont-de-Vaux. On paya ces dernières soixante-dix florins.

La coulevrine, en se perfectionnant, est devenu le fusil moderne.

La poudre à l'usage de ces engins, était fabriquée au château. J'ai relevé, en 1472, l'achat, par le châtelain de Saint-Trivier, de soufre et de salpêtre « pour faire de la poudre nouvelle et rafraîchir l'ancienne destinée à l'artillerie. »

Nous constatons, sans en être surpris outre mesure, que l'entretien de la grande salle exigeait des dépenses considérables.

Ses multiples affectations l'exposaient à des dégradations incessantes.

Elle est carrelée, en 1402 ; on emmortelle et on blanchit les murs.

On change les foyères des deux grandes cheminées, en 1405. Elles étaient absolument calcinées. Les foyers et les cheminées sont reconstruits, en 1414 et en 1446. Autres réparations, en 1417, en même temps qu'aux chambres occupées par le châtelain.

Lorsqu'en 1437, le maréchal de Savoie traversa Saint-Trivier, il logea au château. Les grands feux, allumés dans la salle par ses gens, causèrent de tels dégâts aux cheminées qu'âtres et gaînes durent être entièrement remis à neuf.

Il fallait, en effet, de grands feux pour répandre un peu de chaleur, dans ces immenses salles de château, humides, nues, glacées, dans lesquelles les cheminées elles-mêmes, en raison de leurs vastes dimensions, versaient autant de froid, lorsqu'elles étaient éteintes, que de chaleur lorsque le foyer, à l'instar d'une ardente fournaise, y faisaient rayonner ses flambées.

Dès la première moitié du xvᵉ siècle, la carronnière cessa d'être exploitée par le châtelain, au nom du duc de Savoie. Le juge de Bresse l'abergea, le 21 février 1438, à Pierre Gervais, carronnier à Saint-Julien-sur-Reyssouze.

La redevance se payait en nature.

En 1457, le châtelain inscrivit en recette, de l'abénévis de la carronnière, trois milliers de pièces, tant briques que tuiles.

Les comptes de cette troisième période ne parlent des jardins du château que pour dire qu'en 1476, on les sépara des fossés par un mur.

La vigne est tombée en friche. Nous savons qu'elle était déjà en voie de dépérissement au siècle passé.

On ne tire aucun revenu du verger. Il produit cependant, mais trop peu. Il est d'usage, depuis longtemps, d'en laisser les fruits au châtelain pour l'entretien de la clôture.

Par lettres du 4 janvier 1494, données à Bourg, Philippe, duc de Savoie, l'abergea à noble Claudine Bernarde.

La cour de justice de Saint-Trivier était composée d'un juge, d'un greffier, appelé clerc, curial et scribe, et d'un procureur fiscal. Les sergents, comme le font de nos jour les huissiers, opéraient les contraintes.

Les juges et les procureurs fiscaux ne me sont pas connus.

Dans la clergie nous voyons plusieurs titulaires se succéder au xve siècle. Ce sont dans l'ordre chronologique :

Jean Girel, institué par Amédée VIII, le 20 mai 1398.

Jean Magnin, par provisions du même, du 10 décembre 1405.

Pierre Macet, de Pont-de-Veyle, par lettres du 21 octobre 1419.

Claude Malachart, institué, le 14 juin 1436, par Louis de Savoie, lieutenant général du duché.

Un second Claude Malachart, probablement fils du premier, par lettres du 9 juin 1441.

Jean Alardin, par provisions du 22 novembre 1445.

Jean Maréchal, par lettres du 9 avril 1453.

Jacques Badel, pourvu le 15 avril 1458.

Noble Hugonin de la Forest, par provisions du 9 août 1466.

Hugues de la Forest, institué le 19 octobre 1474. Il était maître d'hôtel de Philippe de Savoie, qui le pourvut une seconde fois de l'office, le 22 mai 1490.

Ces divers titulaires, sauf Hugonin et Hugues de la Forest, exerçaient le notariat à Saint-Trivier.

La clergie s'affermait. Elle était adjugée au plus offrant, et le duc donnait l'institution. La recette fut de 20 florins en 1488.

Il en était de même de la sergenterie. La ferme ne rapporta que quatre florins en 1420.

La justice avait ses prisons ; une tour, dans l'enceinte du château, servait à cette fin. On la nommait tour du Ratier ou de la prison.

Les prisonniers portaient toujours des fers, même les prisonniers de guerre.

On fit fabriquer des entraves, en 1412, pour enchaîner les témoins qui, dans l'affaire pendante, entre l'évêque de Mâcon et les habitants de Romenay, avaient déposé à faux devant le Conseil de Savoie.

Onze ans auparavant, on s'était de même muni d'entraves pour la garde des prisonniers, faits dans la guerre contre Jean de Châlon.

Pierre Yserable, sergent de Saint-Trivier, tenait la garde des prisons, en 1451, et noble Claude de Cormone fut appelé à cet emploi, par lettres ducales du 11 août 1466.

Les fourches patibulaires réservées aux exécutions, tombant de vétusté, furent rétablies en 1475. Elles se composaient de quatre colonnes, avec une guérite et une girouette au dessus.

La veuve Pierre Tybod et François Aynel y furent pendus en 1469 et 1476 pour crime d'hérésie.

Etienne Pinot et Jean Morel, en 1477, et Claude Chaland, en 1483, subirent le même supplice. Les comptes ne spécifient pas les causes de leurs condamnations.

Claude Chaland fut préalablement étranglé, et Jean Morel battu de verges à travers les rues de la ville.

Le crime d'hérésie était, ordinairement, punie de la peine du feu.

Nous avons à enregistrer deux exécutions de ce genre à St-Trivier, l'exécution de Jeannette, femme Larme et celle de Guillemette Valod, et le châtelain note, à cette même date (1476), l'achat d'un grapin et de chaînes pour attacher les hérétiques sur le bûcher.

Il n'y avait pas de bourrean dans la châtellenie. Lorsqu'une exécution était imminente, on mandait le bourreau de Bourg. Le plus connu, vers ce temps, est Jean Loup. On retrouve, dans les comptes, la mention du salaire qui lui fut alloué pour l'exécution d'Etienne Pinot, de Jean Morel et de Claude Chaland.

Le bourreau était aux gages fixés de douze florins par an, mais il recevait, en outre, un droit casuel de huit à douze florins par exécution. On lui laissait, quelquefois, la hache ou la doloire dont il avait fait usage, et il était, presque toujours, gratifié d'une paire de gants.

La condamnation pour hérésie entraînait la confiscation des biens.

L'étude de mœurs, esquissée au paragraphe précédent, prend un peu plus d'ampleur avec les jugements qui suivent.

Violemment frappée, de nuit et avec un bâton, par Jean Morel, la femme Routier, pour avoir la vie sauve, a dû pousser le cri de Savoie; neuf deniers d'amende audit Morel.

Guyennet Giret, qui a fouetté sa servante *per culum cum virgis licet sit etate magna,* paye dix sols de composition (1457).

Les animaux domestiqnes sont protégés. Une composition de neuf deniers est encourue par Pierre Pacerel, qui a maltraité, d'une manière atroce, un bœuf qu'il conduisait à la charrue.

Ces sortes de condamnation sont fréquentes.

Vilain, taillable, condition serve sont des termes injurieux.

Ils valent dix sols d'amende à Jacques Joly, qui les a proférés à l'adresse de Péronnet Buart.

Pierre Graton se sert, chez lui, d'une pinte, qui n'est pas à la mesure; dix-huit deniers d'amende.

L'entretien des routes était à la charge des riverains. Plusieurs condamnations furent prononcées, en 1482, pour infraction aux ordonnances.

Jean Larme, dont la femme sera brûlée plus tard, pour hérésie, vole, en 1458, les offrandes dans l'église de Curciat; sept florins pour ce délit.

Il en est des crimes comme des professions; certaines familles s'en réservent la triste spécialité.

Claude Romenay a dit que tous les bourgeois de Saint-Trivier sont des voleurs; quinze sols d'amende.

Le propos, sans doute, lui avait échappé, dans un accès de maúvaise humeur.

Jouer aux cartes, aux dés, et, circonstance aggravante, jouer de l'argent, jouer les dimanches et les jours de fête, blasphêmer Dieu, sa glorieuse mère et les saints, constituent des contraventions, punies de quatre et neuf deniers et même de deux florins d'amende.

Les Etats de Savoie se trouvaient alors sous le régime des Statuts, qu'Amédée VIII publia en 1430.

Les séjours princiers deviennent plus rares au château.

Cependant, la situation de Saint-Trivier, sur la route de Bourgogne, y conduit encore, par intervalle, de hauts personnages allant de Savoie en Bourgogne ou de Bourgogne en Savoie.

Les princesses de Bourgogne et leur suite y logèrent en 1445. A son retour de Bourgogne, le duc Louis y fit un court séjour. Nous avons dit qu'il inspecta les fortifications du château.

Des aumônes, prélevées sur les revenus de la seigneurie étaient habituellement distribuées par le châtelain, au nom du prince. C'est ainsi que Pierre Brenard reçut, en 1401, six moitiers de seigle, que Guyonnet Baignon, vieillard de quatre-vingts ans, sourd et aveugle, en reçut dix, en 1404, et qu'on versa dix-huit deniers, à titre de secours à Pierre Baguenod, qui avait eu, en 1406, sa maison dévorée par un incendie.

Au XVe siècle, il n'y eut ni siège, ni blocus au château, mais les hommes d'armes de la châtellenie prirent part à plusieurs expéditions militaires.

Ce fut, en premier lieu, la guerre avec Jean de Châlon, en 1401.

En 1451, le châtelain pratiqua des razzias sur les terres de Bourgogne. Nous le voyons, en effet, rembourser au gardien des prisons de Saint-Trivier, les avances, faites par lui, pour la nourriture des hommes qui furent ramenés prisonniers.

Il y eut une alerte en 1442. Le bruit courut que les Egorgeurs se préparaient à saccager la châtellenie. On se mit sur ses gardes. Signalons, entre autres préparatifs, la fabrication de quatre échelles, de quatre et de deux toises de longueurs, pour le service du château.

Les échelles servaient aux tours, pour monter aux étages, et, au besoin, se retiraient après soi.

La France eut des velléités d'attaque, en 1452, et le sire de Beaujeu, en 1460. On remit le château sur le pied de guerre. Les arbalètes furent réparées. On monta deux veuglaires sur des affûts de bois ferré, et on acheta du plomb, chez un potier de Saint-Trivier, pour fabriquer des boulets.

La guerre fut heureusement évitée.

En 1440, le châtelain fit provision de douze douzaines de fromages de Bresse, des plus beaux qu'on put trouver.

Ils furent envoyés, en présent, aux Pères du Concile de Bâle.

On sait que, l'année précédente, le duc Amédée VIII avait été élevé à la papauté, par les Pères du Concile, sous le nom de Félix V.

C'étaient les fromages appelés *clons*, dont il est si souvent question dans notre histoire de Bresse.

Il s'en fabriquait à Saint-Trivier, et on était tenu de les vendre sur le marché. Plusieurs amendes de neuf deniers furent prononcées, en 1479, pour contravention au règlement.

La fabrication de ces produits, qui eurent tant de vogue au Moyen-Age, s'est réfugiée dans le Haut-Bugey et, spécialement, en Savoie. Pour nous, le *clon* et la *tome* savoyarde, dite de Beaufort, sont identiques.

D'après le terrier Le Roy, 1416-23, les recettes de la châtellenie de Saint-Trivier s'élevaient à 656 florins 8 deniers et les dépenses à 883 florins 8 deniers.

Au terrier Bernard, 1437-44, l'écart entre la dépense, qui est de 917 florins, et la recette, qui est de 1407, se monte à 490 florins en faveur de cette dernière.

En 1483, le compte de Jacques de Bussy se clôt par une recette brute de 2.540 florins.

Le florin de Savoie, en 1423, et en 1444, étant à la taille moyenne de 95 au marc, pesait 2 grammes 58 ; d'autre part, le gramme d'or, à raison de 3,444 fr. le kilo, vaut actuellement 3 fr. 44 centimes.

Le florin égalait donc : 2,58 × 3,44, ou 8 fr. 87, valeur métallique.

A partir de 1450, les abergeages seigneuriaux se multiplient dans la châtellenie. Ils sont l'indice d'une évolution, qui a son principe dans les affranchissements, tant collectifs qu'individuels. Les franchises privent les seigneurs des corvées, c'est-à-dire de la main-d'œuvre ; ne pouvant plus faire valoir leur fond, ils les donnent à cens.

Les juifs paraissent avoir constitué, au XIVe siècle, une petite colonie à Saint-Trivier. Ils sont mentionnés, sous divers prétextes, dans les comptes. Au XVe, pas une seule mention ne les concerne. Ils avaient disparu vers 1400 (1).

Ils furent expulsés ou ils émigrèrent. La mort d'Amédée VII, en 1391, que la rumeur publique attribua, avec beaucoup de vraisemblance, à son médecin de race juive, et l'usure, qu'ils pratiquaient jusqu'au vol, rendaient fort précaire leur existence dans les Etats de Savoie.

---

(1) On les trouve néanmoins encore à Pont-de-Vaux, en 1422.

1500-1789.

Au début du xvi⁰ siècle, mai 1505, le château de Saint-Trivier passa sous l'autorité de Marguerite d'Autriche, qui reçut en douaire la Bresse, le Bugey, le pays de Vaud, le Faucigny et le comté de Villars.

A sa mort, en 1530, il fit retour à la maison de Savoie.

Emmanuel-Philibert l'inféoda, en 1558, à Barthélemy d'Elbène, gentilhomme florentin (1). L'engagement ne tint pas.

Ce ne fut qu'en 1575, que le château de Saint-Trivier fut, définitivement, détaché du patrimoine des princes de Savoie.

Le 8 janvier, Emmanuel-Philibert érigea la terre en comté et la remit à Marie de Gondy, femme de Claude de Savoie, comte de Pancarlier.

C'était la première dame d'honneur de la duchesse, Marguerite de France, et la gouvernante de son fils, Charles-Emmanuel.

La maison de Savoie avait possédé Saint-Trivier, pendant trois cents ans.

Saint-Trivier plut à Marie de Gondy. Elle fit son séjour du château, mais vécut peu.

Elle avait épousé, en premières noces, Nicolas de Grillet, seigneur de Pommier et de Bessey, dont elle avait eu plusieurs enfants. Elle institua héritier Philippe de Grillet, son fils aîné.

Sa mort arriva dans les premiers mois de 1580, et Philippe reçut l'investiture du comté, le 5 mai de ladite année.

(1) *Statistique de l'Ain* (Bossi), 1808. p. 95.

Quatre membres de la famille de Grillet ont porté le titre de comte de Saint-Trivier, Philippe, mort en 1581, Charles-Maximilien, fils et héritier de Philippe (1), Charles-Emmanuel et Albert, fils de Charles-Maximilien.

Albert mourut en 1645.

Pas de constructions militaires au château. On ne construit plus désormais, on transforme.

La puissance de l'artillerie moderne condamne à l'abandon les anciennes places de guerre. Au reste, les mœurs changent, avec la Renaissance et le développement du luxe. Les châteaux, lorsque le site s'y prête, se convertissent en somptueuses villas. Quelque temps encore, et on abattra ou on laissera tomber en ruines les vieux remparts pour donner de l'air et de la lumière, et plus de grâce aussi, aux constructions, à la fois prétentieuses et chétives, qui vont remplacer les châteaux forts.

Vers 1514, on rouvrit, dans la grande salle, une fenêtre qu'on avait autrefois murée, et on rétablit des fenêtres en bois (des chassis sans doute) dans les diverses pièces du château.

La toiture de la grosse tour ne la protégeait plus que d'une manière insuffisante ; elle fut réparée en 1531.

----

(1) Le souvenir de Charles-Maximilien de Grillet est rappelé, à Saint-Trivier, par une pierre portant gravés son monogramme et la date de 1640, sous cette forme :

+

D |X| G

1640

J'ignore la provenance exacte de ce monument. On l'a heureusement encadré dans la maçonnerie, qui ferme le portail de l'ancien Clos du château, rue de l'Hôtel-de-Ville.

La chapelle existait encore. Claude Palluat en était recteur, en 1534. Le châtelain Jean du Bois inscrit, sous cette date, la livraison de trente moitiers de seigle pour son traitement.

La carronnière du château rapportait dix florins de ferme vers 1505. En 1514, elle est démolie. L'emplacement en fut abergé à la commune de Saint-Trivier, qui en fit un pré. Le cens figure pour un denier au compte de 1558.

Les fourches patibulaires, dont nous avons noté le rétablissement en 1475, furent restaurées en 1517.

Cinq exécutions sont à enregistrer, dans la première moitié du XVIe siècle.

Jean Pichard, condamné à mort vers 1508, fut pendu avec une chaîne de fer.

Antoinette, femme Chauchat, qui avait précipité son enfant dans un puits, eut la tête tranchée ; le corps fut ensuite exposé au gibet.

Benoît Rucan, Nicolas Foral et Claude Coillon subirent de même, en 1559, le supplice de la pendaison. On leur fit grâce de l'exposition ; les corps furent inhumés.

Faire gras le samedi est réputé un délit. C'est le cas de Claude Châtillon qui, de ce chef, encourt une amende de trois florins.

Le faux témoignage est puni du bannissement. La peine fut prononcée contre Guyet Begin, en 1534.

En 1524, la peste fait des victimes à Saint-Trivier. On cherche à enrayer la marche du fléau et on isole les personnes contaminées. Claude Fillardet enfreint la défense. Cinq florins de composition.

L'infiltration protestante se manifeste par des propos,

que rapportent les comptes. Les comdamnations, dont ils sont flétris sont de tous points justifiées.

A la mort d'Albert de Grillet, en 1645, un arrêt du Parlement de Dijon, du 24 mai, mit Péronne de Grillet, sa sœur, en possession du château de Saint-Trivier. Marie de Gondy, par une clause de son testament en date de 1576, avait établi une substitution à son profit.

Péronne était mariée à Guillaume Crémeaux, marquis d'Entraigues, seigneur de Saint-Symphorien et de Chamousset.

Les Crémeaux étaient originaires du Forez.

Ils ont formé plusieurs branches.

Celle des comtes de Saint-Trivier écartelait : au 1er; de gueules à trois croix tréflées au pied fiché d'or, et au chef d'argent, chargé d'une onde d'azur, qui est de Crémeaux ; au 2e, d'azur au chef d'or, chargé d'un lion issant de gueules, qui est de Chamousset ; au 3e, d'azur à trois sautoirs d'argent au chef d'or chargé de trois sautoirs d'azur, qui est d'Entraigues ; au 4e d'or à deux masses d'armes de sable passées en sautoir, liées de gueules par le bas du manche, qui est de Gondy-Saint-Trivier (1).

Les Crémeaux qui ont possédé Saint-Trivier, sont : Guillaume ; Jean-Baptiste-Amédée, lieutenant général en Bourgogne et gouverneur de Mâcon ; Victor-Amédée ; Camille-Joseph ; Louis ; Louis-César et Jules-César Crémeaux d'Entraigues.

Victor-Amédée jouissait du comté en 1669. La statistique de l'Intendant Bouchu dit qu'il était riche, et que chacun s'en louait (2).

---

(1) Rev. du Mesnil. *Armorial.* V° Crémeaux.
(2) *Arch. de l'Ain.* Statistique de 1669.

Jules-César de Crémeaux reprit le fief, entre les mains du chancelier de Bourgogne, le 15 mai 1764 (1).

A sa mort, le château et le comté de Saint-Trivier passèrent, par voie de succession, à Antoine-Louis-Claude d'Apchon, marquis de Saint-Germain.

Claude d'Apchon fut le dernier comte de Saint-Trivier.

Sous les Crémeaux d'Entraigues, le château fut incendié plusieurs fois et ne fut pas réparé (2).

La chapelle Sainte-Catherine subsista, jusqu'à l'entière destruction du manoir, sous le même vocable. Elle possédait cent livres de rente, en 1669, et avait pour recteur Georges d'Albègue, aumônier du comte (3).

On ignore à quelle date les murs de l'enceinte furent démantelés.

Le château est aujourd'hui complètement rasé.

Il était situé, entre le clos de l'hôpital et la poype. Des jardins en occupent l'emplacement.

Tant qu'il demeura place de guerre, le château fut commandé par un châtelain. Le châtelain était l'absolu représentant du prince. Il administrait la châtellenie ; il commandait les troupes ; la police était dans ses mains ; dans certains cas, il devenait juge, puisqu'il admettait à composition jusqu'à 60 sols forts ; enfin, il était comptable.

Voici la liste des châtelains dont nous avons retrouvé les noms :

Humbert de la Balme, 1273-1274 ; Ulrich de Seyssel, 1276-1277 ; Guillaume Cadout, 1279-1280 ; Guillaume

---

(1(J. Baux. *Nobilaire, Bresse*, p. 141.

(2) *Arch. de la Fabrique de Saint-Trivier*. Mst anonyme.

(3) *Arch. de l'Ain*, Statistique de 1669.

d'Antisen, 1280-1281 ; Guillaume Cadout, 1281-1283 ;
Pierre de Châtillon, bailli de Bâgé, 1285-1286 ; Riorters,
chevalier, 1286-1287, Perret de la Balme, 1287-1288 ;
Girard de Lange, chevalier, 1288-1289 ; Barthélemy Syl-
vestre, 1289-1294 ; Guillaume de Sure, chevalier, 1295
env. ; Etienne de Francheleins, chevalier, 1297 env.-
1299 ; Jean Archoud, chevalier, 1299-1300 ; Pierre de
Cognin, 1302-1303 ; Barthélemy Baraillet, 1303-1304 ;
Pierre de la Balme ; 1304-1307 ; Guillaume de Clétis,
1308-1313 ; Antoine de Saint-Damien, clerc et receveur,
1318-1323 ; Lancelot de Chandée, chevalier, 1324-1329 ;
Antoine de Saint-Trivier, qualifié receveur, 1329-1330 ;
Pierre de Saint-Trivier, 1348-1349 ; Amédée de Feillens,
chevalier, 1351-1352 ; Hugonnet de Chandée, damoiseau,
1352-1355 ; Jean de Saint-Amour, 1355-1359 ; Geoffroy
de Saint-Amour, 1359-1361. Ses héritiers firent la recette de la châtellenie jusqu'en 1366 ; André de Saint-
Amour, 1366-1398 ; Guyonnet de Saint-Amour, damoiseau, 1398-1399 ; Jean de la Baume, seigneur de Valu-
fin, 1399-1403 ; Jean de Corgenon, 1403-1408. Il mourut
en charge ; ses filles, Amédée et Agnès, gardérent la
comptabilité de la châtellenie jusqu'en 1420. Amédée
Macet, 1420-1432 ; Jacques Macet, 1432-1435 ; Guillaume
Raffan, 1435-1448 ; Jean du Saix, conseiller et chambel-
lan du duc de Savoie, 1448-1450 ; Philibert de la Palud,
seigneur de Saint-Julien-sur-Reyssouze, 1450-1451 ;
Jean de Chavannes, 1451-1454 ; Philibert de la Palud,
seigneur de Saint-Julien, 1454-1466 ; Jacques de Bussy,
seigneur d'Heyriat, 1466-1497 ; Laurent de Gorrevod,
1499-1529 ; Philibert Ferrand, 1531-1532 ; Jean du Bois,
1534-1535 ; Benoît de Bona, 1558-1559 ; Burchard de
Liatoud, seigneur de Brioud, territoire de Chavannes-
sur-Reyssouze, 1559.

On rencontre, vers ce même temps, Antoine Fabre, ancien châtelain, dont le rang n'est pas établi. A la requête d'Antoine de Montécut, son aumônier, Marguerite d'Autriche, par lettres du 30 septembre 1525, fit remise à ses enfants de 400 florins restant dus, sur la totalité de ses recettes.

Le châtelain était flanqué d'un lieutenant, ou vice-châtelain, chargé de le suppléer, dans ses absences. Nous connaissons seulement deux titulaires de cet office, Claude de Falcamagnie, en 1518, et Péronnet Guillet, en 1531.

La châtellenie de Saint-Trivier avait une étendue considérable: Elle se composait du territoire de Saint-Trivier, des paroisses de Courtes, Servignat, Curciat-Dongallon, Cormoz, des villages de Vernoux, Montrichard, Colombier, Varennes, qui dépendaient de Romenay, de Privage, Montlin, Perroux et Montligère, paroisse de Saint-Julien, de partie de Simandre, village de Mantenay, de Tagisset, paroisse de Sainte-Croix, en Bourgogne, et, finalement, de Buisserolles, le Bouchat, le Chanests et Bellanoiset, qui relevaient de la paroisse de Varennes-St-Sauveur, mais étaient situés en Bresse (1).

---

(1) J. Baux, *Nobillaire, Bresse*, p. 141.

§ 7.

La ville.

Fortifications, redevances, administration, revenus, etc. (1).

Saint-Trivier s'est formé dans la zone de protection du château, mais nous sommes réduits à des conjectures sur ses débuts.

Toutefois, avec ce que nous savons de l'état social de l'ère carolingienne vers son déclin, les conjectures se transforment en quasi certitudes, et appartiennent, pour ainsi parler, au domaine historique.

La situation de la ville, sur le point le plus élevé, entre la Reyssouze et la Seille, montre quel mobile a guidé les premiers habitants, hommes libres ou serfs, qui groupèrent leurs demeures sous les murs du château.

C'était l'insécurité, qui faisait le fond des ixe et xe siècles.

Le résultat le plus manifeste, à cet égard, fut l'abandon des maisons isolées, fermes ou villas anciennes, galloromaines et burgondes, livrées sans protection aux déprédations ennemies, pour chercher un asile, à l'abri d'un château fort et sous la sauvegarde d'un maître.

La plupart des groupements se pourvurent de moyens de résistance. Ils se fortifièrent. Les villages furent entourés de fossés, de haies, de palissades, de retranche-

---

(1) Cf. *Arch. de la Côte-d'Or, Invent.* B. 9932-10083.

ments. Ainsi sortit tout armée des dévastations guer-
rières, des invasions sarrasines, hongroises et norman-
des, la place forte, la ville du Moyen-Age (1).

Il est peu probable que Saint-Trivier ait simplement
débuté par la mise en défense d'une villa burgondo-
franque, ou d'un village préexistant. La villa ou le village primitif se trouvait, dans le voisinage, à Courtes
sous la dépendance duquel Saint-Trivier se maintint, au'
double point de vue paroissial et civil jusqu'au xe siècle.
Saint-Trivier-de-Courtes est évidemment *Sanctus Trive-
rius prope Curtem.*

C'est au comte de Savoie, Amédée V, que Saint-Trivier doit sa ceinture de murailles et le grand développement qu'il prit au xiiie siècle.

Mais son origine doit être cherchée plus haut, car, antérieurement, la ville constituait déjà un centre possédant
ses rues, sa garnison, ses fabriques d'armes et ses forti-
cations.

En 1276, le fils à la Croisée fut frappé d'une amende
de quatre deniers, pour avoir indûment couru la nuit à
travers les rues.

Le curé et les habitants s'imposèrent des contributions
supplémentaires, en 1286, pour subvenir à l'entretien,
pendant trois mois, d'une garnison de trois arbalétriers,
et nous apprenons, par les comptes, qu'en 1280, on fabriquait dans la ville des carreaux d'arbalète.

On appelait carreau une flèche à pointe carrée. Les
carreaux fixés aux flèchons atteignaient parfois un pied
de longueur.

---

(1) Cf. Jacques Flach. *Etude sur les origines de l'habitation.* II. *Introduction.* Chap. V.

Les primitives fortifications de Saint-Trivier furent construites, d'après les mêmes principes que celles du château. Elles comprenaient un double fossé, un rempart en terre et une palissade en gros pieux, solidement liés ensemble.

On en rencontre encore quelques mentions dans les comptes à la fin du XIIIᵉ siècle.

Les hourds servaient au guet. Pierre Solignon qui, en 1276, avait blessé un guetteur de nuit, sur un chaffaud de la ville, encourut une condamnation à cent sols d'amende.

Dans les dernières années du XIIIᵉ siècle, l'enceinte en terre et en palis fit place à un mur continu en briques.

Sa construction dura deux ans ; commencée en 1287, elle se termina en 1289.

On fit encore, à cette dernière date, trois fournées de briques de deux cents milliers chacune. Elles consommèrent 377 voitures de bois.

L'argile était extraite près de l'entrée du château ; il fallut, dès 1287, clore la carrière, par crainte d'accident.

Il est superflu d'ajouter qu'on n'employa pas d'autres matériaux que la brique, au cours des travaux.

L'épaisseur des murs n'est pas indiquée. D'ordinaire, on leur donnait quatre et quatre pieds et demi, soit de 1 m. 20 à 1 m. 50.

En avant des murs, s'étendaient les fossés, qui faisaient à la ville une seconde ceinture. Il y en avait deux concentriques.

Les deux fossés furent-ils maintenus avec les nouveaux remparts ?

Pendant quelques temps au moins.

Ainsi, en 1305, des hommes de corvée fauchèrent les ronces, qui avaient poussé sur la crête du remblai mitoyen.

C'est la dernière allusion à un double fossé, dont nous ayons retrouvé les traces.

On en garnit extérieurement les abords d'une haie, et on l'empoissonna de tanches, en 1309.

L'empoissonnage réalisait un bénéfice, mais au profit de la communauté. Aussi le fils Lerme fut-il condamné à six deniers d'amende, en 1473, pour avoir pêché dans les fossés de la ville et du château.

D'après la Notice anonyme, l'enceinte de Saint-Trivier aurait eu, en premier lieu, la forme d'un trépied ou d'un triangle, avec une porte sur chaque côté. « La porte du soir, dit-elle, se trouvait vers la maison de M. Aymonard, regardant à présent (xviiie siècle) la maison de M. Tournade. »

En avant de cette porte, se développait une large place, à l'usage du château, qu'on appelait le palais. Elle servait de champ de foire. Les halles y étaient situées. C'est sous les halles que les marchands tenaient leurs étalages, et que le juge rendait la justice. Le prétoire se nommait banc de cour, et il était entouré d'une barrière.

L'accroissement continu de la population la fit déborder hors des murs. On fut autorisé à bâtir sur la place, qui se couvrit promptement de constructions neuves. La porte occidentale fut reportée plus avant. On l'appela Porte de Pont-de-Vaux. Elle s'ouvrait sous une haute tour carrée, surmontée d'une toiture à flèche.

La tour fut pourvue, probablement au xviiie siècle,

d'une horloge publique, qu'on transféra au clocher, lorsqu'on dut la démolir pour cause de vétusté.

L'ancienne ville aurait formé la ville basse, et on aurait appelé ville haute les constructions plus récentes.

Il n'a pas été à ma portée de contrôler ces renseignements ; je les transcris tels que je les trouve dans l'opuscule précité.

S'ils pêchent par défaut d'exactitude, c'est dans les détails seulement, car les grands traits concordent avec les notes, que nous cueillons dans les comptes des châtelains.

Il y eut, en effet, un agrandissement de l'enceinte dans la première moitié du xve siècle, et, plus probablement, dans la seconde du xive. La partie enclose fut appelée *burgum novum*, en regard de la ville primitive qui, par le fait, devint le vieux bourg.

J'estime néanmoins, contrairement à ce qu'affirme notre Notice, que la ville neuve fut bâtie et murée, non à l'ouest mais à l'est de la ville vieille.

Le 15 mai 1452, en effet, le châtelain remit en abergeage à Jean Geoffroy une portion de chemin, qui joignait à sa maison, dans le *bourg neuf* de Saint-Trivier, près de la nouvelle chapelle.

La nouvelle chapelle ne peut-être que l'église actuelle de Saint-Trivier, dont la fondation remonte vers ce temps, et la nouvelle enceinte, celle que Bossi et, après lui, M. Guigue rapportent, comme étant la plus ancienne, à l'année 1376 (1).

---

(1) Statistique de 1808, p. 95. — Guigue. *Topographie de l'Ain.* V° Saint-Trivier.

On effectua précisément des réparations aux murs de la ville, vers 1380.

Dans cette hypothèse, l'agrandissement de Saint-Trivier aurait eu lieu, sous le règne et par concession du comte Amédée VI.

La ville dut s'imposer de lourds sacrifices, pour conduire à bonne fin l'extension de sa clôture. Nous ne doutons pas que l'octroi sur les vins, et les différentes impositions, auxquelles il est fait allusion, en 1398, n'aient eu pour objet de lui procurer les fonds nécessaires. Dix huit ans après, les travaux restaient encore partiellement à solder. Afin d'en achever le payement, le comte prolongea la durée des taxes, concession que la ville paya chèrement, par un don au prince de cent florins.

Ainsi remaniée, l'enceinte présentait, à peu de chose près, la figure d'un carré régulier. Les côtés mesuraient environ cent mètres d'étendue. A chaque angle s'élevait une tour, sauf à l'angle nord-ouest où le château en tenait lieu.

Les tours nord-est et sud-ouest étaient rectangulaires, et celle du sud-est octogone (1).

Les murs portaient, à leur crête, une couronne de machicoulis et de créneaux, derrière lesquels ils étaient parcourus par un chemin de ronde, vraisemblablement couvert comme l'était celui du château.

L'enceinte était percée de trois portes ; l'une, dans la courtine méridionale, qu'on appela porte de Bourg, l'autre, dans la courtine nord, qu'on nomma Porte de Ro-

(1) Au XVIIe et au XVIIIe siècle, la tour nord-ouest fut habitée par le châtelain ou bailli et la tour sud-est convertie en prison.

menay, et la troisième dans le mur occidental, celle-ci dite Porte de Pont-de-Vaux.

Une tour et un pont-levis en défendaient les approches.

A chaque porte était attaché un gardien, qui la fermait tous les soirs. Il avait la garde des clés et, sous aucun prétexte, ne devait s'en dessaisir.

Jean Buraton s'avisa de les soustraire un jour de 1390 ou 1391 ; il dut composer à neuf deniers devant le châtelain.

La muraille devait rester libre à l'intérieur comme à l'extérieur ; en d'autres termes, aucune construction ne s'y devait appuyer. Une amende de dix-huit gros fut infligée à Pierre Coillon, pour contravention à la défense.

L'entretien des fortifications de la ville était à la charge des habitants ou bourgeois. Y contribuaient, pareillement, les manants du voisinage qui, en temps de guerre, jouissaient du droit de retrait. Les cas de retrait devenant rares, et les réparations fréquentes, l'entretien n'était plus considéré que comme une corvée inutile par les intéressés.

Un jour, au cimetière de Saint-Nizier, Galois de Gray, à la lecture des lettres ducales, convoquant aux fortifications, s'écria : « Bonnes gens qui êtes en procura, je vous deffends que vous ne payes riens à cestuy home yci, tant que la cause quest en plaist pendant soit deffinie. »

Cette excitation à l'insubordination fut punie de vingt sols d'amende.

C'était en 1449.

Pour la même raison, la garde et le guet pesaient d'un poids énorme sur le paysan.

Vers ce même temps (1436), au châtelain qui le commandait de garde sur les murs, Jean Prevel riposta : « Avez-vous pours des loups? »

Il lui en coûta quatre deniers.

On se montrait, cependant, fort accommodant, surtout avec les manants éloignés. Les hommes du prieuré de Domsure étaient tenus aux guet et garde à Saint-Trivier. Le 16 mai 1479, il y eut transaction entre eux et le comte de Bresse, Philippe de Savoie. Le comte les affranchit de la servitude, moyennant une redevance annuelle de trois deniers par feu.

Les fortifications de Saint-Trivier subsistèrent, dans la forme et les conditions que nous venons de décrire, jusqu'à la fin du xviiie siècle.

A la veille de la Révolution, on les réparait encore. Un pan de courtine, de trente pieds de longueur sur douze de hauteur, s'écroula en 1784.

Il fut aussitôt relevé. La dépense, estimée d'abord à cent livres, en dépassa trois cent quatre-vingt. On avait trop présumé de l'état des murs. Il est vrai, qu'en cette même circonstance, on avait construit un évier au collège, et comblé de larges fossés à l'entrée de la ville (1).

Avec le temps, on en vint à user d'une large tolérance à l'égard des murs d'enceinte. Des maisons y furent adossées ; on y perça même des portes et des fenêtres. L'autorisation municipale était requise, qui plus est, elle était toujours révocable, mais on ne la refusait pas et on ne la révoquait jamais.

En 1787, une contestation s'éleva, à ce sujet, entre la ville et un cabaretier, nommé Renaud. Dans la nuit du

_____

(1) *Archives de l'Ain.* C. 194.

7 mai, il avait ouvert, clandestinement, une porte dans la muraille.

L'entente se rétablit, mais Renaud dut subir le droit commun (1).

En cette même année 1787, on démolit les trois tours qui surmontaient les portes de la ville.

La tour de la porte de Pont-de-Vaux, notamment, menaçant ruine, devenait un danger.

L'adjudication fut tranchée, le 9 septembre, en faveur du nommé Josserand.

Cette démolition coûta 319 livres à la ville (2).

La Statistique de 1808 affirme (3), et son affirmation est acceptée sans preuves par M. Guigne (4), que l'affranchissement, de la main-morte et de la taillabilité, des habitants de Saint-Trivier, ne remontait pas au-delà du 4 novembre 1564. Ils l'auraient obtenu, contre finance, du duc Emmanuel-Philibert.

Cependant, bien avant cette époque, les habitants de la ville close prennent la qualité de bourgeois, Etienne Lymagnie, en 1386, Pierre Bernard, en 1425, Jean Geoffroy, en 1452, Pierre Porcher, en 1454, Jean Buatier, en 1493.

On est donc fondé à croire que, de bonne heure, le plus tard au début du XVe siècle, les comtes de Savoie accordèrent des lettres de franchises à la ville, *ut locus habitatoribus et populo repleatur, ut et ipsi sincera fide*

---

(1) *Ibid.* C. 195.
(2) *Ibid.* C. 194.
(3) Page 95.
(4) *Topographie de l'Ain.* V° Saint-Trivier.

piaque dilectione nobis studeant inservire, selon l'ordinaire formule (1).

Autre fait indéniable, c'est que Saint-Trivier avait des
syndics, en 1447. On n'a pas oublié qu'ils eurent à surveiller la construction du glacis, ordonné par Jean de
Lornay, capitaine des fortifications de Bresse.

L'administration urbaine se composait de deux syndics, et de plusieurs conseillers. Syndics et conseillers
étaient élus, en assemblée publique, sous la présidence
du châtelain.

Les syndics de Saint-Trivier, comme tous les syndics
de Bresse, devaient porter, dans les cérémonies, des
robes parti rouge et noire.

Ils avaient, pour insigne, un bâton garni d'une arma-
ture d'argent.

En 1784, ils furent autorisés par l'Intendant à renou-
veler leur bâton insigne, mais la dépense ne devait pas
excéder trente-six livres (2).

Leurs pouvoirs duraient un an ; au xviiie siècle, ils
furent portés à trois ans.

Nommons Germain Dupré, syndic en 1761, Lescuyer
et Delouis en 1777, Germain Dupré, de 1783 à 1786,
Nivière, en 1787.

Les syndics en exercice avaient à leurs ordres deux
valets à gages, appelés valets de ville, et un messager.

La livrée des valets se composait d'un habit rouge, sur
lequel se détachait, devant et derrière, la croix blanche

---

(1) *Franchises de Saint-Germain. Archives de l'Ain.* E.
489.

(2) *Arch. de l'Ain.* C. 194.

de Savoie, d'une culotte blanche et de bas blancs. Leur chapeau était galonné et orné de boutons d'argent. Leur insigne consistait en une croix brisée.

Au xviiie siècle, la ville leur accordait une livrée neuve, tous les quatre ans.

La dernière adjudication est du 3 mai 1780.

Parmi les articles à fournir je note 15 aunes de drap fin écarlate de Lodève, une aune d'Elbeuf blanc, 30 aunes de serge Mende blanche, 67 aunes de tresses blanches, 3 paires de jarretières blanches, deux croix brisées, 3 paires de gants en peau jaune, 46 flottes de soie rouge et blanche, et 44 flottes de fil rouge.

Un délai d'un mois était imparti à l'adjudicataire, pour effectuer la livraison.

Le coût total se monta à 370 livres. Il avait été de 423 livres à l'adjudication précédente.

Celle-ci remontait à l'année 1785 (1).

Antérieurement à 1601, Saint-Trivier acquittait deux sortes d'impositions, les impositions féodales et les deniers patrimoniaux. Après la réunion à la France, le fisc y ajouta les revenus royaux.

Les divers rendements de redevances seigneuriales, que nous allons énoncer, concernent la châtellenie ; il ne m'a pas été possible d'en isoler la part, afférente à Saint-Trivier. Je ferai seulement observer, qu'à la faveur de leurs franchises, les bourgeois étaient exempts des redevances de nature servile, telles que corvées, taille à merci, mainmorte, complainte.

A l'inverse de ce qui s'est produit dans plusieurs

---

(1) *Arch. de l'Ain.* C. 195.

châtellenies, au Moyen-Age, notamment dans celle de Bourg, la culture du froment paraît avoir été plus intensive, à Saint-Trivier, que la culture du seigle.

La recette s'élevait à 150 moitiers, à la fin du XIII⁰ siècle ; elle n'était plus que de 133, en 1391, de 142, en 1446, et de 118, en 1524.

Le moulin de Servignat en rendait 3 et celui de l'Etang 4, en 1273.

En seigle, le rendement ne m'est pas connu, aux XIII⁰, XIV⁰ et XV⁰ siècles. Il fut de 60 moitiers, vers 1526, et de 10 en 1531.

Il en est de même de l'avoine. En 1558, sa production fut supérieure à celle du blé ; le comptable inscrivit 170 moitiers de recette.

Les redevances en petit blé, fèves, millet, sont mentionnées de temps en temps ; le rendement n'est jamais numériquement exprimé.

On perçut 26 pains, en 1293 ; la perception était exactement la même, un siècle plus tard.

Cette redevance tomba, de bonne heure, en désuétude ou fut remplacée par une redevance en argent.

Le vin donna lieu à une recette de 18 ânées, en 1318, L'ânée de vin valait 48 pintes et la pinte un litre 53 centilitres.

Il fut livré 300 poules ou gelines, en 1299, 301 en 1398, 432, en 1452, et 413 en 1559.

Le foin se comptait par trousse. On se souvient que les guerres et la misère, qui en résulta, rendirent illusoire cette redevance en 1280. En 1399, elle figure au compte, pour 72 trousses, et pour 67 à celui de 1451.

La recette de cire, qui fut de 65 livres, en 1308, tomba

à 28 livres, en 1401. Elle paraît s'être maintenue à ce taux. On le retrouve en 1453.

Ce droit affectait la culture des abeilles.

La garde, de son côté, donnait lieu à une recette de cire, et en particulier, semble-t-il, lorsque les personnes, couvertes par la sauvegarde seigneuriale, résidaient hors de la châtellenie.

Au compte de 1407, le châtelain produit une lettre de Jean Boisson, curé de Romenay, attestant la mort d'un de ses paroissiens qui s'était placé sous la sauvegarde du comte.

La redevance était ordinairement d'une livre par personne.

C'était la cote payée par l'homme défunt de Romenay, et, en 1446, le duc Louis prit sous sa protection plusieurs familles du mandement de Villeneuve, à la même condition,

La garde consistait dans la garantie, assurée par le prince, contre tout dommage corporel ou réel.

Elle rendit 46 livres en 1456.

La redevance se payait néanmoins quelquefois en argent. Je trouve, en 1402, une recette de 7 livres parisis et une obole d'or, pour les gardes dues dans la châtellenie, et une recette de 18 livres en 1348.

Le cens en deniers prenait le nom de taille.

Ce chapitre rendait 25 livres, en 1329, 43 livres, en 1403, et 27 livres 13 sols, en 1527.

La taille était de 3 deniers dans la châtellenie de Bourg, en 1275, et se levait partout, *exceptis grangiis quibus nunquam fuit habitatum.*

La complainte constituait une autre espèce de taille.

Elle était trisannuelle, c'est-à-dire qu'elle se percevait tous les trois ans, sur les mas taillables.

Elle donna 200 livres, en 1324, et 8 livres seulement, en 1383.

La taxe devint ensuite annuelle. Le compte de 1435 le fait supposer ; il porte, en recette, 8 livres pour les complaintes, levées dans la châtellenie tous les ans.

Le droit perçu sur les denrées, apportées aux foires et aux marchés, se nommait leyde ou coponnage. On l'affermait. La ferme rapporta 12 livres 12 sols, en 1355, 30 florins, en 1468, et 10 florins, en 1531,

C'est au droit de leyde ou au droit de banchage, qu'on doit référer la condamnation à un franc d'amende de Jean Bertoux, vers 1378. Il avait quitté le marché sans payer la taxe de vente.

On appelait banchage, le droit qu'il fallait acquitter pour tenir banc aux halles de la ville.

La Juiverie avait à acquitter un droit de sépulture. Il fut perçu, en 1305, 12 deniers sur les inhumations juives à Saint-Trivier.

Le droit de mutation existait au Moyen-Age. Il était connu sous le nom de laods et vends.

Sa quotité n'a jamais variée ; elle était du 6e denier Ainsi, sur une maison payée 23 livres 6 sols 6 deniers, en 1293, à Saint-Trivier, Guyonnet Bougeon dut verser 70 sols de laods.

Dans la ville, les maisons en façade sur la rue donnaient lieu à la perception d'une taxe dite toisé des maisons. La cote était fixée à raison de 6 deniers viennois par toise.

La recette s'éleva à 37 sols parisis, en 1348. On construisit peu à Saint-Trivier, dans le demi siècle qui suivit.

Nous la retrouvons à 37 sols parisis, en 1406. Elle est de 4 livres 10 sols, en 1465.

Lorsque le prince ou le châtelain, au nom du prince, faisait un abergeage, l'acte comportait une redevance annuelle, et, de plus, une entrée en jouissance, qu'on appelait introge.

Tout ce qui était susceptible d'être abergé pouvait être grevé du droit d'introge.

On voit, en 1302, le nommé Rossigneux acquitter 15 sols d'introge pour l'investiture des biens de son frère, qui avait quitté la terre du comte.

Le payssonnage ou glandée, c'est-à-dire le droit de faire paître les pourceaux dans les forêts du seigneur, s'accordait moyennant finance.

Le rendement n'était pas à dédaigner.

La glandée de la seule forêt de Chamandray, à Cormoz, rapporta 10 florins, en 1428, et, en 1486, le payssonnage des bois de la châtellenie monta à 235 florins.

A ce même genre de revenu se rattachait la blairie ou droit de vaine pâture.

En 1351, à la suite de la peste noire, il n'y eut pas d'enchère ; la blairie demeura en souffrance.

Douze ans après, la ferme rendit 11 florins, 13 florins, en 1419, et 18, en 1476.

Ces recettes ne regardent que Saint-Trivier. Chaque paroisse et même chaque village de la châtellenie avait sa blairie, Cormoz, Curciat, Buisserolles, etc.

Sur chaque claim, *clama*, ou plainte portée en justice, le fisc percevait 6 sols et sur chaque saisine, un denier gros petit poids.

Je suppose que les dessaisines des comptes de Saint-Trivier répondent aux saisines des comptes de Bourg.

La saisine était le droit, revenant au seigneur, dans la succession d'un héritage mouvant de sa directe.

Le produit des dessaisines fut de 12 sols parisis, en 1374, et de 30 sols, vers 1511.

Le claim donnait lieu soit à une composition, *bannum concordatum*, soit à une condamnation, *bannum condemnatum*. Dans l'une et l'autre alternative, l'amende appartenait au seigneur.

En 1514, les claims condamnés produisirent une recette totale de 160 florins.

Nous avons dit que la clergie s'affermait. La fourniture des papiers de la cour se prenait également à bail. Étienne de Limagnie, qui l'avait amodiée, vers 1386, obtint du comte la remise de sa ferme, en 1385 ou 1386.

Sergenterie, chassipolerie, prévôté, banderie, gagerie, autant d'expressions synonymes désignant un même office, celui de nos huissiers modernes.

Toutefois, le sergent, chassipol ou prévôt du Moyen-Âge cumulait, dans les villes, la geôle des prisons.

Nous avons vu, plus haut, que Pierre Yserable occupait les deux charges, en 1451.

Les recettes de la sergenterie de Saint-Trivier varient entre 4 et 22 florins. On trouve 14 livres, en 1359, 10 florins, en 1367 et 1413, 4 florins, en 1420, 22 en 1471 et 12, en 1473.

Les subsides ou secours d'argent que, dans certains cas, les hommes de la châtellenie accordaient au prince, se levaient assez fréquemment.

De leur côté, les dons gratuits ne sont pas rares.

Les uns et les autres étaient réputés volontaires, comme nos énormes budgets modernes.

Je relève un subside de 33 livres, et un autre de 60

florins, accordés au comte par les habitants de Saint-Trivier, en 1289 et en 1353. Le premier était destiné à l'acquisition du Revermont.

En 1365, subside de 120 livres, à l'occasion de l'arrivée de l'empereur en Savoie.

En 1518, subside de 1174 florins, sur le pied de 8 florins par feu, voté pour trois ans par les trois Etats, assemblés à Chambéry.

En 1320, 1324, 1353 et 1397, dons de 54 livres, 100, 50 et 300 florins par les bourgeois de la ville.

La duchesse de Touraine allant en France, traversa la Savoie, en 1389. La châtellenie de Saint-Trivier, offrit au comte 160 florins pour sa réception.

Elle offrit à Philippe, comte de Bresse, un don gratuit de 604 florins, en 1471, et un don de joyeux avènement de 1207 florins à Marguerite de Bourbon, sa femme en 1474.

Un chapitre spécial était ouvert, dans les comptes, aux fours bannaux.

Il y en avait deux, à Saint-Trivier, le grand et le petit four.

Le grand four était très ancien; on le réparait déjà, en 1287. Il fut reconstruit en 1305. Mais on ne tarda pas à en reconnaître l'insuffisance ; on en construisit un second, en 1348, qu'on nomma le petit four.

Ils appartenaient au comte; l'entretien restait à sa charge.

Chaque habitant était tenu d'y cuire son pain. Girard Morestel, qui avait cru pouvoir s'affranchir de la sujettion, en 1289, fut condamné à 10 sols d'amende.

Le châtelain remarque, en 1352, que la ferme du four banal qui, avant la mortalité ou peste noire, valait 13 livres, est tombée à 20 sols.

Elle monte à 25 sols, en 1354, à 8 florins en 1408, et descend à 6 florins en 1467.

Comme aujourd'hui dans nos campagnes, les fours banaux étaient pourvus d'un abri.

L'abri du grand four fut rebâti en 1408. On reconstruisit les fours proprement dits une première fois en 1436 et une seconde en 1474. Ils avaient été détruits par un incendie.

Les recettes en nature de la châtellenie étaient vendues aux enchères, et le châtelain effectuait ses versements en numéraire, entre les mains du receveur général de Bresse et Bugey.

Voici les prix de quelques denrées à différentes époques :

En 1273, le moitier, tant de froment que de seigle, se vend 8 sols ; le moitier d'avoine, de fèves, de milliet, 4 sols. Une poule vaut 5 deniers.

En 1398, le froment descend à 6 deniers le moitier ; le seigle et l'avoine à 3 deniers, la poule se paye une obole 1/2 et un 1/4 de denier, et le foin 12 deniers la trousse.

En 1452, les prix sont sensiblement les mêmes. On retrouve le blé à 1 denier la coupe ou 6 deniers le moitier, le seigle à 2/3 de denier, et l'avoine à une obole ; le prix d'une poule est d'une obole 3/4 de denier.

En 1482, le froment vaut 8 deniers le moitier, le seigle 6 deniers 1/2, l'avoine 2 deniers 1/2, la poule une obole 1/4, et la trousse de foin 1 denier obole.

En 1499, tout renchérit. La coupe de froment se vend 4 denier 1/4, le seigle 2 deniers 3/4, l'avoine un denier, et l'ânée de vin 12 deniers.

Le froment, le seigle, l'avoine étaient encore intensivement cultivés au xviie siècle, la vigne ne l'était plus.

Les prix suivants, pratiqués à Saint-Trivier, pendant la même période, ne sont pas moins intéressants à citer. C'est un coup d'œil sur la situation économique de ce coin de la Bresse, au Moyen-Age.

Vingt porcs gras coûtaient 37 livres, et deux vaches grasses 75 sols, en 1326.

En 1329, une journée de charpentier se payait 2 sols 6 deniers, et trois bœufs maigres 14 livres 16 sols tournois.

La livre de fer ouvré valait 10 deniers, vers 1358, et la benne de chaux 2 deniers, en 1403.

Vers le milieu du xviie siècle, la coupée de terre était estimée de 3 à 10 livres, la coupée de bois taillis 2 livres, et le meau de foin de 8 à 30 livres.

Suivant la Statistique de 1669, les revenus du comté de Saint-Trivier s'élevaient à 6,000 livres (1). Mais il est bon de faire observer que les redevances féodales n'y contribuaient que pour une très faible part. Ces revenus provenaient, surtout, des domaines particuliers et des étangs du seigneur.

Par suite des affranchissements, dont les seigneurs se montraient de plus en plus prodigues, les droits féodaux se trouvaient tellement réduits qu'en 1761, la ville les racheta, contre une redevance annuelle de 103 livres.

L'arrangement fut conclu les 30 août et 4 octobre 1761 et le 10 octobre 1773, entre le comte et les habitants. Ceux-ci s'obligèrent à prélever, tous les ans, à la Noël, la somme convenue sur leurs revenus patrimo-

---

(1) *Archives de l'Ain*. V^o Saint-Trivier.

niaux, et tous les droits, laods, servis et autres prétendus par le comte, furent déclarés éteints (1).

C'était la liquidation définitive de la féodalité.

La somme a figuré dans les comptes municipaux jusqu'en 1789 (2).

Dès que les habitants de Saint-Trivier furent en possession de leurs franchises, ils jouirent du droit de s'administrer eux-mêmes.

Une administration ne se conçoit pas sans ressources. On dut s'en procurer.

Ce côté spécial de l'histoire de Saint-Trivier nous échappe, sous la domination des princes de Savoie.

La Statistique de l'Intendant Bouchu évaluait, en 1669, les revenus patrimoniaux de la ville à 470 livres, et les dépenses à 730.

Les revenus provenaient de deux sources principales, un droit de six deniers par roue, sur les voitures traversant Saint-Trivier, et un ancien commun, c'est-à-dire un droit de six deniers par pot de vin, vendu dans la châtellenie.

A ces ressources, il faut ajouter douze livres de rente, sur un pré de deux meaux de foin, appelé la Carronnière vieille, vingt livres sur une teppe de terre de 120 coupées, servant de pâture, le droit d'abergeage des anciennes tours et le jardin de la ville.

La ville avait encore la propriété de sa maison commune et d'une serve ; mais ces deux immeubles ne rendaient rien.

Le pré de la Carronnière vieille etait tenu en abéné-

(1) *Ibid.* C. 195.
(2) *Arch. de l'Ain*, C. 196. Comptes divers.

vis du comte, et cela depuis un siècle et demi. Le bailli, ou de son nom d'autrefois, le châtelain, Claude de Crémeaux, l'avait réoccupé en 1659.

Il n'y a pas d'octroi, observe le document précité, mais il pourrait en être établi, a cause des charges urgentes de la communauté.

Ces charges urgentes consistaient dans l'insuffisance des revenus, et une dette de 3,896 livres 16 sols 5 deniers.

En 1776, les recettes produisirent 4,000 livres, et les dépenses exigèrent seulement 2,372 livres 9 sols.

A la fin du xviiie siècle, outre les taxes précédentes, la ville percevait 6 deniers sur les ventes et les mutations d'immeubles, dans le mandement, et la dette montait à la somme de 5,400 livres, en deux créances, l'une aux héritiers d'un sieur Lachapelle, l'autre, de 3,000 livres, aux Ursulines de Pont-de-Vaux (1).

Ces chiffres n'éprouvèrent plus que des fluctuations sans importance, avant que l'ancienne administration communale prit définitivement fin, en 1789.

Les impositions royales levées à Saint-Trivier, en 1669, réalisaient un total de 2,527 livres. Depuis, les exigences de l'Etat ont suivi une progression constante. Il conviendrait d'en souligner les étapes, au moins jusqu'au seuil de la Révolution.

Je n'ai pas de documents qui m'autorisent à le faire.

Nous connaissons les noms de quelques notaires de Saint-Trivier, ceux qui ont tenu le greffe de la Cour. Il en existait d'autres:

---

(1) *Arch. de l Ain.* C. 195.

Le notariat était toujours exercé à la fois par plusieurs titulaires.

Outre les noms précédemment rapportés, nous citerons Pierre Porcher, notaire en 1454, Antoine Grand, en 1457, et Pierre Bourgeois, en 1460, tous les trois presque contemporains.

Le grand nombre des notaires, qu'on remarquait autrefois, s'explique par la fréquence et la multiplicité des déclarations emphytéotiques des tenanciers.

J'ai constaté, par les comptes des châtellenies, que les princes et les princesses de Savoie, au temps de leur domination sur la Bresse, recrutèrent souvent, dans nos pays, le personnel domestique de leur maison.

Trois chambrières, au moins, au XIVe siècle, étaient originaires de Saint-Trivier et revinrent s'y fixer.

La nommée Jacquette se dévoua au service de Bonne de Bourbon, femme du comte Verd, et épousa Henri de l'Orme. La comtesse lui fit un don de quatre moitiers de seigle, en 1357.

Mathie Bencita fut attachée, en qualité de femme de chambre, à Jeanne de Savoie, sœur d'Amédée VIII. En considération de ses services, elle reçut du comte, par lettres du 14 janvier 1406, datées de Pont-d'Ain, une gratification de 150 florins d'or.

Quant à Jeanne, veuve Chambro, elle se trouvait au service de Jeanne de Savoie, lorsqu'elle épousa, en 1407, J.-J. Paléologue, marquis de Montferrat. Contrainte de s'en séparer, la princesse lui fit accorder par le comte, son frère, une pension annuelle de 6 florins et 8 moitiers de froment.

Dès 1462, il existait un jeu de l'Arbalète à Saint-Tri-vier.

On désignait de la sorte une compagnie, organisée en vue de l'exercice au tir de cette arme.

Jean Barbier avait remis à la Société un vase d'étain, destiné à être donné en prix au meilleur tireur. Pierre Clerc, de Matrignat (1), l'arracha des mains de François Borset. Etait-ce un vol ou l'endommagea-t-il? Il encourut de ce fait un florin d'amende (2).

Sur la création, les règlements, la bannière, les délibérations, la durée de la Compagnie, les documents font défaut. Je n'en ai pas du moins rencontré.

Aux compagnies de l'Arbalète succédèrent les compagnies de l'Arquebuse.

A Saint-Trivier, ce fut une simple transformation de l'une en l'autre, par l'adoption de la nouvelle arme.

Le guidon des Arquebusiers de Saint-Trivier était de soie blanche, garnie d'une frange d'or avec la devise : *Parva quidem sed... magna tuemur.*

Nos Sociétés de tir contemporaines continuent les traditions de ces anciens jeux.

Saint-Trivier comptait 62 feux, en 1471, la ville 72 et la banlieue ou paroisse 37, en 1518, et 204, Grandval compris, en 1669.

La moralité, parmi les populations du Moyen-Age, se soutenant à un niveau bien supérieur au nôtre, on peut admettre, sans exagération, une famille par feu, et par

(1) Village de Saint-Nizier-le-Bouchoux.

(2) *Arch. de la Côte-d'Or.* Invent. B. 10040.

chaque feu, la coéxistence de cinq personnes (1). La population de Saint-Trivier aurait donc été de 340 habitants, au milieu du xve siècle, de 545 au début du xvie, et de 1020, dans la seconde moitié du xviie (2). Elle était de 1600, en 1808.

Si l'on en croit la Statistique de Bouchu, les habitants, en 1679, étaient plus pauvres que riches, et le tiers se composait d'étrangers indigents. Il n'y avait aucune industrie, dans la paroisse. Le commerce y était nul.

L'agriculture constituait à peu près l'unique ressource du pays, et il en vivait.

La situation, sous ces divers aspects, s'est peu améliorée depuis.

Lorsque le seigneur de Varambon, François de la Palud, s'empara de Trévoux par escalade, le 18 mars 1431, deux gentilshommes de Saint-Trivier, Guillaume d'Arnay et Jean de Monsonon, s'étaient associés à son entreprise.

Ils mirent, par la fuite, leurs personnes à l'abri des ressentiments du duc de Savoie, mais, à l'égard de leurs biens, il y eut saisie sous la main du prince.

Jean de Monsonon rentra en Bresse et, en ce qui le concernait, obtint de Louis de Savoie, par lettres du 30 septembre 1442, la levée du séquestre.

---

(1) C'est le rapport mathématiquement constaté par la Statistique de Bossi (1808), p. 241.

(2) En 1656, Camille de Neuville, l'évaluait à environ 700 communiants, soit un total de 850 à 900 âmes, mais il ajoutait qu'elle était « fort diminuée depuis quelques années par des maladies populaires. » ; la peste sans doute. (*Archives du Rhône.* Visites.)

Guillaume d'Arnay, et Jean, que je crois être son fils, se fixèrent hors des états du duc.

Leurs immeubles, les prés notamment, après être demeurés longtemps en friche, furent affermés à Jean du Bois, en 1460.

Leur régie constituait encore, en 1531, un chapitre à part, dans les comptes de la châtellenie (1).

Guillaume d'Arnay et Jean de Monsonon sont deux noms nouveaux à inscrire au Nobiliaire de l'Ain.

Le chef-lieu d'*ager* le plus voisin de Saint-Trivier était Mentoniacus (Mentenay). Une distance de 4 kilomètres au plus sépare les deux bourgs. Ce n'est pas se montrer trop osé de prétendre que, dès sa fondation, Saint-Trivier se trouva compris dans l'*ager Mentoniacensis*, sauf que Courtes n'ait lui-même été chef-lieu d'*ager*, ce qui n'est pas démontré (2).

Mais, à l'époque de la féodalité, les anciennes divisions territoriales, d'origine purement administrative, s'effacent peu à peu, et la prédominance appartient aux villages fortifiés et aux châteaux.

Il est ainsi de toute évidence que les Sires de Bâgé, construisant, dès le début du nouveau régime, un château à Saint-Trivier, durent en faire le centre d'une châtellenie ou commandement militaire.

Saint-Trivier conserva ce titre jusqu'en 1601.

Après la réunion de la Bresse à la France, il devint chef-lieu d'un mandement. Les communautés, qui le composaient, s'étendaient principalement à l'est; c'étaient : Buisserolles, Chamandray, la Chapelle-Thècle,

---

(1) *Arch. de la Côte-d'Or.* Invent., B. Saint-Trivier, *passim*.
(2) Bernard. *Cartul de Savigny et d'Ainay*, II, 1081.

Cormoz, Courtes, Curciat, Domsure, Grandval, le Grand-Villard, Lescheroux, Servignat, Saint-Nizier-le-Bouchoux, Tagisset, Vescours, Vernoux et Villeneuve.

La division de la France par cantons respecta, à l'égard de Saint-Trivier, la situation acquise. Elle lui attribua le même finage avec, en moins, Domsure, qui fut rattaché au canton de Coligny, Buisserolles et la chapelle Thècle, qui furent donnés au département de Saône-et-Loire, et, en plus, Mantenay, Saint-Julien et Saint-Jean-sur-Reyssouze.

Saint-Trivier avait d'abord adopté les armes de Savoie ; il blasonnait de gueules à la croix d'argent. Au xviie siècle, il armoriait, selon d'Hozier, de sable à une croix tréflée d'argent.

A. — L'Hôpital.

L'hôpital de Saint-Trivier est fort ancien.

M. Guigue en fait un point de repère, dans son essai de reconstitution de la viabilité romaine dans le département, d'après les hôpitaux du Moyen-Age.

La plus ancienne mention, que l'on en rencontre est de 1292 : *Item Hospitali Sancti Treverii octo denarios dictus testator semel dat et legat* (1).

Il était situé hors des murs, à 500 mètres au nord de Saint-Trivier, route de Romenay.

Au Moyen-Age, les hôpitaux doivent être considérés comme des établissements religieux, ayant de l'analogie avec les prieurés et les monastères. Ces derniers ser-

(1) *Arch. du Rhône. Testamenta, apud* Guigue, *Les Voies antiques,* pp. 33 et 115.

vaient de refuges permanents à des moines, les hospices hébergeaient les voyageurs sans ressources.

Ils donnaient rarement asile, comme de nos jours, aux pauvres de la région.

Nul doute dès lors, que la commende, ce funeste produit de la faiblesse de Léon X, n'ait également porté ses ravages, dans cette branche de l'effloraison chrétienne.

En 1614, Etienne Croppier, chanoine et chantre de N.-D. de Bourg, tenait le rectorat de l'hôpital.

Il en avait été pourvu par la comtesse de Saint-Trivier en qualité de gouvernante et de tutrice de son fils.

Ce patronnage semble établir que l'hospice, dont nous parlons, fut originairement fondé par les sires de Bâgé.

Vraisemblablement, ils le destinèrent, selon l'usage, à recevoir les pélerins, qui circulaient le long de l'antique voie romaine de la rive gauche de la Reyssouse.

Leur droit de propriété s'était transmis, par les princes de Savoie, sous forme de droit de collation, à ceux de la maison de Grillet, leurs lointains successeurs.

Toujours en 1614, les bâtiments délabrés tombaient presque en ruine.

L'établissement se composait de trois chambres. L'une était habitée par le gardien et sa famille, les deux autres servaient à hospitaliser les passants.

On leur donnait le potage et le lit. Si nous parlons de lit, c'est par euphémisme ; les pensionnaires de l'hospice couchaient sur la paille.

A l'hospice étaient attenantes une petite chapelle et une grange.

La grange s'abritait sous une toiture de chaume, et se trouvait dans le même état que le corps de bâtiment principal.

La chapelle était sous le vocable de Saint-Georges. Elle aussi menaçait de s'écrouler. D'ornements, de vêtements sacerdotaux, elle n'en possédait pas à son usage.

Le gardien était un « pauvre homme », appelé Guyet Gaillard. Il recevait annuellement, pour les besoins de l'hospice, trois moitiers de seigle, une pinte de sel et de crême, et deux coupes de légumes.

Le châtelain, Pierre de Cognin, mentionne, en 1302, que l'hôpital percevait une part sur la dîme des blés (1).

Il avait, en effet, droit à une portion de la grande dîme. Il jouissait de la dîme entière des petits blés, des légumes et du chanvre, et levait, dans la paroisse, une rente de deux ou trois coupes de seigle et quelques coupes de froment.

Des fonds en dépendaient.

Une terre de quatre moitiers de semaille de blé, autour de la maison.

Deux grands prés et plusieurs parcelles, à la prairie de Saint-Trivier, d'environ dix charrées de foin.

Enfin, des rippes ou terrains vagues et bas, de deux ou trois moitiers de semaille. Ces rippes n'étaient pas en culture.

Les cornes des bœufs et des vaches, abattus à Saint-Trivier, appartenaient de droit à l'hôpital.

François Deboux avait affermé tous les fonds en 1614 (2).

Mgr Camille de Neuville n'étendit pas son inspection

---

(1) *Arch. de la Côte-d Or.* Invent., B. 9944.

(2) *Archives du Rhône.* Visite de 1614.

à l'hôpital, lorsqu'il visita Saint-Trivier en 1656. Le procès-verbal n'en parle pas.

On lui attribuait 150 livres de rente en 1669, et le curé de Courtes, Marc Braissoud, faisait le service de la chapelle.

Cependant, le délabrement progressait toujours ; le vénérable prébendier s'occupa de pourvoir lui-même à l'amélioration de l'établissement.

Les hôpitaux n'hébergeaient plus exclusivement les voyageurs, comme aux siècles passés ; les malades, dénués de fortune, y recevaient plus spécialement des soins. Il importait, en conséquence, de rapprocher de l'agglomération urbaine, celui de Saint-Trivier.

Marc Braissoud acquit un immeuble, dans la ville et le convertit en hospice.

Les lettres d'érection, signées par l'archevêque Camille de Neuville, furent données le 1er mars 1680 en son château de Neuville (1).

La fondation reçut la confirmation royale en septembre 1689. Les patentes sont datées de Versailles et encore scellées du grand sceau. Le Parlement les entérina le 14 août de l'année suivante (2).

Cependant, la maison ne tarda pas à être reconnue impropre à son affectation hospitalière, « attendu qu'elle ne consiste qu'en une petite cuisine et une chambre basse, dans laquelle on ne peut placer que deux lits, extrêmement humide et malsaine, les planchers étant fort bas, les murs percez et entr'ouverts, bâtis de bois et qu'on ne peut réparer en aucune manière. »

---

(1) *Arch. de l'hôpital de Saint-Trivier.*

(2) *Arch. de l'hôpital.*

Le fondateur n'était plus; mais Charles Braissoud, son frère, ancien curé de Laîné, en Mâconnais, possédait sa pensée. Il continua l'œuvre.

Un autre bâtiment, dont la veuve Faure, de Bâgé, consentit à se dessaisir en sa faveur, fut bientôt aménagé, et la translation de l'hospice au nouveau local fut demandée par requête à l'archevêché.

Avant de donner son approbation, l'autorité diocésaine désirait connaître l'état des lieux. Elle s'en remit, pour la visite, à Claude Sallez, chanoine-sacristain de Pont-de-Vaux, et « son promoteur métropolitain, dans le ressort du Parlement de Bourgogne. »

Celui-ci, après inspection, terminait son rapport par des conclusions favorables, lorsqu'on remarqua que, malgré tous ses avantages, cette dernière installation le cédait encore, à cet égard, à la maison habitée par Mre Noitelon, curé de Saint-Trivier, et qui était sa propriété. Cet immeuble parut « plus convenable, pour être mieux situé, plus spacieux, plus commode, avec plus de facilité de s'étendre au dehors et avoir de l'air, ce qui auroit été aussi reconnu par ledit sieur Sallez, commissaire susdit. »

Toujours dévoué, Mre Charles Braissoud, auquel s'associa, pour la circonstance, Mre Benoist Blanc, ancien curé de Saint-Denis près Bourg, s'en rendit acquéreur de ses propres deniers. Le contrat, reçu Guillermin, est du 3o mai 1701.

Une seconde supplique fut adressée à l'archevêché. Elle était signée de Philippe Noitelon, curé de Saint-Trivier, Charles Braissoud et Benoît Blanc, qualifiés l'un et l'autre de prêtres sociétaires dudit lieu, Claude Everard, avocat en Parlement et juge ordinaire du Comté, des recteurs de l'hospice, des syndics et de plusieurs habitants de la ville.

L'archevêque, qui était alors Mgr Claude de Saint-Georges, autorisa le déplacement. Son ordonnance, donnée le 16 juin 1701, était contresignée par Jean-Claude de la Poype, l'un de ses vicaires généraux (1).

Il apparaît ainsi, par cet exposé, qu'il n'est pas exact, comme l'avance la Statistique de 1808, que l'hôpital de Saint-Trivier ait été fondé, avec le concours des habitants, vers 1687(2).

Vers 1740, Claude-François Richardot, curé de Saint-Trivier, fit construire à ses frais, une nouvelle salle à l'hospice, et, à sa mort en 1748, l'institua héritier.

Sauf quelques legs modiques à des parents de Tournus, l'intégralité de sa succession fut recueillie par la sœur Pailleret, supérieure de la maison, sous l'unique condition de servir une pension annuelle de 180 livres à une parente, hospitalière à Saint-Trivier.

En signe de gratitude on plaça son portrait, richement encadré, « sur la porte à main droite. » (3).

Un autre curé de Saint-Trivier, Claude-Barthélemy Camyer, fit, à son tour, un don important à l'hospice, en 1783. Il lui légua, par testament, 4,200 livres et environ vingt moules de bois (4).

A la fin du XVIIIe siècle, on trouve, parmi les revenus de l'établissement, le droit connu à Saint-Trivier, sous le nom de *bon* du Carême. Il consistait à fournir la

---

(1) *Arch. de l'hôpital.*
(2) *Statistique*, p. 95.
(3) *Arch. de la Fabrique*, Mst anonyme.
(4) *Ibid.*

viande de boucherie à 5 sols la livre, et à livrer à l'hôpital, pendant l'année, la viande nécessaire à 6 deniers par livre, au-dessous de la taxe commune.

Il fut adjugé au nommé Guichard, le 26 février 1786 (1)

L'hôpital de Saint-Trivier existe encore.

C'est, probablement, à son caractère d'œuvre philanthropique — on disait autrefois de charité — qu'il dut d'être épargné par la tourmente révolutionnaire.

Il occupe toujours l'emplacement de 1701, et il est desservi par les religieuses de la Congrégation de Saint-Joseph de Bourg.

B. — Le Collège.

Au xviiie siècle, Saint-Trivier possédait un collège.

C'était un des quinze établissements d'enseignement secondaire, dont jouissaient, avant 1789, les provinces qui forment le département de l'Ain (2).

Ses débuts sont obscurs.

En 1441, un recteur des écoles enseignait les enfants de la ville.

Il se nommait Antoine Monnet. Il fut condamné à six deniers d'amende, pour avoir frappé Pierre de Mantoux, avec un bâton (3).

---

(1) *Arch. de l'Ain*, C. 194

(2) Les quatorze autres étaient Bourg, Bâgé, Pont-de-Vaux, Pont-de-Veyle, Nantua, Belley, Jujurieux, Lagnieu, Saint-Rambert, Trévoux, Châtillon-sur-Chalaronne, Montluel et Thoissey (*Stat. de* 1803, p. 368.)

(3) *Arch. de la Côte d'Or*, B. 10017.

Au xviie siècle, l'enseignement est encore donné par des maîtres d'école ; ils occupent la maison de ville.

Un collège n'aurait pas été passé sous silence, dans une pièce officielle destinée, comme la Statistique de 1669, à éclairer l'intendance de Bourgogne.

L'organisation collégiale des écoles de Saint-Trivier n'est, vraisemblablement, pas antérieure à 1700.

Telle que nous la trouvons constituée, en 1770, son personnel se composait d'un principal et de deux professeurs ou régents.

Les syndics nommaient le principal ; les professeurs étaient présentés par le principal et agréés par les syndics.

La ville allouait 500 livres de traitement au principal. D'autre part, il percevait une rétribution scolaire mensuelle ainsi fixée : six sols, pour ceux qui commençaient à lire, dix sols pour les élèves en lecture et en écriture ; douze sols pour ceux qui lisaient, écrivaient et apprenaient à chiffrer ; quinze sols pour les débutants en latin ; vingt sols pour les élèves de 6e, 5e et 4e ; trente sols pour ceux de 3e, enfin, quarante sols pour les élèves de seconde et de Rhétorique. On n'enseignait pas la philosophie (1),

L'allocation municipale se payait d'avance, et de trois mois en trois mois.

Avec ces ressources, le principal devait pourvoir aux traitements, à la nourriture et au logement des professeurs, et suffire à toutes les dépenses, qu'exigeait la marche de la maison.

_____

(1) *Arch. de l'Ain*, C. 195.

Les règlements ne me sont pas connus. On les inséra à la suite du bail de 1770. Je n'ai pu retrouver la pièce.

Les deux clercs, qui faisaient le service de l'église paroissiale, devaient être admis à l'instruction gratis, à à la charge de balayer les classes et la tribune les samedis.

L'année scolaire se terminait par des examens, en présence des syndics, et des prix étaient distribués par eux aux élèves les plus méritants.

Les baux fixaient l'ouverture des vacances au 1er septembre, et la rentrée des classes à la Toussaint (1).

La direction du college de Saint-Trivier était confiée, en 1770, à Jean Noël Moyret, prêtre, originaire de Tossiat. Le bail, conclu entre lui et la ville, le liait pour neuf ans.

Son principalat fut très prospère, tant au point de vue de la qualité des études, qu'à l'égard de la population scolaire, tellement qu'à sa requête, le Conseil de ville, par délibération du 22 juin 1779, lui accorda un troisième régent et 300 livres annuellement pour le gager.

Un nouveau bail fut signé sur ces bases, le 16 septembre 1779 (2). La ville comptait sur neuf années encore de prospérité pour son collège, mais, dans les premiers jours du mois d'octobre, Mre Moyret allait prendre la direction du collège de Pont-de-Vaux, où, sans doute, on lui faisait des conditions meilleures.

Pendant l'année scolaire 1779-80, Mre Petitjean fit l'intérim du principalat, et devint principal en titre par bail du 29 juillet 1780.

(1) Arch. de l'Ain. C. 195. V. Pièces justif., n0 17.
(2) Ibid.

Comme à Mre Moyret, la ville lui vota un troisième régent et 3oo livres pour le traitement ; mais la mauvaise réussite de son intérimat, qui entraîna la défection d'un nombre notable d'élèves, détourna l'Intendance d'homologuer cette clause du contrat.

Le collège était encore sous la direction de Mre Petitjean, lors de la ruine de l'enseignement public en France par la Révolution.

La mairie et l'école de garçons en occupent aujourd'hui les bâtiments.

~~~~~~~~~

§ 8.

L'église Saint-Trivier, première église de la ville.

On ne peut concevoir le moindre doute sur l'ancienneté de la première église paroissiale de Saint-Trivier ; mais, dans quelle mesure faut-il ajouter foi au récit de la Notice anonyme, sur l'état religieux primitif du chef-lieu de la châtellenie ?

Voici son thème :

Dans le principe, Saint-Trivier fut rattaché à l'église de Courtes. Il n'en est distant que de 15oo mètres.

L'église de Courtes aurait eu pour fondateur un Sire de Bâgé. Compagnon de Clovis, en 5o7, dans sa guerre contre Alaric, il aurait voué, s'il rentrait sain et sauf auprès des siens, une église à Saint-Hilaire.

Il tint parole.

C'est, en effet, sous le vocable de Saint-Hilaire, que Courtes a dédié son église.

Au vII^e.siècle, une châtelaine de Bâgé entre scène, à son tour.

Très attachée au culte de Saint-Trivier, dont la mort est relativement récente, elle cède aux impulsions de sa piété, et fait élever une église en son honneur.

Celle-ci fut bâtie près du château.

L'auteur ne cite pas de références. Où les prendre, d'ailleurs, en ce qui concerne Saint-Trivier, à ces époques lointaines ?

La maison de Bâgé n'apparaît, dans l'histoire, qu'au milieu du IXe siècle.

En 507, il existait trop de tension, dans les rapports entre le roi de Bourgogne et le roi des Francs, pour qu'un grand bourguignon osa, sans suspicion de félonie, engager ses services à Clovis.

Un fait, néanmoins, se dégage avec certitude de ce fatras historique : l'église de Courtes est l'église-mère de Saint-Trivier.

Lorsque Saint-Trivier s'en détacha, pour former une paroisse indépendante, le culte du cénobite dombiste n'avait rien perdu de sa ferveur antique ; l'église en prit le nom.

Au point de vue des origines, il existe certainement une connexion étroite entre la ville et le château. La relation n'est pas moins certaine avec l'église, élément indispensable de toute vie sociale au Moyen-Age.

Le château, la ville et l'église de Saint-Trivier sont donc de fondation contemporaine. Or, c'est au IXe ou au Xe siècle, avons-nous dit, qu'au milieu du désordre, né des invasions, on vit se multiplier les châteaux, ces îlots sauveurs où les populations rurales trouvaient sinon la paix, au moins la sécurité.

Les plus anciens pouillés du diocèse de Lyon montrent les divisions paroissiales, constituées sur le même pied qu'aujourd'hui.

Au pouillé du XIIIᵉ siècle, St-Trivier occupe le 34ᵉ rang parmi les paroisses de l'archiprêtré de Bâgé, et Courtes le 38ᵉ. Le patronage de la première appartenait à l'église de Saint-Paul, et celui de la seconde au grand custode de Lyon (1).

Le caractère sacré des églises, le respect dont elles étaient entourées, le droit d'asile, dont elles jouissaient, créaient, à leur avantage, une garantie meilleure que les plus solides remparts.

Les cas d'églises, bâties hors des murs, ne sont pas rares dans les temps féodaux. A Bourg, la paroisse était à Brou ; à Pont-d'Ain, elle était à Oussiat ; à Varambon, à Montluel, même organisation. Et si nous franchissons les limites de nos provinces, nous en rencontrons un exemple, des plus concluants et des plus curieux à la fois, à Sainte-Suzanne, département de la Mayenne. L'église était située près des fossés du donjon, en dehors de l'enceinte, et séparait celle-ci des murs enclosant la ville (2).

L'église primitive de Saint-Trivier s'élevait sur le lieu même du cimetière actuel.

Orientée de l'ouest à l'est, elle avait, du côté nord-ouest, le château, avec lequel elle devait former un angle très ouvert.

---

(1) Cf. A. Bernard, *Cartulaire de Savigny et d'Ainay*, II, 929.

(2) Caumont, *Abécédaire*. III. 428.

Le châtelain, Pierre de la Baume, fit gazonner les
fossés du côté de l'église, en 1305 (1).

La partie septentrionale des murs et des fossés de la
ville lui faisait face, au sud ou au sud-est.

Entre la ville, le château et l'église s'étendait un terrain vague, qu'on retrouve à très peu près, dans le même
état de nos jours. A différentes époques, les comtes en
abergèrent des parcelles.

C'est ainsi que Jean Bourgeois, prêtre, payait, en
1392, six deniers pour un angle de terre, tenu à cens en
cet endroit, que Pierre Buathier et Pierre Bernard ac-
quittaient un cens identique, en 1408 et en 1425, pour
deux parcelles, également situées devant « le portail de
l'église. » (2).

Les parcelles abergées ont été bâties ou converties
en jardins.

L'église était une construction solide, faites de pierres
et de briques.

Le plan comportait une seule nef. Un plafond lambrissé tenait lieu de voûte.

Conformément à l'usage, que l'exemple de Brou avait
introduit en Bresse, un jubé ou tribune séparait la nef
de l'avant-chœur. Un crucifix monumental surmontait le
jubé (3). L'ancienne liturgie lyonnaise le voulait ainsi ;
coutume respectable, dont on doit regretter l'abandon.

Le bas-chœur, de forme rectangulaire, avec quatre
forts piliers aux angles, supportait le clocher.

(1) *Arch. de la Côte d'Or.* Invent. B. 9945.
(2) *Ibid.* B. 9984 et 9945.
(3) *Statistique* de 1669. Par. ᵉ de Grandval.

On rencontrait ensuite, au-dessus du bas-chœur, le chœur proprement dit ou *Sancta Sanctorum*, et l'édifice se terminait par une abside semi-circulaire, voûtée en cul de four.

Le clocher était construit en briques et carré. La flèche s'élevait à quarante pieds au-dessus du sol. Il était couvert en tuiles plates, dites à crochet, et contenaient deux cloches.

Au milieu du chœur se dressait l'autel.

Il était de pierre et « à la forme lyonnaise », c'est-à-dire qu'il se composait d'une table et d'un gradin, à l'arrière, surmonté, vers son centre, d'une capse ou tabernacle de marbre (1).

Au bas de la nef, du côté du midi, une petite chapelle quadrangulaire et voûtée, d'environ quinze pieds carrés, abritait les fonds baptismaux qui, d'après la visite de 1656, étaient fort beaux (2).

Près de la porte, on voyait un bénitier en pierre, de grande dimension et d'un seul bloc, auquel on attribuait quelque mérite artistique (3).

Un porche précédait l'entrée sur la façade.

Le plan et la distribution rappellent l'architecture romano-byzantine.

La construction de l'église Saint-Trivier remontait au XIᵉ ou au XIIᵉ siècle.

L'autel était plus récent ; étant muni d'un tabernacle, il devait être du XVIIᵉ

Néanmoins, malgré cet appendice, et sous l'empire de

---

(1) *Archives du Rhône*, Visites de 1656.
(2) *Archives de la Fabrique*. Mst anonyme.
(3) Visites de 1656.

la coutume, on conservait encore le Saint-Sacrement, dans un *armarium* de pierre à jour, plaqué contre le mur, au côté gauche du chœur.

L'archevêque Camille de Neuville le trouva dans un ciboire d'étain fermé en un vieux tabernacle. Celui-ci était en bois peint, et déposé sur une petite muraille au coin de l'autel. Trois statues l'entouraient, Notre-Dame, saint Trivier et saint Roch.

Qu'étaient donc devenus, le conditorium, qu'avait vu Mgr de Marquemont cinquante ans auparavant, et la capse de marbre, dont l'auteur anonyme de Saint-Trivier se plaît à orner l'autel ? (1)

L'aménagement intérieur comprenait cinq chapelles.

La chapelle de Saint-Maurice touchait au chœur, du côté du midi. Elle était tombée en déshérence, en 1656. Les Lafougère et les Brothet y avaient leur sépulture, mais le patronage ne leur appartenait pas. On ne lui connaissait ni collateur, ni prébendier, ni fondation, ni rente, ou plutôt la rente ne se percevait plus. Une pension de cinq florins restait en souffrance, sur un tènement d'Ebergna en nature de terre et pré, que possédaient les frères Gauthier.

De ce même côté droit de l'église, et contre le mur méridional de la nef, était érigée sous le vocable de l'Annonciation, la chapelle dite des Buathier. La famille étant éteinte, la chapelle avait passé aux du Bois.

Une rente de neuf florins y était affectée, mais on ne savait plus quel genre de service elle devait rémunérer.

-----

(1) *Arch. du Rhône.* Visites de 1614 et de 1656.

Un beau groupe sculpté, représentant le mystère de l'Annonciation, décorait l'autel.

Jean du Bois en possédait le patronage, en 1614, et Jean Calabry le rectorat.

Les du Bois étaient les principaux gentilshommes du pays, au XVIIe siècle.

En 1656, ils abandonnaient leur chapelle, qui restait sans vitrage, et absolument dépourvue d'entretien.

Camille de Neuville fit sommer les ayants-droit, ou se prétendant tels, de porter remède, dans les six mois, à l'inconvenance de la situation. Le délai expiré, on disposerait de l'autel, en faveur du premier requérant, qui consentirait à prendre la chapelle à sa charge.

La chapelle Salignon occupait le côté gauche du chœur. Sa dotation consistait en quatre quartaux de seigle, sur la dîme de Saint-Trivier, quatorze florins, sur des maisons situées dans la ville, un pré de quatre coupées de terre, à Courtes, et une dîme à Vescours. La visite de 1656 l'estime à 120 livres. Aux termes de la fondation, une messe devait y être célébrée, tous les jours de la semaine, et deux prébendiers devaient se partager le service.

Elle appartenait, pareillement, aux du Bois. Le recteur, en 1614, était Pierre Chevalier, curé de Courtes, et, en 1659, Claude Gavaud.

Le sieur de la Servette, d'une branche des du Bois, y faisait régulièrement, à cette dernière date, dire deux messes par semaine.

Et la fondation première, qu'en était-il advenu ? Etait-elle réduite ou tombée en désuétude ?

La chapelle portait le titre de Notre-Dame-de-Pitié.

Sur le jubé, on avait érigé, au pied du Crucifix, la

chapelle de la Croix et de Saint-Alban. On n'en connaissait ni le fondateur, ni les charges. Ses revenus consistaient en quelques poules et une rente, portant laods et vends. La rente était de six moitiers tant froment et seigle qu'avoine, et se levait à Matrignat, paroisse de Saint-Nizier, ou plutôt elle ne se percevait plus, par suite de l'impossibilité d'identifier les fonds, qui devaient l'acquitter.

Elle était cependant pourvue d'un recteur. Mre Jean Gauthier tenait la prébende, en 1614, et Mre Gavaud, en 1669.

En 1656, on ne put en désigner le vocable à l'archevêque de Lyon.

La Statistique de l'Intendant Bouchu en attribuait la collation à l'avocat Claude du Bois, et, dans un but facile à comprendre, évaluait globalement à 300 livres la rente des deux chapelles de la Croix et de Salignon (1).

Vers la fin du xvie siècle, les Christians fondèrent un autel « au dessoubs du chœur », c'est-à-dire sous le jubé, à gauche de l'entrée, mais ils ne tardèrent pas à le délaisser. Au xviie siècle, la chapelle se trouvait dans le dénuement le plus complet, sans patronage, sans revenu, sans recteur, sans aucun service. Le titre en était même oublié.

Dans ce même temps, l'église de Saint-Trivier possédait pour tout mobilier un calice « d'autrefois, doré par dehors, » dont la coupe était fêlée en deux endroits, une petite custode et deux chandeliers de cuivre, deux reliquaires en bois, l'un sans reliques, deux chasubles, l'une

---

(1) *Arch. de l'Ain.* Stat. de 1669.

34

en damas vert, et l'autre de futaine à dessins, trois aubes et cinq nappes, là plupart fort usées.

Cette pauvreté frappa l'archevêque de Lyon, Mgr de
Marquemont, lorsque le 26 septembre 1614, il vint à
Saint-Trivier. En s'éloignant, il enjoignit à la ville de
meubler son église des objets les plus indispensables
au culte, notamment, de trois nappes, trois serviettes,
une chasuble « de quelque honneste estoffe », deux aubes, un missel, un graduel, un rituel du Concile de
Trente, et cela dans le délai d'un mois.

L'injonction resta lettre morte.

En 1656, l'église ne possédait plus en propre aucun
ornement décent. Pour les offices, on empruntait ceux
de Notre-Dame. Calice, ostensoir, ciboire à viatique faisaient également défaut.

L'archevêque prescrivit l'achat d'un ciboire d'argent ;
mais à quoi bon. L'affection de la paroisse se reportait,
de plus en plus, vers l'église de la ville.

Le jubé ou tribune était à demi ruiné, en 1614. Il fut
restauré, car la visite de 1656 ne relate rien d'anormal à
son sujet.

Selon l'antique usage, le cimetière entourait l'église ;
il était clos et la clôture bien entretenue.

Le luminaire ne possédait plus de rente. On le maintenait cependant ; deux luminiers en prenaient soin.

Un dallage couvrait le sol au chœur, mais tout se bor-
nait là. Nous savons, par le témoignage de Camille de
Neuville, qu'à part la chapelle Salignon, le reste de
l'église en manquait absolument (1).

_____

(1) *Arch. du Rhône*. Visites de 1614 et de 1656.

Derrière l'église, on remarquait une chapelle indépendante; elle s'appuyait au chevet.

On y invoquait Saint-Antoine; mais elle n'était plus fondée d'aucun service. Personne n'en réclamait le patronage.

C'était la chapelle des blanchisseurs (1).

Elle tombait en ruine. Là porte en était tenue constamment fermée (2).

Elle éprouva le sort de l'église.

La fondation d'une chapelle au bourg de Saint-Trivier, créa, vis-à-vis de l'église paroissiale, une concurrence qui devait lui devenir fatale un jour.

Il était naturel que la population urbaine trouvât plus de commodité à l'église Notre-Dame; elle était située à l'intérieur des murs, elle offrait surtout l'irrésistible attrait de la nouveauté. Aussi, les préférences de la ville se prononçaient-elles, de jour en jour, en sa faveur, tandis que, par tradition autant que par antipathie pour la classe bourgeoise, les forains réservaient les leurs à la vieille église de la paroisse.

L'église Saint-Trivier ne déclinait pas moins visiblement de son rang. En 1656, elle en conservait cependant toujours les caractères essentiels. On y disait la messe et on y faisait le prône, les dimanches et les jours de fêtes. En ce qui regardait les baptêmes, les mariages et les sépultures, on se conformait au désir des intéressés. Ils étaient célébrés en l'une ou l'autre église, mais on ne tenait plus de registres à Saint-Trivier.

---

(1) *Arch. de l'Ain.* Stat. de 1669.

(2) *Visites de 1656.* M. Guigue a, par mégarde, reporté cette chapelle au chevet de Notre-Dame. V. *Topogr.* V° Saint-Trivier.

Le dépouillement des inscriptions baptismales, de
1609 à 1656, m'a révélé une décroissance rapide, dans
le nombre des demandes, au désavantage de cette dernière (1).

En 1660, l'effondrement du toit en précipita la désaffectation. Le curé, Mre Philibert Gauthier, en parfait
accord de sentiment avec ses paroissiens du bourg, tira
un excellent parti de cet accident. L'église fut frappée
d'interdit.

Quatre ans auparavant, Camille de Neuville avait reconnu que « tout l'édifice estoit assez grand et en assez
bon estat. » Devant cet effondremeut inattendu, il est
bien permis d'en suspecter la spontanéité, et de se demander quel maléfice on avait mis en jeu pour arriver à
ce résultat et s'en faire un prétexte.

Le titre paroissial fut transféré à Notre-Dame de Consolation.

Les choses n'allèrent cependant pas sans difficultés.
La population foraine manifesta d'abord son mécconten-
tement par des murmures et, finalement, déféra la question à l'archevêché.

La plainte était motivée.

Il n'y avait pas, disait-on, place pour les forains à
Notre-Dame, les bourgeois occupant tout l'espace libre,
avec « leurs bans à queue, » qu'ils s'étaient empressé d'y
transporter.

Avant de prononcer l'interdit, on n'avait pas daigné
entendre leurs raisons, et cela, sous de spécieux prétextes, qu'ils avaient toujours répudiés.

Enfin, Notre-Dame appartenait au marquis d'Entrai-

(1) *Arch. de la Fabrique. Reg. paroiss.*

gues, et il n'avait pas même été consulté sur la convenance du transfert.

Le marquis appuya l'instance.

L'archevêque dépêcha sur les lieux son vicaire général, Mᵣᵉ Moranges.

Celui-ci manda les parties, écouta les raisons développées de part et d'autre, et rendit une ordonnance à la satisfaction générale des intéressés.

Les bancs devaient être enlevés, sauf le banc de Claude de Bona, procureur d'office.

Les bourgeois avaient le choix, entre la restauration de l'ancienne église, dans un délai déterminé, ou l'addition à l'église Notre-Dame d'une chapelle assez spacieuse, pour ôter tout sujet de plainte à la population rurale. Dans cette seconde alternative, le marquis demeurerait déchargé de l'entretien de l'église et du clocher.

Cette liberté du choix était comme une porte laissée entr'ouverte à la préférence des bourgeois.

Une chapelle fut édifiée, en toute hâte, au côté sud de Notre-Dame. A ce prix, ils acquirent l'inestimable avantage de pouvoir disposer, à leur gré, de l'ancienne église de Saint-Trivier (1).

Elle fut démolie vers 1700, et le cimetière s'étendit sur le champ, laissé libre par sa disparition.

La Statistique de 1669 dédouble la paroisse, et considère l'église-mère, maintenant décapitée de son titre, comme paroisse annexe de Saint-Trivier.

C'était la paroisse de Grandval, composée des hameaux du Molard, Doury, la Lozière, Curtilière, les

---

(1) *Arch. de la Fabrique.* Notice anonyme.

Brosses, les Rafins, Souville et trente-une granges ou métairies, éparse dans la campagne (1).

L'autorité ecclésiastique ne reconnut pas ce sectionnement, s'il a toutefois existé. Les pièces officielles en témoignent (2). C'était, de la part des rédacteurs de ce document, une interprétation erronée de la situation religieuse de la paroisse, ou, ce qui est encore plus vraisemblable, une rédaction effectuée sur des données fausses (3).

Il traduit, néanmoins, il faut le reconnaître, d'une manière fort exacte, l'état d'esprit qui régnait alors, à ce sujet, dans la population de Saint-Trivier.

Je donne ici la liste des prêtres, qui ont possédé le bénéfice.

---

(1) *Arch. de l'Ain*. Statistique.

(2) Alm. du diocèse de Lyon au xviie siècle.

(3) Pour comprendre avantageusement cette pièce, il faut en distinguer le but. Elle était destinée à servir d'assiette à de nouveaux impôts. On avait donc intérêt à multiplier les divisions géographiques, à majorer les revenus des communes, des seigneurs, des églises et des couvents, pour en élargir la base et augmenter la matière imposable.

Nous avons eu, en 1901, dans l'état des biens des Congrégations dressé en vue de la loi contre les Associations, un exemple, absolument odieux, de la malhonnêteté administrative en matière de statistique. « N'oubliez pas que vous faites une œuvre politique » (c'est-à-dire de haine), disait la circulaire ministérielle ordonnant d'y procéder. Et l'on a chiffré à l'avenant, trouvant 1200 millions où une enquête précédente en avait trouvé 500.

Qu'on me pardonne la comparaison, car elle est loin de moi la pensée de pousser l'injure à l'égard de l'ancien régime, jusqu'à lui prêter l'improbité des moyens, couramment mis en œuvre, par nos gouvernements modernes.

Elle est à compléter.

En 1318, le titulaire se nommait Guillaume Salignon..
Nous retrouvons, au compte du receveur, Antoine de
Saint-Damien, une lettre de Pierre de Savoie, archevêque de Lyon, en date du 31 janvier, qui pacifia le différend, survenu entre le curé Salignon et Aimon de Savoie,
à propos des dîmes dues à l'église de Saint-Trivier.

Aimon jouissait de la châtellenie, à titre d'apanage,
car il ne devint comte de Savoie qu'en 1329.

C'est à Guillaume Salignon ou à l'un des siens, que
nous attribuons la fondation de la chapelle de ce nom.

Barthélemy de Bochallet est curé, vers 1380.

Il tenait aussi la chapellenie du château (2).

En 1404, le titre avait passé aux mains du Claude
Bourgeois.

A la qualité de curé de Saint-Trivier, Claude Bourgeois ajoutait celle d'aumônier. Il en faisait l'office auprès
de Mlles Bonne et Jeanne de Savoie, sœurs du comte régnant, Amédée VIII.

Il reçut, en 1399, treize florins de traitement, sur la
recette de Saint-Trivier, et, en 1404, par lettres du 1er
avril, en date de Chambéry, le comte, reconnaissant des
services rendus aux princesses, lui remit, son ministère
durant, la jouissance des dîmes de la paroisse (3).

Jean Bourgeois occupait le bénéfice en 1421.

Il avait, pour vicaire, Etienne Bourgeois. C'est ce
dernier qui, avec le titre de chapelain, acquittait les
messes fondées au château (4).

(1) *Arch. de la Côte-d'Or*. Inv. B. 9947.
(2) *Arch. de la Côte-d'Or*. Inv. B. 9968.
(3) *Ibid.* B. 9977, 9979 et 9981.
(4, *Ibid.* B. 9998.

En 1614, la cure était possédée par Prosper Darme.

Il était, en même temps, doyen du chapitre de Pont-de-Vaux et ne résidait pas.

Aux doléances, qui lui furent présentées à ce propos, l'archevêque fit droit, en autorisant la ville à se pourvoir d'un prêtre, pour dire la messe à Notre-Dame. Le traitement devait être prélevé sur les revenus non aliénés de de la Société des prêtres, attachés à l'église, qui alors était sans sociétaires.

Les vêpres, les catéchismes, l'*angelus* n'avaient pas, aux débuts du XVIIe siècle, la régularité à laquelle ils ont été soumis depuis. L'archevêque prescrivit de chanter les vêpres, les dimanches et les jours de fête, d'enseigner, les dits jours, la doctrine chrétienne aux enfants, et de sonner l'*Ave Maria* le matin, à midi et le soir.

Les vicaires étaient Jean Calabrier et Anthelme Goyon (1).

En 1640, Claude Turquet détenait le bénéfice.

Jean Degeisse remplaça, en décembre 1641, le vicaire Antoine Goiffon. Celui-ci exerçait déjà ses fonctions en 1617.

De 1644 à 1650, elles sont remplies par Claude Catin.

Les registres paroissiaux ne sont signés que d'un seul vicaire, depuis environ 1615 (2).

C'est Mre Philibert Gauthier qui reçut l'archevêque, Camille de Neuville, lorsqu'en 1656, il vint en tournée pastorale à Saint-Trivier.

Le procès verbal rend hommage à ses qualités.

(1) *Arch. du Rhône.* Visites de 1614.
(2) *Arch. de la Fabrique.* Registre paroissiaux.

« Les paroissiens sont très contents de sa conduite, et s'en louent beaucoup (1). »

Barthélemy Clerc lui était adjoint comme vicaire.

Il était prescrit, par l'ancien droit ecclésiastique de France, que tout curé de ville murée fut pourvu de ses grades théologiques (2). Or, Mre Gauthier qui, par la substitution de Notre-Dame à l'église-mère de Saint-Trivier, était devenu curé d'église *intra muros*, ne les possédait pas.

La question fut soulevée par un prêtre gradué de Paris, qui avait jeté son dévolu sur Saint-Trivier. Mre Gauthier répliqua qu'il ne tenait l'église urbaine qu'à titre de précaire, en vertu d'une translation conditionnelle et provisoire, à laquelle devait, incessamment, mettre fin la réparation de l'église abandonnée.

La réponse parut concluante (3).

Elle l'était, en effet, mais sans garantie pour l'avenir. Lorsque la translation du titre paroissial devint définitive, les grades devinrent par le fait exigibles.

Philibert Gauthier eut pour successeur Mre Costel.

Le nouveau titulaire était natif d'Aurillac, en Auvergne, docteur en Sorbonne, chanoine-chantre de l'église Saint-Paul de Lyon. Il avait été précepteur de Mre *Manis*, official et vicaire général de Dijon.

C'était un prêtre de beaucoup de savoir, ami de l'étude et de la retraite.

(1) *Arch. du Rhône*. Visites de 1656.

(2) *Ex. Pragm. Sanct.* 1438. *Concord. de Coll.* 1515 et *Déclar. de Henri II* du 9 mars 1515. — Cf. L. de Héricourt. *Les Lois ecclés. de France*. F. II, 14 et 15.

(3) *Arch. de la Fabrique. Notice anonyme.* Les renseignements qui suivent sont empruntés au même document.

Il ne fit guère qu'un séjour de douze années, à Saint-Trivier.

Il résigna en faveur de Mre Noitelon.

De taille élevée, d'un extérieur imposant et plein de dignité, Mre Noitelon possédait, encore, des qualités d'intelligence et de cœur vraiment remarquables.

« Il aimoit les lettres et les livres ; il avoit une bibliothèque choisie de bons livres, dont il faisoit usage. »

Sur sa requête, la ville fut contrainte, par voie de justice, de fournir un presbytère au clergé paroissial, ou de lui allouer, annuellement, 75 livres pour indemnité de logement.

Un moine qui semait le trouble et causait du scandale à Saint-Trivier, fut pareillement condamné, sur son instance. Il dut payer une amende, et faire une réparation publique à la porte de l'église.

Mre Noitelon était en procès avec le curé de Courtes, son codécimateur, au sujet d'une grange commune, où se battaient les dîmes, lorsqu'il mourut, le vendredi saint 1705, à Dijon, où il se trouvait pour les besoins de sa cause.

Il avait vu le jour à Lyon. Son père tenait, place Saint-Pierre, le logis (hôtel) : « A Notre-Dame du Plastre. »

C'est de Lyon encore qu'était originaire Pierre Deville, son successeur, fils d'un libraire-imprimeur de la rue Mercière.

Il se rendit acquéreur, à ses frais, d'une maison curiale.

Son ministère à Saint-Trivier dura dix-huit ans.

Il ne l'abandonna que pour se fixer à Bourg, lorsqu'il

fut pourvu de l'office de conseiller-clerc au Présidial, et d'un canonicat à la collégiale de Notre-Dame.

Claude-François Richardot obtint le bénéfice, par la résignation de son prédécesseur.

Sa famille habitait Pont-de-Vaux ; lui-même y était né. Il reçut de l'archevêché le titre d'archiprêtre de Bâgé.

Tant qu'il remplit les fonctions curiales à Saint-Trivier, l'hôpital et les pauvres furent l'objet de ses continuelles préoccupations. Nous avons déjà dit qu'à sa mort, le 10 janvier 1748, l'hospice recueillit sa succession.

Jacques-Philippe Bergia résidait à Paris, lorsqu'il fut appelé à la cure de Saint-Trivier. Aussitôt après sa prise de possession, il fut honoré, comme l'avait été son prédécesseur, de la dignité d'archiprêtre.

Son décès est du 15 avril 1754.

Au bénéfice et à l'archiprêtré, que sa mort laissait sans titulaire, succéda Claude-Barthélemy Camyer.

C'était un prêtre du plus grand mérite. Il desservit la paroisse, pendant vingt-neuf ans.

Il mourut le 25 octobre 1783.

Pierre Durand, son successeur, n'occupa la cure, que pendant deux ans.

« Etait un homme instruit, avait du monde. Il n'a fait ni bien, ni mal, n'ayant pas vécu assez longtemps pour être connu. »

Le bénéfice devint vacant, le 17 avril 1785 ; il y fut pourvu, le 11, par la nomination de Mre Guédan.

Mre Guédan était encore curé de Saint-Trivier en 1789.

Tous les titulaires du bénéfice depuis Philibert Gauthier avaient pris leurs grades en Sorbonne, licence ou licence et doctorat.

La cure de Saint-Trivier était considérée comme un des bénéfices les mieux rentés de la Bresse.

Il comportait la jouissance d'une maison curiale, de plusieurs dîmes, de trois rentes et de plusieurs propriétés.

Nous parlerons du presbytère dans un instant.

Le bénéfice percevait trois sortes de dîmes :

1º La moitié des dîmes de Courtes.

La levée et le battage se faisaient en commun, entre les deux curés, et ils se partageaient équitablement le grain.

Ce fait, à notre avis, tend à démontrer, une fois de plus, que la paroisse de Saint-Trivier est bien en réalité un démembrement de la paroisse de Courtes.

Le curé n'avait aucun droit sur les dîmes de Saint-Trivier.

Cette part des dîmes de Courtes s'amodiait, année moyenne, cinquante moitiers de froment.

Les rentrées se montraient quelquefois difficiles. Ainsi, en 1425, le nommé Jean Arthaud dut composer à 18 deniers, pour avoir retenu la dîme, due au curé de Saint-Trivier et au curé de Courtes (1).

2º Une autre moitié de dîme, indivise avec les bourgeois de Saint-Trivier.

On l'appelait la dîme de l'Aumône, parce que la part de la ville était distribuée en aumônes par les Syndics, le Jeudi Saint.

Elle se prenait, partie à Servignat, partie à Varennes et à Vescours,

_____

(1) *Arch. de la Côte-d'Or*. Invent. B. 10002.

Le curé en retirait trente moitiers de ferme, en 1614, et environ cinquante livres, en 1669.

3° La totalité de la dîme, dite de Montmortal. Elle rendait, annuellement, vingt moitiers tant froment que seigle.

La Statistique de l'Intendant Bouchu l'évaluait à 135 livres.

La dîmerie de Montmortal confinait à celle du Tremblay.

Les rentes consistaient :

1.° En cinquante coupes de blé perçues, soit à Cormoz, au village du Vernay, soit en la paroisse de Saint-Trivier.

A Cormoz, la rente portait laods et vends, non à Saint-Trivier.

2° Une coupe de blé par couple de bœufs, dans chaque maison tenant bœufs, hors des franchises, et deux liards par feu à l'intérieur des murs.

3° Une double prébende, en qualité de prêtre sociétaire de Notre-Dame de Consolation. Le curé était sociétaire de droit.

Les biens-fonds étaient :

Le pré de la cure, situé près de l'ancien presbytère.

Le pré de la Donna, voisin du précédent.

Le pré Gouillon.

Deux parcelles de pré, au hameau de Souville.

Plusieurs tènements de terre, de la contenance totale de sept moitiers de semaille, ou du labourage de quatre bœufs.

Et quelques rippes au territoire de Saint-Trivier.

En 1614, le pré de la cure rendait douze francs, et le pré de la Donna soixante-quinze livres de fermage.

Le rendement des prés était nul. Le curé en ignorait même la contenance. Ils étaient tenus en usufruit par Pierre Chevalier, de Saint-Trivier, qui prétendait avoir droit aux fruits, sa vie durant.

Quant aux terrains marécageux, appelés rippes, laissés en friche depuis longtemps, on n'en connaissait ni le revenu probable, ni l'étendue.

Les revenus globaux de la cure de Saint-Trivier étaient estimés, approximativement, à 1200 livres (1).

Les dîmes de Saint-Trivier appartenaient au comte.

On en rencontre des mentions fréquentes, chez les receveurs de la châtellenie, tant au chapitre des recettes qu'aux chapitres des dépenses.

Guillaume Cadout porte en recette, en 1279, six moitiers de froment, pour les dîmes de Saint-Trivier.

En 1357, la récolte des blés fut mauvaise ; la dîme ne rapporta que trente moitiers de seigle.

Laurent de Gorrevod a couché tout au long, dans son compte de 1523, les lettres de Charles II de Savoie, datées du 17 novembre à Chambéry, l'informant qu'il avait dégrevé de la dîme les habitants de Saint-Trivier. En conséquence, il faisait inhibition et défense aux officiers de la seigneurie, de les poursuivre en recouvrement de la dite redevance.

Et cependant, à sept ans de là, en 1531, je trouve, au compte du vice-châtelain, Péronnet Guillet, la mention de trente moitiers de froment, pour le fermage de la grande dîme de Saint-Trivier.

Comment l'exemption du duc de Savoie et les injonc-

_____

(1) *Arch. du Rhône*. Visites de 1614 et de 1656. — *Arch de l'Ain*. Statistique.

tions qui l'accompagnaient étaient-elles si promptement tombées dans l'oubli?

En 1484, la dîme de vin rapporta quatre ânées (1).

La vigne se cultivait encore, à Saint-Trivier, à la fin du xve siècle.

Les dîmes seigneuriales valaient 3oo livres, en 1669,

Enfin, il était encore levé deux autres dîmes dans la paroisse, l'une au Tremblay, qui appartenait aux Maréchal du Tremblay, l'autre, à la Surange, affectée au service de la chapelle de Notre-Dame de Pitié, en l'église de la ville.

Les dîmes se levaient, froment et seigle, de 10 la 11e, et sur les petits blés, de 15 la 16e.

Au xviie siècle, le rendement total des dîmes de Saint-Trivier était évalué, annuellement, à environ 522 livres (2).

Le presbytère est l'annexe obligée de l'église.

La plus ancienne maison curiale de Saint-Trivier était située à proximité de l'église, c'est-à-dire hors des murs. La Notice anonyme dit qu'elle lui faisait vis-à-vis.

Un jardin y était attenant.

Le fils Trumeau, qui avait volé les avelines du jardin de la cure, en 1402, fut condamné à trois quarts de franc d'amende (3).

Le déplacement du centre paroissial entraîna l'abandon du vieux presbytère. Le curé, Philibert Gauthier, qui était de Saint-Trivier, se fixa en ville, où il possé-

---

(1) *Arch. de la Côte-d'Or.* Invent. B. 9940, 9955, 10061, 10077 et 10079.

(2) *Arch. de l'Ain.* Statist. de 1669.

(3) *Arch. de la Côte-d'Or.* Invent. B. 9979.

dait une maison, et la cure fut louée à de « pauvres gens, » qui en laissèrent achever la ruine.

Soit vétusté, soit manque de réparation, elle ne tarda pas à s'effondrer à son tour.

Nous avons rappelé, en son lieu, la contrainte judiciairement imposée aux habitants, à la diligence de Mre Noitelon, de fournir au curé un presbytère, ou une indemnité de logement de 75 livres par an.

Pierre Deville, successeur de Mre Noitelon, acquit de ses deniers une maison curiale. Il la fit reconstruire et la céda, par contrat, à la ville de Saint-Trivier. Il était convenu que l'usufruit en serait réservé, d'une manière exclusive, à ses successeurs curés, et que, sous aucun prétexte, la ville ne pourrait en opérer la désaffectation.

Cet immeuble se présentait dans les meilleures conditions, situation de choix, distribution bien ordonnée, jardin et vastes dépendances. Il ne lui manquait, pour en prononcer la parfaite conformité à sa destination, que l'avantage, presqu'indispensable à un presbytère, le voisinage immédiat de l'église (2).

Le presbytère de Saint-Trivier fut rebâti à la veille de la Révolution.

L'adjudication en fut donnée le 14 juin 1786 et délivrée à Eléonor Crozet entrepreneur à Coligny.

La construction devait être achevée à la fin d'octobre 1787, mais la réception des travaux n'eut lieu que dans le courant de l'année suivante.

La dépense monta à 12,432 livres (1).

---

(2) *Arch. de la Fabrique.* Notice anonyme.

(1) *Arch. de l'Ain.* C. 194.

C'est la cure actuelle.

Spacieuse, commode, point vulgaire d'aspect, elle mérite assurément d'être considérée, de nos jours encore, comme une des plus belles cures du département.

Si la fête du Saint-Sacrement fut instituée au XIIIe siècle, les confréries de ce nom sont plus récentes.

Elles prirent naissances à Rome, vers le milieu du XVIe, dans l'église de la Minerve et reçurent l'approbation officielle des mains de Paul III, en 1539.

Il existait pourtant, à Saint-Trivier, une confrérie beaucoup plus ancienne, sous le nom de confrérie du Corps-Dieu.

Nous en suivons les traces jusqu'en 1308, mais sa fondation est certainement antérieure.

Girard Renaud qui, vers le temps précité, avait volé, malgré le recteur ou prieur de l'Association, les viandes appartenant à ladite confrérie, fut condamnée par le châtelain à une composition de 60 sols.

Une condamnation à trois quarts de franc, pour un motif analogue, frappa le fils Michel, en 1370.

Puis, en 1398, Pierre Longeat encourut une amende d'un florin, pour vol de pains, qui appartenaient à la même Société (2).

C'étaient, sans doute, les pains et les viandes que distribuait la confrérie.

Quand, comment, dans quel but avaient lieu ces distributions?

Une étude historique de longue haleine sur [Saint-Trivier aurait à mettre au clair ces différentes questions.

---

(2) *Arch. de la Côte-d'Or.* Invent. B. 9946, 9962 et 9976.

L'exiguité du cadre, dans lequel nous limitons ces notes, ne nous permet pas de l'entreprendre ici.

Dès avant le déplacement de la paroisse, le siège de la confrérie du Saint-Sacrement avait été transféré à Notre-Dame de Consolation. La visite de 1656 fait observer qu'il n'existait pas de confrérie dans l'église-mère de Saint-Trivier.

Elle s'y est toujours maintenue depuis.

§ 9

Notre-Dame de Consolation.

L'église de Notre-Dame de Consolation était située dans l'enceinte.

Elle longeait le côté sur des murailles, dont une bande de terrain la séparait, entre la tour sud-est et la porte de Bourg.

Nous la retrouvons encore aujourd'hui, sans grand changement, dans l'architecture, mais bien dépouillée de son ancienne ornementation.

C'est l'église de la paroisse.

Elle mesure 37 mètres de longueur et 18 mètres de largeur totale.

Deux basses nefs flanquaient la nef principale.

Le chœur offre la forme d'un carré long.

La partie antérieure, exactement carrée, et accostée de deux chapelles, est surmontée du clocher.

La partie postérieure, de forme identique, mais moins massive d'allure, contient l'autel.

L'abside est ronde et peu développée.

La sacristie et la chapelle du Rosaire constituent deux

apophyses, au chevet et au flanc méridional du monument (1).

La façade, les basses nefs et les chapelles sont postérieures à sa construction.

Par ses caractères architectoniques, qui rappellent la troisième période du style ogival, la façade appartient à la fin du xve siècle ; les collatéraux sont plus modernes.

Ainsi ramenée à son plan primitif, l'église de Saint-Trivier présente, dans ses traits essentiels, une frappante analogie avec les églises de l'époque romano-ogivale.

Elle serait donc, à mon sentiment, plus ancienne que ne veut l'admettre la Notice anonyme. Par contre, elle est beaucoup plus récente que ne le déclare la Statistique de 1808.

C'est à Marie de Gondy, première comtesse de Saint-Trivier que la Notice en attribue l'origine.

Nous avons dit que cette princesse fit son séjour ordinaire de Saint-Trivier, où elle se composa une cour de quelques gentilshommes, et de plusieurs officiers.

La ville étant dépourvue d'édifice religieux, à l'intérieur des murs, elle aurait fait « bâtir, dans le fond de la basse ville, une église toute en briques, bien voûtée partout, avec un clocher à flèche et des cloches. »

Ornementation, ameublement, dotations, chapellenies, tout serait de sa fondation, et le culte de la Vierge, ayant toujours été en grand honneur dans la maison de Savoie, elle aurait dédié, en 1575, la nouvelle église sous le nom de Notre-Dame de Consolation.

---

(1) La saillie externe de la chapelle du Rosaire est devenue moins apparente, depuis l'adjonction du collatéral sud, qui en est comme le prolongement naturel.

Bien différente est la version du document officiel, que nous avons nommé.

Il rapporte, ce qui est exact, que la ville tire son nom d'un saint personnage, nommé Trivier. Où il cesse de l'être, c'est lorsqu'il ajoute qu'en l'an « 517 ledit personnage fit bâtir l'église, qui est à présent dans la ville, car auparavant la paroisse était à Saint-Hilaire de Courtes. » (1).

En 517, s'il était né, Saint Trivier ne connaissait pas la contrée. L'évènement, qui le fixa en Dombes, ne se peut reporter au-delà de 540. Au reste, il ne pratiquait pas des *courses évangéliques dans la Bresse*, il vécut en cénobite sur les bords du Moignans.

D'autre part, la construction de Notre-Dame est fort antérieure à 1575.

Le châtelain, Jacques d'Heyriat, encaissa, en 1477, six livres de laods et vends, sur une terre payée quarante florins par les chapelains de Notre-Dame de Consolation. Et c'est, à coup sûr, au même édifice qu'il faut appliquer la mention relative à l'abergeage d'une portion de chemin, en 1452, à Jean Geoffroy, bourgeois de Saint-Trivier ; il est dit que la portion abergée, joignait sa maison, dans le bourg neuf de Saint-Trivier, près de la nouvelle chapelle (2).

Mais nous la présumons encore plus ancienne. Elle remonte, probablement, au XIIIᵉ siècle, époque où florissait toujours, en Bresse, l'art romano-byzantin.

Aux yeux des princes de Savoie, qui en furent les véritables fondateurs, elle était destinée à prévenir l'interruption du culte, s'il arrivait que la ville fut bloquée,

(1) *Statistique de Bossi*, p. 95.
(2) *Arch. de la Côte-d'Or*, Invent. B, 10099 et 10057.

Le service en était assuré par une Société de prêtres, originaires de Saint-Trivier, et quelquefois appelés chapelains.

Au XVIᵉ siècle, on isola le chœur de la nef par un jubé.

La construction était en pierre et voûtée.

Elle existait encore au milieu du XVIIᵉ siècle.

L'église de Notre-Dame renfermait un plus grand nombre de chapelles, que l'église-mère de Saint-Trivier.

C'était, en premier lieu, la chapelle dite Mortau, sous le vocable de Sainte-Catherine et de Saint-Antoine.

Elle occupait le côté droit du chœur.

En 1614, Claudine Palluat, veuve d'Antoine du Bois, jouissait du droit de collation.

L'autel était entretenu avec soin et convenablement meublé. On y remarquait une nappe, deux chandeliers de cuivre, une chasuble et une aube, pour la célébration de la messe.

Mais on n'y célébrait pas. La chapelle était sans fondation, et quoiqu'elle possédât onze florins de rente, le chapelain, Pierre Chevalier, curé de Courtes, ne les touchait pas, n'ayant aucun titre contre les assignataires, les nommés Bérod et Bernier, ses paroissiens.

Dans la suite, la chapelle passa aux Favre. Albert Favre en tenait le patronage, en 1656. Il en avait pourvu Messire Gaspard Ganan, et y faisait dire annuellement six messes.

Elle avait alors douze livres de pension, portées à quatorze, quelques années après, et était dédiée sous le titre des Trois-Rois.

En descendant dans la nef, on rencontrait la chapelle des Lasquet ou de Saint-Jean.

Les Mareschal dits Fabricy, seigneurs du Tremblay, en étaient les fondateurs.

Mgr de Marquemont la trouva duement pavée, bien couverte, pourvue d'un bon vitrage, de nappes et d'ornements. Quant aux fondations, on en avait perdu la mémoire, aussi bien que des rentes, dont elle avait pu être dotée.

Le collateur, en 1614, se nommait Antoine Lasquet. Au temps de Camille de Neuville, la chapelle était abandonnée.

Les Cavet, de Saint-Trivier, avaient érigé une chapelle à Saint-Sébastien. Des Cavet, elle s'était transmise par voie de donation aux Pertuiset.

Nous la trouvons aux mains de François Pertuiset, en 1614.

Il l'entretenait de linges, d'ornements, y nommait même un recteur; c'était un membre de la famille, Claude Pertuiset, curé de Curciat; mais, s'il existait des revenus et des charges, nul n'en avait plus connaissance.

La situation n'avait pas changé, un demi siècle plus tard.

En 1669, on y honorait l'Annonciation de Notre-Dame.

Venait enfin, toujours du côté de l'épître, la chapelle dite de Fallavraigue, avec Claude Despuis pour nominateur (1614).

Les du Bois l'acquirent peu après, puis ils la délaissèrent.

Quoiqu'elle n'eut pas de chapelain en titre, sans doute parce qu'on en ignorait les rentes, Claude Despuis y faisait fréquemment célébrer la messe.

Elle avait Sainte-Anne pour patronne.

Si nous passons au côté gauche de l'église, nous trouvons près du chœur, faisant pendant à celle des Trois Rois, la chapelle de Saint-Jean-Baptiste de Notre-Dame.

Le sous-titre de Notre-Dame ne tarda pas à tomber.

Elle appartenait aux Foissiaz.

Lors de la visite de 1614, elle avait Claude Foissiaz pour collateur, et Pierre Blanc pour chapelain.

Ce dernier ne savait pas « quel revenu, ni quel service il y avait pour estre prébendier. »

Elle était décemment tenue.

J'ignore le titre de la première chapelle de la nef.

Son mobilier se composait de nappes, chandeliers, chasubles et aubes.

Elle possédait huit florins de rente, affectés au service d'une messe hebdomadaire.

Jean Calabrier en faisait la desserte, en 1614, et les du Bois en réclamaient la propriété.

Notre-Dame de Pitié était de la fondation des Augerat.

Les Clerc leur succédèrent.

Il fut déclaré, à Mgr de Marquemont, que la présentation en appartenait à François Clerc.

Il en avait pourvu Jean Calabrier et, après lui, François Gauthier, curé de Servignat.

Le curé de Saint-Trivier, Philibert Gauthier, en tenait le Rectorat, en 1669.

La visite de 1614 lui attribue neuf livres de rente, celle de 1656, quarante-cinq, et la statistique de 1669, trente.

La rente était assignée, partie sur les dîmes de la Surange, et partie sur les fonds du collateur.

Ce dernier déniait sa part, douze livres dix-sept sols. Il y avait procès à Bourg, en 1656, à ce sujet, entre le prébendier et lui.

La chapelle était fondée de quatre messes par mois.

Placées sous le grand Christ, qui ornait l'église à l'entrée du chœur, les chapelles des jubés trouvaient dans la croix, un titre plein d'à propos.

L'autel de la Sainte-Croix de Notre-Dame de Consolation, n'avait en propre ni revenus, ni charges, ni aucun ameublement, aux premières années du xviie siècle. Les Debons s'en attribuait la propriété et d'aucuns l'attribuaient à la ville.

Cinquante ans plus tard, Claude de Bona, procureur d'office, la dota d'une pension de six livres, à la charge d'une grand'messe et des vêpres, aux fêtes de l'Invention et de l'Exaltation de la Sainte-Croix.

Le curé faisait lui-même le service.

Il ne semble pas que la chapelle de Saint-Claude ait été l'objet d'une dévotion spéciale, lorsque Mgr de Marquemont vint à Saint-Trivier.

Il reconnut, seulement, qu'elle était dépourvue de patronage et de chapelain et que, pour unique revenu, il lui était dû quinze sols de Savoie, au profit des prêtres de la Familiarité.

A l'époque de Mgr de Neuville, il y avait concours à son autel.

Selon toute probabilité, la dévotion prit naissance, à la suite de la fondation de quatre grand'messes de Requiem, par Emmanuel La Roche.

Ces messes étaient dites par le titulaire de la cure, auquel le fondateur remettait, annuellement, six livres de pension.

L'autel de Saint-Claude occupait, sous le jubé, l'emplacement sis à droite de la porte du chœur.

La visite de 1656 fait remarquer la présence d'un autel sans fondation, ni titre, adossé au pilier nord-est du chœur, entre la chapelle de Saint-Jean-Baptiste et le maître-autel.

Il n'existait pas en 1614.

L'archevêque le trouva garni d'un parement, d'une nappe, d'un tapis et de deux vases de fleurs.

Les Du Bois en revendiquaient le droit de patronage, et se faisait inhumer devant l'autel.

Les chapelles conféraient des prérogatives et quelques titres honorifiques. Les familles, qui les possédaient, y avaient le plus souvent droit de banc et de sépulture.

De ces dix chapelles, il en subsiste deux :

La chapelle du côté droit du chœur, actuellement du titre de Sainte-Agathe, et celle du côté gauche dédiée à Saint-Joseph.

Les chapelles nommées de nos jours de la Vierge et de Saint-Trivier n'étaient pas encore érigées.

De même qu'à l'église Saint-Trivier, au commencement du xviie siècle, on conservait les Saintes-Espèces, à Notre-Dame de Consolation, dans un *Conditorium* derrière le maître-autel.

L'autel n'avait pas de tabernacle.

Nous les trouvons muni, en 1656. C'était un édicule en bois doré, et orné, sur ses faces, de sujets religieux peints à l'huile.

On ne plaçait la croix et les chandeliers sur l'autel, que pour la célébration de la messe.

La coutume s'est avantageusement modifiée depuis.

En objets mobiliers, loin d'avoir du superflu, en 1614,

l'église de Notre-Dame ne possédait pas même le strict nécessaire.

Nous enregistrons un beau calice d'argent, un ciboire de cuivre, deux chandeliers de bronze, une croix d'autel en argent, vingt-une nappes de toute qualité, quelques ornements, un missel hors de service, un parement d'autel et quatre carreaux en cuir doré.

C'est, en effet, vers ce temps, que les cuirs et, spécialement, les cuirs de Cordoue prennent place, dans le mobilier de luxe français.

L'usage en remonte à Louis XIII.

En 1656, au contraire, Notre-Dame était abondamment pourvue d'ornements. Elle avait acquis des chasubles, chapes, linges de toute sorte, trois calices et un ostensoir d'argent, six chandeliers de cuivre, des tableaux, etc.

On conservait ces divers effets, au fond de l'abside, dans une pièce, séparée de l'église par une cloison en menuiserie, qui servait de sacristie.

Aucune organisation du luminaire n'avait encore été essayée. Il n'y avait par conséquent pas de luminiers.

On se suffisait avec le produit des quêtes.

A l'égard de la lampe, le curé fournissait l'huile et en prenait soin.

La visite de 1656 reproche à l'église de Notre-Dame son obscurité. Elle manque, dit-elle, des ouvertures nécessaires.

C'est toujours, à l'heure présente, son grand défaut.

Le clocher contenait trois cloches, et le cimetière, situé autour de l'église, était entièrement clos de murailles (1).

(1) *Arch. du Rhône*. Visites de 1614 et de 1656. — *Arch. de l'Ain*. Satistique de 1669.

Dès la fondation de l'église de Notre-Dame, la population du bourg de Saint-Trivier ressentit, vis-à-vis d'elle, une inclination fort compréhensible. Sa présence, dans l'enceinte de la ville, s'harmonisait au mieux avec ses sentiments.

Cette disposition s'accusa davantage, à la fin du xvıᵉ siècle, par suite de la vacance de la Société, et on ne visa plus qu'à substituer Notre-Dame à l'église Saint-Trivier, dans la possession du titre paroissial.

Il y eût prône le dimanche ; on y érigea des fonts baptismaux ; on y créa un cimetière, et nous savons que les cérémonies religieuses, baptêmes, mariages, inhumations étaient célébrées à la paroisse ou à Notre-Dame, selon que les paroissiens en témoignaient le désir.

Comme bien on pense, la ville se prononçait, invariablement, en faveur de Notre-Dame, et la campagne pour Saint-Trivier.

Nous apprenons, par les registres paroissiaux, qu'au début du xvııᵉ siècle, on administrait le baptême à l'église de la paroisse et, par exception, à Notre-Dame. Dès 1617, la proposition est inverse. Le baptême est généralement administré à Notre-Dame, sauf pour les habitants des villages, Grandval en particulier, qui conservent les anciennes traditions.

Un symptôme, très significatif, donne la mesure du progrès accompli, dans le sentiment public à cet égard, en l'espace d'un demi siècle.

Le 26 septembre 1614, Mgr de Marquemont fut reçu à l'église Saint-Trivier, et le 5 septembre 1656, Mgr Camille de Neuville l'était à Notre-Dame.

A cette dernière revenaient peu à peu l'honneur et la primauté.

Dans ces conditions, l'amputation de son titre ne se réduisait plus, pour l'église paroissiale, qu'à une simple formalité.

Nous avons dit que la paroisse fut, définitivement, transférée à Notre-Dame, en 1660.

Après l'ordonnance du vicaire général, qui apaisa les difficultés relatives à ce changement, les habitants du bourg de Saint-Trivier firent bâtir une chapelle, sur le flanc méridional de Notre-Dame.

La Notice anonyme, d'où ce renseignement est tiré, paraît trop absolue dans son récit. C'est d'un agrandissement, sans doute, qu'elle voulait parler, car il existait une chapelle du Rosaire à Notre-Dame, avant 1660.

.Elle est décrite dès 1656. Le procès-verbal de visite, à cette date, lui attribuait déjà près de cinquante ans d'existence. C'est beaucoup, puisqu'elle était encore à bâtir en 1614.

Un porche s'élevait sur la façade principale de l'église. Avec le temps, il devait fatalement disparaître ; la route le frôlait au passage.

La ville n'attendit pas d'être invitée à le faire. Les travaux projetés lui en fournirent le prétexte. Le porche fut démoli, et on employa les matériaux à construire la chapelle (1).

C'est le curé Noitelon, qui fit transférer à Notre-Dame les deux cloches de l'église Saint-Trivier. La sonnerie se composa dès lors de cinq cloches.

Des trois calices, conservés à l'église, deux étaient

---

(1) Arch. de la Fabrique. *Notice anonyme.*
La façade porte encore quatre corbeaux de pierre, à crochet, restés intacts ; ce sont les seules attestations de l'existence de ce vieil appendice.

« anciens, d'une forme antique et en argent d'Allemagne. » Ils furent livrés à la fonte, par Mre Noitelon, chez un orfèvre de Bourg.

L'orfèvre rendit deux calices en échange, mais la perte n'était qu'imparfaitement compensée.

A part les chapelles de Saint-Jean, de Saint-Sébastien, Sainte-Anne et Notre-Dame de Pitié, dont le pavage est mentionné en 1614, la nef et les chapelles de Notre-Dame manquaient encore de dallage, en 1656.

Camille de Neuville prescrivit de les en pourvoir, sans délai. On se contenta d'un carrelage en briques. Vers 1710, à la suite d'une mission, que prêchèrent trois Cordeliers, on substitua à la brique un dallage en pierre.

On y fit servir plusieurs tombes, que l'on remarque encore dans la nef; elles furent peut-être dérobées aux chapelles de l'ancienne église.

Celle-ci était alors en démolition.

A partir de ce moment, on interdit les sépultures à Notre-Dame.

Pas plus que l'église Saint-Trivier, l'église de Notre-Dame ne possédait de sacristie.

Serait-il vrai, comme l'auteur de la Notice s'essaye à nous en convaincre, qu'anciennement le célébrant revêtait les ornements sur l'autel ?

A Notre-Dame, on avait suppléé à l'absence de sacristie, au moyen d'une boiserie en arrière du maître-autel. C'était insuffisant.

Mre Pierre Deville, durant son ministère à Saint-Trivier, fit construire une pièce, mieux appropriée à cet effet. Elle lui causa beaucoup de sollicitudes et de peines (1).

---

(1) *Arch. de la Fabrique*. Notice anonyme.

Elle fut placée au chevet de l'église.

Puis le silence plane sur Notre-Dame jusqu'à la Révolution.

A cette lamentable époque, elle éprouva le sort réservé aux édifices religieux.

Elle fut désaffectée et profanée.

Au rétablissement du culte, on procéda à sa réouverture par une consécration nouvelle, mais elle quitta son titre de Notre-Dame de Consolation, pour prendre, avec plus d'opportunité, celui de Saint-Trivier (1).

Son titre était Notre-Dame de Consolation.

La dévotion à Notre-Dame de Consolation se rattachait à un groupe, dont le but était d'honorer les douleurs de la Vierge.

Les douleurs de Marie furent un centre, un foyer, d'où s'échappèrent de multiples rayons, destinés à réchauffer les âmes.

On les nomma diversement, selon les temps et même suivant les lieux. C'est ainsi qu'on trouve Notre-Dame des Sept-Douleurs, Notre-Dame de Pitié, Notre-Dame de Compassion, Notre-Dame de Consolation.

Cette dernière dévotion était moins répandue.

Dans l'Ain, il n'existait, à ma connaissance, que trois églises ou chapelles de ce vocable.

S'il en existait d'autres, elles devaient être en petit nombre.

A l'église des Jacobins de Bourg, une chapelle portait ce nom, à la fin du xv⁰ siècle. En 1490, le pape Innocent VIII accorda cent jours d'indulgence à son autel, aux

---

(1) L'érection légale de la paroisse est du 28 août 1808.

quatre principales fêtes de la Vierge, et le jour anniversaire de sa consécration (1).

Une seconde chapelle de ce titre fut fondée, en la même église, le 8 février 1642, par François Branche, hôte du logis où pendait l'enseigne *A la Pomme d'Or*. (2).

L'église de Marboz en possédait une autre, de son côté, en 1656.

Et, en troisième lieu, l'église de Saint-Trivier.

A Rome, on voit encore, de nos jours, l'église de Sainte-Marie de la Consolation.

C'est un ex-voto. Des faveurs célestes, obtenues en grand nombre par la ville, devant une madone représentée sur un mur, au pied du Capitole, en firent décider la construction.

L'image miraculeuse est, actuellement, déposée sur le maître-autel.

Un tableau analogue se retrouvait, dans toutes les chapelles, où la Vierge fut honorée sous cette invocation.

A Bourg, l'acte de 1642 en stipulait expressément la présence, comme une des conditions de l'octroi de l'autel.

L'église de Sainte-Marie de la Consolation de Rome apparaît ainsi comme un type.

Il ne serait pas surprenant que cette dévotion en dérivât directement, et que de Rome elle ait rayonné sur le monde chrétien.

Cependant, en ce qui touche sa diffusion dans les régions de l'Est, il y a lieu, semble-t-il, de tenir compte d'un important facteur dont le rôle ici fut peut-être prépondérant.

---

(1) *Arch. de l'Ain*. II. 539.
(2) *Ibid*. II. 546.

Sur les confins des deux paroisses de Guyans-Vennes
et des Maisonnettes, et néanmoins sur cette dernière, au
diocèse de Besançon, s'élevait une chapelle de Notre-
Dame de Consolation qui, pendant plus de quatre siècles, fut un pélérinage très fréquenté.

Il avait commencé en 1426.

François de la Palud, seigneur de Varambon, était un
des principaux chefs de l'armée qu'Amédée VIII, duc de
Savoie, envoya au secours du roi de Chypre. Fait prisonnier, par le Soudan d'Egypte, à la bataille de Domy,
6 juillet 1426, et sommé de renoncer à sa foi, il fut, sur
son refus, condamné à être décapité.

L'exécution devait avoir lieu le lendemain.

Pendant la nuit, le sire de Varambon se mit en prière
et invoqua la Vierge; il promit de lui consacrer un oratoire, s'il était délivré par son assistance.

Le jour suivant, à l'aube, il se réveilla libre de ses
fers, dans un beau vallon, sous le château de Châtel-
neuf-en-Vennes.

En reconnaissance de ce bienfait, François fit bâtir
une chapelle sur le lieu témoin de sa délivrance, et la
dédia à Notre-Dame de Consolation. Il y déposa ses fers
et sa tunique d'esclave, ainsi qu'un tableau votif, qui le
représentait chargé de chaînes, et adressant sa prière à
Notre-Dame dans son cachot.

« Les fers furent enlevés, dit le P. Rothevel, Minime
de Consolation, par un *dépourvu* et jetés dans le Des-
soubre. » On ne les a jamais retrouvés.

La tunique resta dans la chapelle jusqu'à la Révolu-
tion. Elle fut inventoriée par les municipaux de Guyans-
Vennes, et par les commissaires du district d'Ornans.
Etait-elle réellement authentique?

Le tableau disparut, pendant l'invasion suédoise, en
1637 ; mais on en possédait une copie. Celle-ci, sous-
traite à la profanation révolutionnaire, repose aujour-
d'hui, dans une chapelle de l'église de Guyans.

La chapelle, bâtie par le sire de Varambon, fut détruite par les Suisses, en 1476, et reconstruite par son
petit-fils, Claude de la Palud.

Cette seconde chapelle a cédé la place à une troisième,
en 1682, qui fut construite par les Minimes de Consolation, et sert aujourd'hui de chapelle au petit-séminaire (1).

L'expédition de François de La Palud, en Chypre, est
établie par Guichenon, en son *Histoire de Bresse*, par
Enguerrand de Monstrelet, dans ses Chroniques, et par
le Carme, Nicolas le Huen, dans son *Grand Voyage de
Jérusalem.*

Toutefois, Guichenon ajoute, sur la foi de ce dernier,
« qu'en cette journée, toutes les trouppes du roy de
Chypre furent défaites, fors le seigneur de Varembon et
Jean de Compeys, seigneur de Gruffy, lesquels ne furent ny morts ny *pris* (2).

Le miracle qui délivra François de la Palud, n'a donc
d'autre référence que la légende. C'est peu.

La légende s'est formée à une époque un peu tardive,
et, dans l'ignorance où était l'auteur, que la terre patri-
moniale des la Palud fût Varambon, il a transporté son
héros sous Chatelneuf, en Comté, bien convaincu qu'il
le ramenait sain et sauf en son château.

Mais, François de la Palud ne devint seigneur de Chatelneuf, qu'en 1431, par son mariage avec Marguerite de
Petite-Pierre.

---

(1) Renseignements dus à M. l'abbé Loye, curé de Fleurey
(Doubs).
(2) *Hist. de Bresse.* P. III, 292.   36

La maison des la Palud occupait un rang distingué, dans la noblesse des Etats de Savoie. Le grand rôle politique joué par François, en particulier, sous Amédée VIII et, surtout sous Louis de Savoie, lui donna un relief plus vigoureux encore. Ses faits de guerre, ses démêlés avec les ducs régnants, son exil, sa qualité de chevalier de la foi, sa merveilleuse délivrance et son ermitage de Consolation rendirent son nom populaire.

A la faveur de la haute situation, ils contribuèrent particulièrement, croyons-nous, à répandre la dévotion à Notre-Dame de Consolation, qui est restée l'évènement dominant de sa vie, aux yeux de nos voisins franc-comtois.

De la Comté, le culte de Notre-Dame de Consolation descendit en Bresse. Il ne paraît pas y avoir jamais jeté de profondes racines.

A Saint-Trivier, le sujet était représenté par un bas-relief en bois ou en pierre ; c'est du moins ainsi que je crois pouvoir interpréter le *tableau en relief*, que mentionne la Notice sans en spécifier la matière.

Le groupe reproduisait Notre-Dame de Consolation, étendant un large manteau, à l'abri duquel l'invoquaient à genoux, « plusieurs petites figures d'hommes et de femmes, symbolisant l'état ecclésiastique et l'état séculier, qui sont sous la protection de la mère de Dieu » (1).

Il servait de rétable au grand autel.

Un incendie, qui dévora la partie-est de la ville et l'église, causa de graves dégats à cette œuvre d'art. On lui substitua le rétable et le tabernacle de l'ancienne église. Le groupe de Notre-Dame de Consolation fut alors relégué dans une chapelle, près des fonts baptismaux, où il demeura jusqu'à la fin du xviiie siècle.

(1) *Arch. de la Fabrique*. Notice anonyme.

L'établissement du Rosaire n'est pas d'origine bien ancienne, à Saint-Trivier.

L'église-mère ne paraît pas avoir connu la confrérie.

A Notre-Dame de Consolation, on n'en recueille aucun vestige, dans le premier quart du xviie siècle. En revanche, elle se montre dans une situation florissante, en 1656.

Quels ont été ses débuts ?

A vrai dire, on les ignore. La Notice anonyme en fait honneur à un Père Dominicain, dont la prédication quadragésimale coïncida, avec la construction de la chapelle, dont il a été parlé. Il l'aurait fait dédier à Notre-Dame du Rosaire, et y aurait érigé la confrérie.

Mais l'événement serait postérieur à 1660, par conséquent controuvé, puisqu'un texte précis oblige de reporter plus haut, l'érection de la Société.

La confrérie avait son siège à l'autel du Rosaire.

On y accédait par une grande arcade.

La chapelle était spacieuse, couverte d'une voûte, pourvue d'un passage et lambrissée tout autour.

La Société en prenait l'entretien à sa charge, et n'y épargnait rien, ni pour l'aménager, ni pour l'orner (1).

Plusieurs messes de fondation étaient, annuellement, acquittées à son autel. Nous citerons, notamment, deux grand'messes, fondées, au xviie siècle, par Germain Guéreins et Jeanne Artus sa femme, aux fêtes de Saint-Germain et de Sainte-Jeanne, leurs patrons (2).

La caisse de la confrérie s'alimentait à deux sources principales : les revenus des fondations et les cotisations des confrères. Les fondations produisirent cinquante-six

(1) *Arch. du Rhône.* Visites de 1656.
(2) *Arch. de la Fabrique.* Notice anonyme.

livres, en 1656, et le total des recettes annuelles s'élevait à six cents livres, en 1669 (1).

Le patronage de la chapelle appartenait à la ville; elle en conférait, habituellement, le rectorat au curé en titre.

Selon la Notice, la confrérie, malgré cet état prospère, ne put jouir d'une longue durée. Elle se désagrégea et fut dissoute, peu de temps après la mort de Mre Philibert Gauthier, aux environs de 1670.

Dès le principe, le service de Notre-Dame fut confié à des prêtres séculiers.

Ils étaient quatorze.

Ils devaient tous être nés à Saint-Trivier.

Leur collège formait ce qu'on nommait, autrefois, une Société ou Familiarité.

C'étaient les chapelains du château.

La Société était régie par un règlement de discipline, qu'elle s'était librement donné.

Elle différait du chapitre, en ce qu'elle n'était pas tenue à l'office du chœur, et n'avait ni existence canonique, ni aucun rang, dans la hiérarchie de l'Eglise.

Les Sociétaires se tenaient, absolument, à l'écart des fonctions curiales et, en aucune manière, ne devaient s'immiscer dans le service de la paroisse.

La fondation de la Société était, sans doute, aussi ancienne que l'église, et mérite pareillement d'être attribuée aux seigneurs de Saint-Trivier, en d'autres termes, aux comtes de Savoie.

La libéralité des seigneurs accorda, dès l'origine, aux familiers de l'église, une dotation considérable.

La Notice, pour qui Marie de Gondy est la pierre an-

_____

(1) *Arch. de l'Ain.* Stat. de 1669.

gulaire de Notre-Dame et de son collège sacerdotal, raconte que les revenus, octroyés par la princesse, comprenaient, spécialement, une partie des dîmes du château, les dîmes de Varennes et celle de Curtillières.

Elle leur concéda, en outre, plusieurs propriétés.

La rente de quinze sols de Savoie, affectée à la chapelle de Saint-Claude, appartenait aux Sociétaires.

Le curé Darme ne résidait, en 1614; le service, dont il percevait la rente, comme membre de la Société, restait en souffrance.

La requête des habitants, pour l'obtention d'un troisième vicaire, n'ayant pas reçu d'accueil favorable auprès de Mgr de Marquemont, ils furent autorisés à s'en pourvoir eux-mêmes, « pour dire messe en la chapelle Notre-Dame de la ville, et desservir les fondations de la Société desquelles il (le curé) tient et ses vicaires les pensions » (1).

Du texte de la Statistique de l'Intendant Bouchu, nous inférons qu'en 1669, la Société ecclésiastique de Notre-Dame était alors très prospère.

Le sieur Lasquet, à la fois collateur et prébendier de la chapelle de Notre-Dame de Pitié, est dit familier de l'église de Saint-Trivier.

La chapelle des Pertuiset, celle du Rosaire auraient été dans le même temps, desservies par les prêtres de la Société.

Messires Charles Braissoud et Benoît Blanc, fondateurs du moderne hôpital de Saint-Trivier, y étaient associés en 1701, et en portaient le titre.

Je vois même, dans la Notice anonyme, deux autres prêtres, nommés Blanc et Guéreins, qualifiés de Sociétaires, vers 1740.

(1) *Arch. du Rhône*, Visites de 1614.

Toutefois, sous ces termes Société et Sociétaires, qui ne sont peut être que des réminiscences d'un état de choses ancien, ne faut-il plus voir que des prêtres habitués, attachés à Notre-Dame, mais libres, sans aucun des liens constitutifs de la familiarité d'autrefois.

Après l'extinction ou la dissolution de la Société, qui eut lieu, vraisemblablement, au XVIIIe siècle, les fonds et les rentes de sa dotation tombèrent dans la mense curiale, et contribuèrent à former le riche bénéfice qu'était la cure de Saint-Trivier.

Un usage constant à Saint-Trivier, et nulle part ailleurs nous ne l'avons vu se manifester, avec la même intensité, ni d'une manière aussi générale, consistait à orner les chapelles de sculptures et de tableaux peints. Parmi ces ouvrages, quelques-uns paraissent avoir été de véritables œuvres d'art.

Nous avons parlé du groupe, figurant Notre-Dame de Consolation ; nous n'y reviendrons pas.

Dans la chapelle des Pertuiset, on remarquait une sculpture sur pierre d'excellente facture ; elle représentait l'Annonciation de la Vierge (1).

L'épisode de l'arrivée des Rois mages à Jérusalem, conduits par l'étoile miraculeuse, et l'adoration de l'Enfant-Jésus à Bethléem, était également reproduit sur la pierre. Le sujet comportait plusieurs personnages « en statues et figures. »

Ce travail était estimé. Camille de Neuville observe que « l'ouvrage est fort joly et entier, nonobstant son ancienneté (2).

---

(1) *Arch. du Rhône*. Visites de 1656.

(2) *Ibid*.

Il ornait la chapelle des trois rois (1).

Lorsqu'on agrandit la chapelle du Rosaire, on plaça en rétable, sur l'autel, un tableau peint, figurant les quinze mystères de la Vierge.

La peinture, assure-t-on, n'était point mauvaise.

Elle était due au pinceau de deux artistes de talent, M. Gavand et l'abbé Bouillet. Par sa naissance, ce dernier appartenait à Saint-Trivier, mais sa famille s'était, depuis peu, retirée à Chalon-sur-Saône (2).

Nous passons sous silence les tableaux, les statuettes et les représentations sur bois ou sur pierre, qui formaient la décoration des chapelles de Saint-Claude, des Lasquet, des Pertuiset, de Ste-Anne et de Notre-Dame de Pitié. La valeur de cette statuaire, au témoignage de Camille de Neuville, méritait, à un moindre degré, de retenir l'attention. Il jugea, néanmoins, utile d'en noter la présence, dans le procès verbal de sa visite à Notre-Dame.

Actuellement, l'église possède encore un tryptique, qui est manifestement un legs du passé.

Il est appendu, dans la nef, contre le pilier droit de l'avant-chœur.

Sa largeur totale est de 1 mètre 69, celle de chaque volet de 0 m. 42. Il ne mesure en hauteur que 0 m. 84.

Il a pour principal motif l'adoration des bergers. Sur le volet de droite, on voit Sainte-Catherine en prière et,

---

(1) Dans le mur extérieur de la chapelle du Rosaire, sont encastrés deux bas-reliefs sur un même bloc de pierre blanche. L'un représente un groupe de cavaliers armés, l'autre les murs d'une ville, avec leurs créneaux. Ils sont très mutilés. Serait-ce l'entrée des trois rois mages à Jérusalem.

La pierre est à 0,60 cent. du sol, et mesure 1 mètre 65 de longueur.

(2) *Arch. de la Fabrique.* Notice anonyme.

sur le volet de gauche, Saint Nicolas de Myre ressuscitant trois enfants.

Au revers se présente l'Annonciation. A droite la Vierge est à genoux, dans son oratoire; au-dessus d'elle plane [l'Esprit-Saint, sous la forme d'une colombe. A gauche, le messager céleste, portant un sceptre; devant lui, une banderolle flottante, avec la salutation liturgique : · AVE · GRACIA · PLENA · DNS · TECV·

Le tableau est sur bois. C'est une peinture à l'huile, multicolore à l'avers, en camaïeu blanc au revers.

Il est signé : N. GALOYS - M · Vᵉ XXVI.

On lui reconnaît de la valeur.

Il décorait, anciennement, une des chapelles de Notre-Dame.

Ces divers ouvrages n'étaient, sans doute, pas des chefs-d'œuvre, mais n'est-il pas du plus haut intérêt, de constater la marche suivie, dans cette voie, à Saint-Trivier.

Elle honore la paroisse, car elle témoigne d'une louable libéralité, d'un amour prononcé pour les arts, ainsi que d'une foi profonde et pleine d'activité.

Nous arrêtons ici ces Etudes. Ce n'est pas que les sujets manquent; les richesses archéologiques de notre département sont des plus considérables. Mais nous estimons cette série assez complète, pour se suffire et voir le jour en l'état.

Nous ferons toute diligence pour lui donner une suite prochainement.

Abbé Frédéric MARCHAND.

Fin.

ÉTUDES ARCHÉOLOGIQUES

Pièces Justificatives

I.

*Transaction entre Hugues de La Palud, seigneur de
Richemont, et Aymard de Brona, sur la justice de
Brona et du Vernay (12 février 1494).*

Au nom du Seigneur, Ainsi soit-il. Soit manifeste à tous,
présents et à venir, que, comme il se trouve difficulté et con-
troverse agitées, et que, dans la suite, elles pourroient renaître,
entre grand et puissant seigneur Hugues de La Palud, comte
de Varax, seigneur de Richemont, mareschal de Savoye, d'une
part, et noble Aymard de Brosna, seigneur du Vernay, d'autre
part, sur ce, à scavoir que le susdit magnifique seigneur comte,
comme seigneur de Richemont, dit et certifie que luy et ses
prédécesseurs, *à quibus causam habet*, ont toujours eu en
paix et sans aucune contradiction l'entière juridiction, haute,
moyenne et basse, et mère et mixte impère, et qu'ils l'ont encore à présent, dans les lieux, territoires et mandements du
Vernay et de Brosna, membres, appartenances et dépendances
des susdits lieux.

Le même magnifique seigneur comte, seigneur de Richemont, dit encore et fait voir qu'il a droit et qu'il l'a toujours
eu de tout temps et au-delà de mémoire d'homme, sans con-
tredit, dans les quatre cas de la coutume du pays, tant sur
les hommes dudit noble Aymard, que sur les étrangers qui
viennent s'établir et demeurer dans les maz, mouvants du
directe du susdit noble Aymard, dans les lieux susdits du
Vernay et de Brosna....., lesquels quatre cas sont : 1° quand

le seigneur de Richemond marie sa fille ; 2° quand il fait recrue ; 3° quand il est fait prisonnier ; 4° quand il acquiert une nouvelle terre ; alors ces mêmes hommes doivent toujours marcher devant le susdit seigneur comte, comme seigneur de Richemont ; desquelles prémisses il a toujours usé sans aucun trouble.

Auxquelles prémisses répond noble Aymard que, si par hazard le même magnifique seigneur comte, seigneur de Richemont, et ses prédécesseurs, *a quibus, causam habet,* ont exercé quelque juridiction, particulièrement la haute ou mère impère, dans les lieux susdits du Vernay et de Brosna, ce n'a pas été à juste titre, ny paisiblement, et qui, plus est, le seigneur du Vernay et ses prédécesseurs l'ont toujours disputée, et qu'il y avoit une transaction faite, touchant cette affaire, laquelle transaction fut présentée par le seigneur du Vernay luy-même ; par laquelle transaction, comme le dit le seigneur du Vernay, la susdite juridiction regarde entièrement et appartient au même seigneur du Vernay ; il dit de plus que, pour ce qui est des droits des quatre susdits cas, les hommes du seigneur du Vernay, ny ses prédécesseurs, *a quibus, causam habet,* ne se sont jamais attroupés, dans les susdits cas, pour le seigneur de Richemont ; et il apporte beaucoup de raisons et de causes, par lesquelles il affirme au seigneur de Richemont que le droit de s'assembler ne luy appartenoit en aucune manière, et que, pour ce qui regarde les quatre cas et les autres droits, ils ont été suffisamment et entièrement répliqués de la part du susdit seigneur comte, seigneur de Richemont ; et surtout il fut répliqué qu'un des notaires avoit attesté, par un certificat, que ce mot ou ces mots *mère impère* n'étoient point couchés ou écrits dans la stipulation de ladite transaction. Enfin, les mêmes parties voulans à présent parvenir à une bonne paix et à un bon accord sur ces premisses et leurs différens, comme noble Aymard, en qualité d'humble et fidèle sujet du seigneur comte, seigneur de Richemont, souhaite et veut de tout son cœur et de toutes ses forces luy rendre service, et vivre à l'amiable avec luy, si c'est du bon vouloir du susdit seigneur comte, et s'il veut soutenir le même noble Aymard en tout et partout, comme son fidèle et sujet.

De là est que, l'an du Seigneur mil quatre cent nonante-quatre, indiction douzième et le douzième jour du mois de février, les parties étant personnellement établies par devant nous Calixte Forcrandy, notaire et secrétaire ducal de Savoye, et Antoine Bérady, aussy notaire, en présence des soussignés et des témoins cy-après nommés ; lesquelles parties étant instruites, éclairées, et de leur plein gré, n'étant portées à cela par force, dol, crainte ou fraude, mais bien avisées et entièrement informées, comme elles disent, de leurs droits, faits et actions et du traité des magnifiques et respectables seigneurs Antoine de la Palud, seigneur de Saint-Jullien, Bailly de Bresse, Claude de la Palud, seigneur de Varambon, Jean Forcrandy, avocat fiscal de Bresse, Antoine Fabri, tous deux docteurs es droits civil et canonique, et nobles et éclairés Guidon, seigneur de Châteauvieu, François de la Palud, seigneur de la Roche, et maistre Antoine Bérady, bachelier es lois, procureur du seigneur Hugues de la Palud et des deux parties, qui ont traité et se sont accordées de leurs différens, traitent et s'accordent en la manière qui s'ensuit :

En premier lieu, bonne paix, vrais amour et amitié finale seront et devront toujours être entre les dittes parties.

Item, elles ont traité et accordé, traitent et accordent que ledit noble Aymard de Brosna doive renoncer, et qui dès à présent renonce par ces présentes, pour luy et ses héritiers et successeurs quels qu'ils puissent être, le seigneur de Richemont présent, stipulant et acceptant, à son nom, pour luy et ses héritiers et successeurs, quels qu'ils soient, à la connaissance de la mère impère ; de sorte que toutes les espèces de la mère impère, avec les dépendances, appartiennent et doivent appartenir, et lesquelles présentement appartiennent audit seigneur Hugues, seigneur de Richemont, et à ses héritiers et successeurs quels qu'ils soient, même sur les hommes dudit noble Aymard, demeurant au-dedans et au-delà des maz, mouvants du domaine directe du même noble Aymard, dans les lieux et territoires des susdits lieux du Vernay et de Brosna, ses membres et appartenances.

Item, elles ont traité et accordé, et traitent et accordent que ledit noble Aymard, ses successeurs, ny ses officiers ne s'in-

troduiront, en aucune manière, dans ce mère impère, mais
seulement seigneur Hugues, seigneur de Richemont, et ses
successeurs, comme seigneurs de Richemont ; dans laquelle
mère impère sont renfermés les droits de chasse et de visite
des chemins publiques, les parties le voulant ainsi, aussi bien
que les autres choses qui viennent du droit commun et de la
coutume du païs.

Item, elles ont traité et accordé, traitent et accordent que
noble Aymard aye et doive avoir, pour luy et ses héritiers et
ses successeurs, dès à présent, la justice seulement basse et
mixte impère sur ses dits hommes, qui demeurent dans les
maz du même noble Aymard et des siens, et tout ce qui est de
droit et qui vient de la coutume du lieu et du païs.

Item, les dites parties elles-mêmes ont traité et accordé,
traitent et accordent que ledit noble Aymard a et doit avoir,
dès à présent, la susdite justice et mixte impère, pour luy et
ses héritiers et successeurs, quels qu'ils soient, sur ses propres
hommes et les autres étrangers, non sur les hommes du dit
seigneur de Richemont, dans les mas et domaines mouvants
du domaine directe du susdit noble Aymard et des siens, et
non ailleurs, pourvu néanmoins, quant aux étrangers, que
l'amende n'excède la somme de soixante sols ; mais, au cas
que ses dits hommes ou même les étrangers demeurassent
ailleurs, et hors des maz mouvants du domaine direct dudit
noble Aymard, le seigneur de Richemont et ses successeurs
auront toute connoissance, tant de la juridiction que de la
mère et mixte impère, sauf néanmoins que le même noble
Aymard aura le pouvoir, aussi bien que les siens, d'assigner,
par son sergent banneret, les mêmes hommes à luy payer
les servis.

Item, il a été traité et accordé que le seigneur de Richemont,
pour luy et ses héritiers et successeurs, quels qu'ils soient,
quitte, rend et remet, par cet acte fait pour soy et ses héritiers
et successeurs, quels qu'ils soient, audit noble Aymard et aux
siens, les droits des quatre cas de la coutume du païs, à sçavoir, pour les hommes du même noble Aymard qui doivent
s'assembler, lorsqu'il marie sa fille, lorsqu'il fait une nouvelle
milice, pour le rachapt de la personne même du seigneur de

Richemont, quand il est fait prisonnier, et lorsqu'il achepte une nouvelle terre.

Item, les parties ont traité et accordé, traitent et accordent que ledit noble Aymard tiendra, pour lui et ses héritiers et successeurs, quels qu'ils soient, les dits droits des quatre cas susdits, en lige et noble fief ou en augment de fief du seigneur de Richemont et des siens ; le même noble Aymard sera obligé, et, pour le présent, est obligé de reconnoitre, par les mains de ses commissaires, au seigneur de Richemont, pour luy et les siens, les droits des quatre cas, et de les spécifier toutes et quantes fois ils en seront requis, et prêteront hommage au seigneur de Richemont et aux siens; les dites parties promettent, d'ailleurs, pour soy et pour les leurs, par serments, ayant touché l'une et l'autre la sainte Ecriture, et pareillement sous l'obligation et hypothèque de tous leurs biens, meubles et immeubles, présents et à venir, quels qu'ils soient, avoir déterminé et réglé, par cette transaction, en général et en particulier, leur différend ci-dessus ou après écris dans cet acte, et promettant de n'y jamais contrevenir, ny de consentir qu'il y soit jamais contrevenu en quelque chose que ce soit, encore moins de donner aide, conseil, faveur ou secours de quelle manière que ce soit. Les dittes parties reccourent, en tant qu'il les touche, de leur plein sçavoir et droit et sous les obligations sus dites, à tout droit, action, exception et acceptation de tous prémisses qui n'ont pas été bien et légitimement actés, comme il est démontré cy-dessus, et à toute lésion, déception, circonvention, fraude, charge, erreur et ignorance du fait, condition soit d'une cause juste ou injuste ou d'une cause fausse, et à la condition, pour une cause non suivie en justice, aux choses qui ont été trompées dans leurs contracts, et à toutes les choses auxquelles le droit peut remédier, et par lequel droit les contracts de cette sorte sont dits être nuls, quand l'un des contractants paroit en quelque chose être lésé ou trompé en justice, lequel jurement ne vaut pas en justice au-delà de ce qu'il est tenu de droit et qu'il ne naît de luy aucune action, à moins que auparavant il n'aye été porté en jugement, à toute abolition, relache, dispense de serment, à la cession des biens, à tout droit d'aides, à toutes contestations de requête, de procès, à

l'obligation de l'entière restitution du bénéfice, et à l'impétra-
tion de l'office du juge, et à tout autre droit canonique et civil,
auxquels ils peuvent arriver contre les prémisses ou contre
quelqu'une des prémisses, où il se peut faire que dans quelque
droit une renonciation générale n'aye pas lieu, à moins qu'une
renonciation spéciale ne précède ; les dites parties voulants et
requérants que nous, notaires susdits, leur donnions deux copies de l'acte des prémisses, à sçavoir, à une chacune des parties
de la même teneur et substance, qui seront dictées par un ou
deux jurisconsultes, sans changer en aucune manière la substance du fait.

Acté et datté à Bourg, dans la maison d'habitation et chambre
de Monsieur le Bailly, en présence des seigneurs contractans
et de vénérable Messire Jean de Viry, prêtre, des nobles Aymard
de Bourg, seigneur d'Argis, Gaspard de Richemont, châtellain
de Richemont, Antoine de Montrichard, jadis châtellain de
Bourg, Claude Timond, notaire et curial du seigneur du
Vernay et plusieurs autres tesmoins priés à ces prémisses.

— Traduction de 1741.

(Archives du château de Richemont.)

II

Testament du noble Jean du Puget, seigneur du Vernay
et de Brosna. (25 septembre 1618.)

Au nom de Dieu, soit et à tous présents et advenir notoire
et manifeste que, l'an mil six cents dix huict et le vingt cinquiesme du moys de septembre, après midy, par devant moy
notaire royal soubssigné, et présents les tesmoings cy-après
nommés, estably et personnellement constitué noble Jean du
Pugey, escuyer, sieur du Verney, sergent-majeur pour Sa
Majesté de la présente ville de Bourg, lequel sage, sachant, de
son bon gré, pure, certaine science et libéralle volonté, sain
de sens, pensée et entendement, jaçoit que par la grâce de
Dieu à présent il soit détenu de certaine maladie, creignant le
péril de la mort, veu qu'il n'y a rien plus certain qu'icelle

mort, ny chose plus incertaine que l'heure d'icelle, à ceste occasion, affin qu'il n'y ayt aulcung desbat et dispute, entre ses enfants et aultres pareils et amys, il a faict son testament nuncupatif et ordonnance de dernière volonté en la sorte et manière que s'en suit :

Premièrement, en faisant le saint et vénérable signe de la croix ✠ au-devant de sa face et de son corps, disant : *In nomine Patris et Filii et Spiritus Sancti. Amen.* A recommandé et recommande son âme et son dict corps à Dieu le Créateur, à la glorieuse Vierge, sa mère, et à tous les Saints et Saintes du paradis, les priant et invocant à joinctes mains, que lhors et quand sa dicte âme sera séparée de son corps, elle soit receue et colloquée au royaulme de paradis, avec celles des bien heureux trespassés.

Item, la sépulture de son dict corps apprès sa dicte âme sera séparée d'icelluy, il veut être ensevely et inhumé en l'église Notre-Dame de la présente ville de Bourg, chappelle des Puget, tombeau de son père et prédécesseurs trespassés honorablement, et ses obsèques à la volonté et dévotion de damoiselle Bonne de Joly, sa très chière et bien aymée femme, en laquelle il se confie en tout et partout.

Item, donne et lègue et, par droict d'institution, délaisse en héritage perpétuel à damoiselle Jeanne du Puget, sa et de la dicte damoiselle de Joly fille bien aymée, la somme de trois mille livres, payable, la moytié un an apprès qu'elle sera mariée, et le reste un an apprès suyvant, avec un robbe et une cotte nuptialle sellon sa qualité, payable le jour de la célébration de ses nopces.

Item, veut et entend que Péronne, Philiberte et Magdelaine, ses aultres trois filles, très chières et bien aymées, entrent en religion, lhors et quand elles seront en aage et que l'occasion se présentera, par l'advis de leurs parents, et, pour la dispense, entrée, pension et tout entretien pour ledict faict nécessaire, lègue à chescune d'elles et, par droict d'institution, délaisse la somme de quinze cents livres tournoises pour chescune d'icelles, les substituant l'une à l'aultre et l'une de l'aultre au dict légat, en cas de décès sans entrée en religion, n'entendant ny voulant ledict sieur testateur que, l'une des dictes légataires ou les deux venants à décéder devant qu'entrer en religion, la survivante ou survivantes puissent, entrant en religion, avoir dadvantage que de ladicte somme de quinze cents livres, et, en cas que les dictes Péronne, Philiberte et Magdeleine du Pugey, aulcune ne vouluse entrer en religion, sellon la volonté et intention dudict sieur testateur, lègue et, par droict d'institution, délaisse à la reffusante ou reffusantes entrer en religion, la même somme de quinze cents livres, vouillant et entendant de plus que, le cas arrivant du décès des dictes légataires sans entrer en religion, et apprès que l'une ou les deux auront faict profession, les parts, portions et légats de celle ou celles qui n'entreront en religion, appartiennent, audict cas, à son héritier cy-apprès nommé.

Item, déclare ledict sieur testateur qu'il a destiné François du Puget, son fils, pour estre chevallier de Malthe, et, à ces fins, il a faict procéder à la preuve en tel cas requise, en sorte qu'il espère que ledict François pourra estre receu sans difficulté, ayont atteint l'aage de seize ans ; veult doncque et entend que ledict François du Puget suyve son intention et ledict ordre, et, à ces fins, ordonne que, par son héritier universel cy-apprès nommé soit facte toutte la despense nécessaire en tel cas, tant pour le passage que pour ce qu'il conviendra pour estre receu, et, estant receu, luy lègue, de pension annuelle, sa vie durant, la somme de trente livres tournoises, payable par son héritier annuellement et rendable, à ses frais, à Malthe, à chescune feste St-Jean-Baptiste, et, au cas que le dict François ne vouluse estre chevallier de Malthe, ce que de rechef le dict sieur testateur luy ordonne et recommande, luy lègue la somme de quinze cents livres tournoises, tant seulement que si ledict François, sans sa faulte ny fraude, ains pour quelque légitime empressement n'y pouvoit estre receu, en ce cas et non aultrement, il luy lègue la somme de trois mille livres tournoises, monnoye sus dicte, payables les dictes sommes respectivement et aux susdicts cas, lhors et quand ledict François aura atteint l'age de vingt-cinq ans, et, néanlmoins, au choix de son héritier cy-apprès nommé, de payer la dicte somme de trois mille livres, au dict cas, en deniers ou fonds de son hoirie à dire et estimation de prudhommes.

Item, veult et entend que Eléasard du Puget, son aultre fils, poursuyve ses études jusqu'à ce qu'il soit docteur, et luy lègue la seigneurie de la Berruyère, en quoy qu'elle conciste, avec les quattre estengs en deppendants, ensemble une grange appellée la grange Nalard, située au village de Billignieu, en quoy qu'elle conciste, meublée convenablement de bestail et aultres instruments d'agriculture; dadvantage, luy lègue une maison sise à Seysiriat, proche la Grand'Fontaine, appellée la Mallietta, tynes et meubles y estants. Item, la vigne touchant la maison, appellée la Malliette, de la contenance d'environ trente ouvrées, et entourée d'une aultre vigne appellée la Gorge, de la contenue de c'nquvnte ouvrées ou environ, jouxte leurs confins; de tout lequel susdict légat, il jouyra apprès qu'il aura atteinct l'aage de vingt-cinq ans.

Item, lègue au posthume ou posthumes, masles ou femelles, desquels ladicte damoiselle de Joly, sa femme, se pourroit trouver enceinte, à chacun la somme de quinze cents livres tournoises, payable deux ans apprès qu'ils auront atteinct l'aage de vingt cinq ans.

Item, déclare et veult le dict sieur testateur, que tous les susdicts légats, faicts aux dicts Jeanne, Peronne, Philiberte, Magdelaine, François et Eléasard du Puget et posthumes, soient pour tous droicts, noms, raisons, actions, légitime, supplément de légitime et réclamation quelconque, qu'ils pourroient avoir sur ses biens et hoirie, desquels, moyennant les dicts légats, il les exclut et rejette.

Item, ledict sieur testateur donne et lègue à ladicte damoiselle Bonne de Joly, sa très chière femme, les fruicts et usufruicts de tous et ung chescung ses biens, droicts, noms et actions quelconques, ce qu'il entend pleinement, et sans que le présent légat puisse estre restrainct aux aliments de ladicte damoiselle de Joly, et, toutefois, luy faict ledict légat soubs telle condition qu'elle entretiendra, desdicts fruicts, les enfants de leur mariage convenablement, sellon leur qualité et moyen de luy testateur, et acquitera les intérêts des sommes qui sont dheubs, et escherront apprès le décès de luy testateur, tandis qu'elle jouira des dicts fruicts, néanmoins pourra ledict sieur testateur l'obliger au payement des sommes principalles et

légats icy contenus, ains seulement où il escherroit payement
des dictes sommes principalles et légats, de souffrir la diminution des dicts fruicts, à proportion, et entretiendra, comme
dict est, leurs dicts enfants jusques ils ayent atteinct l'aage de
de vingt-cinq ans, ou qu'ils soyent mariés ou entrés en religion,
pendant lequel temps de la jouissance desdicts fruicts, ladicte
damoiselle ne pourra répéter de son héritier ny doct, ny avantage, ny aulcungs droicts, qu'elle puisse avoir sur les dicts
biens, déclarant que, cas de répétition advenant, il entend que
son dict héritier ne fasse aulcune difficulté à la dicte damoiselle sur ses droicts et, mesmement, sur les bagues promises
par leur contract de mariage, desquelles il dict n'avoir faict
aulcung payement ny deslivrance à la dicte damoiselle, sa
femme, le priant de toutte son affection de voulloir accepter la
charge et gouvernement de ses dicts enfants, et, affin qu'elle
la prenne, luy quicte toutte reddition de compte, ne voullant
qu'aulcung luy en soit demandé, par aulcung de ses dicts enfants, sur peyne de déshérédation, et en tant qu'elle en seroit
recherchée, luy lègue toutte reliquatère, en laquelle elle se
pourroit treuver débitrice; prohibe toutte confection d'inventaire apprès son décès, et où il escherroît d'en faire nécessairement, supplie Messieurs de la justice de voulloir commettre un
notaire, qui sera nommé par la dicte damoiselle sa femme et
parents de son héritier soubsnommé, afin d'y procéder som-
mairement, et à moindre frais que faire se pourra.

Au résidu de tous et ung chescung, ses biens, droicts, noms
et actions, meubles, immeubles présents et advenir quelconques,
il ordonne et institue, nomme, institue et veult estre de sa
propre bouche son héritier universel, Gaspard du Puget, son
fils ayné, escuyer, par lequel il veut et entend ses debtes pies,
légat, et frais funéraux estre payés et accomplis, sauf en ce
qui a esté cy-devant disposé, cassant, révocquant et annullant
tous aultres testaments, codicilles, donation à cause de mort,
qu'il pourroit avoir faict par cy-devant, verballement ou par
escript, veuillant le présent estre le sien dernier, nuncupatef
et ordonnance de dernière volonté, et icelluy valloir par ce
droict, et s'il ne vaut et pouvoit valloir par ce droict, veult
qu'il valle par droict de codicille, donation à cause de mort et

par tous aultres droicts et moyens, introduits en faveur des
testants, priant et requérant les tesmoings cy-après escripts,
qu'il a cogneus face à face et nommés par noms et surnoms,
luy en voulloir porter tesmoignage de vérité, après son décès;
à moydict le voulloir rédiger par escript, en faire une ou plusieurs expéditions, à qui appartiendra, après son dict décès
et jusques a ce .. que luy a este accordé.

Faict et passé à Bourg, en la maison dudict sieur testateur,
en la chambre sur la rue, du cousté du vent de la grand'salle,
en présence de vénérable Mᵉ Abraham, de Bourg, docteur en
théologie, prestre, chanoyne et sacristain de la dicte église
Nostre Dame, Claude Françoys de Joly, baron de Langes,
sieur de Choing et de Lyarens, noble Alexandre de Fallaize,
conseiller du Roy au siège présidial de Bourg, noble Jean-
Anthoine Favre, advocat au dict présidial, Mʳᵉ Jean-Claude
Charbonnier, procureur du Roy en l'Eslection de Bresse,
Mʳᵉ Janna, de Bourg, docteur en médecine, Mʳᵉ Françoys
Morel, procureur au dict siège présidial, et honneste Jacob
de Bourg, appothicaire, tous du dict Bourg, tesmoings requis
et appellés, qui ont signé avec le dict sieur testateur.

(Archives de feue Mᵐᵉ Fleuret, à Tossiat.)

III

Entrée en religion de Péronne et de Philiberte du Puget
(31 mai 1621).

Au nom de Dieu. Amen. Nous, Jacques Paillard d'Urfé,
chevallier de l'Ordre du Roy, marquis dudict d'Urfé et de
Baugé, seigneur baron de Maignat, et bailly de Fourest, à
tous ceulx qui ces présentes verront, salut. Comme ainsy soit
que damoizelles Péronne et Philiberte du Puget, filles naturelles et légittimes du sieur Jean du Puget, escuyer, seigneur
du Verney et de la Berruyère, et de damoizelle Bonne de Joly,
considérant la vanité et misère de ce monde, et désirant une
conversion spirituelle, pour vacquer au salut de leur âme, tant
qu'il plaira à Dieu les laisser en cette vie mortelle, se seroient

décidées et résolues de se rendre religieuses en quelque abbaye
et monastère, mesmement, en suite de la volonté et disposition
testamentaire de leur dict sieur père, et aussy, par l'advis et
consentement de la dicte damoizelle de Joly, leur mère. Pour
à quoy parvenir, après s'estre humblement recommandées à
Nostre Sauveur et Rédempteur Jésus-Christ, à la glorieuse
Vierge Marie, invocqué la grâce du Sainct-Esprit, avec l'assistance de Messire Claude-François de Joly, seigneur et baron
de Langes et du Poussey, et aultres places, leur oncle maternel,
se seroient acheminées au monastère et abbaye de Boulieu, en
le dict pays de Fourest, diocèze de Lyon, et Ordre de Cîteaux,
et faict supplication à noble et dévotte dame Anne de Fréville,
abbesse du dict lieu, dame Anne de Fondras, prieure du dict
lieu, et aux aultres dames religieuses, les vouloir recepvoir et
aggréger en leur nombre et compaignie, pour y déservir le
service divin, et garder les vœux de religion et la règle de leur
Ordre. Laquelle dame abbesse, après avoir conféré, avecq les
dictes dames religieuses, et entendu la volonté et dévotion des
dictes sœurs du Puget, a accordé icelles recepvoir en leur compaignie en la dicte abbaye, de l'advis susdict avecq ses aultres
religieuses, capitulairement assemblées au son de la cloche, à la
manière accoustumée, et, ce faict, ont esté les dictes damoizelles Péronne et Philiberte du Puget, acceptans et humblement remercians la dicte dame abbesse et aultres dames, ont
esté receues religieuses avecq elles en la dicte abbaye. Partant
et en considération dece, par devant Vital Mouginot, notaire
tabellion, garde-notte et secrétaire royal juré au bailliage de
Fourest, soubs-nommés et présens les tesmoings après nommés, personnellement establÿ et constitué Messire Claude-
François de Joly, seigneur et baron du dict Langes, lequel,
suivant le pouvoir et procuration spécialle à luy passée, par la
dicte damoizelle de Joly, sa sœur, mère et tutrice, légitime
administratice des dictes sœurs du Puget, et aultres enfants
du dict sieur seigneur du Puget et d'elle, ainsy qu'il a faict
apparoir par procuration receue par Mre Ponthus, notaire royal,
le vingt-uniesme des présens mois et an, cy-après insérée.
En la dicte qualité a constitué, donné, cedé et remis à la dicte
dame abbesse, présente et acceptante, et pour cause de la dicte

réception des dictes deux sœurs du Puget, frais qu'il convient
faire pour cet effet, ornemens d'esglize accoutumé bailler et
les estrennes qu'il convient faire aux dictes dames religieuses
et domestiques de la dicte maison, oultre ung calice d'argent
de la valleur de quatre-vingt-dix livres, donné par la dicte
damoizelle à l'esglize du dict Bonlieu, assavoir, la somme de
deux mille cent livres tournois, en pistolles d'Espaigne, escus,
soleil, testons et aultre bonne monnoye, réellement comptée,
et, par la dicte dame prieure prinse et retirée en sa puissance,
dont elle s'en est contentée et contente, et en a quicté et quicte,
tant la dicte damoizelle Bonne de Joly que le dict seigneur de
Langes, son procureur, et encore les dictes filles, de la dicte
somme, avecq pacte que jamais n'en sera rien demandé.

Et, moyennant ce que dessus, la dicte dame abbesse promet
aux dictes sœurs du Puget, pour l'entretiènement d'elles en la
dicte abbaye, leur donner à chacune d'elles une prébende et
pension conventuelle, telle que les aultres religieuses de la
dicte abbaye ont par la manière accoustumée, tout aussitost et
incontinent qu'il en tombera vacante, par la mort ou aultrement, assavoir, la dicte Péronne apprès que dame Hélène de
Bussière, religieuse du dict lieu, aura heu et luy sera eschue
sa prébende, et, quant à la dicte Philiberte, lorsque dame
Anne Dubost de Cadignat aura aussy heu et luy sera eschue sa
pension et prébende; ensemble, promet la dicte dame abbesse
bayer aux dictes sœurs du Puget, une maison, dans la dicte
abbaye, pour leur résidence et habitation, lorsque les dictes
pensions escherront au dict rang.

Item, a esté convenu et accordé, entre le dict seigneur baron
de Langes, en la dicte qualité, et la dicte dame abbesse, que,
jusques à ce que les dictes sœurs du Puget, et chacune d'icelles
soient prébendées en la dicte abbaye, sera payé par la dicte
damoizelle de Joly, leur mère, annuellement, à la dicte dame
abbesse, la pension, pour chacune d'elles, de la somme de
soixante-douze livres, à chacung premier jour du mois de
juing, le premier payement commençant dès demain, premier
jour de juing, en ung an, et ainsy continuer, et ce, pour leur
nourriture, que la dicte dame sera tenue faire, et en attendant
qu'elles ayent leurs dictes pensions; et dès lors qu'elles seront

prébendées, comme dict est, demeurera la dicte damoizelle de
Joly et les siens quicte et deschargée d'icelle pension de soixante-
douze livres pour chacune.

Néantmoings, et au lieu d'icelle, la dicte damoizelle de Joly
faict à chacune de ses dictes filles une aultre pension, leur vie
durant, de la somme de quarante cinq livres, qu'est pour les
deux quatre-vingt-dix livres, payable par la la dicte damoizelle
ou dit nom, ou par ses héritiers, tous les ans, à chacung jour
et feste de St-Martin d'hyver, le premier payement commençant au dict jour Sainct-Martin d'hyver, après que l'une ou
l'aultre des dictes filles seront prébendées; et auront, les dictes
sœurs du Puget, de leur dicte mère ou des siens, chacune leurs
chambres garnies de meubles et ustenciles nécessaires et convenables, sellon leur qualitté, et les dictes pensions portables
et payables dans la dicte abbaye; et où adviendroit que les
héritiers de la dicte damoizelle de Joly ne voulussent payer les
dictes pensions, et entretenir le contenu au présent contrat,
sera loisible et permis aux dictes sœurs du Puget prendre et
lever, pour une fois, sur les biens de leurs dicts père et mère,
chacune la somme de mille livres, pour en faire et disposer
comme bon leur semblera, après toutes fois qu'elles auront
faict, par trois diverses fois interpeller l'héritier de leur dicte
mère de satisfaire au dit payement, le tout suivant et conformément à la vslonté de la dicte damoizelle leur mère, laquelle
au dict nom, ou ses héritiers, sera tenue aux frais qu'il conviendra faire, lors de la profession de ses dictes filles, à la
coustume de la dicte abbaye; et, moyennant tout ce que dessus,
icelles Péronne et Philiberte du Puget, procédans de l'authorité
et advis de la dicte dame abbesse et religieuses, recognoissans
les légats à elles faicts par leur dict feu père, en son acte testamentaire, ont ceddé, quicté, remis et transporté, purement et
simplement, à l'œuvre et proffit de leur dicte mère et des héritiers de leur dict feu père, pour elle acceptant le dict seigneur
de Langes, tous droicts fraternels, maternels et aultres, qu'elles
pourroient avoir et prétendre, sur les biens de leurs dicts seigneurs père et mère, dont elles en demeureront excluses, avecq
pacte de n'en jamais faire aucune demande, soit du passé,
présent ou advenir; et, en tant que de besoing, se sont, des

dicts droicts, dévestuées et dessaisies, et en ont investis et saisy
la dicte damoizelle de Joly et les siens, avecq les constitucion
de nom et titre de précaire, donacion entrevifs et irrévocable,
avecq touttes aultres clauses à ce plus requises et nécessaires.
Par ainsy a esté convenu et accordé entre les dictes parties, et,
oultre ce, a esté convenu que en attendant que les dictes soeurs
du Puget soient prébendées, elles seront entretenues et habil-
lées par a dicte damoizelle de Joly ou es siens, et que la sus
dicte somme baillée à la dicte abbesse pour entrée ne sera res-
tituée quelque cause qui puisse arriver, en entretenant le présent contrat de poinct en poinct par la dicte dame abbesse,
le tout par promesse de foy et serment, et par obligation et
hypothèque de tous les biens des dictes parties, aux dicts noms,
qu'ils ont soubmis à touttes cours royalles et aultres quelconques de ce royaume de France, renonçant à tous droicts
et loix contraires aux présentes.

Faict et passé dans l'abbaye de Bonlieu, le dernier jour du
mois de may, apprès midy, mil six-cent-et-vingt-ung ; présens
Mre Claude Burtin, praticien de Feillens, Mre Jacob Carta,
aussy praticien de Baugé, en Bresse, Mre Pierre Troyville,
prebstre, demeurant audict Bonlieu, et Pierre Michon, clerc
de... tesmoings, qui ont signé avecq les dictes parties, et
encore Antoine de la Brosse, cuisinier résidant au dict lieu,
qui a déclaré ne scavoir signer, requis.

(Archives de feue Mme Fleuret, à Tossiat.)

IV

*Mariage de Gaspard du Puget, seigneur du Vernay et
de Brona, et Philiberte de Platière (5 février 1625).*

Au nom de Dieu, se soit-il et à tous notoire et manifeste que,
l'an de grâce courant mil six cens vingt-cinq et le cinquiesme
jour du mois de febvrier, avant midy, reignant Louis, trei-
siesme, roy de France et de Navarre, par devant moy, notaire
royal héréditaire à Bourg, soubsigné, et présens, les tesmoings,
en fin nommés, estably et personnellement constitué noble

Gaspard du Puget, escuyer, sieur du Vernay, d'une part, et
damoiselle Philiberte Plattière, fille de feu noble Claude Plattière, de la ville de Bourg, d'autre part, lesquelles parties,
sages, de leurs bons grés, pour eux et les leurs présens et advenir, à la licence et par l'advis de plusieurs leurs parens et
amys, mesme la dicte damoiselle Plattière, de damoiselle
Claudine de Mallivert, sa mère, vefve du dict sieur Plattière, à
ce l'authorisant comme sa curatrice, ils ont faict et font entre
eux les traités, accords, promesses de mariage, conventions,
constitutions, donations et aultres choses que s'ensuyvent, mutuelles stipulations et acceptations à ce intervenant, sçavoir :

Que le dict sieur du Verney et damoiselle Plattière, des advis
et authorités sus dictes, ont promis et juré, entre les mains de
Messire Estienne Bissac, prestre et convicaire de l'esglise Nostre
Dame de Bourg, se prendre l'un l'aultre, en loyal mariage,
pour vray mary et femme, et, dès à présent, en la face de nostre
saincte mère l'esglise, pour y recevoir la bénédiction nuptialle
dans temps dheu et ordonné de droict ; disent et affirment
n'avoir fait par le passé, ny espèrent de faire, pour l'advenir,
chose pour laquelle le présent mariage ne doive sortir son entier
effect, pour et en faveur et contemplation duquel, et à ce qu'il
soit plus instrument célébré entre les dictes parties.

A cette cause, la dicte damoiselle Philiberte Plattière, espouse, de l'authorité de la dicte damoiselle de Mallivert, sa mère,
donne et constitue en dot au dict noble Gaspard du Puget,
son espoux advenir, présent, acceptant au proffit toustefois
d'elle et des leurs à l'advenir quelconques, assavoir : elle et
tous et chacun ses biens, meubles, immeubles, dotaux et parafernaux, droicts, noms et actions d'iceux présens et advenir,
le faisant et constituant son vray procureur général et spécial,
pour elle et les dicts biens régir, gouverner, administrer, exiger
et recouvrer les rentes, faire et passer touttes quittances vallables, contracter et autrement faire, comme un vray et légitime
mary est tenu faire en tel cas ; davantage, establye en personne,
icelle damoiselle Claudine de Mallivert, laquelle, de son bon
gré, pour elle et les siens, tant en son nom propre qu'en qualité
de mère et curatrice du sieur Jean de Plattière, son fils, héritier du dict feu noble Claude Plattière, son père, ayant ce
mariage pour agréable, a donné et constitué, donne et constitue

en dot à la dicte damoiselle Philiberte Plattière, sa fille, présent, acceptant et humblement la remerciant, assavoir : la somme de cinq mille livres tournoises, et cens livres pour les habits nuptiaux, sçavoir, trois mille livres, avec les dictes cens livres du sien et en son particulier, et deux mille livres pour le légat à icelle damoiselle Plattière, espouse, faict par le dict feu sieur Plattière, son père, en son testament de dernière volonté; de laquelle constitution de cinq mille livres, le dict sieur du Verney, espoux, en confesse avoir heu et receu, sçavoir, mille neuf cens livres réellement en pistolles d'or d'Espagne, doubles ducats, escus soleil et monnoye blanche, nombrées et par eux retirées, en présence de moy dict notaire et tesmoings, plus, neuf cens livres à l'acquit et payement de deux obligations, passées au proffit du dict sieur Plattière, l'une de six cens livres, par feu noble Jean du Pugey, sieur du Verney, père du dict espoux, receue par Mᵉ Ponthus, notaire, le vingt-uniesme jour de novembre mil six cens et douze, l'autre, par feue damoiselle Bonne de Joly, sa mère, de trois cens livres, receue par Mᵉ Dupont, aussi notaire, le onziesme janvier, mil six cent vingt, que de mesme il a réellement retirée saine et entière à present ; item, douze cents livres tournoises en autre acquit et payement, qu'icelle damoiselle de Mallivert promet faire, pour et au nom du dict sieur du Vernay, espoux, envers noble Alexandre de Falaise, conseiller du roy au siège présidial de Bourg, pour mesme somme qu'il luy est tenu, et c'est dans le vingt-cinquiesme jour du mois de mars prochain venant, en sorte qu'il n'en soit molesté à peyne de tous despens, dommages et intérêts, la dicte somme de cens livres ou habits nuptiaux, à reste d'icelle, dans le jour de la célébration des nopces du présent mariage ; plus, la somme de mille livres, faisant le complément de la sus dicte constitution, sera payée par les héritiers de la dicte damoiselle de Mallivert, dans un an après son décès, aussy à peyne de tous despens, dommages et intérêts ; à l'effect de quoy et de l'acquict sus dict promis faire au dict sieur de Falaise, elle oblige, dès à présent, tous et chacun ses biens dotaux et parafernaux, sous la clause de constitut, laquelle constitution est faicte pour tous droicts, noms et actions, part et portion, que le dicte damoiselle espouse pourroit avoir et prétendre aux biens, succession et hoirie des dits sieur feu Plattière et damoiselle de Mallivert, ses père et mère, à quoy elle a renoncé et renonce par serment, de l'authorité de son dict espoux, sans qu'elle puisse cy-après prétendre autre part, ni portion sur les biens du dict sieur Plattière, son père, que la dicte somme à elle donnée, par le dict sieur son père, en son dict testament, mesure de la dicte damoiselle de Mallivert, sa mère, que la constitution qu'elle luy a cy-dessus faicte, sauf en tant à elle, sa loyalle eschutte advenant de droict, pour assurement de laquelle somme cinq mille cens livres tant retirée qu'à recevoir à la dicte espouse ou es siens ; en cas de restitution advenant, le dict sieur du Verney, esponx, aussy dès à présent, a obligé et oblige par ceste tous et chacun de ses biens, meubles, immeubles, présens et advenir quelconques, partie et particelle d'iceux, une seule et pour le tout, en quelques mains qu'ils deviennent, sous la cause de constitut de précaire en tel cas requise. Dadvantage les dicts espoux et espouse font, d'entre eux par ensemble, les donations de survie mutuelles qui s'ensuivent, sçavoir : que le dict sieur du Verney donne à la dicte damoiselle Plattière, son espouse, acceptant, en cas touttefoys qu'il aille de vie à trespas avant elle, avec ou sans enfants de ce mariage procréés, icelluy consommé, célébré et accomply ou non, assavoir, la somme de mille livres tournoises, et, par telle et semblable donation, le cas susdict advenant, icelle damoiselle de Plattière donne au dict sieur du Vernay, de mesme acceptant, la somme de cinq cens livres à prendre et livrer, par le survivant, sur les biens du premier décédant ; lesquels, pour ce, ils obligent d'un costé et d'autre ; et, outre ce, icelluy sieur du Verney a promis... son espouse de suffisans joyaux, et mesme jusques à la somme de cinq cens livres, qu'il luy donne par donation irrévocable. faicte entre-vifs, à cause de nopces ; et, affin que le présent contract sorte plus librement son effect, les dictes parties ont constitué leurs procureurs, Mres François Morel et Christoffle Thomas, procureurs aux baillage et présidial de Bresse, pour requérir et accepter l'insinuation par devant Monsieur le lieutenant général au dict baillage, avec élection de domicile suivant l'ordonnance, soubs et avec promesses d'avoir a gré, par serment presté respectivement, obligation de tous leurs biens, pour l'observation, soubmission, renonciation et clauses requises.

Faict et passé à Bourg, en la maison du dict feu sieur Plattière ; présens, spectable Mʳᵉ Estienne de Bourg, advocat aux baillage et présidial, sieur François de Romans, de la ville de Bourg, honneste Estienne Richard, Jean de Villon, bourgeois de Bourg, et Claude Prost, clerc de moy dict notaire, tesmoings requis, qui ont signé avec les parties.

(Archives de feue Mᵐᵉ Fleuret, à Tossiat.)

V

Cession de la seigneurie du Vernay, par Claude Cizeron,
au profit de Jean-Baptiste Agniel de la Vernouze.
(11 juin 1756.)

Charles de Masso de la Ferrière, chevalier, baron de Chasselay, seigneur du Plantin, la Ferrière et autres lieux, lieutenant général des armées du roy, sénéchal de Lyon, sçavoir faisons que, par devant les Conseillers du roy, notaires à Lyon, soussignés, sont comparus Messire Claude Cizeron, écuyer, ancien secrétaire du roy, seigneur du Vernay et de Brona, demeurant en cette ville, place de Louis le Grand, d'une part,

Et Messire Jean-Baptiste Agniel, écuyer, seigneur de la Vernouze, Conseiller en la Cour des Monnoyes, sénéchaussée et siège présidial de Lyon, agissant en qualité de mari et maître des droits de dame Marie-Catherine-Victoire Cizeron, et la dite dame procédant de l'autorité du dit sieur, son mari, d'autre part.

Lesquelles parties sont convenues de ce qui suit, sçavoir : que le dit sieur Cizeron, pour s'acquitter d'une partie de la somme de cent vingt trois mille livres, par lui constituée en dot à la dite dame sa fille, dans son contrat de mariage, en datte du cinq février mil sept cent cinquante un, reçu par Mʳᵉ Guyot et son confrère, notaires en cette ville, controllé et insinué, a volontairement cédé, remis et abandonné, par ces présentes, aux dits sieur et dame de la Vernouze, les biens, tant meubles qu'immeubles, appartenantz au dit sieur Claude Cizeron, avec les droits et actions qui en dépendent, ainsy qu'ils seront expliqués ci-après :

En premier lieu, le château, seigneurie et rente noble du Vernay, les rentes nobles appellées des Chaffanaux et des Vetouges, et la rente foncière de la Chavatte, les droits de patronage de la chapelle du Vernay, en l'église de Villette, et de deux autres chapelles dans l'église de Bourg, et autres droits honorifiques, avec le jardin, verger, chenevière, pré, serve et autres dépendances du dit château, les domaines appellés de Cerisier, du Mottet, gros domaine du château, les domaines de Nugod, de Chaffanel, de Jamy, le gros domaine de la Ranche, celui de Charluat, la Carronnière, le Grangeon de vignes, de la contenance d'environ cinquante deux ouvrées, en différentes parcelles, tant de l'ancien Vernay, que des acquisitions faites par le sieur Cizeron, l'étang de Grand Pra, l'étang du Bois, les portions en assec et évolage dans l'étang du Chaussoy, dans l'étang neuf du Charluat, et dans le petit étang du Charluat, les prés en assec dans l'étang Delcobule, la forêt du Vernay et le bois de la Vavre, suivant le partage qui en a été fait avec le sieur d'Aubarède, en exécution de la transaction passée avec lui devant le dit Mre Guyot et son confrère, en date du vingt-neuf aoust mil sept cent cinquante-quatre; la forêt d'Oncieu, les bois Jouvet et de la Griottière, les bois des Taillis de Chomettes, des Malvernes et du buisson Reymond, le pré du Châtenay, deux prés aux Feuillées, les dits domaines, château et fonds, situés en la province de Bresse, dans les paroisses de Villette et de Châtenay. Plus, le domaine du Saix, ceux appellés du Biolay et de la Fougère, les rentes Maillard, et de Chardonnot, les bois taillis et de haute futaye, les prés dans l'étang Capitant, et toutes les parties de rentes foncières, qui dépendent des dits domaines, lesquels sont situés dans la souveraineté de Dombes, rière les paroisses de Dompierre et de Lent, et, généralement, tout ce qui dépend des dits domaines, château et fonds, au nombre de quatorze feux, y compris le château, ensemble les meubles meublantz, le château, les bestiaux, chevaux et juments, denrées, outils d'agriculture, tonneaux, bois abbattus, ouvrés et non ouvrés, arrérages des redevances des grangers et caronniers, dont partie ont été converties en obligations, et arrérages de servis et rentes de tout le passé jusqu'à présent, et généralement, tous les effets mobiliers dépendants des dites seigneuries et domaines ; lesquels effets mobiliers, y compris les bestiaux et autres choses spécifiées cy-dessus, ont été volontairement évalués entre les parties à la somme de dix mille livres. Pour prendre dez à présent possession par les dits sieur et dame de la Vernouze de tous les biens, droits et effets ci-dessus remis et abandonnés, et en jouir et disposer en toute propriété et usufruit, à compter de la fête de St-Martin dernière, de la même manière que ledit sieur Cizeron en a joui, pu ou dû jouir, sans par lui s'y réserver, ny retenir aucune chose, à la charge néanmoins du simple cens et servis, sur les fonds qui peuvent y être sujets.

En second lieu, le dit sieur Cizeron cède et abandonne, aux dits sieur et dame de la Vernouze, la propriété de onze parties de rentes perpétuelles, sur les tailles de différentes Généralités et sur l'hôtel de ville de Paris, composant ensemble la somme de deux cent cinquante une livres par année, suivant les contrats décrits cy-après, dont le dit sieur Cizeron s'est trouvé les grosses, pour recevoir les arrérages des dites rentes, pendant sa vie, sçavoir : trois parties sur les tailles de la Généralité de Lyon, dont deux de cinquante livres chacune, et l'autre de vingt livres seize sous huit deniers, suivant les trois quittances de finance en parchemin du trente juin mil sept cens vingt-quatre, signées Paris de Montmartel ; trois sur les tailles de l'Election de St-Etienne, l'une de vingt-deux livres, par quittance de finance du vingt cinq may mil sept cent vingt trois, signées de Turmenyer ; une de trente cinq livres, par contrat du receveur des consignations de Bourg-en-Bresse, en date du vingt deux aoust mil sept cent vingt quatre, passé devant Duhamel, notaire, et l'autre de neuf livres, par contrat du même jour devant le même notaire, et cinq sur la Généralité de Paris, dont une de vingt livres seize sous huit deniers, par contrat du vingt-deux avril mil sept cent vingt un, passé devant Divins le jeune et son confrère, notaires à Paris, au profit de la veuve Brun, cédée au dit sieur Cizeron sur les Aides et

Gabelles, une de huit livres dix-sept sous six deniers, par contrat du vingt huit juillet mil sept cent trente deux, au profit de la veuve Mauvernail, à Venot Staron et fils, devant Canezet et son confrère, notaires à Paris, transportée au dit sieur Cizeron, une de douze livres un sou, par quittance de finance du trente juin mil sept cent vingt quatre, signée Gruyn, expédiée au profit de Jean-Baptiste Dilbert, cédée à Mre Cizeron, comme directeur des créanciers du dit sieur Dilbert, une de onze livres neuf sous six deniers, au profit de Jean Baudin, par quittance de finance du premier février mil sept cent vingt-trois, et la dernière de douze livres, par quittance de finance du trente mars mil sept cent vingt-quatre, expédiée au profit du sieur Saintard ; toutes les dites parties de rentes appartenant au dit sieur Cizeron, auquel les arrérages en appartiendront pendant sa vie, comme il a été dit cy-dessus ; et après son décez, les dites rentes appartiendront aux dits sieur et dame de la Vernouze, ainsy que les arrérages qui se trouveront dus, comme aussy les arrérages de rente ou pensions viagères appartenants au dit sieur Cizeron, lesquelles rentes ou pensions viagères ne sont point comprises en cette cession, et dont néanmoins les arrérages qui se trouveront échus au terme de son décez et qu'il n'aura pas reçus seront payés aux dits sieur et dame de la Vernouze.

En troisième lieu, ledit sieur Cizeron cède et abandonne aux dits sieur et dame de la Vernouze, son argenterie, ses meubles meublants, livres et bibliotèque et autres effets mobiliers de pareille nature, qu'il a présentement dans son domicille en cette ville et qui demeurent amiablement estimés entre les parties à la somme de deux mille livres, pour en prendre possession par le dit sieur et dame de la Vernouze, et en jouir en pleine propriété sitôt après le décez dudit sieur Cizeron, qui s'en réserve aussy la jouissance pendant sa vie.

La présente cession faite sous les conditions suivantes :

1° Les dits sieur et dame de la Vernouze seront tenus d'acquitter tout ce qui se trouvera dû, soit pour raison de l'instance intentée par les titulaires de la chapelle du Vernay, à Villette, qui prétendent la restitution de quelques articles de rente, compris dans le terrier du Vernay, soit pour raison de l'instance intentée par le sieur Arriveur, qui prétend une partie de la rente Maillard, soit, enfin, pour raison des frais, auxquels le dit sieur Cizeron a été condamné envers M. de Varax, par arrêt concernant les foy et hommage du Vernay, sans que la présente énonciation puisse former aucun titre contre les dits sieur et dame de la Vernouze.

2° Ils acquitteront les servis et arrérages d'iceux échus, de même que les laouds, qui peuvent être dus, à différents seigneurs, sur les fonds dépendants du Vernay, à cause des acquisitions qui en ont été faites par le dit sieur Cizeron, et, encore, la pension de vingt quatre livres par année, due au curé de Châtenay en Dombes, et celle de cent livres annuellement due au sieur d'Aubarède, suivant la transaction énoncée cy-dessus, sauf à déduire sur la dite pension ce qui se trouvera être dû par le dit sieur d'Aubarède.

3° Les dits sieur et dame de la Vernouze payeront à Jean-François Cizeron, écuyer, frère de la dite dame, d'une part, la somme de dix mille neuf cent trente sept livres dix sous à lui due en reste de ses droits maternels et loyalle échutte. sans comprendre, néanmoins, dans la dite somme ce qui pourroit encore lui être dû relativement à la pension d'augment de la grande mère Bernon, suivant l'acte de licitation du six aoust mil sept cens trente reçu Vernon, notaire à Lyon, pourvu toutefois qu'elle ne fasse pas un double employ, avec pareille portion d'augment de la dite dame Bernon, payée par quittances des vingt février mil sept cent vingt deux, et quatorze octobre mil sept cent vingt trois dûment controllées.

Et, d'une autre part, la somme de deux mille livres, qui lui est due en reste de celle de deux mille huit cent neuf livres quinze sous sept deniers, qu'il a payée en l'acquit du dit sieur, son père, à la direction de Vaux, par acte du trois février mil sept cent cinquante-six, passé devant Perrin et son confrère, notaires à Lyon.

4° Les dits sieur et dame de la Vernouze payeront, à la direction Dilbert, la somme de seize cent soixante une livres quatre sous sept deniers, qui est due conformément aux deux sentences d'ordre, en date du 20 novembre mil sept cent trente quatre, et du dix-neuf septembre mil sept cent cinquante.

5° Ils payeront aux enfants de Jacques Nicolet, à ceux de Jean-Baptiste Nicolet et aux héritiers de Michel Bérard la somme de cinq cent quatre-vingt une livres, due en reste du prix d'acquisition de plusieurs fonds, dépendans du Vernay, ensemble les intérêts qui s'en trouveront dus et échus.

6° Les dits sieur et dame de la Vernouze seront tenus de payer, au dit sieur Jean-François Cizeron, après le décez du dit sieur son père, et sans intérêts jusqu'alors, la somme de quinze mille livres, à laquelle sa légitime paternelle demeure dez à présent fixée, tant par le dit sieur Cizeron, père, que par le dit sieur son fils, icy présent, émancipé par ordonnance du vingt six aoust mil sept cent cinquante deux, relativement aux biens, cy-devant donnés, par le dit sieur Claude Cizeron, à ses enfants, lesquels sont sujets à raport, et relativement aussy aux biens, qui sont présentement abandonnés aux dits sieur et dame de la Vernouze, déduction faite des charges cy-dessus énoncées, ainsy que de sa légitime maternelle de la dite dame de la Vernouze, bien entendu néanmoins, que dans le cas où le dit sieur Cizeron, père, laisseroit, à son décez, d'autres biens que ceux compris aux présentes, la légitime du dit sieur Cizeron fils sera augmentée à proportion, et qu'elle diminuera aussy, proportionnellement, s'il survient d'autres dettes que celles énoncées au présent contrat.

7° Le dit sieur de la Vernouze se retiendra la somme de trois mille six cent quatre vingt dix neuf livres trois sous six deniers, qui luy est due par le dit sieur Cizeron père, pour solde des intérêts échus jusques à la fête de St-Martin dernière, de la dot qu'il a constituée à la dite dame de la Vernouze, toute déduction et compensation faite de ce que le dit de la Vernouze a reçu et payé, en acquit du dit Cizeron, jusques au dit temps.

Finalement les dits sieur et dame de la Vernouze seront tenus de payer, au dit sieur Cizeron père, une pension viagère de cinq cent livres par année, franche de toutes impositions prévues et imprévues, à compter de la fête de St-Martin dernière, et dont le payement sera fait en deux parties égales de six mois en six mois et par avance.

Déclarant le dit sieur Claude Cizeron qu'il ne possède aucuns autres biens que ceux énoncés cy-dessus, qu'il n'a fait aucunes

aliénations ny remises de fonds et effets, depuis la transaction
passée avec le sieur d'Aubarède, et qu'il n'y a point d'autres
charges que celles cy-dessus énoncées. Il déclare aussy que le
château, la seigneurie, rente noble, droits honorifiques, ensemble tous les domaines et biens réels par leur nature, situés
dans la province de Bresse, sont de valeur de la somme de
soixante dix mille livres, et que les domaines, rente noble et
autres biens réels, situés en la souveraineté de Dombes, sont de
valeur de vingt mille livres, lesquelles sommes réunies à celle
de dix sept mille livres, tant pour les effets mobiliers, que
pour le fond principal au denier vingt des parties de rentes
énoncées cy-dessus, reviennent à la totale de cent sept mille
livres, en sorte que, déduction faite du montant et de la valeur
des dettes et charges cy-dessus énoncées, lesquelles ont été
amiablement évaluées et volontairement arbitrées à la somme
de trente neuf mille livres, considération faite de ce que une
partie des dites et charges sont exigibles dez à présent, d'autres
sont payables dans des termes éloignés, et d'autres, enfin, ne
portent point d'intérêts, et quelques-unes même ne sont que
conditionnelles, comme subordonnées à des évènements incer-
tains. Considération aussy faite de ce que, dans les biens cédés,
il en est une partie, dont les dits sieur et dame de la Vernouze
ne doivent jouir qu'après le décez du dit sieur Claude Cizeron ;
toutes ces considérations ainsy faites, les dits sieur et dame
de la Vernouze se trouvent, par l'effet des présentes, payés de
la somme de soixante huit mille livres, faisant, avec celle de
trois mille livres, dont leur contrat de mariage porte quittance,
la somme de soixante onze mille livres à imputer et déduire
sur la dot de cent vingt trois mille livres, qui a été constituée
à la dite dame de la Vernouze, par le dit sieur son père.
De laquelle somme de soixante onze mille livres, les dits sieur
et dame de la Vernouze quittent et déchargent d'autant le dit
sieur Cizeron père, se réservant, néanmoins, pour ce qui leur
est dit, en reste de la dite constitution dotale, tant en principal
qu'intérêts, tous leurs droits, actions, privilèges et hypothèques
sur les biens qui pourroient arriver au dit sieur Cizeron.

Pour faciliter le payement des dettes et charges énoncées cy-
dessus, il a été convenu qu'il sera loisible, aux dits sieur et

dame de la Vernouze, de vendre telle partie, qu'ils jugeront à propos, des biens, tant meubles qu'immeubles, réels ou fictifs, cy-dessus abandonnés, et que le prix en provenant sera employé à acquitter les dites dettes et charges.

Le présent contrat a été approuvé et agréé par le dit sieur Cizeron fils, dans tous les articles qui le concernent, et il a déclaré qu'au moyen des sommes stipulées en sa faveur, il n'a aucunes autres prétentions, ny actions, directement ou indirectement, sur les biens cy-dessus cédés aux dits sieur et dame de la Vernouze ; reconnaissant le dit Cizeron fils avoir reçu présentement, en bonnes espèces ayant cours, des deniers de Monsieur de la Vernouze, la somme de douze mille neuf cent trente sept livres dix sous, en payement de pareille somme pour laquelle il a été delegué, par le dit sieur son père, dans l'article trois des charges énoncées cy-dessus. De laquelle somme de douze mille neuf cent trente sept livres dix sous, il se contente et quitte les dits sieur et dame de la Vernouze, sans préjudice de sa légitime paternelle, voulant, néanmoins, le dit sieur Cizeron fils, que dans le cas où il décéderoit sans enfants légitime, avant le dit sieur son père, même, en cas de prédécez de ses enfants à leur ayeul, les dits sieur et dame de la Vernouze soient pleinement déchargés du payement de la sus dite somme de quinze mille livres, pour sa légitime paternelle, et que cette somme soit réunie et consolidée à l'universalité des dits biens, et, dans ce dernier cas, les dits sieur et dame de la Vernouze tiendront compte, sur la dot de la dite dame, de la somme de quatre vingt six mille livres.

Promet, le dit sieur Cizeron père, de remettre incessamment aux dits sieur et dame de la Vernouze, tous les terriers, baux à ferme et à grangeage, titres et papiers qu'il peut avoir, concernant la propriété des sus dits biens, même les quittances, transports et autres pièces et documens étant en son pouvoir, dont il sera valablement déchargé, sous le récépissé des dits sieur et dame de la Vernouze, au bas de la description qui en sera faite. Le tout ainsy convenu et accepté réciproquement.

Dont acte fait et passé à Lyon, en l'hostel de Messire Pierre de Colabau, baron de Châtillon-la-Palud, seigneur de St Maurice-de-Rémens et autres places, Conseiller honoraire en la Cour

des Monnoyes, sénéchaussée et siège présidal de Lyon, en sa
présence et de son avis et de celui de Messire Antoine-François
de Regnauld, seigneur de Parcieux, Massieux et autres places,
doyen de Messieurs les Conseillers en la Cour des Monnoyes,
sénéchaussée et siège présidial de Lyon, et de Jean Burtin,
écuyer, Conseiller secrétaire du Roy, maison, couronne de
France, avocat au Parlement et aux Cours de Lyon, l'an mil
sept cent cinquante-six, le trois de juin, après midi.

(Archives du château de Richemont.)

VI

Testament de César Laure, sieur de Gravagneux.
(17 janvier 1637.)

Au nom de Dieu, Amen. A tous ceux qui ces présentes
verront, Nous, garde du scel estably aux contractz, en la ville,
sénéchaussée et siège présidial de Lyon, sçavoir faisons que,
par devant Isaac Gillet, notaire tabellion royal, garde-notte
héréditaire au dit Lyon soubssigné, et, en présence des tesmoins apprès nommez, personnellement estably et constitué
noble Cœsard Laure, seigneur de Crozeul, bourgeois du dit
Lyon, lequel de son bon gré, pure, franche et libre volonté,
considérant les misères de la vie humaine et l'incertitude d'i-
celle, pour obvier à ce que procès et différentz ne puissent
subvenir entre ses enfans, à cause de ses biens, et les maintenir
en bonne paix, amitié et concorde, a faict son testament nuncupatif et ordonnance de dernière volonté, en la forme et manière que s'ensuit :

Premièrement, comme bon chrétien et catholicque, s'estant
muny du sainct signe de la Croix, disant : In nomine Patris,
Filii et Spiritus Sancti, Amen, a recommandé son âme à Dieu,
le Créateur, le suppliant par les mérites de la glorieuse mort
et passion de Nostre Seigneur Jésus-Christ, son cher Fils, et
par les prières de la glorieuse Vierge Marie, et de tous les
sainctz et sainctes du Paradis, luy voulloir pardonner ses fautes
et péchez, et le recepvoir en son royaulme céleste de Paradis,

déclairant et protestant qu'il a toujours vescu et veult continuer et mourir, Dieu aydant, en la foy catholicque, appostolique et romaine ; et quand il plairra à Dieu l'appeller de ce monde, il eslit la sépulture de son corps, en l'esglize du couvent des Pères Augustins du dit Lyon, et en son vas ou tombeau ; et, pour le regard de ses frais funéraires, il s'en remet et rapporte à la volonté et discrection de son héritier universel soubz nommez, s'assurant qu'il en fera son debvoir ; a revocqué, cassé et annullé tous les autres testamens, codicilles, donnations et autres dispositions de dernière volonté, qu'il a faict cy-devant, voullant que ce présent son testament soit seul vallable, et sorte son plain et entier effect.

Item, le dit sieur Laure testateur, donne et lègue aux dits religieux, des Augustins du dit Lyon, la somme de deux cens livres tournois, qu'il veult leur estre payez, moytié trois moys apprès son décedz, et l'autre moytié au bout de l'an d'icelluy, moyenant lequel légat, ilz seront tenus de dire tous les jours, durant l'an de décedz, à commancer le lendemain de son décedz et à continuer jusques à l'an révollu d'icelluy, une messe basse heucharistielle, à l'autel privillégié, de l'office des Trespassez, et qu'ilz ne pourront demander aucune chose, pour les droicts de sa sépulture, assistance à son convoye, messes et services qu'ilz feront, à son enterrement, ny à l'an révollu d'icelluy.

Item, donne et lègue aux pauvres de l'aulmosne générale du dit Lyon, la somme de deux cens livres tournois, et aux pauvres de l'Hostel-Dieu du pont du Rosne du dit Lyon, la somme de trois cens livres tournois, qu'il veult estre payez aux sieurs recteurs des dits pauvres de la dite aulmosne générale et Hostel-Dieu, trois moys apprès son dit décedz, moyenant quoy, les enfans adotifz de la dite aulmosne assisteront à son dit enterrement, en tel nombre qu'il plairra à Messieurs les recteurs y envoyer, comme ayant esté l'un des recteurs d'icelle aulmosne.

Item, donne et lègue aux religieux des Couvens des Cordelliers, Feuillans, Carmes et Carmes Deschaussez du dit Lyon, à checun d'iceux quatre couvens, la somme de cinquante livres tournois, faisant en tout deux cens livres tournois, à la charge de dire, à chacun des dits couvens, cinquante messes incontinant apprès le décedz du dit testateur, pour le salut de son âme, et à son intention, qu'il veult estre payée un moys apprès son dit décedz.

Item, donne et lègue à Marguerite Crozet, sa servante, la somme de cent livres tournois, avec ce qui luy sera deub de ses gages, qu'il veult luy estre payéz icontinant apprès son décedz.

Item, donne et lègue à Marguerite Dechavanes, sa petite niepce et filleuille, fille de sieur Pascal Dechavanes et de dame Barbe Laure, mariez, la somme de trois cens livres tournois, payable quand elle se mariera.

Item, donne et lègue, audit Pascal Dechavanes, tous les meubles et ustencilz de sa bouticque de taintuier, sans y comprendre les drogues, ny debtes de sa dicque bouticque, ains seulement les meubles et ustencilz, servant pour la dite bouticque, qui luy appartiendront au dit jour de son décedz. Plus, sa maison seize au dit Lyon, au quartier du Griffon, que le dit sieur testateur a acquise du sieur Graciany, ainsy qu'elle se comporte. Plus, une autre maison et verchiere, au dit sieur testateur appartenans, scituez au port de Collonges-au-Mont-d'Or, comme le tout se contient et se comporte, et aux charges des pensions et autres, qui se trouveront deues, tant sur la dite maison du Griffon imposées par le dit sieur testateur, au proffit des Religieulse du dit Couvent des Carmes, qui est de la somme de dix livres, pour la construction, rière le dit Couvent, de la chapelle de la Misericorde, que autres, sy aulcunes en y a créez auparavant, voullant que le dit Dechavanes entre en possession, et commence d'en jouir au premier terme de Noel ou St-Jean-Baptiste, apprès le déceds du dit testateur, lequel terme appartiendra à son héritier universel, et, qu'à ces fins, les contractz, concernans les ditz fonds, luy soient deslivrez, pour toute maintenue et garantie, et à ses périlz et fortunes, sans que son héritier universel luy soit tenu d'aulcune éviction ny garantie.

Item, donne et lègue à Me Jean d'Ambourney, son procureur et amy, procureur ez Cours du dit Lyon, son bassin d'argent, qu'il veult luy estre deslivrez apprès son décedz.

Item, donne et lègue, Me Coesard Greuse, son filleuil, la

somme de trois cens livres, payable six moys apprès son décedz.

Item, le dit testateur donne et lègue et, par droict de légat et institution particullière, deslaisse à damoiselle Marie Laure, sa petite fille, fille de noble Mons. Barthélemy Laure, son filz, Conseiller du Roy en la sénéchaussée et siège présidial du dit Lyon, une maison au dit sieur testateur appartenant, et qu'il a acquise de feu Abraham Cherny, scize au dit Lyon, rue de Bourgneuf, sans néantmoings que l'héritier universel du dit sieur testateur, cy-apprès nommez, luy soit tenu d'aulcune maintenue ni garantie, et, cas advenant que la dite damoiselle Marie Laure vienne à décedder sans enfans naturels et légitimes, le dit sieur testateur luy a substitué Coesard-Claude Laure, son frère, fils du dit Conseiller Laure, et veult le dit sieur testateur que leur dit père jouisse de la dite maison, jusques à ce que la dite damoiselle Marie Laure soit mariée; et venant les ditz Marie et Coesard Laure à décedder sans enfans, veult, le dit testateur, que la dite maison soit, advienne et appartienne au dit sieur Conseiller Laure, leur dit père, le tout pour tous droictz, que la dite Marie Laure pourroit avoir en ses biens et hoirie, la faisant, en ce, son héritière particullière.

Item, le dit sieur Laure testateur donne et lègue, par droict et légat et institution particullière deslaisse à sieur Barthélemy Laure, son petit-filz, filz de Claude Laure, filz et heritier universel du dit sieur testateur, cy-apprès nommez, assavoir, trois maisons à icelluy sieur testateur appartenans, joignans ensemble, qu'il a acquises des frères de Bergat, scituéez au dit Lyon, rue de la Vieille Monnoye, paroisse St-Vincent, aux charges deues sur icelles. Desquelles maisons le sieur Bathélemy Laure en jouira incontinant qu'il aura attaint l'aage de vingt cinq ans, ou qu'il sera marié, et jusques à ce qu'il soit marié, le dit sieur Claude Laure en aura la jouissance, et venant à décedder avant le dit temps, veult, le dit testateur, que les dites maisons adviennent et appartiennent au dit sieur Claude Laure; le dit légat fait par le dit sieur testateur au dit Barthélemy Laure, son petit-filz, pour tous droictz, noms, raisons et actions qu'il pourroit avoir et prétendre en ses biens et hoirie, le faisant, en ce, son héritier particullier.

Item, ledit sieur testateur donne et lègue et, par droict de légat et institution particullière, deslaisse à damoizelle Marguerite Laure, sa fille, femme de sieur Nicolas Serre, et, à deffaut d'elle, à ses enfans, la somme de six mille livres tournois à damoizelle Isabeau Laure, sa fille, femme de sieur Hugues Blaut, et, à deffaut d'elle, ainsy à ses enfans, par mesme droict d'institution, qui leur seront payez à checune d'elles un an apprès son dit décedz, outre ce qu'il leur a jà cydevant donné par leur contractz de mariage et despuis payez. Par lesquelz mariages elles ont renoncé à tous les droictz qu'elles pourroient prétendre en ses biens; néantmoings, le dit sieur Laure, leur dit père, leur a faict le dit légat pour tout supplément de légitime et autres droicts, qu'elles pourroient prétendre en ses biens et hoirie, tant de leur chef que de deffunte dame Claudine de Codeville, leur mère, les faisant, en ce, ses herittières particullières.

Item, donne et lègue le dit sieur testateur et, par droict de légat et institution particulière deslaisse au dit noble Mons. Me Barthélemy Laure, son dit filz, Conseiller du Roy en la sénéchaussée et siège présidial du dit Lyon, outre ce qu'il luy a donné par son contract de mariage, et les avantages qu'il luy a faictz par icelluy qui sont grandz, la maison que le dit sieur testateur a acquise de feu Mre Fomard, scituez au dit Lyon, en la rue et place de la Boucherie St-Paul, traversant à la rue de Langello, ainsy et comme elle se comporte, aux charges qui se treuveront deues sur icelle, et à ses risques et périlz et fortunes, sans que l'hérittier universel du dit sieur testateur, ny son hoirie luy soient tenus d'aulcune maintenue, éviction, ni garantie en cas d'éviction. Plus, donne, lègue, le dit sieur testateur et, par mesure droict de légat et institution particullière deslaisse au dit sieur Conseiller Laure, son dit filz, la somme de six mille livres tournois, qu'il veult luy estre payée, trois moys apprès son décedz, les dits légatz à luy faictz par son dit père pour tous droictz, noms, raisons et actions, légitime, suplement d'icelle et aultres droictz, qu'il pourroit avoir et prétendre sur ses biens et hoirie, tant de son chef que de la dite feue dame de Codeville, sa mère, le faisant, en ce, son hérittier particullier.

Item, le dit sieur testateur donne et lègue et, par droict de légat et institution particullière deslaisse à sieur Jean-Paul Laure, son autre fils, assavoir : d'icelluy testateur toute la vaisselle d'argent, en quoy qu'elle conciste, fors et excepté son dit bassin d'argent, qu'il a ci-devant donné et légué au dit sieur d'Ambourney, estant la dite vaisselle d'argent du poids d'environ quatre-vingt-cinq marcs, en plusieurs espèces ; laquelle vaisselle d'argent, le dit sieur testateur veult estre deslivrez au dit sieur Jean-Paul Laure, son dit filz, incontinant apprès son décedz, à la charge d'employer et fournir, par luy, la somme de huict cens livres à l'usage et pour les affaires de la Confrérie, depuis peu érigée en cette ville, appellée de la Miséricorde, de laquelle le dit sieur testateur est fondateur, et qui est dans l'enclos du couvent des Carmes du dit Lyon, et suivant ce qui sera advisé par les sieurs recteurs, vice-recteurs et leurs confrères, qui seront, lors du décedz du dit sieur testateur, en la dite Confrérie, les priants, le dit sieur testateur, que tout ainsi qu'il a heu soing et en particullière recommandation l'érection de la dite Confrérie, ilz fassent leur pouvoir et ce ordonner que, la dite somme de huict cens livres soit utilement employez aux effectz de charité, comme il a toujours désiré faire, et, de laquelle somme de huict cens livres tournois il faict légat à la dite Confrérie, qu'il veult estre payez à la forme sus dite, et, a le dit testateur déclairé et déclaire que, attendu la constitution dottale, par lui faicte au dit sieur Jean-Paul Laure, son dit filz, par le contract de mariage d'entre luy et damoiselle Perrachon, sa femme, receu par Mre Terrasson, notaire royal au dit Lyon, les an et jour y contenus, qui est de la somme de septante-cinq mille livres tournois et de deux maisons, grenier et grange cy-apprès mentionnez, il ne luy faict aulcun autre légat que le sus dit de la dite vaisselle d'argent, et le prie de s'en contanter, tant de la dite constitution que du sus dit légat, pour tous droictz, noms, raisons et actions, partz et portion, succession, légittime, suplément d'icelle et autres quelconques réclamations, que le dit sieur Jean-Paul Laure pourroit avoir et prétendre ez biens et hoirie du dit sieur testateur, son dit père, et de la dite feue dame Claudine de Codeville, sa mère ; estans les dites deux maisons, sçavoir : l'une neufve, que le dit sieur testateur a faict bastir, en la rue des Tourbes, au dit Lyon, paroisse St-Vincent, et l'autre, qu'il a au dernier de la dite maison neufve, acquise de la Caille et de Jean Veignet, et encore les greniers du dit sieur testateur, qui sont au-devant de la dite maison neufve, en la dite rue des Tourbes, aboutissans par dernier de la maison d'habitation du sieur testateur, desquelles deux maisons et greniers, le dit Jean-Paul Laure en jouit à présent, en vertu de la dite constitution. Plus, sa grange de Cuires, de laquelle icelluy Jean-Paul Laure ne doibt jouir que apprès le décedz du dit sieur testateur, ainsy qu'elle se contient et comporte, et le tout, conformément à la dite constitution, contenue au dit contract de mariage, le faisant, en ce, son hérittier particullier pour tous ses dits droictz.

Item, le dit sieur testateur donne et lègue à tous ses parens et autres, qui voudroient prétendre droict en ses biens et hoirie, à checun d'eulx, cinq sols tournois, qu'il veult leur estre payez pour tous droictz en faisant apparoir d'iceulx, les instituant, en ce, ses hérittiers particulliers.

Au résidu de tous et un checun des dits autres biens du dit sieur Laure, testateur, meubles, immeubles, droictz, noms, raisons et actions, présens et advenir quelzconques, qu'il n'a cy-devant léguez ny léguera par cy-apprès, ses légatz et frais funéraires premièrement payez, satisfaicts et accomptez, icelluy sieur Laure, testateur, a faict et institué, de sa propre bouche nommez son hérittier universel, assavoir, le dit sieur Claude Laure, aussy son fils, naturel et légitime et de la feue dame de Codeville, marchand bourgeois du dit Lyon, auquel il veult et ordonne tous ses dits biens et hoirie escheoir et advenir de plein droict, à la charge de payer et acquitter ses debtes, légatz et frais funéraires, voullant et ordonnant que le présent son dit testament soit seul vallable par droict de testament sollempnel et nuncupatifz, de codicille, de donation à cause de mort, et par tous autres meilleurs moyens, que testamens et dispositions de dernières volontez peuvent et doibvent valloir, priant et requérant les tesmoings cy-présens, par luy bien cogneuz, qu'ilz et checun d'eulx ayent à porter vray et loyal tesmoignage de vérité de ce que dessus, et de ne le reveller jusques à ce qu'il en soit temps, et au dit notaire royal sus

***

dit et soubzigné, en faire une ou pluieurs expéditions, quand
et à qui il appartiendra.

Faict et passé au dit Lyon, en l'estude du dit notaire royal
soubzsigné, le dix-septiesme janvier, apprès midy, mil six cens
trente-sept; présens à ce : sieur Aymé Vial, Claude Ménestrier,
marchands ciergiers, sieur Claude Parge, maistre-tainturier
de soye, Aymé Blanc, Jean Pignard, Jean-François Menestrier,
tous trois ciergiers, et Martin Guillet, clerc au dit Lyon, tesmoings requis et appellez, lesquelz, avec le dit testateur, ont
signé ces présentes. — Gillet, notaire.

(Archives du château de Richemont.)

VII

*Vente, au profit de Jean-Paul Laure, par Gaspard du
Puget, seigneur du Vernay, de la rente et de la justice
du Vernay et de Brona (10 juin 1646).*

Par devant le notaire tabellion royal à Lyon, soussigné et
en la présence des tesmoins cy après nommez, fut présent en
sa personne Gaspard du Puget, escuyer, seigneur du Vernay
et Bronna, en Bresse, demeurant d'ordinaire en son chasteau
du Vernay, lequel, de son gré a recogneu et confessez avoir
vendu, ceddé, quitté, transporté et deslaissé, comme par ces
présentes il vend, cedde, quitte, transporte et deslaisse, dès
maintenant et à tousjours, à noble Jean-Paul Laure, Conseiller
du Roy, receveur et payeur des rentes assignées sur les gabelles
du Dauphiné, demeurant en ceste ville, de Lyon, absent,
Mre Antoine Margat, chanoine et chantre de l'esglise collégiale
Sainct Nizier de ceste dite ville, présent et acceptant pour le
dit sieur Laure et les siens, en vertu d'une procuration spéciale, qu'il a du dit sieur Laure receue par Mre Renouard, notaire à Aix, le vingt neufviesme jour de janvier dernier,
laquelle est jointe et annexée à la minutte des présentes, sçavoir : tous les droictz de justice quelle quelle puisse estre, de
rente, cens et servis, et autres droictz et devoirs seigneuriaux
appartenans au dit sieur vendeur, à cause de ses dites sei-

gneuries du Vernay et Bronna, qu'il a en et sur les maisons et
fondz, appartenans de présent au dit sieur Laure, et qui dep-
pendent de la justice et directe des dites seigneuries, sans se
réserver, ny retenir, par le dit sieur vendeur, aulcune chose
des dicts droictz, desquelz icelluy sieur Laure et les siens joüi-
ront et useront à perpétuité, avec les mesmes honneurs, privilèges, authorités et prérogatives, tout ainsy que le dit sieur du
Verney en a jouy et jouit encores, conformément au contract
de transaction, faicte le douziesme février mil quatre centz
quatre vingtz et quatorze, entre les seigneurs de Richemont,
d'une part, et les prédécesseurs du dit sieur vendeur aux dites
seigneuries du Verney et Bronna, d'autre part, et suivant l'acte
de réception en foy et hommage, et reconnoissance faicte en
l'année mil quatre centz quarante et le quinziesme de décembre,
par damoiselle Béatrix de Bronna, en faveur de noble Gaspard
de Varax et de la Palu, comme seigneur du dit Richemont,
lesquelz deux tiltres de transaction et de reconnoissance, le dit
sieur du Verney, vendeur, a présentement remis au pouvoir de
noble Claude Laure, bourgeois de ceste dite ville de Lyon,
pour d'iceux estre faictz extraictz, dans la quinzaine, à servir
au dit sieur Laure, achepteur, son frère.

Estant le premier des dits tiltres, sur une feuille de parchemin, sans aucune rature, ny effassure, seullement un peu
mangé des ratz par le meillieu, signez Beradi, commençant
par ces motz : In nomine Domini, Amen. Universis serie pre-
sentium sit manifestum, quod cum questio et controversia, etc.;
et l'aultre estant escrit sur un papier en caracthères fort me-
nus, contenant trente-trois feuilletz escritz, à la réserve de
quelque peu de blanc, qu'il y a entre chacune reconnoissance,
qui sont en suitte de la reception en foy et hommage, et du
trente uniesme feuillet verso, où il n'y a que sept lignes escrites, commençant au premier feuillet par ces motz en forme
d'intitulation : Sequitur declaratio fidelitatis domine de Bronna
et du Verney, et signez au commencement du trente quatriesme
feuillet : Michael ; auquel trente quatriesme feuillet, il n'y
a que quatre lignes escrites, et, après, la soubscription dudit
notaire. Lesquelz deux tiltres, le dit sieur Claude Laure, pour
ce personnellement establi, en son propre et privé nom, a

promis et promet de rendre au dit sieur du Verney ou aux
siens, et qui aura de luy charge par procuration, au mesme
estat qu'ilz luy ont esté remis, dans le dit temps de quinzaine.

La présente vente, pure et simple, faicte pour et moyennant
le prix et somme de mille dix livres tournois; laquelle somme,
le dit sieur du Verney a confessez avoir receue du dit sieur
Laure, achepteur, par les mains et des deniers du dit sieur
Claude Laure, son frère, en escus, louys d'or de dix livres,
pièces et aultre bonne monnoye, retirée et emboursée par le dit
sieur vendeur en présence des dits notaire et tesmoins, dont il
s'est tenu pour content et bien payez et en a quittez et quitte
les dits sieurs frères Laure et les leurs. Et moyennant ce, le dit
sieur vendeur s'est entièrement dessaisy, démis et dévestu de
tous les dits droictz de justice, quelle qu'elle soit et puisse
estre, de rentes, cens et servis, et devoirs seigneuriaux générallement quelconques, sans aulcune réserve, qu'il a en et sur
les maisons et fondz du dit sieur Jean-Paul Laure, achepteur,
à cause de ses dites seigneuries de Verney et Bronna, et en
a investy, saisy et vestu icelluy sieur achepteur, consentant
qu'il en prenne la vraye, réelle et actuelle possession, quand
bon luy semblera; et jusques à icelle prinse, confesse, le dit
sieur vendeur, le tout tenir de luy et des siens, au nom et tiltre
de constitut et précaire et non aultrement, aux fins que le dit
achepteur et les siens puissent, à tousjours, paisiblement jouir
et disposer de tous les dits droictz vendus, que le dit vendeur a
promis de leur maintenir et garentir, envers et contre tous, de
toute éviction génerale et particulière, et les faire jouir à la
forme des sus dits deux titres, faisant au dit Jean-Paul Laure,
donation de plus vallue de tous les dits droictz.

Et encores, par ces mesmes présentes, le dit sieur du Verney
a vendu, ceddez, quittez, remis et transportez purement, simplement, et irrevocablement, avec les mesmes promesses de
maintenue et garantie comme dessus, néantmoins, sous la
faculté de réachept, pendant dix années, au dit sieur Jean-
Paul Laure, le dit sieur Marguat, pour lui présent et acceptant,
tout le reste des droictz de justice, rentes, cens, servis et aultres
droictz et devoirs seigneuriaux, pareillement sans aulcune
réserve, deppendans des dites seigneuries du Vernay et de

Bronna, aussy pour en jouir, par le dit sieur Laure et les siens,
pendant le temps du dit réachept, et d'icelluy estant expiré, à
perpétuité à la forme des dits deux titres, en tout ainsy que le
dit sieur vendeur en a jouï et jouit encore; à l'effet de laquelle
jouissance, il a baillé et baille pouvoir et puissance au dit sieur
Laure, achepteur, et aux siens, et à ceux qui auront d'eux
procuration, de retirer des mains de Me Defer, procureur au
Présidial de Bresse, le terrier signé Cocon, qu'il a des dites
rentes, cens, services, droictz de justice et aultres droictz et
devoirs seigneuriaux des dites seigneuries de Bronna et du
Verney; duquel terrier ilz se chargeront, pour le rendre au dit
sieur du Verney ou aux siens, en cas du dit réachept, avec la
charge que le dit sieur Laure, ny les siens ne pourront faire faire
aulcune nouvelle reconnoissance à leur proffict qu'après le dit
temps de dix années, au cas que ledit réachept ne se trouve
avoir este faict; seullement, exigeront les dites rentes, cens,
servis, laoudz, milaoudz, et jouiront de la dite justice et aultres
droictz et devoirs seigneuriaux, jusques au dit réachept; les
arrérages desquelles rentes, cens et servis, laoudz, milaoudz et
aultres droictz et devoirs seigneuriaux du passé, jusques à
ce jourd'huy, le dit sieur vendeur s'est réservé comme non comprins en la présente vente, faicte à faculté de réachept, pour et
moyennant la somme de cent pistolles d'Espaigne effectives,
pesées, nombrées et retirées par le dit sieur du Verney, présentz
les ditz notaire et tesmoins, ainsy qu'il a recogneu les avoir
receues du dit sieur Jean-Paul Laure, par les mains et des
deniers du dit sieur son père, et desquelles escus pistolles, il
s'est contentez et en a quittez les dits sieurs Laure et les leurs;
se dévestant icelluy vendeur et dessaisissant de tous les dits
droictz, et en investant et saisissant le dit sieur Jean-Paul Laure
et les siens, avec donation de toute plus vallue, confession et
constitution du nom et tiltre de précaire, translation de tous
droitz et autres clauses en tel cas requises, néantmoins sous la
dite faculté de réachept pour le dit sieur vendeur et les siens,
qu'ilz pourront faire pendant les dites dix années, en rendant
et payant au dit sieur Laure ou aux siens, à une seule fois et
seul payement, les dites cent pistolles effectives et de poidz,
ainsy qu'il les a receues, et les remboursant des frais du présent

contract et autres loyaux coûtz. Après lequel temps de dix années qui commenceront à ce jourd'huy, le dit sieur du Verney et les siens demeureront entièrement descheus de la faculté de réachept, et de tous les dits droicts, vendus sous la dite faculté, purement et simplement acquis au dit sieur achepteur et aux siens ; car ainsy a este convenu entre les dites parties, qui ont promis l'observation des présentes, et de n'y contrevenir à peyne de tous despens, dommages et intérêtz, sous les obligations des biens du dit sieur vendeur, présenz et advenir, et de ceux du dit sieur Claude Laure, pour la restitution des dits deux tiltres. Avec les soumissions, renonciations et clauses requises.

Faict et passez au dit Lyon, dans le domicille du dit sieur Claude Laure, le dixiesme jour de juin, avant midy, mil six centz quarante six. Présents sieur Claude Tardy, marchand au dit Lyon, et Jacques Fayard, demeurant au service de Monsieur le Secrétaire de l'Antillon, tesmoins requis, qui ont signez la minutte, avec les dites parties.

(Archives du château de Richemont.)

VIII

Concession des droits de juridiction moyenne et basse à la terre de Gravagneux, par Ferdinand-François de Rie, en qualité de Seigneur de Richemont (16 juin 1655).

L'an mil six cent cinquante-cinq et le seiziesme jour du mois de juin, avant midy, par devant le notaire soussigné et en présence des tesmoins bas nommés, s'est personnellement représenté illustre haut et puissant seigneur Messire Ferdinand-François de Rye, marquis de Varambon, comte de la Roche et Varax, baron et seigneur de Richemont, la Franche-Montagne, Chasteauvieux et Chasteauneuf, Montrond, Lod, Sicon, et autres placces, bailly de Dolle, lequel, de gré, en la présence et de l'autorité de noble Claude-Antoine Rend, docteur en droict, ancien gouverneur de la cité de Bezançon et bailly de Lure, son curateur, a déclaré, comme il déclare par ces présentes, au proffit de Messire Pierre Perrachon, seigneur de Champagnieu,

St-Maurice et autres places, conseiller et secrétaire du Roy et de ses finances, maison et couronne de France, absent, moy dit notaire, pour luy présent, qu'en cas que ledit marquis, seigneur de Varambon, vienne à rachepter ses terres et seigneuries de Varambon et Richemont, qu'il délaissera, comme il délaisse à présent, purement et simplement, au dit sieur Perrachon, tout le droit de justice moïenne et basse, que ledit seigneur et marquis de Varambon a sur la maison de Gravagnieux, et pour pris d'icelle jusqu'à la contenue de vingt-cinq bicherées ; icelle maison de Gravagnieux à présent possédée par noble Jean-Paul Laure, et ce, pour des causes et considérations connues au dit seigneur, lequel se réserve la haute justice et le droit seigneurial d'arrière-fief, avec les prestances et servis, dont les dits fonds sont chargés, fors et excepté sur les dites vingt-cinq bicherées, avec les soumissions, obligations requises et nécessaires.

Fait et passé dans le chasteau de Villersexel, où est de présent ledit seigneur, en présence de Jean Perrot, de Morteau et Claude-Jean Jolly, de la Motte, en Lorraine, tesmoins requis, qui ont signé avec ledit seigneur marquis et le sieur Rend.

Nous Marc Grégoire, docteur en droit, juge et chastelain des terres, baronnies et seigneuries de Villersexel, Abbenans, etc., à tous qu'il appartiendra, savoir faisons que le notaire dit Laurent Bretin, qui a reçu le contract cy-devant, est notaire et personne publique, aux écritures duquel foy est ajoutée, tant en jugement que dehors, par tout le comté de Bourgogne, ce que nous attestons en vérité, aïant pour ces présentes apposé notre seing manuel, avec les sceaux ordinaires de notre justice et chastellenie.

Fait au dit Villersexel, le dix septiesme juin, mil six cent cinquante-cinq.

Personnellement estably, ledit seigneur de St-Maurice-Pierre Perrachon, lequel, de gré, a déclaré, comme il déclare, au profit du dit sieur Laure, absent, le notaire roïal à Lyon soussigné pour luy présent, acceptant, qu'il luy remet et délaisse,

purement et simplement, tout le droit de justice, moïenne et
basse, que ledit seigneur marquis de Varambon luy a remis et
délaissé, par le contract cy-dessus et devant écrit, sur la maison
de Gravagnieux, et, pour prix d'icelle appartenant au dit sieur
Laure, jusqu'à sa contenüe de vingt-cinq bicherées, et sous les
mêmes charges et conditions du dit contract; ladite remise,
faite par ledit seigneur de St-Maurice, pour bonne cause, et
sans maintenüe ny garantie, pour quelle cause que ce soit,
sous les promesses, obligations, soumissions, renonciations et
clauses.

Fait et passé au dit Lion, hostel dudit seigneur de St-Mauris,
le dixiesme jour d'aoust, mil six cent cinquante-cinq, en présence de sieur Nicolas Bouilloud, bourgeois, et Jean Balmont,
conseillier du dit Lion, tesmoins requis, qui ont signé, avec
ledit seigneur de St-Mauris.

(Archives du château de Richemont.)

IX

Testament de Jean-Paul Laure, seigneur de Gravagneux
(12 mars 1661)

Au nom de Dieu soit-il, l'an mil six cens soixante un, et le
jour douziesme du mois de mars, soubs le règne du très chres-
tien prince, Louis quatorze du nom, par la grâce de Dieu, roy
de France et de Navarre, comte de Provance, Forcalquier et
terres adjacentes, pour longues années, avec tous heurs et victoires, soit-il. Considérant je Jean-Paul Laure, sieur de Gravagnieux, originaire de la ville de Lion, demeurant de présent
en ceste ville de Marseille, la certitude de la mort et l'incertitude
de l'heure d'icelle, désirant disposer de mes biens, affin qu'apprès mon décès n'arrive question et desbats entre mes successeurs, j'ay faict mon présent testament solempnel et par escript,
en la forme suivante :

Premièrement, je recommande mon âme à Dieu, la glorieuse Vierge Marie et à toute la Cour céleste. J'eslis ma sépulture en icelle esglise que bon semblera à mon héritier, auquel je remets l'entière disposition de mes obsèques et funérallies. Et disposant de mes biens, je lègue et laisse aux pauvres de l'Aulmosne générale de Lion, pour eux, aux sieurs recteurs d'icelle, la somme de trois cens livres ; à ceux du grand Hostel-Dieu de la mesme ville, pareille somme de trois cens livres ; à la confrérie appellée de la Miséricorde, la somme de trois cens livres ; aux révérends Pères Récollets, de la mesme ville de Lion, cinquante livres ; pareille somme aux révérends Pères Carmes deschaussés ; pareille somme aux Augustins réformés, et encore pareille somme aux Augustins mistigés, que l'on appelle du grand Couvent, tous de ladite ville de Lion, à condition qu'ils célébreront chacun cinquante messes pour le salut de mon âme, païables les dits légats tout incontinant apprès la célébration des dictes messes, et lesquels légats pieux auront lieu et seront païés, sy tant est que je décède dans la dicte ville de Lion, et non autrement. Et sy je décède dans ceste ville de Marseille, ou en quelque autre part de Provance, les susdicts légats auront lieu et effet, et seront païés à la maison de la Charité, à l'Hospital St-Esprit, à la confèrie de la Miséricorde, aux révérends Pères Récollets, Carmes Deschaussés, Augustins Réformés, Augustins Mistigés, du dict Marseille, aux conditions et charges susdictes.

Item je lègue au monastère des fillies repenties de Saincte-Madelaine du dict Marseille, la somme de trois cens livres, que je veux luy estre paiés, en quelque part que je décède, dans l'année de ma mort.

Item, je laisse et lègue à damoiselle Madelaine de Lérys, femme de noble Pierre de Capris, la somme de douze cens livres, outre la pention viagère de quatre cens livres, touttes les années, que je luy ai donnée par acte de Mre Sossin, notaire, le troisiesme febvrier dernyer, que je confirme et appreuve par ce mien présent testament, laquelle somme de douze cens livres, avec les arrérages de la dicte pension, sy point en sont deubs,

lhors de mon déceds, je veux estre le tout payé à la dite damoiselle de Lérys, en la part où elle sera, dans quinze jours apprès
ma mort, soubs sa simple quittance, sans aulcune preuve ny
aucthorisation du dict sieur de Capris, son mary, parce que ma
volonté est que la dicte somme de douze cens livres, léguée,
comme la dicte pention et arrérages d'icelle, soit, demeure au
propre et particulier de la dicte damoiselle de Lérys, sans que
le dict sieur de Capris, son mary, ny les créanciers d'icelluy y
puissent rien toucher, ny prétendre soubs quel prétexte, considération que ce soit, ce que je déffens très expressément ; et,
en cas contraire, je révoque le susdict légat.

Item, je lègue et laisse à Sr Estienne Péronnet, en considération des services qu'il m'a rendu, pendant trente-cinq années,
en tesmoigniage d'amitié, tous et chacuns, les biens immeubles,
que je possède maintenant au païs de Bresse, en quoy qu'ils
soient et puissent concister, sans aulcune réserve, oultre ceux
que je luy ay cy-devant donnés ; desquel biens, le dict Péronnet
en prendra la possession le jour de ma mort, en l'estat qu'ils
seront pour lhors, comme encore de tous les meubles, mesnages
et ustencilles de maison, qui se trouveront, le jour de ma mort,
dans les bastimens et maisons des dicts biens, et de tout ce que
les grangiers des dicts biens me debvront le mesme jour, de
quoy j'en fais aussy légat au dict Péronnet.

Item, je lègue et laisse à Jean-Claude Bertier, mon serviteur,
en cas qu'il soit à mon service, lhors de mon décès, la somme
de trois cens livres, et pareille somme à Jean Bonnaud, mon
autre serviteur, soubs la mesme condition qu'il soit à mon
service, et non autrement, outre leurs salaires, et, au cas que
ny l'un ny l'autre des dicts serviteurs ne fussent à mon service,
je lègue à celuy qui s'y trouvera, outre ses salaires, cent cinquante livres, et au lacquay, qui se trouvera aussy à mon service, lhors de mon décès, la somme de cent livres, qui sera
employée pour luy faire apprendre un mestier.

Item, je lègue et laisse à la femme ou fillie de service, qui se
trouvera proche ma personne, lhors de mon décès, cent cin-

quante livres, et, finalement, je lègue à Espériste Pésière la somme de deux cens livres ; tous les susdicts légats paiables, trois mois après ma mort.

Et, en tout le reste, et demeurant de tous et chacuns, mes biens et héritages, en quoy que soient et puissent concister, meubles, immeubles, présens et advenir, je fais et institue mon héritier universel et, en le tout, noble Barthélemy Laure, mon nepveu, fils de noble Claude Laure, mon frère, auquel je veux que tous mes biens et hoiries adviennent de plain droict, sans forme ny figure de procès, après que mes debtes et légats auront esté acquittés ; et, sy mon nepveu et héritier décède sans enfans de légitime mariage procréés, je luy substitue, en tout mon héritage, le dict sieur Claude Laure, mon frère, pour en faire et disposer à son plaisir et volonté.

C'est mon dernier testament sollempnel et par escript, que je veux estre vallable par ce moien ou par droict de codicille, donnation à cause de mort, et par tous autres moiens, que mieux de droict pourra valloir. Je casse et révoque tous les autres testamens et ordonnance de dernière volonté, que, par le passé, je pourrois avoir faicte, et veux qu'ils n'aient aulcune valeur, et que, seullement mon présent testament soit le bon et vallable, et sorte son plain et entier effet, selon sa forme et teneur ; et, en foy de vérité et pour plus grande assurance, je l'ay faict double, escript de ma propre main, que j'ay signé à la fin et au bout de chaque page. A Marseille, les an et jour susditcts.

(Archives du château de Richemont.)

X

Partage et inventaire, par Etienne Péronnet, du mobilier de la maison forte de Gravagneux, entre Pascal et Jean-Paul Péronnet, ses fils, et Magdeleine du Brunel, sa femme. (7 janvier 1676.)

Par devant moy, notaire royal héréditaire soubsigné, ayant

comparu sieur Estienne Péronnet, sieur de Gravagnieux, lequel, mémoratif de la clause, insérée par sa disposition de dernière volonté du jour d'hier, receue par je notaire, m'auroit remonstré que, pour éviter touttes difficultés, tant entre damoizelle Magdeleine du Brunel, sa femme, que sieurs Pascal et Jean-Paul, ses et de dame Anthoinette de Chavanes enfantz, et ses héritiers universels, comme aussy pour empescher touttes spoliations par l'absence de ses dictz enfantz, il auroit ordonné un partage des meubles meublantz, linges, vaisselles, argent, estaing, et, générallement, de tout ce qui se treuveroit en sa dicte maison de Gravagnieux, pour en estre faicte une part à la dicte damoiselle du Brunel, et l'autre à ses dictz enfantz héritiers, le plus égallement qu'il pourra, et, ensuitte, un inventaire de tout ce qui a esté réservé et qui sera en ses granges du dict Gravagnieux et de Montjayon, pour en faire la représentation, en exécution de sa dicte volonté. Ainsy, ce jourd'huy, quatriesme jour de janvier, avant midy, mil six cens soixante seize, icelluy sieur Péronnet ayant, en premier lieu, procédé au partage de ses linges, vaisselles d'argent et estaing, meubles meublantz de bois, garnittures de lict, chèzes et foteulz et, générallement, de tout ce qu'il a estimé mettre en inventaire, et le tout réduit en deux portions, il auroit, conformément donné, à sa dicte volonté, à la dicte du Brunel, et par moytié d'içeulz meubles légués :

Premièrement, quinze grandz drapz de lict ; six douzaines grandes serviettes fines et six des communes, trois nappes fines, deux médiocres fort usées ; une grande nappe, avec un rang de trois barres bleues, une pièce serviettes à la Venize de la longueur de deux aulnes et quart ; deux nappes à la Venize grossières ; neufz essuye-mains aussy à la Venize ; une serviette de collation fine.

Item, une garnitture d'un lict cadit vert, avec ses franges argent faulz ; une couverte indienne bordée de thaphetas vert ; quatre garnittures de chèzes, mesme draptz, avec aussy leurs franges argent ; quatre pomeaux de lict, mesme façon ; une aultre garnitture d'un grand lict consistant en des courtines, avec leurs franges, rideaux, couverte pendante, tapit ; vingt garnitures de chèzes, tant plyantes que foteulz, le tout drapé gris ; deux gros chenetz, avec leurs pomeaux de laton ; une pelle à feu, ses mouchettes..., fourchettes, garni aussy le tout de laton.

Item, la garniture de six chèzes, d'un foteulz, un tapit et coussin, le tout mouquetté rouge, avec leurs franges de soye ; une petitte table sappin quarée.

Item, un bois de lict, estant du costé du vent de la première chambre, et près des fenestrés, garny de deux mastelaz, coussins, garde-paille, deux couvertes indiennes et sa garniture cadit rouge, une aultre indienne blanche fort usée, avec un grand tapit Turquie ; trois chèzes plyantes, avec un foteulz cadit rouge ; une cassette velou bleu, avec sa serrure dorée ; une grande thoylette aussy velou bleu, avec les dentelles ou franges or fin ; une taviolle taphetas blanc, et une petitte rouge aussy taphetas ; six cuillières ; six fourchettes ; une grande escuelle, avec son couvercle ; une grande sallière ; un sucrier, avec un bénitier, le tout argent fin.

Item, un bois de lict estant près des fenestres de la première chambre, du costé du vent, avec son ciel et fondz ; un aultre grand bois de lict, avec aussi son ciel et fondz, estant dans la seconde chambre haulte, et un aultre bois de lict, estant dans la troisième chambre, près des fenestres, aussy avec son ciel et fondz ; plus d'icelles susdictes garnittures de lict, leurs pomeaux, mesures, draps et coleur.

Item, comprend le dict sr Péronnet, en la présente portion, un grand coffre bois noyer, fermant à clefz, avec ses portanz ou boucles de fer ; une table bois noyer, avec un coffre bayeu (bahut) plat.

Item, aultre table, aussi bois noyer, avec un tiroir, et une aultre petitte table mesme bois ; un garde-robbe bois sappin usé et fermant à clefz ; un tapit rouge cadit fort usé.

Item, neufz platz ; dix huict assiettes ; un grand plat en

ovalle ; une esguière couverte ; une grande sallière ; deux potz
de chambre ; un pot, une chopine et demy chopine, le tout en
estaing, un chandellier cuyvre, en forme de flambeau, avec un
aultre long ; huict escuelles estaing ; un chauderon ayrain, de
la teneur de deux sceaux ; une marmitte, avec son couvercle ;
un moyen poyssonnier ; une grande tourtière, avec son couvercle ; un cocquemard neuf ; deux petittes poilles blanches ;
un bassin usé ; un grand chauffelict ; une grande marmitte de
fer, avec son couvercle ; un aultre grand pot de fer et un fort
pettit ; une poille noyre toutte neufve et une pettitte usée ; un
escumoir, une broche ; une leschefritte ; une poille noyre rompeu ; deux chenetz de fer, avec leurs paniers et hastières ; deux
gros chenetz pour le feu ; une grande platine, avec sa table
sappin ; deux pettitz chenetz bas avec leur pomeaux cuyvre ;
une grande garde-robbe bois noyer bon, fermant à deux clefz ;
un coffre bayeu neufz, avec sa serrure, dépeind au-devant de
deux lions et d'une couronne par des pettitz cloux ; une pettitte
pâtière bois noyer, avec sa table au-dessùs ; un buffet bois chesne
usé ; un petit garde-robbe sappin, fermant à clefz ; un pettit
coffre noyer et un tiroir au-dedans peu de valleur ; un miroir
avec son cadre noir ; un pair mochettes avec son assiette cuyvre ;
un pettit coffre de guerre, couvert d'une peau, fermant à clefz ;
six chèzes mouquettes vertes et trois plyantes ; un fauteul
garny de cadit rouge avec trois chèzes plyantes aussy garnyes
de mesme cadit ; neufz chèzes à doucier avec deux foteulz, le
tout garny de thoyle et de bois noyer sauf le fondz et dernier
des douciers, qui sont sappin ; un pettit chandellier cuyvre
faict en lampe ; un grand lict neùf estant à la cuysine, garny
de rideaux thoyle cordée coton, avec leurs franges, garde
paille, traversier et deux matelaz ; un aultre bois de lict démonté ; une pettite table noyer, avec ses litteaux ; un petit
saloir bois chesne, avec son couvercle ; une pettite crémallière ;
une grande coytre thoylé barrée ; huict grandes chèzes noyer ;
un rouet à filler ; un aultre à desvuyder ; une table sappin avec
ses soutiens plyantz ; une pettite cassette tapisserie rouge et une
aultre cuyvre rouge, fermant à clefz ; deux meschantes cou-

verles layne blanche et deux bourrés ; un meschant tapit fu-
tayne ; deux couvertes en blanc propres à meittre sur les platz ;
un réchaud peu de valleur ; deux pettites chèzes bois noyer.

Et aux fins que, jusques à la mort d'icelluy s^r Péronnet, il
n'arrive aulcun changement, entre les susdicts meubles de bois,
couvertes, coytres, matelatz, traversiers, il a esté, par icelluy
s^r Péronnet, apposé le scel du dict notaire sur chacuns d'iceulz,
tant par cachet du jedit notaire, que par une marque chaude
en mesme timbre, et ainsy qu'il est cy-après apposé au bas de
la signature d'icelluy s^r Péronnet ; et, quant aux lingés cy-
dessus, ilz ont esté séparés dans la portion cy-après, et c'est
pour, du tout eu, par icelle damoiselle du Brunel, faire comme
bon luy semblera, au proffit de ses et du dict son mary enfantz
ou aultrement, et sans avoir compris à la présente portion seize
drapz, quatre grands draps de lict fins, deux douzaines de serviettes médiocres et deux essuye-mains thoyle commune ; neufz
essuye mains thoyle cordée ; douze serviettes mesme thoyle ;
six nappes médiocres aussy cordées et six aultres meschantes
mesme thoyle, dont le tout est demeuré par indivis et pour
l'usage de la maison, jusques au décès du dict s^r Péronnet.
Lequel aussy n'a point compris, en la présente portion, les
habitz, linges, joyaux d'icelle sa seconde femme, non plus que
les linges de ses et d'icelluy s^r Péronnet enfantz, ny moins tout
le bestail, applis d'agriculture et pourceaux, qui se treuveront
au domaine de Montjayon, qui demeurent acquis à icelle damoiselle du Brunel et ses dicts enfantz, ensemble tout le cret
qui y parviendra, et du susdict grangeon des dicts bestiaux
qui y sont et qui consistent, sçavoir : en six bœufz arablés,
deux toreaux, trois mères vasches, deux génisses, deux aultres
mères vasches, une génisse, le tout de divers poilz ; le tout
conformément à sa disposition dernière, et oultre les pourceaux
qui s'y rencontreront, et à forme des grangeages et cultivages,
qu'icelluy s^r Péronnet en porroit passer et auxquels sera faict
raport. Et puisque ensuitte et presque de suitte d'iceulz il veut
le tout appartenir à la présente portion.

Et pour la part et portion des dicts sieurs Pascal et Jean-Paul, ses et de la susdicte dame Anthoinette de Chavanes enfants, auroit donné pour leur moytié les meubles cy-apprès, qui, ensuitte, ayant esté par icelluy s^r Péronnet rangés, auroient esté par je dict notaire ce jourd'huy cinquiesme du susdict présent mois de janvier, avant midy, inventoriés à l'assistance du dict s^r Péronnet ainsy que cy-après :

Premièrement, iceulz se seroient treuvés consister, sçavoir : en quinze grandz draptz de lict ; six douzaines grandes serviettes fines ; aultant de communes ; trois nappes fines ; deux médiocres fort usées ; une aultre grande nappe, avec un rang de trois barres bleues ; une pièce de serviettes à la Venize de la longueur de deux aulnes et quart ; deux nappes à la Venize grossières ; neufz essuye-mains à la Venize ; une serviette de collation.

Item, la garnitture d'un petit lict cadit vert, avec ses franges argent faulz, une couverte indienne bordée de thaphetas verd ; un tapit mesme draptz, avec ses franges ; trois garnittures de chèzes mesme draptz de facon ; une couverte cotton blanc usée ; quatre pomeaux aussy draptz vert ; une garnitture de lict, thaphetas rayé de gris, avec ses franges ; quatre pomeaux ; la garnitture de quatre chèzes tant foteulz qu'aultres couvertes pendantes et tapitz, le tout thaphetas de mesme facon ; plus, aultre garnitture de litct, draptz violet, avec une couverte laine et deux bois de chèzes garnys dè mesme estoffe ; un bois de lict de respeu, garny de mouquette rouge, son traversier ; la garnitture de six chèzes, le tout mouquette rouge ; une garnitture cadit rouge d'un grand lict, avec deux matelatz, garde-paille, deux couvertes indiennes, l'une bonne, l'aultre usée ; un traversier rouge ; un petit tapit Turquie ; trois chèzes plyantes cadit rouge, avec un foteulz mesme cadit ; une cassette velou rouge, fermant à clefz, avec une thoylette aussy velou rouge, et une pettite taviole thaphetas mesme colleur ; le tout quoy a esté remis par icelluy s^r Péronnet, et fermé dans un garderobbe bois sappin, fermant clefz ; joinct à la présente portion, à laquelle est aussy comprins, sçavoir : un calice avec sa pateyne, deux chandelliers et une croix, le tout argent pour desservir la chappelle du dict Gravagnieux, ensemble les ornements d'icelle.

Item, une sallière, cinq cuillières et six forchettes aussy argent, et c'est avec les sus dictes garnittures de lict, leurs bois ainsy qu'ilz sont.

Item, un grand coffre bois noyer, fermant à clefz, avec un caisson au-dedans avec les portantz en fer, et icelluy coffre fendu par son couvercle ; une table quarrée bois noyer, bonne, avec un coffre bayeu usé, fermant à clefz, tout garny de cloux et son couvercle en bosse.

Item, le susdict Péronnet à ses susdictz héritiers touttes ses armes à feu et aultres.

Item, une table aussy bois noyer usée, avec deux tiroirs, ses quatre marchepiez, icelle usée ; une aultre pettite mesme bois, assez bonne ; un meschant tapit poil chèvre barré ; plus, neufz platz ; dix huict assiettes ; une bassine ronde ; une esguière ; une sallière ; deux potz de chambre et une cruche, le tout estaing ; deux chandelliers cuyvre ; huict escuelles estaing ; un grand poyssonnier ayrain ; un chaudron rouge de la teneur d'un sceau ; un confizoir aussy ayrain ; un aultre pettit poyssonnier aussi ayrain ; une grande poille blanche ; une pettite tourtière et une aultre pettite, couverte aussy cuyvre ; un pettit cocquemard ; un bon bassin, avec un pettit chauffelict ; deux grands potz de fer et un médiocre ; une grande poylle noyre, et une pettite ; un escumoir, une grande broche, avec une grille fer ; deux gros chenetz fer tout d'une pièce, avec une pettite platine ayrain ; un mortier de fonte avec son pilon du mesme ; deux pettitz chins en fer ; deux grands chenetz, garnys de leurs pomeaux de cuyvre, et, au millieu, avec une pelle à feu du mesme, pourtant aulcun pomeau ; une aultre meschante pelle ; un grand dressoir, avec ses armoyres, bois noyer, garny de ses quatre serrures ; une grande pastière ; une table de cuysine avec ses bancz, le tout noyer ; une aultre table ronde aussy

✳✳✳✳

noyer; une pettite crédance faconnée, bois poyrier; un buffet bois chesne, fermant à clefz, usé; un garde-robbe sappin, avec deux portes et un tiroir au millieu; un cabinet poyrier... rompeu; un meschant bayeu, fermant à clefz; un pair mouchette; une masle couverte d'une peau sans serrure.

Item, six chèzes mouquettes vert à doucier, trois plyantes; un foteulz, garny de cadit rouge, avec trois chèzes plyantes.

Item, neufz chèzes à doucier, avec deux foteulz, le tout garny de thoyle; un pettit bois de lict, estant à la cuysine, avec deux pettitz matelatz, un traversier, sa garde-paille; et trois pièces de thoylle cordée cotton, qui servent au dict lict de garnitture; un aultre pettit bois de lict à la salle basse, avec une meschante garnitture bleue; un meschant matelatz, garde-paille et un traversier; deux grandz matelatz, l'un fort usé, et un aultre meschant matelatz, avec son traversier; une meschante table noyer avec ses litteaux autour; un grand salloir bois chesne, avec son couvercle; une grosse crémallière.

Item, la laine de deux matelaz; une pettite coytre thoyle barrée, usée; un alambic, une grande table à tretteaux; deux grands bancs et deux pettitz, tous bois noyer; une bartelloire; un meschant chaudron; trois meschantz bois de lict; seize chèzes bois noyer, avec un porte-bassin, le tout noyer.

Et en continuation de ce sixiesme jour du susdict mois de janvier, avant midy, icelluy sʳ Péronnet auroit aussy joinct à la présente portion une petite masle, avec sa serrure; une grande couverte blanche et deux pettites fort usées; deux couvertes bourrées; un tapit Auvergne couleur; deux couvercles fer-blanc, propres à mettre sur les plats; un réchaud peu de valleur fer; deux pettites chèzes bois noyer; une presse à deux vis. Finallement est entendu, par le dict sʳ Péronnet, que le surplus des meubles, de quelle sorte qu'ils soient, et non inventoriés par leur peu de valleur, et qui se treuveront, à son décez, dans sa dicte maison de Gravagnieux, appartiendront entièrement à ses dicts héritiers, et de tous les effects qui s'y rencontreront, à la réserve, touteffois, des futtes légués, cuves, pressoir, le tout

légué à la susdicte damoiselle du Brunel et à ses et du dict
sr Péronnet enfantz, et de la moytié du vin, bled, lard sallé,
chanvre œuvré, fil, noix, huille et fruictz d'arbres, et beurre,
qui appartiendra à la dicte du Brunel et ses dicts enfantz,
et l'aultre moytié aux susdicts hérititiers; touteffois tout bled,
vin, fruictz d'arbres provenus au sus dict domaine de Montjayon, de quoy qu'ilz consistent, le tout rapporté.

Que sont tous les meubles, qui peuvent appartenir à icelluy
sr Péronnet et qu'il meit en inventaire, en voullant et entendant
que le partage, qu'il en a faict subsiste, et qu'il soit plus vallable que s'il avoit esté faict apprès son décez; auquel temps, à
ces fins, il veut et commande à ses enfantz du premier lict n'y
contrevenir, mais pour l'exécution de sa volonté formelle, à
tous inventaires, qui seroient requis ou non et à touttes appo-
sitions scellées, vallables et nécessaires, et à tous qu'il appartiendra, en telle sorte que l'une et l'autre portion de ses dicts
meubles soit maistresse de ceulx à elle arrivés.

Apprès quoy, ayant esté par je dict notaire prins inventaire
des tittres nécessaires du dict Gravagnieux, assisté d'icelluy
sr Péronnet, se seroit rencontré dans un grand garde-robe
noyer, qui auroit esté par luy ouvert.

En premier lieu, un terrier de la rente noble du Verney,
Bronaz, la Berruyère, couvert de bazane rouge, se contenant
quatre cens et huictante quatre feuilletz, oultre quatorze feuillets, tant pour le répertoire qu'en blanc; et icelluy terrier commençant par la reconnoissance de Benoist, fils de feu Pierre
André et d'Anthoinette, fille de feu George André, de la Ruaz;
celle de Mr Claude Brunet, chastelain de Richemont, faisant le
susdict quatre cent huictante quatre feuilletz; neufz feuilletz
ensuitte blancz, et jusques au quatre cent nonante et sept
feuilletz, qui est la recognoissance de Pierre Favre, et finissant
celle de Charles Arband, folio cinq cent et cinq, le tout signé
par Mre Cocon, avec deux feuillets blancs ensuitte. Un vieuz
contract de parchemin, qui contient la justice, concédée par
Hugues de la Pallud, comte de Varaz, mareschal de Savoye et

seigneur de Richemont, à la terre du Verney, Bronaz, au proffit
de noble Aymon de Bronaz, en mil quatre cent nonante et
quatre et le douziesme de fébvrier, par devant Mre Bérardy.
Un dénombrement, donné par le seigneur du Verney au seigneur comte de Varax et de la Pallud, en mil quatre cent trente
six, signé Michael. Le tiltre de droict de justice moyenne et
basse, concédé, par Mre Ferdinand Juste de Rys, marquis de
Varambon, à Mre Pierre Perrachon, le séziesme juin mil six
cent cinquante-cinq, receu et signé d'icelluy seigneur marquis
et de Mre Bretin, notaire, avec l'esgalisation donnée à Villersexel
par le scel, au bas signé Marc Grégoire, et la cession faicte,
ensuitte, par ledict seigneur Perrachon, à noble Jean-Paul
Laure, de Lion, du susdict droict de justice, et qu'icelluy
marquis avoit sur la maison de Gravagnieux et pourpris d'i-
celle, jusques à la contenue de vingt cinq bichettes, exemptes
de servitude, ainsy qu'il conste par le susdict tittre, et par la
dicte cession, dattée du dix d'aoust, susdicte année mil six
cent cinquante cinq, receue et signée par Mre Jayoud, notaire,
et le tout en original.

Item, une commande, passée au profit du dict s^r Péronnet,
par Benoist Mignon et Michel Bouvier, de Chasteau-Gaillard,
de deux bœufz au chaptail de cinquante-quatre livres, receue
et signée par Mre Baron, notaire. Obligation créée au proffit du
dict s^r Péronnet par Jean-François de Montgrillet, escuyer, seigneur de Pallamin, de la somme de deux cent livres, en datte
du quatorziesme mars mil six cent cinquante et six, receue et
signée par Mre Grumel, avec deux solvis de l'aultre costé
d'icelle, l'un, de la somme de quarante et quatre livres, et
l'aultre de cinquante et trois livres et douze solz, signez par
ledict s^r Péronnet. Une commande, créée au proffit du dict,
par Sébastien Avignon, de St-Maurice-de-Rémens, d'une jument
au cheptail de quarante deux livres, en datte du vingt septiesme
apvril, mil mil six cent cinquante neuf, receue et signée par
Mre Delylyaz, notaire, avec un commandement à luy faict le
onziesme apvril, mil six cent soixante huict, par Bonet, sergent;

aultre au proffit du dict sʳ Péronnet, contre Jean-Jacques Mouillaud et Marie Bachoud, du dict St-Maurice, d'une jument aussy au chaptail de soixante trois livres, receue et signée par Mʳᵉ Butavand, notaire. Obligation passée au proffit du dict sʳ par François Bouard et Péronne Pozan, de Villette, pour la somme de cent et septante six livres, par acte du vingt neufviesme novembre mil six cent soixante huict, receue et signée par ledict Mʳᵉ Butavand, Aultre commande contre les dicts, de quatre bœufz et aultre bestail, au prix de deux cent septante-six livres, par acte du susdit jour vingt neufviesme novembre, signée par ledict Mʳᵉ Butavand ; et, c'est oultre le bestail ou applys d'agriculture, dont iceulz sont chargés par le grangeage à eulx passé, par devant Mʳᵉ Clerc, notaire, le vingt septiesme novembre, mil six cent septante, et auquel sera faict rapport, pour le tout estre acquis, aux héritiers du dict sʳ Péronnet et aultres, ses enfantz du premier lict.

Item, s'est trouvé une commande créée à son proffit par Victor Morel, de Priay, d'une vasche au prix de vingt livres, par acte du vingt et sept novembre, susdicte année mil six cent soixante et dix, signé par ledict Mʳᵉ Clerc, notaire.

Item, une obligation, créée au proffit du dict sʳ Péronnet, par honneste François Péronnet, son frère, de la somme de neufz cent livres, par acte du dix septiesme novembre, mil six cent et quarante six, receu et signé par Mʳᵉ Romardier, notaire à Lion ; en marge de laquelle sont trois soloitz, l'un de cent et cinquante livres, l'aultre de cinquante livres, et le dernier de trois cent livres, le tout signé par ledict sʳ Péronnet. Une quittance généralle, passée au dict sʳ Péronnet par le susdict, son frere, le dix neuf febvrier mil six cent soixante et sept, receue et signée par Mʳᵉ Delorme, notaire royal au dict Lion, icelle contenant cession de tous droictz de l'hoyrie des sʳ Nycolas Péronnet et dame Françoyse de Farge, leurs père et mère, et ceulz de l'hoyrie de Cécille Péronnet, leur sœur, avec les protestations faictes par ledict sʳ Péronnet, pour l'obligation, créée à son proffit, par son dict frère, comme se voit par icelle quittance.

Item, une obligation, en reste de plus grande, de la somme de douze livres contre Claude Varamby, receuc Sonthonas, et en datte du second juin mil six cent cinquante trois. Un acte de présentation à la chappelle de Gravagnieux, fondée en l'église de Villette sous le vocable de St-Anthoine, passé au proffit de Mre Louys Dupraz, curé du dict Villette, par noble Charles de Saillans, s^r de Brézenaud, patron, en datte du vingt troisiesme juillet mil six cent et un, par acte receu et signé par Mre Bérardy, notaire. Aultre présentation d'icelle chappelle pour ledict Dupraz, faicte par noble Esnard de Saillans, seigneur du dict Brézenand, par son soubsigné, du quinziesme décembre mil six cent et six. Aultre pour ledict sieur Dupraz, passée par ledict sieur Aynard de Saillans, le vingt juillet mil six cent et onze, receu et signé par Mre Lamy, notaire.

Item, aultre présentation de la susdicte chappelle, faicte par honorable Claude de Codeville à Mre Philibert Praste, prestre et curé du dict Villette, le second novembre mil six cent et trente, par acte receu et signé par Mre Guercy, notaire.

Que sont tous les tiltres et papiers que icelluy s^r Péronnet s'est treuvé saisy, et qu'il a creu meittre en inventaire, puisque quant aux aultres il a estimé n'en meitre aulcuns; et veu que les aultres tiltres plus importantz, comme la donation à icelluy sieur Péronnet, faicte de son domaine de Montjayon, par noble Jean-Paul Laure, du testament d'icelluy par lequel la maison et biens de Gravagnieux sont légués au dict s^r Péronnet; comme aussy le contract d'acquisition, faict pour raison de la rente du Verney, et aultres actes qui sont tant à Dijon qu'à Lion, entre les mains de ses procureurs, où pour ce l'on aura recourt.

Et, ayant voullu clore le présent partage et inventaire, icelluy s^r Péronnet m'auroit déclaré avoir obmis six assiettes creuses, et deux pettitz platz estaing, qui sont rompus, et qui appartiendront égallememt à ladicte damoiselle du Brunel et ses dicts héritiers.

Et ainsy a esté procédé, et du tout octroyé acte au dict

Gravagnieux, le septiesme jour du mois de janvier, apprès
midy, mil six cent soixante et seize, en présence de Mre Claude
Anthoine Baudin, prestre et curé du dict Villette, et honneste
André Dalponthus, du dict lieu, tesmoins, qui ont signé à la
notte avec ledict s^r Péronnet.

(Archives du château de Richemont.)

XI

Testament d'Etienne Péronnet, seigneur de Gravagneux.
(3 janvier 1676.)

Au nom de Dieu ; à tous présentz et advenir soit chose notoire et manifeste que, l'an XVIe soixante et seize et le jour
troisiesme de janvier, apprès midy, par devant le notaire royal
soubsigné, et en la présence des tesmoins bas nommés, s'est personnellement establly et constitué sieur Estienne Péronnet, sieur
de Gravagnieux, paroisse de Villette, lequel sage, scaichant et
bien advisé, sain de ses sens, mémoire, veue et entendement,
touteffois débile de sa personne, tant à cause de son aage que
infirmitté ;

Considérant n'y avoir rien de permanant en ce monde,
ainsy appréhendant estre prévenu de mort avant que d'avoir
peurvu au salut de son âme et disposé des biens, qu'il a pleu
à Dieu luy impartir en ceste misérable valée, a falct et faict
son présent testament nuncupatif, et ordonnance de dernière
volonté nuncupative, à la forme et manière que s'ensuyt :

Sçavoir, qu'ayant imploré à son assistance Dieu, et la très
glorieuse et sacrée Vierge Marie, et toutte la Cour céleste du
Paradis, faisant le vénérable signe de la Sainte Croix sur sa
face, disant : In nomine Patris, et Filii, et Spiritus Sancti.
Amen, il auroit recommandé, avec toutte humilitté, son âme
à Dieu le Créateur, pour que, par le méritte du précieux sang
de Jésus-Christ, Nostre Seigneur et Rédempteur, il luy plaise
colloquer son âme parmy ses esleus et bienheureux, estant

icelle séparée de son corps ; la sépulture duquel il a, à ces fins, eslen et eslit en l'esglise du dict Villette, dans la chappelle et tombeau de ses prédécesseurs. Quant à ses obsèques, frais funéraires, icelluy testateur s'en est confié et confie à ses héritiers soubz institués, lesquels il charge néantmoins de faire dire, pour le repos et soulagement de sa dicte âme, et sitost apprès son décès, vingt messes, tant à l'honneur du St Sacrement, du Sainct Esprit que de la glorieuse Vierge, et aultant une année apprès son décès.

Item, icelluy donne et lègue, pour une fois, en aulmosne à la luminaire du dict Villette, la somme de vingt livres payable dans deux ans, apprès son décez et sans intérètz.

Item, donne et lègue et, par droict d'institution particulière, délaisse à damoiselles Marie, Anthoinette, Lucresse, Barbe et Magdelaine, ses très chères filles naturelles et légitimes, procréées de son mariage d'avec feue dame Anthoinette de Chavanes, scavoir, à chacune d'icelles, la septiesme partye des biens despendant de sa maison de Gravagnieux, estantz tous contigus et joincts ensemble, confinés et séparés d'avec son domayne appelé Montjayon par le ruisseau, appelé des Hayes, et qui se décharge au bief de Faulx Foron, et, excepté touttefois deux prés estant dans l'enclos du dict Gravagnieux, l'un appellé là Cutre de la Saugée, et qui contient environ trois charrées, et sur plus grande contenue, et qui se confine au dict bief des Hayes de mattin, à celluy de Fauly, de soir et bize, et à l'aultre portion de pré, de vent ; l'aultre, appelé la petite Saugée, de la contenue d'une petite charrée, jouxte le susdict bief de Faulx, de mattin, le pré de la dame de la Mouttonnière et des hoirs Noël Mallard, de soir, certain boys despendant du dict Gravanieux, de vent, et ledict bief de la Fiaugère, de bize. Le surplus d'iceulx biens de Gravanieux, et non aultre, despendant d'icelle septiesme, et consistant en prés, terres, boys, hermittures, champéages et générallement en leurs appartenances et despendances quelconques, estantz au-deçà du dict ruysseau des Hayes, et à forme de ce que ledict sieur testateur en a jouy, dont le tout est comprins en icelle septiesme, avec celle du domaine joignant la dicte maison de Gravanieux, et qui sert d'habitation aux grangiers du dict domaine, ainsy qu'il se comporte, et avec aussi la septiesme partye de tout le bestail, applys et instrumens d'agriculture, qui sont tant dans la dicte grange que dans sa dicte maison de Gravanieux, sans aulcune exception quelle qu'elle soit, sinon des outilz et instrumens servant à la culture du jardin du dict Gravanieux, qui ne sont comprins en icelle septiesme, non plus que le jardin estant au dernier la maison de Gravanieux, du costé du mattin, qui demeure avec icelle maison en propre à ses dicts héritiers soubz nommés, ensemble les cours et appartenances d'icelle, avec ses meurs, du costé du vent et bize, les entrées et sortyes d'icelle, tout ainsy que celles du dict jardin, avec ses hayes, clottures et comme il se comporte, saufz aussy et excepté l'alec des tillolz et chatagniers, estant au dernier d'icelle maison de Gravanieux, du soir, et le tout à forme des meurs, et jusques à celles qui font la séparation d'icelle maison d'avec la dicte grange; le tout non comprins cy-dessus, non plus que les meubles meublanz et aultres effectz, qui sont dans sa dicte maison de Gravanieux, en moins la justice attribuée à icelle, tous droictz de rente, nomination et présentation de chappelle, tout ainsy que le cheval du dict sieur testateur, dont de ce il n'y a rien de comprins en la susdicte septiesme, lègue qui a esté faict à icelles, ses et de la dicte de Chavanes fillies, pour tous droictz, noms, raisons, actions, parts, portions, légitime, suplément d'icelle, quart, trébelliane, que pour touttes aultres prétentions qu'icelles ses fillies pourroient avoir et prétendre ez biens et hoyries d'icelluy testateur, tant à cause des droictz de la dicte de Chavane, leur mère, que pour le chef de leur dict père testateur, lequel entend et veult icelles estre contentes du susdict légat, puisque, moyennant icelluy, il les déjette et exclud de tous ses aultres biens, et, en ce, les faict et créé ses héritières particulières.

Et d'aultant que la susdicte Barbe, l'une des dictes légataires,

auroit receu une vache avec son trossel, et quelques sommes à
compte de la constitution, à elle faicte par ledict sieur testateur,
en son contract de mariage d'avec honneste Anthoine Péronnet,
de Dompierre, icelluy testateur veult et entend que icelle Barbe,
avant estre receue à recueillir sa susdicte septiesme portion,
qu'elle rapporte au proffit des enfantz du dernier lict d'icelluy
testateur, tout ce qu'elle se treuvera avoir touché ; à moins de
ce sa dicte septiesme sera et appartiendra, à son exclusion et
des fillies du premier et dernier lict d'icelluy testateur, à ses
héritiers universels cy-bas nommés, en payant touttefois le surplus d'icelle constitution ; et auxquelles ses fillies du dernier
lict, outre ce, ledict cas advenant, icelluy testateur donne, et
qui sont damoiselles Françoise, Honnorée, Marie-Anne, Henriette, Jeanne et Claudine-Anthoinette, ses et de damoiselle
Magdelaine du Brunel, sa seconde femme, fillies, sçavoir, la
moytié de son susdict domaine de Montjayon, confiné par le
susdict ruysseau des Hayes, avec d'icelluy la moytié des prés
susdicts réservés et des aultres d'icelluy domaine, des terres,
boys, hermittures, champéages, avec la moytié du grangeon et
vignes et du tout leurs appartenances, ensemble, la moytié des
bestiaulx, applys, instrumens d'agriculture et aultres effectz,
qui se treuveront es dicts domaine et grangeon ; et c'est, pour
en par icelles jouyr égallement, et leur a este faict le présent
légat pour tous droictz, noms, raisons et actions qu'icelles pourroient avoir ez biens et hoyrie d'icelluy testateur, qui, moyennant ce, les dejette et, en ce, les faict et institue ses héritières
particulières.

Item, icelluy donne et lègue et, par droict d'institution particulière, délaisse à la susdicte damoiselle Magdelaine du Brunel,
sa très chière et bien aymée femme, l'aultre moytié des dicts
domaines, grangeon et bestail, égallement avec les susdictes
leurs fillies, et luy laisse aussy en propre et aux susdictes leurs
fillies, par indivis, les pressoirs, cuves, et la moytié des futtes,
estantz dans sa dicte maison de Gravanieux, comme le tout
propre au dict grangeon, comprins tant en ce présent légat

qu'au cy-devant. De plus, icelluy donne et lègue à icelle damoiselle du Brunel la moytié de tous les meubles meublantz, linges, veysselle tant en argent qu'estain, boys de lict, chèzes, fouteulz, et générallement de tous les meubles estantz dans ladicte maison de Gravanieux, et à forme du partage, qu'icelluy testateur fera sitost apprès sa présente disposition ; ensemble, son cheval et les harnois d'icelluy ; et a esté faict à icelle du Brunel le dict légat, tant en récompense des bons et agréables services qu'il a receu d'icelle, que pour acquitter tous les droictz qu'icelle a sur son hoyrie, tant pour la répétion de tous les droictz de sa dotte, que de tous les advantages matrimoniaux à elle acquict par leur contract de mariage, et, en ce, icelle est faicte et créée son héritière particulière, et, moyennant ce, la déjette de tous ses aultres biens.

Finallement, donne et lègue à tous aultres prétendanz droictz en son hoyrie, à chacun d'eulx cinq solz, faisanz apparoir de leurs droictz, et non aultrement.

Et au résidu et demeurant de tous ses aultres biens, droictz, noms, raisons, actions, tous droictz de rente, qui peuvent appartenir en directe ou aultrement, à la dicta maison de Gravanieux, avec la justice concédée à icelle maison, nomination et présentation de la chappelle Sainct Anthoyne, érigée en l'églize du dict Villette, et générallement de touttes actions et prétentions, dont icelluy testateur n'a disposé, testera ny disposera, icelluy a faict, créé et institué, et de sa propre bouche nomme ses héritiers universelz par plain droict et égallement, sçavoir :

Sieurs Pascal et Jean-Paul, ses très chiers et bien aymés, et de la dicte de Chavanes enfans, par lesquels il veult ses debts, œuvres pyes estre payés et acomplys, entre eulx égallement, comme iceulx créant et instituant égaulx en ses dicts biens, et le tout sans la moindre figure de procès. Et comme d'icy quelques années, iceulx susdicts ses héritiers vont absenter de la province, et que l'incertitude est de leur vie ou décès, icelluy testateur veult et entend que, ou l'un d'eulx seroit décédé, que

sa part et portion de maison du dict Gravanieux, meubles,
jardins, tillolz et préciput aux enfans du premier lict arrive
entièrement, à l'exclusion de tous ses anltres enfans, à celluy de
ses dicts héritiers qui sera survivant et non aultrement. Tout
ainsy que, ou iceulx ses héritiers universelz seroient tous deux
décédés, icelluy testateur veult et entend pareillement que son
hoyrie et succession soit et appartienne aux susdictes ses
fillies du premier lict égallement, en touttefois rapportant, par
la susdicte Barbe, ce qu'elle aura receu de sa dicte constitution,
comme dict est, et par icelles susdictes ses fillies du premier
lict, payant aussy égallement à ses susdictes aultres fillies du
dernier lict, lors de leur majoritté ou estantz parvenues aux
sacremens de mariage, à chacune d'icelles la somme de cent
livres, et jusques à ce, annuellement, à chaque jour St-Martin
d'hyver, et aulx dictes les intérêts de la dicte somme. Cependant, aux fins que aulcuns des effectz d'icelluy testateur ne
s'esgarent, il veult que de iceulx, outre touttefois des legués à
la dicte damoiselle du Brunel et leurs dicts enfantz du dernier
lict, comme aussy des tiltres et papiers, dont il se treuvera
saysi, que suyvant l'inventaire il en fera apprès sa présente disposition, par un partage d'iceulx meubles et effectz, que ses
enfantz du dict premier lict en soient et demeurent chargés
apprès son décès, et jusques à la certitude de vie ou mort de
leurs susdicts frères, ses héritiers, soit pour en faire à iceulx la
représentation que pour s'en tenir compte entre elles, et, par
ces considérations, icelluy testateur rend ses dictes fillies du
premier lict responsables des dicts effetz et meubles; et veult
aussy qu'icelles, apprès son décès, forment opposition à tous
scellés et confection d'inventaire, puisque icelluy testateur entend n'estre faict autre inventaire qu'icelluy, qu'il fera de son
vivant.

Pour dire et déclarer icelluy testateur cecy estre son dernier
testament, et ordonnance de dernière volonté nuncupative, et
voulloir icelluy subsister par ordonnance de dernière volonté ;
et s'il ne peut valloir par ceste menière qu'il vaille par codicille,

donation à cause de mort, et par tous aultres genres et moyens, que peut subsister testament, ordonnance de dernière volonté nuncupative. Cassant, à ces fins, et révocquant icelluy testateur tous aultres testamentz, codicilles, donation à cause de mort et tous aultres actes de disposition de dernière volonté, qu'il pourroit avoir faict ; et, pour ce requiert les tesmoins cy-bas nommés, d'en estre mémoratifs et le tout tenir secret jusques apprès son décès, comme icelluy notaire d'en donner une ou plusieurs expéditions nécessaires.

Ainsy faict au dict Gravanieux, dans une salle haulte, du costé du vent, en présence de Mᵣ Claude-Anthoyne Baudin, prestre et curé du dict Villette, honneste André d'Alpouthe, du dict lieu, Louys Pomier, hoste, Claude Forey, du dict Villette, Pierre Berthier, de Belignieu, François Bonard et Pierre Durand, laboureurs de la paroisse du dict Villette, tesmoins requis et cognus par icelluy testateur, qui a signé à la notte de ceste, avec le dict Mᵣₑ Baudin et les dicts d'Alpouthe et Berthier, non les aultres, pour ne scavoir, quoique de ce deubment enquis. — FORNIER, notaire.

(Archives du château de Richemont.)

XII

Vente du fief de Gravagneux passée, par les frères Péronnet, à Mᶜ Antoine Doucet de St-Bel.

(11 mars 1717.)

Pierre de Masso, chevalier, seigneur de la Ferrière, Lissieu, du Plautin, sénéschal de Lyon, sçavoir faisons que, par devant les Conseillers du Roy, notaires à Lyon soussignez, fut présent Mᵣₑ François Péronnet, aussy Conseiller du Roy, notaire à Lyon, lequel, tant en son nom qu'en celui de Joseph Péronnet, son frère, dont il se fait fort, et auquel il promet de faire ratiffier ces présentes, les dits sieurs frères Péronnet, tant en leurs noms que comme créanciers de feu sieur Jean-Pascal Péronnet, leur père, solidairement, a volontairement vendu, cedé, remis et transporté, avec promesse de maintenir et garantir, et de faire jouir paisiblement envers tous, à noble Antoine Doucet, escuyer, sieur de St-Bel, Antoine Doucet, escuyer, son fils, comme fondé de la procuration du dit sieur son père, en date du vingt-deux décembre mil sept cent treize, et expédiée par Mre Pourra et son confrère, notaires de cette ville, à ce présent et acceptant pour luy, tous les biens que les dits sieurs frères Péronnet ont dans la paroisse de Villette, en Bresse, en quoy qu'ils puissent consister, ensemble les meubles, bestiaux et autres effets, qui sont dans les maisons et bastiments, qui leur appartiennent, compris en cette vente, de même que le pré de la Saugéa, avec les fruicts pendant par racines, pour jouir du tout, dès à présent, par le dit sieur Antoine Doucet, en toute propriété et fruits, et tout de même qu'en ont jouy, dû ou pu jouir les dits sieurs frères Péronnet et les précédents possesseurs, sans par le dit Mre Péronnet, au dit nom, se réserver ny retenir aucune chose, à la charge seulement des simples cens et servis, qui se trouveront dûs sur les dits fonds et bastimens, qui sont, au surplus, francs et exempts de toutes charges, pensions, substitutions et autres dettes généralement quelconques, même des arrérages des dits servis et cens de tout le passé jusques à la St-Martin dernière, avec des dits fonds et bastiments leurs entrées, issues, droits de propriété, commodités, aisances et apartenances et dépendances.

Vend encore le dit Mre Péronnet tous les droits et prétentions, que demoiselle Françoise Péronnet a sur les biens du domaine du Grangeon et de Montjaion, sis en la dite paroisse de Villette, et ce, en suite de la procuration qu'elle luy a passée, le vingt troisiesme décembre mil sept cent onze, devant Me Martinat, notaire à Aix en Provence, pour en jouir, par le dit sieur Doucet de la manière cy-dessus.

La présente vente faite, moyennant le prix et somme de quatre mille sept cents livres, qui est, pour la valeur des dits meubles et bestiaux estant dans les dits domaines mille livres, pour la valeur des dits bâtiments et fonds, trois mille cinq cents livres, et pour la valeur des droits et prétentions de la dite demoiselle Péronnet deux cents livres, à compte de laquelle somme de quatre mille sept cents livres, le dit sieur Doucet fils a présentement, réellement et comptant payé au dit Mre Péronnet, par les mains et des deniers de Mre François Terran, prestre de Draguignan, ville de Provence, diocèse de Fréjus, et curé de St-Pierre de la Balme, en Dauphiné, diocèse de Lyon, icy présent et payant en l'acquit du dit sieur Doucet, père, la somme de deux mille livres, en bonnes espèces ayant cours, au dit sieur Péronnet, dont il quitte le dit sieur Doucet et tous autres, et promet l'en faire tenir quitte envers tous, mettant et subrogeant, à la réquisition et prière du dit sieur Doucet, fils, le dit Mre Terran, en tous ses droits, privilèges et hypothèques et nature de dette aussy avec maintenue. Et quant aux deux mille sept cents livres restantes du dit prix, le dit sieur Doucet, au dit nom, en payera la somme de sept cents livres, dans deux années, au dit Mre Péronnet, qui luy laisse les deux autres mille livres, sous la rente annuelle, perpétuelle et foncière de cent livres, au capital des dites deux mille livres. Laquelle rente franche et exempte de toutes charges de villes royales et autres, mises et à mettre, le dit sieur Doucet, au dit nom, payera au dit Mre Péronnet, en cette ville, d'année en année, dont le premier payement de cent livres sera fait, dans une année et ainsy les autres, jusques au remboursement de la dite rente, lequel il pourra faire, pourveu que ce soit en espèces d'or et d'argent, et sans aucuns papiers, et après en avoir averti le dit Mre Péronnet trois mois auparavant, et que le dit remboursement ne soit fait dans un temps de diminution ny de crese de monnoyes, se réservant le dit Mre Péronnet ses hypothèques et privilèges sur les dits biens, jusques au parfait payement du dit prix et intérêts, du consentement des parties. Et pour les deux mille livres, qui ont été cy-dessus payées, par le dit sieur Terran, le dit sieur Doucet, au dit nom, promet et s'oblige de les rendre et payer au dit sieur Terran, en espèces d'or et d'argent, et sans aucuns papiers, ensemble la somme de deux cents livres, pour valeur reçue, par le dit sieur Doucet du dit sieur Terran cy-devant, dans deux années à compter de ce jour sans intérêts.

Et a le dit Me Péronnet, au dit nom, fait, au profit du dit sieur Antoine Doucet, des choses cy-dessus vendues, les dévestitures et investitures, donation de plus vallue, translations et subrogations de tous droits, et autres clauses à ce utiles, et quant aux titres de la propriété des dits biens, le dit sieur Doucet pourra les prendre dans les coffres, et garde-robes, qui sont dans les dites maisons, déclarant qu'il a du tout une parfaite connoissance ; et a esté cy-joint-les procurations y mentionnées, après avoir esté paraffées et retenues véritables, par les parties, promettant le dit sieur Doucet délivrer expédition des présentes, à ses frais, au dit sieur Terran, auquel sera aussy remis, par le dit sieur Péronnet, copie collationnée de la cession faite, en sa faveur, par demoiselle Antoinette Péronnet, sa tante, du douze février dernier, receue par Orlande, l'un des notaires soussignez ; s'engageant, en outre, le dit sieur Doucet, à faire agréer, ratiffier et apreuver le présent contrat de vente, en tout son contenu, au dit sieur son père et de fournir expédition, en bonne forme, de la dite ratification, tant au dit sieur Terran qu'au dit Me Péronnet, dans un mois ; obligeant, pour raison de ce que dessus, tous les biens du dit sieur, son père, et les siens, présents et à venir sans exception.

Le tout ainsy convenu et promis observer par promesses, obligations, soumissions, renonciations et clauses nécessaires ; et, pour l'exécution des présentes, le dit sieur Doucet fait élection de domicille, pour le dit sieur son père, en l'estude, personne du dit Mre Orlande ou de celuy qui luy succédera en son office, où il veut et consent que tous les actes, qui y seront faits, tant judiciaires qu'extrajudiciaires, soient aussy bons et vallables que sy le tout estoit fait à sa personne et vray domicille ; et a esté remis au dit sieur Doucet copie de la ferme, passée des dits biens vendus, à Jean Genard, lequel le dit sieur Doucet maintiendra, sy bon luy semble ; et s'il l'expulse, il fera tenir quitte le dit Mre Péronnet, du ou des dommages qu'il pourroit prétendre contre luy.

Fait à Lyon, ez estudes, le onziesme mars mil sept cent dix sept, avant midy, et ont signé la minutte, restée au dit Orlande, l'un des dits notaires, deuement controllée.

(Archives du château de Richemont.)

XIII

Mariage d'Antoine Doucet de St-Bel, écuyer, et damoiselle Claudine-Angélique de Marron (25 juin 1720).

Par devant les Conseillers du Roy, notaires à Lyon soussignés, furent présents noble Antoine Doucet, sieur de St-Bel, demeurant sur la paroisse de Villette, en Bresse, fils de noble Antoine Doucet, sieur de St-Bel, et de dame Louise de Boulieu, époux à venir, d'une part, et Claudine-Angélique de Marron des Echelles, demoiselle, fille de Jean-Baptiste de Marron, écuyer, sieur des Echelles, et de Marie-Anne Dumaynet, demeurant à Lyon, paroisse St-Pierre et St-Saturnin, epouse à venir, d'autre; lesquelles parties ont volontairement fait les traités de mariage et conventions suivantes, de l'autorité et consentement, scavoir : le sieur futur époux, du sieur son père, et la demoiselle, future épouse, de celle de ses père et mère à ce présents, de se prendre pour époux et épouse, et de se présenter, à cet effet, à l'église pour y recevoir la bénédiction nuptiale, à la première invitation qu'ils s'en feront. En faveur duquel mariage, le dit sieur Doucet, père, a donné et constitué, de son chef et de celui de la dite dame de Boulieu, son épouse, au dit sieur son fils, tous ses biens, meubles et immeubles, droits, noms, raisons et actions, présents et à venir, en quoy que le tout conciste, sans en rien excepter, concistant, en outre, aux bâtiments et fonds, qu'il a acquis de deffunt sieur Pascal Péronnet, et de Mre François Péronnet, conseiller du Roy, notaire à Lyon, et de Honnoré de Micous, écuyer, par contrats des vingt-cinq juillet, mil sept cent neuf, vingt-huit novembre mil sept cent seize, et onze mars mil sept cent dix-sept, dans lesquels contrats, les dits biens sont amplement désignés et confinés, aux conditions suivantes :

Le sieur donateur se réserve la jouissance, pendant sa vie, de l'usufruit du domaine ou grange de Sur-Coste, et fonds en dépendans, tous les biens et droits, qu'il a dans la province du Dauphiné, desquels il pourra disposer, ainsi qu'il avisera ; et au cas qu'il ne le fasse, il veut et entend que les dits biens et droits soient compris dans la présente donnation ; il entend encore que le dit sieur, son fils, donnataire, paye à Anne de St-Bel, demoiselle, sa sœur, pour ses droits de légitime pater- nel et maternel, la somme de trois mille livres, au décez de son dit père, ou plutot, si elle se marie, la faisant et instituant en ce, en tant que de besoin, sa donnataire particulière, et ce, pour tous les biens et droits, qu'elle pourroit espérer et pré- tendre ez biens et hoiries des dits sieurs, ses père et mère, pour quelle cause que ce soit. Il entend aussi que le dit sieur, son fils, acquitte les dettes et charges, auxquelles les biens sus donnez sont et pourront estre sujets.

Toujours en considération de ce mariage, le dit sieur de Marron et la dite dame du Maynet, son épouse, de luy auto- risée, ont, solidairement et réciproquement, donné et constitué à la dite demoiselle, future épouse, leur fille, les bastiments et fonds, scitués à Baland, en Bresse, en quoy qu'ils concistent, lesquels les dits sieur et dame de Marron maintiennent francs, quittes et exempts de touttes dettes et charges, mesme les bas- timents et fonds estre alodiaux, exempts des droits seigneu- riaux, n'étant les dits biens chargés que de deux pentions de cinq livres chacune, et de sept coupons de bled froment, l'une desquelles pensions est deue à l'hospital de Montluel, pour raison de la jouissance et coupe de la moitié de la portion du dit sieur de Marron en l'Isle du Raône, laquelle moitié il cedde à la dite demoiselle, future épouse, à ses risques et périls, sans excepter des biens de Baland autre chose que trois bicherées de

terre sous St-Just, une bicherée et demye à la plaine aux
Aberus, trois bicherées et demye à la Geoffray, joignant Benoist
Gras, le tout mesure lyonnoise, un pré ou champéage appelé le
Sauzey, d'environ une saitive et demye, maison, cour, bastimens et jardin acquis des sieurs Chavand et Varambon, un
pré et une couperée joignant le jardin de Cordel, deux saitives
et demye en prés ou paquerages, appellés la Chaussée, deux
ouvrées et demye de vigne en friche, joignant celle de Philippe
Millet, une saulée d'une bicherée lyonnoise, sous la maison du
sieur Payraud, aux Monilles, et, finallement, un pré ou champéage, appellé Trois Prés, de deux saitives et demye, les livres,
linges, deux portraits les représentans et la moitié des meubles
meublans étans dans le château de Baland, lesquels et l'autre
moitié des meubles non réservés appartiendront à la demoiselle
future épouse, à laquelle les dits sieur et dame, ses père et mère,
ont aussy donnez et constituez six cuilliers et six fourchettes
d'argent, une toilette garnie, deux flambaux, un porte-mouchettes, une tasse d'argent à thé, un lit de serge bleu brodé,
garni, avec ses couvertures et touttes les nippes, hardes et
joyaux, que la dite demoiselle, leur fille, a présentement; pour
en jouir, dès à présent, et des dits immeubles, à la St-Martin
prochaine, et de ceux donnés au dit sieur futur époux, dès à
présent, en propriété et revenus, tout de mesme que les dits
sieur et dame donnateurs et leurs auteurs en ont jouy, deu ou
pu jouyr.

Compris, dans la donnation, cy-dessus faitte aux dits sieurs
futurs époux et épouse, les bestiaux, semences, outils d'agriculture, dont les fermiers et grangers sont chargés, les bestiaux
apartenans au dit sieur de Marron, concistant en quatre bœufs
arables, sans semences.

Et le dit sieur futur époux fait don et augment, en cas de
survie, à la dite demoiselle, future épouse, de la moitié des
sommes et effets mobiliaires, et du tiers de la valeur des immeubles qu'il recevra d'elle; laquelle se constitue, en outre,
tous ses autres biens et droits présents et à venir, pour la

recherche et recouvrement desquels, elle a fait et constitué son procureur général, spécial et irrévocable le dit sieur, son futur époux, qui affecte, impose et hypothèque tout ce qu'il recevra d'elle sur tous ses biens présents et à venir, pour restitution en estre faitte à la forme du droit; de tout quoy il lui passera quittance suffisante.

Promettant, en outre, de l'habiller et enjoailler, suivant leur condition, jusqu'à concurrance de la somme de deux mille livres, dont iceluy fait donation, au dit cas de survie; ce qui a esté cy-dessus donné à la dite demoiselle, future épouse, par ses dits père et mère est pour tous ses droits paternels et maternels, mesme sa portion dans l'augment de la dite dame, sa mère, le cas arrivant.

Et tout ce que dessus a esté réciproquement accepté par les dits sieur et demoiselle futurs époux, avec remerciements, auxquels sieur et demoiselle, futurs époux, les dits sieur et demoiselle donnateurs promettent de maintenir et garentir, envers tous, les choses qu'ils leur ont sus-donnez, ayant les parties évalué les biens du dit sieur futur époux à la somme d'environ quinze mille livres, et ceux de la dite demoiselle, future épouse, à celle de quatorze mille livres, Le tout ainsy convenu et promis observer, sans y jamais contrevenir à peine de tous dépens, dommages et intérêts. Et sous dévestitures et investitures à ce utilles, obligeant, soumettant, renonçant et autres clauses.

Fait à Curis, en Lyonnois, l'an mil sept cent vingt, le vingt-cinquième juin, après midy; et ont signé, avec les parens et amys des partis, à ce assemblés, de l'avis desquels ce mariage a esté conclu. — Signé PÉRONNET, notaire.

(Archives du château de Richemont.)

XIV

Testament de Mre Antoine Doucet de St-Bel , sieur de Gravagneux (30 avril 1760).

Au nom de Dieu soit que, par devant Marie-Antoine Ballandrin, notaire royal à Loyes soussigné, Messire Antoine Doucet de St-Bel, natif de la Balme, en Dauphiné, résidant depuis plusieurs années à Gravagnieux, paroisse de Villette, sain d'esprit, mémoire, parolle, entendement et de tous ses autres sens, quoique indisposé de sa personne et détenu dans son lit, a volontairement fait, dicté, nommé et prononcé, de sa propre bouche, son testament nuncupatif et ordonnance de dernière volonté, en présence de Mre Alexis Gentellet, prêtre et curé du dit Villette, de Joseph Bert, charpentier, François Moine, laboureur, Jean-Joseph Lherbette, François Charvieux, Jean-Baptiste Garçon et Etienne Lherbette, tous laboureurs et vignerons du dit Villette, y demeurants, ainsy qu'il suit :

Premièrement, après avoir donné des marques d'un bon chrétien, a élu la sépulture de son corps dans l'église du dit Villette, en sa chapelle et au tombeau de ses ancêtres, veut qu'il soit dit et célébré, pour le repos de son âme, le nombre de deux cents messes de Requien, dont trois à haute voix et les autres basses ; et, au surplus de ses autres œuvres pies et frais funéraires, le dit sieur testateur s'en rapporte à la piété, dévotion et discrétion de son héritière cy-après nommée.

Donne et lègue à Jeanne Drevet, épouse de Claude Lherbette, la somme de cent livres, une fois payée, dans l'année de son décez, sans intérêts.

Donne et lègue à Françoise Baudin, fille de sieur Claude Baudin, du dit Villette, une terre appelée Pré Durand, que le dit sieur testateur a eu par subhastation contre les héritiers Michel Massard, amplement désignée et confinée dans l'exploit de saisie ; les legs faits par droit d'institution particulière, à la charge, par les légataires, d'en acquitter tous droits.

Et, au surplus de tous et un chacun ses autres biens, droits,
noms, raisons, actions et prétentions, dont il n'a disposé, le dit
Messire de St-Bel, testateur, a fait, nommé, créé et institué
de sa propre bouche, pour son héritière universelle et de plein
droit, dame Claudine-Angélique de Marron, sa très chère
épouse, à laquelle il veut qu'ils arrivent et appartiennent sitôt
après son décez arrivé, aux charges de droit, et que la dite
dame payera et acquittera ses legs et dettes, auxquelles elle sera
tenue, les cent livres, ainsy qu'il est dit, et quant à celuy de la
terre donnée, elle en jouira pendant sa vie durant, sans que la
dite légataire soit tenue à se plaindre.

Ainsy est la disposition de dernière volonté du dit sieur de
St-Bel, qui casse, révoque et annulle toutes autres dispositions
à ce contraires, voulant que le présent son testament soit le
seul bon et valable, que s'il ne peut valoir en cette qualité, il
vaille comme codicille et par tous les autres meilleurs moyens
qu'il peut valoir de droit, dont il a requis acte, lecture à luy
faite au-devant de son lit, dans une chambre, à côté de la salle
qui a vue sur le jardin, au dit sa maison et domicile à Gravagnieux, susdite paroisse.

Fait et passé sans suggestion, en présence des cy-dessus
témoins requis et regnicoles, l'an mil sept cent soixante, et le
trentième jour du mois d'avril, après midy, toujours en présence
des dits témoins; le dit sieur testateur n'a pu signer, attendu
sa maladie, qui lui cause une grande faiblesse et un trem-
blement à la main, pourquoy il a pris un témoin de plus, le dit
Mre Gentellet, qui a signé avec Joseph Bert, François Moine,
Jean-Baptiste Garçon, Jean-Joseph Lherbette et François
Charvieux, non le dit Etienne Lherbette pour ne savoir écrire,
de ce enquis et sommé, suivant l'ordonnance. — Signé BAL-
LANDRIN, notaire.

(Archives du château de Richemont.)

XV

Testament de dame Claudine-Angélique de Marron, veuve
d'Antoine Doucet de St-Bel, seigneur de Gravagnieux.
(12 novembre 1767.)

L'an mil sept cent soixante-sept et le douze novembre, avant
midy, par devant le notaire royal de Meximieux soussigné, fut
présente dame Claudine-Angélique de Maron, veuve de Messire Antoine Doucet de St-Bel, résidante au château de
Gravagnieux, paroisse de Villette, laquelle, quoyque malade,
ayante le libre exercice de ses sens, mémoire, jugement et entendement, a faitte son testament nuncupatif et ordonnance de
de dernière volonté nuncupative, ainsy qu'elle l'a dicté et prononcé.

Veut qu'immédiatement après son décez, il soit célébré, pour
le repos de son âme, deux cents messes basses, dont les frais,
ensemble ceux de ses funérailles, et autres œuvres pies demeurent à la charge de son héritier cy-après nommé.

Donne et lègue la dite dame testatrice, à titre de pension
viagère, à dame Claudine de Marron, sa sœur, veuve de Messire Albert de Collombet, résidant à Neuville-l'Archevêque,
province de Lyonnois, la somme de cinq cent livres annuellement, laquelle luy sera payée, scavoir : deux cent cinquante
livres, six mois après son décez, et deux cent cinquante livres,
six mois ensuitte, et, successivement, de six mois en six mois,
pendant qu'elle vivra seulement, aussy par son héritier cy-bas
nommé, et institue, en ce, son héritière particulière la dite dame
Claudine de Marron, sa sœur.

Donne et lègue la dite dame à Demoiselle Louise Jayr, actuellement en résidance avec elle, la somme de cent vingt
livres, aussy à titre de pension viagère et alimentaire, aussy
payable en deux termes, scavoir : soixante livres, six mois
après son décez, et soixante livres, six mois ensuitte, et, suc-

cessivement, chaque année pendant qu'elle vivra, entendant la
dite dame testatrice, que cette somme soit payée par son héritier cy-après, entre les mains de ceux chez qui elle pourroit
demeurer, tant en acquittement qu'à compte de la pension
alimentaire qu'elle pourroit leur devoir ; et institue, en ce, la
ditte demoiselle Jayr son héritière particulière.

Donne et lègue la ditte dame à Marie Galliard et à Marie
Genevet, ses deux filles domestiques, à chacune la somme de
cent livres seulement, qui leur seront payé par son héritier,
une année après le décez de la ditte dame, une fois seulement,
par pure grattiffication sans intérêts.

Et quant à la généralité de tous ses biens, meubles, immeubles, droits, noms, raisons, actions et prétentions, dont la
ditte dame Claudine-Angélique de Maron, testatrice, n'a cy-
dessus disposé, elle a nommé, créé, institué et appellé pour son
héritier universel, en ses dits droits et biens, Messire Marie-
Agricole de Maron, baron de Belvey et de Chaliouvres, seigneur
de Dompierre et autres places, et sindic de la noblesse de Bresse,
son cousin germain, résidant en la ville de Bourg, pour, par
luy, appréhender sa succession après son décez, à la charge de
payer les pensions viagères cy-dessus désignées et autres de
droit ; ainsy a été la volonté de la ditte dame Claudine-
Angélique de Maron, testatrice, qui a cassé, révocqué tous testaments antérieurs au présent nuncupatif, qu'elle veut valloir
en cette forme, ou s'il se peut en celle de codicille. Dont acte
qui luy a été lu en entier et :

Fait et passé au château de Gravagnieux, dans la chambre
de la ditte testatrice, au devant de son lit, en présence de Mre
Jean-Claude-Alexandre Leclerc, docteur en médecine, résidant
à Ambérieux, d'Antoine Guinet, maître-charpentier, de sieur
Claude Baudin, marchand, de Mathieu Meiriat, tailleur d'habits, de François Charvieux, laboureur, et de Claude Desvignes,
maître charpentier, tous résidants en la paroisse de Villette,
témoins requis, dont le dit sieur Leclerc, Guinet, Baudin,
Meiriat et Charvieux ont signé avec la ditte dame testatrice,

non le dit Desvignes, qui a déclaré ne sçavoir signer, de ce enquis et requis. — BEAUBLEZ, notaire royal.

Controllé et insinué au bureau de Meximieux, le 15 janvier 1768, et reçu 78 livres pour controlle et insinuation, 65 pour insinuation de la pension de veuve Collombet, 19 livres 10 sols pour insinuation de celle de la demoiselle Jayr, et 2 livres 12 sols pour insinuation de la rente des deux servantes. — BEAUBLEZ.

Reçu, au bureau du controlle de Varambon, de Mr le baron de Belvey, 273 livres pour le centième denier des biens à lui légués. Varambon, le 27 février 1768. — CHAMEREAU.

(Archives du château de Richemont.)

XVI

Acte de présentation, à la chapelle de St-Antoine de Villette, par Marie-Agricole de Marron, baron de Belvey, au profit de Claude-Joseph Grillet (18 février 1776).

Par devant les notaires royaux et apostoliques de la ville de Bourg soussignés, ce jourd'huy, dix-huit février mil sept cent soixante et seize, avant midy, a comparu Messire Marie-Agricole de Marron, baron de Belvey et de Chaillouvre, seigneur de Dompierre, Valin, Biard, les Blanchères et Gravagneux, chevalier de St-Louis, sindic général de la noblesse de Bresse; résidant à Bourg, lequel deuement informé du décès de Mre Alexis Gentellet, cure de Villette, dernier titulaire d'une chapelle, ou soit commission de messes, érigée en l'église du dit Villette, sous le vocable de St-Antoine, pourvu sous la nomination de dame Madame Claudine-Angélique de Marron, relicte de Messire Antoine de Doucet, écuyer, et dame de Gravagneux, sa cousine germaine, de laquelle il est héritier, considérant que cette chapelle, bâtie, par appendis, contre le gros mur de la neffe de l'église paroissiale et hors d'icelle, a été construite par ses autheurs, seigneurs de Gravagneux, qui en ont toujours été patrons et propriétaires, sans fondation ni charge d'aucun service à y faire, et sans dotation d'aucun bien, puisqu'il n'y en a aucune indication ni par titres, ni par témoins, en sorte que cette chapelle n'est, à vrai dire, qu'un oratoire et une place à l'église pour les dits seigneurs, dans laquelle ils faisoient dire des messes à volonté. Considérant encore que le vingt six juillet mil six cents un, Charles de Saillan de Brézenod, patron de la dite chapelle, la conféra à Sr Louis Dupras, prêtre, à charge de faire le service accoutumé, qu'il ne fixa ni ne détailla point, et lui remit une pièce de terre de douze bichettes de semaille, mesure d'Ambronay, confinée au dit acte, pour la posséder pendant qu'il desserviroit la dite chapelle, sous la réserve, pour lui et ses successeurs, de retirer la dite terre à eux, et traiter autrement comme ils verront être raisonnable.

Que les quinze décembre mil six cents six, et vingt juillet mil six cents onze, Aynard de Saillan remit au dit Louis Dupras, son chapelain de la dite chapelle, trois parcelles de vigne, fesant ensemble dix ouvrées, confinées aux dits actes, à charge de dire une messe par semaine, et qu'après le décès du dit Dupras, les dites parcelles de vigne lui reviendroient et à ses successeurs, pour en jouir en toute propriété comme cy-devant.

Que les seigneurs patrons de la dite chapelle, successeurs des dits Charles et Aynard de Saillan, ont toujours laissé jouir les chapelains de leur dite chapelle, des dites terre et vignes, quoique, par la mort du sieur Louis Dupras, icelles terre et vignes ayent été sujettes à retour à eux et leurs successeurs, et que, dez lors, la seule charge connue d'une messe imposée par semaine ait cessé, le dit seigneur comparant, voulant néanmoins, à l'exemple de ses prédécesseurs, que le revenu des dits héritages soit employé en œuvres pies, et pourvoir la dite chapelle d'un chapelain, qui en ait le soin qui convient, bien informé des bonnes vie, mœurs et capacité du sieur Claude-Joseph Grillet, prêtre et professeur au collège de Bourg, a nommé et retenu icelui sieur Grillet, pour son chapelain de la dite cha-

pelle de St-Antoine, dite de Gravagneux, érigée en l'église
paroissiale de Villette, en Bresse, priant Monseigneur l'Archevêque de lui conférer ses lettres de visa ordinaire en pareil cas ;
à la charge par icelui sieur Grillet d'avoir soin de la dite chapelle, et de dire douze messes, chaque année, pour le salut de
l'âme des fondateurs et le sien, deux desquelles seront dites
dans la dite chapelle, et les autres dans celle de son château de
Belvey, ou autre de ses châteaux, à sa volonté et des siens ; à
cet effet, il consent que le dit sieur Grillet prenne institution et
possession de la dite chapelle et des fonds cy-dessus désignés,
sous les réserves néanmoins faites par les sieurs Charles et
Aynard de Saillan, ses prédécesseurs patrons, dans les actes
des vingt-six juillet mil six cent un, quinze décembre mil six
cent six, et vingt juillet mil six cent onze, concernantz les ditz
fonds, en ce qui n'y est pas dérogé, par la présente nomination,
lesquelles réserves le seigneur comparant fait expressément de
nouveau, pour s'en prévaloir à volonté, le cas échéant.

Consentant, au surplus, que le dit sieur Grillet exerce et recouvre, à ses périls et risques, tous autres droits et biens qui
pourroient se trouver appartenir à la dite chapelle, sauf à en
exécuter les charges.

Dont acte fait et passé à Bourg, en l'hostel du dit seigneur
baron de Belvey, nominateur, qui a signé sur la minutte avec
Chicod et Mortier, notaires royaux et apostoliques.

(Archives du château de Richemont.)

XVII

*Bail du collège de St-Trivier passé, en faveur du sieur
Moyret, par les sieurs Syndics et Officiers municipaux
de la ville (16 septembre 1779).*

Ce jourd'hui, seize septembre mil sept cens soixante-dix-neuf,
l'Assemblée du Conseil de ville ayant été convoquée à la manière accoutumée, à la diligence des sieurs Nivière et Belouze,

sindics, où estants ils auroient remis sur le bureau une requête, par eux présentée à Monseigneur l'Intendant, aux noms des officiers municipaux et principaux habitants de cette ville, touchant différentes propositions, que leur fesoit Messire Jean-Noël Moyret, prestre et principal du collège de cette ville, relativement au nouveau bail, que la ditte communauté désireroit luy passer, pour la direction du dit collège, attendu que l'ancien alloit expirer à la fin de la présente année.

Par laquelle requête, il est établi que le nombre des escolliers, qui fréquentent ce collège, s'estant considérablement augmenté, les deux maistres, auxquels on s'estoit borné, dans le bail du huit novembre mil sept cens soixante et dix, ne pouvoient plus suffire pour l'instruction, qu'il en falloit nécessairement un troisième, et, en conséquence, les honoraires portés, au sus dit bail, à une somme de huit cens livres, n'estant pas suffisante pour gager, nourrir et loger un troisième ; que les dits apointements seroient fixés, à l'avenir, à une somme de onze cens livres laquelle luy sera payée d'avance, de trois mois en trois mois, ainsy qu'il se pratique dans tous les autres collèges ; qu'enfin le dit sieur Moyret, ayant été privé, dans tout le cours du sus dit bail, d'une cave, que la communauté luy avoit promise, qu'il est juste et équitable de luy accorder une somme de quatre cents livres, une fois payées par forme d'indamnité, même de gratification, en considération des peines extraordinaires, que le dit sieur Moyret s'est données, pendant l'espace de neuf ans, à la satisfaction du public.

En marge de laquelle requeste, est intervenue l'ordonnance de mon dit seigneur l'Intendant qui, en homologuant la délibération du vingt-sept juin dernier, permet, en conséquence, aux officiers municipaux de la ville de St-Trivier, de passer un nouveau bail avec le dit sieur Moyret, aux conditions stipulées, dans la ditte délibération, et à celle énoncée dans le bail du huit novembre mil sept cents soixante et dix, et autres qui seront jugées convenables, à la charge que le nouveau bail luy sera rapporté, pour estre homologué, s'il y eschoit, dattée du 25 aoust mil sept cents soixante et dix neuf. — Signé DUPLEIX.

En conséquence, les dits sieurs sindics, procureur-sindic et conseillers ont remis, par continuation, au dit sieur Jean-Noël Moyret, prestre du diocèse de Lyon, natif de Tossiat, en Bresse, le collège de cette ville, avec les appartements, tels qu'il les a occupés cy-devant, pour en estre le principal et directeur, à la charge qu'il tiendra à sa solde deux régents, à la rentrée prochaine, ainsy que pendant tout le cours du dit bail, l'un capable d'enseigner la lecture, l'écriture, dans toutes ses règles et perfections, l'arithmétique et les premiers principes de la latinité ; et que, quant au second, conjointement avec luy, ils se chargeront d'enseigner la sixième et autres classes, jusqu'à la philosophie, exclusivement, et de donner l'éducation à la jeunesse, tant pour les mœurs, que pour la religion, lesquels régents seront présentés par le sieur principal et agréés par les sieurs sindics, qui pourront les examiner ainsy et quand ils aviseront bon estre, et, en cas de maladie, défaut de bonne conduitte (toutefois, à laquelle le dit sieur principal s'engage de veiller scrupuleusement), ou tous autres empeschements imprévus, le dit sieur Moyret sera tenu de se pourvoir d'autres sujets capables de les remplacer, et ce le plus tôt possible, lesquels seront également agréés par les dits sieurs sindics ; les dits régents ou leurs substituts se conformant, au surplus, à l'ordre et au plan de discipline, reçus dans les collèges, tel que celuy qui a été mis à la suitte du bail du huit novembre mil sept cens soixante et dix, dont un double sera remis au dit sieur principal, qui tiendra la main à son exécution ; aucun d'eux ne pourra s'absenter les jours de classes, et cesser ses fonctions sous quel prétexte que ce soit, et sans au préallable en avoir obtenu la permission des sieurs sindics, qui ne pourront la leur accorder, à moins qu'il ne se présente un sujet capable de remplir les dittes fonctions.

Et, au cas que le dit sieur Moyret, pour de maladie ou autres raisons légitimes, se déterminât à se retirer, dans le courant du présent bail, il sera tenu d'en prévenir, au moins six mois d'avance, les dits sieurs sindics, et de leur procurer un sujet qui, par ses mœurs, sa capacité et son état, sera reconnu capable de le remplacer ; néanmoins, les dits sieurs sindics auront la liberté de faire, de leur côté, les diligences qu'ils jugeront convenables, pour le bien de la chose, et de prendre par préfférence le sujet qu'ils auront choisi.

Le prix des mois des escolliers demeure fixé savoir : pour ceux qui sont à l'alphabet, six sols ; ceux qui liront et écriront, dix sols ; ceux qui liront, écriront et chiffreront, douze sols ; ceux qui recevront en outre les premiers principes de la latinité, quinze sols ; les sixième, cinquième et quatrième, vingt sols ; les troisièmes, trente sols ; et, enfin, les humanistes et rhétoriciens, quarante sols ; ce qui ne sera observé, néanmoins, pour les prix fixés cy-dessus, qu'à l'égard des enfants des habitants de cette ville et du mandement.

Quant aux deux clercs, qui deservent l'église paroissiale, ils seront enseignés gratis, en par eux balayant les classes et la tribune tous les samedys.

A l'égard des pensionnaires, il sera loisible au sieur Moyret, d'en tenir le nombre qu'il jugera à propos, se soumettant, néanmoins, de prendre chez luy par préfférence les enfants des bourgeois et habitants de cette ville, en par eux prévenant le dit sieur principal, deux mois devant la rentrée des classes, et, toujours en se conformant aux usages reçus des collèges. Les examens des dits escolliers seront faits à la fin de chaque année scolastique, à la diligence du sieur principal, et par devant les dits sieurs sindics et officiers municipaux, qui seront à cet effet prévenus, quelques jours d'avance ; et pour entretenir l'émulation, les dits sieurs sindics, à l'issue des dits examens, distribueront les prix à ceux qu'ils auront jugés devoir les mériter, suivant les progrès des dits escolliers, dans chacune des dittes classes.

L'ouverture des vacances reste fixée, dorénavant, au premier septembre, et la rentrée à la Toussaint de chaque année, ce que le dit sieur Moyret, cy-présent, a accepté et dit qu'il se conformeroit volontiers à toutes les clauses et conditions, insérées

cy-dessus, moyennant le prix et somme de onze cents livres par
an, qui luy sera payée par quartier, en quatre termes égaux,
de trois mois en trois mois, dont le premier payement, qui sera
de deux cents soixante et quinze livres, se fera à la Toussaint
prochaine, date des présentes, et ainsy à continuer, de trois
mois en trois mois, jusqu'à l'expiration du présent bail, qui
commencera au dit jour, premier novembre, pour finir en
pareil temps, neuf années entières, consécutives et consommées,
lesquels seront continués plus longtemps, s'il y eschoit.

Que, quant à la somme de quatre cents livres, demandée
par le dit sieur Moyret, par forme d'indemnité et de gratification, elle lui sera payée dans six mois dates de cettes.

Ainsy fait et arrêté, entre les parties, et délibéré que l'extrait
des presentes seroit envoyé à Monseigneur l'Intendant, pour le
supplier de l'homologuer, et permettre que, immédiatement
après l'homologation, et à la vû d'icelle, le sieur receveur des
deniers patrimoniaux de cette ville, lui paye la somme de deux
cents soixante et quinze livres, faisant le montant du premier
quartier, de ses honoraires du présent bail.

En l'hostel de ville, les an et jour sus dits, et ont signé avec
le dit sieur Moyret :

Signés sur les registres : Moyret, prestre, Nivière, premier
sindic, Belouze, second sindic, L. Champion, procureur sindic,
Pescheur, conseiller, Legrand, conseiller, et Champion, secrétaire.

(Archives de l'Ain. C. 105.)

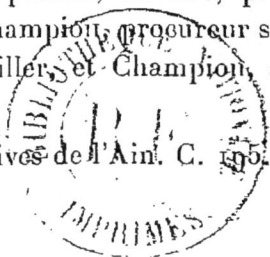

TABLE DES MATIÈRES

TABLE DES MATIÈRES

TABLE DES MATIÈRES

~~~~~~~

PIÈCES JUSTIFICATIVES

TABLE DES MATIÈRES

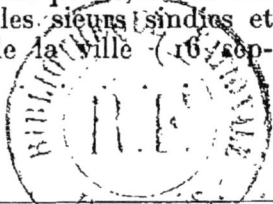

Bourg, imprimerie du *Courrier de l'Ain.*